高等教育安全科学与工程类系列教材

消防工程专业系列教材

燃　烧　学

主　编　陈长坤

副主编　路　长　姚　斌

参　编　李　智　王建国　涂艳英

　　　　董韶峰　刘久兵

主　审　林其钊

机械工业出版社

本书共8章，主要讲述燃烧的基础理论、火灾规律及防火技术等内容，具有较强的知识性、系统性和技术性；在内容方面，注重理论基础与实践应用相结合的特点，各章在进行燃烧理论介绍时，重视燃烧理论在消防工程领域中的应用，通过对火灾中的燃烧现象进行举例分析，加深读者对相关理论及应用的理解。同时结合每一章所讲述的内容，在章节末尾都设计了习题及思考题，并加入典型案例的讨论。书中标有“*”号的部分为选修内容，任课教师可根据实际教学情况自行安排。

本书主要作为高等学校消防工程、安全工程专业本科教材，也可作为相关专业的研究生及工程技术人员的学习参考书。

图书在版编目(CIP)数据

燃烧学/陈长坤主编．—北京：机械工业出版社，2012.8（2022.6重印）
高等教育安全科学与工程类系列教材　消防工程专业系列教材
ISBN 978-7-111-38959-0

Ⅰ．①燃…　Ⅱ．①陈…　Ⅲ．①燃烧学—高等学校—教材
Ⅳ．①O643.2

中国版本图书馆CIP数据核字(2012)第138154号

机械工业出版社（北京市百万庄大街22号　邮政编码100037）
策划编辑：冷　彬　责任编辑：冷　彬
版式设计：霍永明　责任校对：潘　蕊　张玉琴
封面设计：张　静　责任印制：李　昂
北京捷迅佳彩印刷有限公司印刷
2022年6月第1版第7次印刷
184mm×260mm · 18.5印张 · 456千字
标准书号：ISBN 978-7-111-38959-0
定价：38.00元

电话服务　　网络服务
客服电话：010-88361066　机　工　官　网：www.cmpbook.com
010-88379833　机　工　官　博：weibo.com/cmp1952
010-68326294　金　书　网：www.golden-book.com
封底无防伪标均为盗版　机工教育服务网：www.cmpedu.com

序一

“安全工程”本科专业是在1958年建立的“工业安全技术”、“工业卫生技术”和1983年建立的“矿山通风与安全”本科专业基础上发展起来的。1984年，国家教委将“安全工程”专业作为试办专业列入普通高等学校本科专业目录之中。1998年7月6日，教育部发文颁布《普通高等学校本科专业目录》，“安全工程”本科专业（代号：081002）属于工学门类的“环境与安全类”（代号：0810）学科下的两个专业之一㊀。据“高等院校安全工程专业教学指导委员会”1997年的调查结果显示，自1958～1996年年底，全国各高校累计培养安全工程专业本科生8130人。近年，安全工程本科专业得到快速发展，到2005年年底，在教育部备案的设有安全工程本科专业的高校已达75所，2005年全国安全工程专业本科招生人数近3900名㊁。

按照《普通高等学校本科专业目录》（1998）的要求，原来已设有与“安全工程专业”相近但专业名称有所差异的高校，现也大都更名为“安全工程”专业。专业名称统一后的“安全工程”专业，专业覆盖面大大拓宽㊀。同时，随着经济社会发展对安全工程专业人才要求的更新，安全工程专业的内涵也发生很大变化，相应的专业培养目标、培养要求、主干学科、主要课程、主要实践性教学环节等都有了不同程度的变化，学生毕业后的执业身份是注册安全工程师。但是，安全工程专业的教材建设与专业的发展出现尚不适应的新情况，无法满足和适应高等教育培养人才的需要。为此，组织编写、出版一套新的安全工程专业系列教材已成为众多院校的翘首之盼。

机械工业出版社是有着悠久历史的国家级优秀出版社，在高等学校安全工程学科教学指导委员会的指导和支持下，根据当前安全工程专业教育的发展现状，本着“大安全”的教育思想，进行了大量的调查研究工作，聘请了安全科学与工程领域一批学术造诣深、实践经验丰富的教授、专家，组织成立了教材编审委员会（以下简称编委会），决定组织编写“高等教育安全工程系列‘十一五’教材”㊂。并先后于2004年8月（衡阳）、2005年8月（葫芦岛）、2005年12月（北京）、2006年4月（福州）组织召开了一系列安全工程专业本科教材建设研讨会，就安全工程专业本科教育的课程体系、课程教学内容、教材建设等问题反复进行了研讨，在总结以往教学改革、教材编写经验的基础上，以推动安全工程专业教学改革和教材建设为宗旨，进行顶层设计，制订总体规划、出版进度和编写原则，计划分期分批出版30余门课程的教材，以尽快满足全国众多院校的教学需要，以后再根据专业方向的需要逐步增补。

㊀ 按《普通高等学校本科专业目录》（2012版），“安全工程”本科专业（专业代码：082901）属于工学学科的“安全科学与工程类”（专业代码：0829）下的专业。

㊁ 这是安全工程本科专业发展过程中的一个历史数据，没有变更为当前数据是考虑到该专业每年的全国招生数量是变数，读者欲加了解，可在具有权威性的相关官方网站查得。

㊂ 自2012年更名为“高等教育安全科学与工程类系列教材”。

由安全学原理、安全系统工程、安全人机工程学、安全管理学等课程构成的学科基础平台课程，已被安全科学与工程领域学者认可并达成共识。本套系列教材编写、出版的基本思路是，在学科基础平台上，构建支撑安全工程专业的工程学原理与由关键性的主体技术组成的专业技术平台课程体系，编写、出版系列教材来支撑这个体系。

本套系列教材体系设计的原则是，重基本理论，重学科发展，理论联系实际，结合学生现状，体现人才培养要求。为保证教材的编写质量，本着"主编负责，主审把关"的原则，编审委组织专家分别对各门课程教材的编写大纲进行认真仔细的评审。教材初稿完成后又组织同行专家对书稿进行研讨，编者数易其稿，经反复推敲定稿后才最终进入出版流程。

作为一套全新的安全工程专业系列教材，其"新"主要体现在以下几点：

体系新。本套系列教材从"大安全"的专业要求出发，从整体上考虑，构建支撑安全工程学科专业技术平台的课程体系和各门课程的内容安排，按照教学改革方向要求的学时，统一协调与整合，形成一个完整的、各门课程之间有机联系的系列教材体系。

内容新。本套系列教材的突出特点是内容体系上的创新。它既注重知识的系统性、完整性，又特别注意各门学科基础平台课之间的关联，更注意后续的各门专业技术课与先修的学科基础平台课的衔接，充分考虑了安全工程学科知识体系的连贯性和各门课程教材间知识点的衔接、交叉和融合问题，努力消除相互关联课程中内容重复的现象，突出安全工程学科的工程学原理与关键性的主体技术，有利于学生的知识和技能的发展，有利于教学改革。

知识新。本套系列教材的主编大多由长期从事安全工程专业本科教学的教授担任，他们一直处于教学和科研的第一线，学术造诣深厚，教学经验丰富。在编写教材时，他们十分重视理论联系实际，注重引入新理论、新知识、新技术、新方法、新材料、新装备、新法规等理论研究、工程技术实践成果和各校教学改革的阶段性成果，充实与更新了知识点，增加了部分学科前沿方面的内容，充分体现了教材的先进性和前瞻性，以适应时代对安全工程高级专业技术人才的培育要求。本套教材中凡涉及安全生产的法律法规、技术标准、行业规范，全部采用最新颁布的版本。

安全是人类最重要和最基本的需求，是人民生命与健康的基本保障。一切生活、生产活动都源于生命的存在。如果人们失去了生命，一切都无从谈起。全世界平均每天发生约68.5万起事故，造成约2200人死亡的事实，使我们确认，安全不是别的什么，安全就是生命。安全生产是社会文明和进步的重要标志，是经济社会发展的综合反映，是落实以人为本的科学发展观的重要实践，是构建和谐社会的有力保障，是全面建设小康社会、统筹经济社会全面发展的重要内容，是实施可持续发展战略的组成部分，是各级政府履行市场监管和社会管理职能的基本任务，是企业生存、发展的基本要求。国内外实践证明，安全生产具有全局性、社会性、长期性、复杂性、科学性和规律性的特点，随着社会的不断进步，工业化进程的加快，安全生产工作的内涵发生了重大变化，它突破了时间和空间的限制，存在于人们日常生活和生产活动的全过程中，成为一个复杂多变的社会问题在安全领域的集中反映。安全问题不仅对生命个体非常重要，而且对社会稳定和经济发展产生重要影响。党的十六届五中全会提出"安全发展"的重要战略理念。安全发展是科学发展观理论体系的重要组成部分，安全发展与构建和谐社会有着密切的内在联系，以人为本，首先就是要以人的生命为本。"安全·生命·稳定·发展"是一个良性循环。安全科技工作者在促进、保证这一良性循环中起着重要作用。安全科技人才匮乏是我国安全生产形势严峻的重要原因之一。加快培养安全科技人才也是解开安全难题的钥匙之一。

高等院校安全工程专业是培养现代安全科学技术人才的基地。我深信，本套系列教材的出版，将对我国安全工程本科教育的发展和高级安全工程专业人才的培养起到十分积极的推进作用，同时，也为安全生产领域众多实际工作者提高专业理论水平提供了学习资料。当然，由于这是第一套基于专业技术平台课程体系的教材，尽管我们的编审者、出版者夙兴夜寐，尽心竭力，但由于安全学科具有在理论上的综合性与应用上的广泛性相交叉的特性，开办安全工程专业的高等院校所依托的行业类型又涉及军工、航空、化工、石油、矿业、土木、交通、能源、环境、经济等诸多领域，安全科学与工程的应用也涉及人类生产、生活和生存的各个方面，因此，本套系列教材依然会存在这样和那样的缺点、不足，难免挂一漏万，诚恳地希望得到有关专家、学者的关心与支持，希望选用本套系列教材的广大师生在使用过程中给我们多提意见和建议。谨祝本套系列教材在编者、出版者、授课教师和学生的共同努力下，通过教学实践，获得进一步的完善和提高。

“嘤其鸣矣，求其友声”，高等院校安全工程专业正面临着前所未有的发展机遇，在此我们祝愿各个高校的安全工程专业越办越好，办出特色，为我国安全生产战线输送更多的优秀人才。让我们共同努力，为我国安全工程教育事业的发展做出贡献。

中国科学技术协会书记处书记[1]
中国职业安全健康协会副理事长
中国灾害防御协会副会长
亚洲安全工程学会主席
高等学校安全工程学科教学指导委员会副主任
安全工程专业教材编审委员会主任
北京理工大学教授、博士生导师

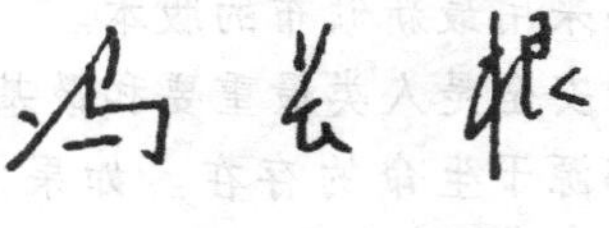

2006年5月

[1] 曾任中国科学技术协会副主席。

序二

1998年7月，教育部颁布的《普通高等学校本科专业目录和专业介绍》将消防工程归入工学门类，实行开放办学政策。开设消防工程专业的高等院校随之迅速增加，学生数量不断增长，形成了可喜的发展局面。随着我国社会的发展，以人为本的消防安全理念不断深入人心，对高素质消防工程专业技术人才的需求旺盛，消防工程专业已逐渐成为高等教育的热门专业之一。

与大好的专业发展形势不协调的是，目前，我国开设消防工程专业的普通高等院校，还没有一套系统、适用的专业系列教材。为满足学科发展的需求，提高消防工程专业高等教育的培养质量，组织编写、出版一套体系完善、结构合理、内容科学的消防工程专业系列教材势在必行，同时也是众多院校的共同愿望。

机械工业出版社是有着悠久历史的国家级优秀出版社，也是国家教育部认定的规划教材出版基地。该社根据当前消防工程专业的发展现状，进行了大量的调研工作，协同较早前成立的安全工程专业教材编审委员会并在其指导下，聘请消防工程领域的一批学术造诣深、实践经验丰富的专家教授，成立了教材编审委员会，组织编写该专业系列教材。该社先后在西安（2008.11）、株洲（2010.3）、长沙（2010.10）组织召开了一系列消防工程专业本科教学研讨会，就消防工程专业本科教育的课程体系、课程内容、教材建设等问题进行了深入研讨，确定分阶段出版该专业系列教材，以尽快满足众多院校的教学要求与人才培养目标的需求。

本套系列教材的编写，本着“重基本理论、重学科发展、重理论联系实际”的教材体系建设原则，在强调内容创新的同时，要体现出学科体系的系统性、完整性、专业性等特点。同时，采取“编委会评审、主编负责、主审把关”的方式确保每本教材的编写质量。本套系列教材还积极吸纳消防工程的设计单位、施工单位和公安消防专业人士的实践经验，在理论联系实际方面较以往同类教材实现了较大突破，提高了教材的工程实用价值。

由于消防工程内容的广泛性和交叉性，开办消防工程专业的高校所依托的行业背景和领域不同，因此，本套系列教材依然会存在不足，诚恳希望得到有关专家、学者的关心和支持，希望选用本套系列教材的师生在使用过程中多提意见和建议。谨祝本套系列教材通过教学实践，获得进一步的完善和提高。

高等院校消防工程专业正面临着前所未有的发展机遇，在此我们祝愿各个高校的消防工程专业办出水平、办出特色，为我国消防事业输送更多的优秀人才。

中国消防协会理事

消防工程专业教材编审委员会主任

中南大学教授、博士生导师

徐志胜

2011 年 6 月

前　言

1998年，教育部颁布《普通高等学校本科专业目录和专业介绍》，允许地方院校开办消防工程专业。国内相继有多所高等院校开办了消防工程专业，培养专业人才，以满足国家对消防技术人才的需求。

“燃烧学”作为消防工程专业必备的专业基础课程，是消防工程专业培养计划中必修的学位课程，但地方院校消防工程专业一直没有适用教材，亟待结合消防工程的专业特色编写一本合适的“燃烧学”教材，以供各院校的教学与人才培养之用。为此，本教材在中南大学、西安科技大学、河南理工大学、华北水力水电学院等多所高校消防工程专业“燃烧学”主讲教师的共同努力下，在现有专业授课教案的基础上，结合编者的研究工作和教学实践编写而成。

本书主要讲述燃烧的基础理论、火灾规律及防火技术等内容。本书的编写注重将燃烧理论基础与消防工程实践应用相结合，以基础的燃烧理论为主线、以火灾和消防知识为背景，较系统地介绍了燃烧学的主要内容，同时，加入典型火灾案例的讨论，以加强读者对相关概念及理论知识的理解。全书力求简洁清晰、通俗易懂，既突出了燃烧理论的基础性、知识性和系统性，又体现了燃烧学在消防工程专业上的专业性、技术性、应用性和可拓展性。

本书由中南大学陈长坤担任主编。具体的编写分工如下：第1章由陈长坤和中国科学技术大学姚斌共同编写；第2章由陈长坤和西安科技大学王建国共同编写；第3章由陈长坤和西南林业大学李智、河南理工大学路长共同编写；第4章由沈阳航空航天学院徐艳英和陈长坤共同编写；第5章由陈长坤和华北水利水电学院董韶峰共同编写；第6章由路长编写；第7章由陈长坤编写；第8章主要由路长、陈长坤和董韶峰共同编写。

在本书编写过程中，内蒙古农业大学刘久兵老师以及中南大学硕士研究生李建、申秉银、纪道溪、康恒、周慧等也参加了本书书稿的部分文字工作，在此特表示感谢。

本书的编写参考了许多现有的相关教材和科研成果（见本书参考文献），它们为本书的完成提供了很多宝贵的资料，在此向其作者一并表示感谢。

由于编者学识水平有限，书中难免存在缺点、错误和不足之处，敬请广大读者和专家批评指正。

编　者

目　录

第 1 章

绪　论

1.1　燃烧（火）与人类的关系

1.1.1　火与人类的文明

火与人类的文明及社会的发展息息相关，它极大地促进了人类在生理、生活、文化与生产等各方面的发展，在人类社会的变革中也起到了举足轻重的作用，在人类文明前进的每一步，火的作用和影响都不容忽视，并产生了深远的影响。

1.1.2　火与人类的生产和生活

火推动了冶炼技术的发展，进而推动了生产能力和社会的进步。在距今一万多年的新石器时代，人类已经开始利用火进行制陶；而早在公元前2200年，我们的祖先就建立了青铜冶炼工业，而后在春秋时期又掌握了炼铁技术，从而彻底告别了石器。战国中期，铁农具的使用已经相当普遍，农业有了更快的发展。另外，因为使用了火，春秋时期，制陶、煮盐、纺织、皮革、酿酒等行业也都普遍得到了发展。而战国时铁农具的使用促进了农业的更快发展，铸币的广泛流通，则刺激了工商业的发达并促成了城市的繁荣和壮大。公元前200年的汉代西汉早期已开始用煤，而魏晋时期便可以利用煤进行炼铁，1000多年前的隋唐时期则发明了火药。这些都极大地推动了当时生产力的提高与经济的发展。

欧洲自11世纪以来工业获得了巨大发展，在制陶、化铁、炼焦、烧石灰、制玻璃及蒸酒精等工业中都广泛使用了火。17世纪以后，随着工业的进一步发展，特别是在冶金和化工工业等方面，火的使用范围和规模扩大了，这也促进了人们对燃烧的本质进行不断的思考与探索，进而推动了燃烧学科的建立与发展。

现代社会中火仍然是一种提供能量转化的重要方式，将化学能、生物能等转化为热能，进而为生产生活提供动力。例如，石油、天然气仍然是世界的主要能源，它们的利用离不开有效的燃烧，而油价是衡量经济发展的一个重要指标，影响着世界经济的稳定。

另外，人类使用火并发明人工取火后，生活发生了巨大变化，食物被熟食后变成的营养物质，更易于被人体吸收，有利于人类大脑的改善和体格的强壮，使人彻底完成了从猿到人的进化过程。目前，火仍然是提供人类照明、取暖、熟食等基本生活活动的重要方式。

当人类结束了氏族社会进入奴隶社会的整个历史阶段，火不但成为人类日常生活的工具、也成为征伐战争的重要手段，从一定程度上也促进了社会的变革。例如，古代烽火被用于边防军事的通信，烽火的燃起代表了国家战事的出现。现代战争中，火依然是摧毁敌军目标的重要手段，燃烧不但提供了飞机、舰艇、导弹等战争工具行进的动力，战争中所产生的火灾，也构成了二次破坏，对敌军产生了严重的威胁。

1.1.3 火的灾害性

火同时又有灾害性的一面，当火失去控制后，将形成火灾。火灾是指在时间和空间上失去控制的燃烧所造成的灾害。在各种灾害中，火灾是最经常、最普遍地威胁公众安全和社会发展的主要灾害之一。例如，2001 年美国“9·11”恐怖袭击事件中，火灾是最终导致高楼发生坍塌的重要原因，结果造成了3000 多人死亡。2008 年9 月20 日，深圳市龙岗区龙岗街道龙东社区舞王俱乐部（歌舞厅）由于舞台上燃放烟火而造成一起特大火灾，导致43 人死亡。2010 年11 月15 日，上海市静安区胶州路一座高层公寓大楼发生特别重大火灾，造成58 人死亡，71 人受伤。表1-1 给出了2001 ~2010 年我国火灾发生的次数及所造成的人员伤亡和财产损失情况。可以看出，随着社会和经济的发展，火灾形势越来越严峻，消防工作的重要性越来越突出。

人类用火的历史与同火灾作斗争的历史是相伴相生的，人们在用火的同时，不断总结火灾发生的规律，尽可能地减少火灾及其对人类造成的危害。火灾绝对不发生是不可能的，而一旦发生火灾，就应当及时、有效地进行扑救，减少火灾的危害。

表1-1 2001 ~2010 年我国火灾事故统计

年 份	发生火灾次数/万起	死亡人数/人	受伤人数/人	财产损失/亿元
2001	21.7	2334	3781	14.0
2002	25.8	2393	3414	15.4
2003	25.4	2482	3087	15.9
2004	25.3	2558	2969	16.7
2005	23.6	2496	2506	13.6
2006	22.3	1517	1418	7.8
2007	15.9	1418	863	9.9
2008	13.3	1385	684	15.0
2009	12.8	1148	613	15.8
2010	13.2	1108	573	17.7

注：本表的统计不含森林、草原、军队、矿井地下部分火灾。

1.2 人类对燃烧现象的认识过程

人类在用火的过程中，也一直都在探索火的本质，对燃烧的认识过程主要分为以下几个阶段。

1.2.1 初期探索阶段

最初人类还不懂得用火，后来明白了火可以烧熟食物，还能照明、取暖。到了地皇时期，“蓝田人”（距今约80万年）就已经学会了用火，还设置了专人保管，这种保存火种的办法一直持续了数十万年。而后，原始人类在漫长的用火经验中摸索发明了人工取火的方法，从而解决了火源的问题。在中国，据古代传说是燧人氏发明了钻木取火。

随着社会的进步和文明的发展，古代人也试图将对火的自然表现认识提升到科学学说的高度，并认为火是构成万物的本原物质之一。如我国“五行说”的“金、木、水、土、火”，古希腊“四元说”的“水、土、火、气”，以及古印度“四大说”的“地、水、火、风”等，这些学说的提出表明人类开始思考并试图解释火的本质问题。

1.2.2 火的燃素学说

17 世纪以后，随着工业的进一步发展以及燃烧在工业中的大规模应用，人们开始了对燃烧本质的不断思考与探索，他们在对物质和金属的焙烧过程中，虽然提出了不少看法，但均未能接触到它们的实质。其中最著名的当属 17 世纪德国的化学家史塔尔，他认为，所有可燃的物体中都含有一种特殊的物质，叫做燃素。燃素在燃烧时释放出来，当含有的燃素完全跑掉后，燃烧也就停止了；不含燃素的物质不能燃烧；物质燃烧时需要空气，是因为空气能够吸收燃素；燃烧过的产物，只需任何含有多量燃素的物质如木炭等供给它燃素，它就能恢复为原来的物质。

燃素学说在某种程度上统一地解释了大量实验事实，对科学的发展起过一定的积极作用，但燃素究竟是一种什么样的物质，人们从未在实验室中将它分离出来过。17 世纪中叶的俄罗斯科学家罗蒙诺索夫（1711～1765 年）则坚决反对这种当时占统治地位的燃素说，他借助实验，证明了金属在密闭容器内加热，质量不会增加，而放在空气里加热，质量就会增加，从而发现了“燃素说”无法解释的矛盾，这为后来拉瓦锡彻底推翻燃素说，建立氧化学说，打下了良好的基础。

1.2.3 氧化学说

1773 年和 1774 年瑞典化学家舍勒与英国化学家普列斯特利分别在实验室中发现了氧，在此基础上，法国化学家拉瓦锡（1743～1794 年）通过实验揭示了燃烧过程的实质，建立了燃烧的氧化学说，他在1771～1777 年的 6 年中，做了大量的关于燃烧和焙燃的试验，通过对这些结果的综合归纳与分析，他发现燃烧并不是史塔尔所谓的分解反应，而恰恰相反，它是可燃物质跟空气的化合反应。他于 1777 年向巴黎科学院提交了一篇名为《燃烧概论》的研究报告，其要点为：①燃烧时放出热和光；②只有存在氧时，物质才能燃烧；③空气由两种成分组成，物质燃烧时吸收了空气中的氧，其增加的重量即为所吸收的氧气；④一般的可燃物燃烧后通常变为酸，氧是酸的基本组成元素，而金属煅烧后则形成了金属的氧化物。

氧化学说的建立，揭开了人们长期解释不清的火的秘密，从此近代化学便迅速地发展起来，并开始建立起现代的化学体系。它不仅是化学发展史上的一个重大突破，还为近代火灾与消防学提供了重要的理论基础。

1.2.4 现代燃烧理论的发展过程

法国化学家拉瓦锡提出燃烧是物质氧化的理论，即燃烧是一种氧化还原反应，但其放热、发光、发烟、伴有火焰等基本特征表明它不同于一般的氧化还原反应。自此以后，燃烧学理论便获得了快速发展。

19 世纪，随着当时的热化学和热力学的发展，人们也将燃烧看做一种热力学平衡体系，进而研究了燃烧过程中重要的平衡热力学特性，获得了燃烧热、绝热燃烧温度和燃烧产物平衡成分等重要燃烧特性与计算方法。20 世纪初，前苏联化学家谢苗诺夫和美国化学家刘易斯等人研究了燃烧的化学反应动力学机理，发现反应动力学是影响燃烧速率的重要因素，且燃烧反应中所产生的中间产物具有加速燃烧过程的作用，具有分支链式反应的特点。20 世纪 20 年代，前苏联科学家泽尔多维奇、弗兰克·卡梅涅茨基和美国的刘易斯等发现很多燃烧现象都是受化学反应动力学和传热传质等物理因素相互作用的影响，而且控制燃烧过程的主导因素往往是流动和传热传质，在此基础上，初步形成了燃烧理论，并研究了着火、熄灭、火焰传播，缓燃和爆震以及扩散火焰、预混火焰、层流燃烧、湍流燃烧、液滴燃烧及碳粒燃烧等基本燃烧过程和现象。20 世纪 40 年代到 50 年代，燃烧的研究在航空、航天技术领域得到了迅速的发展，并应用于喷气发动机、火箭等问题。而粘性流体力学和边界层理论也被用于着火、火焰稳定、燃烧振荡、层流燃烧及湍流燃烧等问题的定量分析。20 世纪 50 年代到 60 年代，冯·卡门（Von Karman）利用连续介质力学对燃烧现象进行研究，之后逐渐发展成反应流体力学。到了 20 世纪 70 年代初，随着计算机技术的发展，英国科学家斯波尔丁（Spalding）等人建立了计算燃烧学理论，提出了一系列流动、传热传质及燃烧的物理模型、数学模型和数值计算方法，并用于燃烧过程的定量计算与预测，将计算燃烧学与工程应用有机地结合起来。另外，美国哈佛大学的埃蒙斯（H. W. Emmons）教授也将质量守恒、动量守恒、能量守恒和化学反应原理运用到建筑火灾的研究领域中，开始了火灾过程和机理的研究。1985 年，英国学者庄斯戴尔（D. Drysdale）教授对此前 10 年间与室内火灾燃烧特性相关的研究成果进行了总结，出版了《火灾动力学》。20 世纪 70 年代中期以来，现代激光诊断技术的出现为燃烧现象的实验测量与分析提供了重要的手段，并用于燃烧过程中气体和颗粒的速度、温度和浓度等重要参数的测量，为深入研究燃烧现象及其规律提供了精确可靠的试验数据。

目前，燃烧学仍然是一门正在发展中的学科，其涉及的领域比较广泛，包括能源、航空航天、环境工程和火灾防治等多个领域，各方面都仍然存在许多有待解决的重大问题，例如高强度燃烧、流化床燃烧、催化燃烧、渗流燃烧、煤浆燃烧技术、燃烧污染物排放和控制、火灾发生机理与防治方法等。燃烧学的研究对国家的科技、经济、军事发展均具有重要意义，例如高效的燃烧技术、高能燃料的开发等对节能与环境保护具有重要意义，而对燃烧的发生、发展和熄灭规律的研究则对消防工程具有重要意义。

燃烧学是一门偏重于工程应用的学科，因此，即使是国际知名学者也很少能因此获得诺贝尔奖。迄今，国际上为了鼓励燃烧学者进行创新研究，专门设立了三大燃烧学奖项（也有人称之为燃烧界的诺贝尔奖），分别是 1958 年设立的刘易斯（Bemard Lewis）奖、伊格尔顿（Alfred Egerton）奖和 1990 年设立的泽尔多维奇（Zeldovich）奖，所有这些奖项都是每两年评选一次（见本书附录 1）。

1.3 燃烧学与消防工程专业的关系

用火之利，防火之害，这一对矛盾永远并生，互相依存。消防工程专业作为专门研究火灾防治技术的学科，必然需要掌握扎实的燃烧学理论基础。“燃烧学”是消防工程专业的其他专业课程，如“建筑防火设计原理”、“防排烟工程”、“火灾监控技术”、“火灾调查”、“阻燃材料与技术”等的前期基础课程。

首先，由于火灾是在时间和空间上失去控制的燃烧现象，因此，要科学地认识火灾、防治火灾、控制火灾，就必须掌握物质燃烧的基本理论和基本知识。学习燃烧学的相关知识，既可以了解各种物质的燃烧条件，为防止火灾的发生提供科学的依据；还可以掌握物质的爆炸规律与预防方法，掌握不同物质的燃烧特性、燃烧规律和灭火条件，了解不同燃烧现象的发生机理与控制手段，为制定有效合理的灭火方案，减少火灾损失提供良好的基础。而掌握描述燃烧过程的数理方程，是进一步学习火灾的数值模拟技术、研究火灾蔓延与烟气流动的数学模型的重要前提。另外，可燃物表面及空间火灾的发生与蔓延、火灾烟气及其毒害物质的生成与释放、阻燃新技术原理等消防工程学科的关键科学技术问题的解决，都离不开对物质燃烧机理的研究与科学认识。可见，“燃烧学”是消防工程专业的一门重要的专业基础课。

其次，与其他专业不同，消防工程专业的“燃烧学”课程侧重于研究火灾的发生、发展和熄灭的基础规律，以及防火、防爆和灭火的一般原理。其主要内容包括：燃烧的物理化学基础，着火和灭火的基本理论，可燃气体的预混燃烧及扩散燃烧，可燃液体的燃烧及固体的燃烧等方面。由于火灾燃烧现象受多种物理化学因素影响，因此，学习燃烧学还需要具有必要的流体力学、传热学、化学热力学与动力学的知识。另外，作为一门实验性很强的课程，很多燃烧或爆炸现象的规律和特征是根据实验归纳总结得到的，因此，在学习该课程时，还应注重实验现象的观察，并善于对燃烧现象和本质的分析与归纳。同时，在学习过程中，要善于理论联系实际，注重对相关燃烧及火灾案例的分析与思考，注重燃烧知识在消防工程中的实际应用。而作为一门年轻的学科，消防工程燃烧学还很不完善，很多方面还有待充实和发展，因此，在学习过程中还应注重了解国内外燃烧及火灾科学的发展现状及研究前沿，及时补充与完善。

复 习 题

1. 以火烧赤壁中“万事俱备，只欠东风”为例，分析燃烧蔓延的影响因素。请查阅文献，进行知识拓展阅读。

2. 结合新近火灾案例，思考案例中的燃烧特点，进一步说明学习“燃烧学”课程的重要性。

第 2 章

燃烧的化学基础

2.1 燃烧的本质、特征、条件及应用

2.1.1 燃烧的本质

所谓燃烧，是指可燃物跟助燃物（氧化剂）发生的剧烈的一种发光、发热的氧化反应。本质上来说，燃烧是一种氧化还原反应，但其发光、放热、发烟、伴有火焰等基本特征表明它不同于一般的氧化还原反应。当然以上的定义是燃烧的一般化学定义，燃烧还有广义的定义，即：燃烧是指任何发光发热的剧烈的反应，不一定要有氧气参加，也不一定是化学反应。比如金属钠（Na）和氯气（Cl_2）反应生成氯化钠（NaCl），该反应没有氧气参加，但是剧烈的发光发热的化学反应，同样属于燃烧范畴。另外，核燃料燃烧就没有化学反应却也属于广义上的燃烧。本书中所描述的燃烧是指一般化学上定义的燃烧。

强烈的燃烧可能引起爆炸，其特征是：反应速度极快，释放出大能量，产生高温，并放出大量气体，这些气体和周围的气体共同膨胀，使反应能量直接转变为机械功，在压力释放的同时产生强光、热和声响。根据以上描述，爆炸是指在极短时间内，释放出大量能量，产生高温，并放出大量气体，在周围介质中造成高压的化学反应或状态变化。

以往人们以为燃烧反应是直接发生的，但是现在，人们发现很多燃烧反应并不是直接进行的，而是游离基团的循环链式反应，热和光是燃烧过程中的物理现象，游离基的链锁反应则是燃烧反应的本质。这些内容将在后文详细阐述。

2.1.2 燃烧的特征

在现实生活中，我们如何区分燃烧呢？燃烧区别于一般氧化还原反应主要在于燃烧过程中通常伴有放热、发光、火焰和烟气。

2.1.2.1 放热

在燃烧的氧化还原反应中，由于反应物的总能量总是大于生成物，因此反应是放热的。由于反应过程中的放热，燃烧区的温度急剧升高。在火灾中，这种高温将对建筑构成严重的破坏。

利用燃烧过程中放热这一特点，人们发明了感温探测器，将温度的变化转换为可识别的电信号以达到报警目的。

2.1.2.2 发光

根据玻尔理论，原子从一种定态跃迁到另一种定态，它将辐射（或吸收）一定频率的光子，被辐射或吸收光子的能量由这两种定态的能量决定，而燃烧过程之所以发光则是由于其中白炽的固体粒子和某些不稳定的中间物质分子内电子发生能级跃迁。

根据燃烧发光的特点，在火灾探测中可以采用红外探测或紫外探测等火灾光感探测技术。

2.1.2.3 火焰

火焰是在气相状态下发生的燃烧的外部表现，它除了具有发热、发光的特征外，还具有电离、自行传播等特点。

1. 火焰具有发热、发光的特征

由于发热、发光，从而使火焰具有热和辐射的现象。火焰的辐射来源于三部分，包括热辐射，化学发光辐射，以及碳粒和炽热固态颗粒的辐射。其中，热辐射来自火焰中一些化学性能稳定的燃烧产物的光谱带，如 H_2O、CO_2 以及各种碳氢化合物等，其波长一般为0.75μm～0.1mm。其中，由燃烧的主要产物 CO_2 和 H_2O 形成的红外区最强。化学发光辐射是由化学反应而产生的光辐射，它是由不连续辐射光谱带发射的，来自处于电子激发态的各种组分，如CH·、CC·、OH·等自由基。另外，火焰中也存在着碳粒和固态烟粒发射出的连续光谱，火灾中处于火焰内部或热烟气中的微小颗粒，本身温度较高，每个颗粒都起到微小的黑体或灰体的作用。

2. 火焰具有电离特性

一般地，碳氢化合物与空气的燃烧火焰中的气体，具有一定的电离度。一些试验发现，由于火焰具有电离特性，在电场的作用下，火焰会发生弯曲、变短或变长，同时，着火、熄火条件也会发生变化。

3. 火焰具有自行传播的特征

火焰一旦产生，在整个反应系统反应终止前，就会不断地向周围传播与蔓延。按火焰自行传播这个特征看，有两种火焰：一种是缓燃火焰，即正常火焰，其火焰按稳定的、缓慢的速度向外传播（0.2～1m/s）；另一种是爆震火焰，其传播速度极快，达到超音速（几千米每秒）。按燃料与氧化剂的模式火焰可以分为扩散火焰与预混火焰。其中，扩散火焰是指两种反应物在进入着火室之前未相互接触，其火焰主要受混合、扩散因素的影响，火灾中主要是扩散火焰，而预混火焰是指两种反应物的分子在着火前就已经接触，这种火焰称为预混火焰。扩散火焰与预混火焰结构是不同的。扩散火焰中由于燃料和氧化剂在燃烧之前未接触，导致燃烧不充分而产生碳粒子，碳粒子在高温下辐射出黄色光而使整个火焰呈黄色，如图2-1a所示。预混火焰是由两部分组成的，火焰外区呈紫红色，是已燃气体的微弱的可见光辐射；火焰内侧区呈绿色，是可燃气与氧气进行化学反应时的气体辐射，如图2-1c所示。但是如果预混气体中空气不足，那么在火焰内区氧气燃烧完以后还有部分多余的可燃气会穿过内区，与大气中扩散进来的氧气在绿色内区与紫红色外区之间进行扩散燃烧，产生黄色火焰区。于是，火焰就由三部分构成：绿色内区、黄色中间区和紫红色外区，如图2-1b所示，该种火焰被称为过渡火焰。

按流体力学特性，火焰可分为层流火焰和湍流火焰，火灾中绝大部分属于湍流火焰。

按火焰状态不同可分为移动火焰和驻定火焰。前者的火焰位置在空间是移动的，而后者指火焰位置是固定的，由于燃烧时会蔓延扩大，火灾中火焰均是移动火焰。

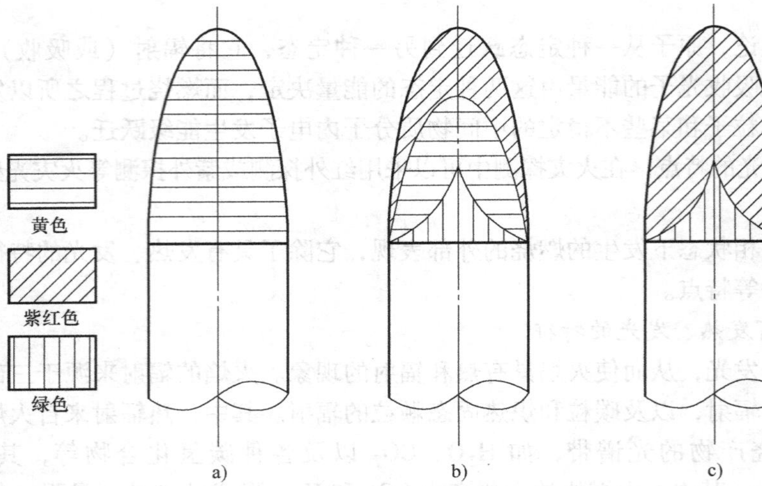

图 2-1　气体火焰结构

按两种反应物初始物理状态分，有均相火焰（气体燃料和气态氧化剂的反应）和多相火焰（液体或固体燃料和气态氧化剂直接反应），其中多相火焰也称为异相火焰。

以上内容将在后面有关章节作具体介绍。

2.1.2.4　烟气

火灾事故统计表明，火灾中 70% 以上死亡由火灾中产生的烟气导致。火灾中，由于燃烧不完全等原因，燃烧产物中混有一些微小的颗粒（直径一般在 $10^{-7} \sim 10^{-4}$cm），这种由燃烧或热解作用而产生的悬浮在大气中可见的细小固体或液体微粒称为烟。固体微粒主要是碳的微粒，即碳粒子。而碳粒子由大量球形粒子组成，每个球形粒子又由大量的晶粒组成，每个晶粒由 5～10 层碳原子组成，每层约含有 1000 个碳原子，它们都以正六边形排列在同一平面上，具有类似石墨的结构。但是需要注意的是，碳粒子中不全是碳原子，还含有少量的氢原子，按质量分数计约占有 1%，按原子个数计约占 12%，因此碳粒子具有 C_8H 的经验分子式。

2.1.3　燃烧的条件及应用

2.1.3.1　燃烧的条件

物质燃烧过程的发生和发展，必须具备三个必要条件，即可燃物、助燃物和点火源。

1. 可燃物（还原剂）

凡是能与空气中的氧或其他氧化剂起燃烧反应的物质，均称为可燃物。可燃物按其物理状态分为气体可燃物、液体可燃物和固体可燃物三种类别。一般来说，可燃烧物质大多是含碳和氢的化合物，某些金属在某些条件下也可以燃烧，如镁、铝、钙等。

2. 助燃物（氧化剂）

凡是与可燃物结合能导致或能够支持燃烧的物质，都叫做助燃物。燃烧过程中助燃物主要是空气中游离的氧，另外如高锰酸钾、氯气、过氧化钠、氯酸钾等也可以作为燃烧反应的氧化剂。空气是最常见的助燃物，本书中如果没有特别说明，可燃物均是指在空气中燃烧。

3. 点火源

凡是能引起燃烧物燃烧的点燃能源，统称为点火源。常见的是热能，其他还有化学能、机械能、电能等转变的热能。

上述三个条件通常被称为燃烧三要素，这三要素中，无论缺少了哪个条件，燃烧都不能发生。即使具备了以上三要素并且相互结合、相互作用，燃烧也未必发生。要发生燃烧，以上三个要素还必须达到一定的量，如点火源有足够的热量和一定的温度，助燃物和可燃物有一定的浓度和数量。燃烧能发生时，以上三要素可表示为如图2-2a所示的封闭的三角形，即着火三角形。

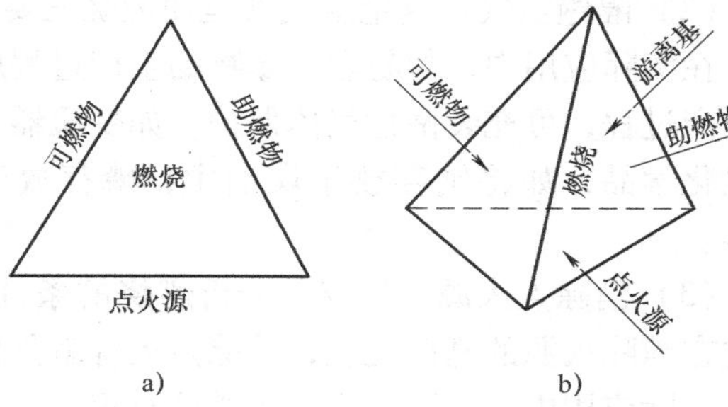

图2-2　着火三角形和着火四面体

a）着火三角形　b）着火四面体

根据链锁反应理论，很多燃烧的发生和持续需要“中间体”游离基（自由基），也就是说游离基也是这些燃烧不可或缺的条件，因此需要构建如图2-2b所示的着火四面体，才能更加准确地描述燃烧的条件。

2.1.3.2　火灾现象与燃烧条件相关分析

1. 轰燃

轰燃是指火在建筑内部突发性地引起全面燃烧的现象。一般来说，室内火灾发生轰燃需要满足两点条件，首先，上层热烟气平均温度达到600℃；其次，地面处接受的热流密度达到20kW/m^2。这两个条件均表明，轰燃是室内可燃物所受的点火源条件得到满足时，引起的突然全面着火。

2. 回燃

在一封闭空间发生燃烧，当氧气消耗到一定程度时，由于缺少助燃物条件，燃烧将停止，但由于燃烧结束后的环境温度较高，室内可燃物仍然进行着热解反应，室内会逐渐积聚大量的可燃气体，如果此时通风条件改善，空气会以重力流的形式补充进来，与室内的可燃气体混合，于是助燃条件得到满足。当混合气被灰烬点燃后，会形成大强度、快速的火焰传播，在室内燃烧的同时，通风口外形成巨大的火球，从而同时对室内和室外造成危害，这种现象就称为回燃。回燃火灾的突然性及其强大的破坏性，给消防人员进行火灾扑救带来了极大的危险，严重威胁着人们的生命安全。

2.1.3.3　燃烧条件的应用

根据燃烧发生的条件，便可以确定防火和灭火的基本原理，对于防火则主要是防止着火条件的形成，而对于灭火，则是要破坏已经形成的燃烧条件。

1. 防火方法

根据上文所介绍的着火三角形，可以提出如下防火方法：

（1）控制可燃物。可燃物是燃烧过程的物质基础，控制可燃物就是使燃烧三要素中不具备可燃物条件或缩小燃烧范围。

实际中有很多控制可燃物的措施，如选材时，尽量用难燃或不燃的材料代替可燃材料，如用防火漆浸涂可燃物以提高耐火性能，用水泥代替木料建筑房屋等；限制易燃物品的存放量，并且将能发生相互作用的物品分开存放；及时清除滴漏在地面或污染在设备上的可燃物；对于具有火灾、爆炸危险性的场所，加强通风以降低可燃气体、蒸气和粉尘在空气中的浓度，使它们的浓度控制在爆炸下限以下；在森林中采用防火隔离带等。

（2）隔绝空气。隔绝空气就是使燃烧三要素中缺少助燃条件（即氧化剂）。

在实际应用中，如易燃易爆物的生产过程应在密封的容器、设备内进行；对有异常危险的生产过程，可充装惰性气体保护，如变压器充惰性气体进行防火保护；隔绝空气储存某些危险化学品，如将钠存放于煤油中，磷存放于水中，镍储存在酒精中，二硫化碳用水封存等。

（3）消除点火源。研究和分析燃烧的条件说明这样一个事实：防火的基本原则主要应建立在消除火源的基础之上，消除点火源就是使燃烧三要素中不具备引起燃烧的火源。

实际应用中，消除点火源的措施有很多，如在有火灾危险的场所，严禁吸烟或穿带钉子的鞋，严禁明火照明；安装避雷装置防雷击；接地防静电；在可能由易燃易爆物品引起着火的场所使用防爆电器设备，如防爆灯；隔离火源、控制温度、遮挡阳光等措施。

（4）设置防火间距。通过对建筑物进行合理的布局并设置防火间距，可以防止火灾在相邻建筑物之间的蔓延，同时为人员疏散、消防人员的救援和灭火提供相应条件，减少火灾建筑对邻近建筑及其居住者或使用者的辐射热和烟气的影响。

2. 灭火方法

着火四面体不仅描述了着火所必要的条件，还为灭火提供了理论指导。根据着火四面体中的四个要素，灭火方法可以分为四种，分别为隔离法、窒息法、冷却法和抑制法。

（1）隔离法。把可燃物与引火源或氧气隔离开来，燃烧区得不到足够的可燃物就会自动熄灭。

具体方法有：

1）关闭可燃气体、可燃液体管道的阀门，以减少和阻止可燃物质进入燃烧区。

2）把火源附近的可燃、易燃、易爆和助燃物品搬走。

3）拆除与火源相毗连的易燃建筑物，形成防止火势蔓延的空间地带，即设置隔离带。

4）设法阻拦流散的易燃、可燃液体。

（2）窒息法。各种可燃物的燃烧都必须在一定的氧气浓度以上才能进行，否则燃烧就不能持续进行。因此，通过降低燃烧物周围的氧气浓度可以起到灭火的作用。通常使用的二氧化碳、氮气、水蒸气等的灭火机理主要是窒息作用。

实际生产生活中，具体应用有：

1）喷洒雾状水、干粉、泡沫等灭火剂覆盖燃烧物。

2）用沙土、水泥、湿麻袋、湿棉被等不燃或难燃物质覆盖燃烧物。

3）密闭起火建筑、设备和孔洞。

4）用水蒸气或氮气、二氧化碳等惰性气体灌注发生火灾的容器、设备。

5）把不燃的气体或不燃液体（如二氧化碳、氮气、四氯化碳等）喷洒到燃烧区域内或燃烧物上。

（3）冷却法。根据着火四面体，可燃物的点燃需要足够强度的点火源，因此，对一般可燃物火灾，将可燃物冷却到其燃点或闪点以下，已经燃烧的可燃物就不能点燃未燃的可燃物了，燃烧反应就会中止。冷却灭火法的原理是将相应的灭火剂直接喷射到燃烧的物体上，以将燃烧区的温度降低到可燃物的燃点之下，使燃烧停止，或者将灭火剂喷洒在火源附近的物质上，使其不因火焰热辐射作用而形成新的火点。冷却灭火法是灭火的一种主要方法，常用水和二氧化碳作为灭火剂进行冷却降温灭火。单纯的冷却法中灭火剂在灭火过程中不参与燃烧过程中的化学反应，因此这种方法属于物理灭火方法。

（4）抑制法。根据着火四面体，抑制燃烧反应自由基的方法也是一种有效的灭火方法，即抑制法。这种方法的原理是：使灭火剂参与到燃烧反应中去，它可以销毁燃烧过程中产生的游离基，形成稳定分子或低活性游离基，从而使燃烧反应终止，达到灭火的目的。例如，使用1211（二氟一氯一溴甲烷）、1202（二氟二溴甲烷）、1301（三氟一溴甲烷）、气溶胶等灭火剂进行抑制灭火。但是，需要注意的是，使用抑制法灭火时一定要将灭火剂准确地喷射在燃烧区内，使灭火药剂参与到燃烧反应中去，否则，将起不到抑制反应的作用。

表2-1给出了常见灭火剂的灭火机理。

表2-1　常见灭火剂的灭火机理

灭火剂名称	灭火机理
CO_2、IG541、N_2 灭火剂	窒息法
水	冷却法
泡沫灭火剂	隔离法、冷却法
FM200、1301、1201、三氯甲烷等卤代烷类灭火剂	抑制法
干粉、超细干粉制成的冷气溶胶灭火剂	抑制法、冷却法、窒息法

2.2　燃烧的氧化机制

2.2.1　基元反应

反应物粒子（原子、离子、分子、自由基等）在碰撞中相互作用直接转变为新产物的反应，称为基元反应。换句话说，基元反应是指没有中间产物一步完成的反应，即只包含一个基元步骤的反应。需要说明的是，没有中间产物并且只需一步完成的反应不一定全是基元反应，基元反应还要求反应物经过某一路径反应得到生成物，同时生成物可以通过同样的路径重新得到反应物。

以下面的化学反应为例：

$$CO + NO_2 \rightarrow CO_2 + NO$$

按照化学反应方程式系数可以得出：

$$v_{正} = -\frac{d(CO)}{dt} = k_{正}[CO][NO_2]$$

$$k_{正}[CO][NO_2] = k_{逆}[NO][CO_2]$$

$$v_{逆} = -\frac{d(NO)}{dt} = k_{逆}[NO][CO_2]$$

当浓度项都是平衡浓度时，应满足 $v_{正}=v_{逆}$，所以：

$$\frac{k_{正}}{k_{逆}}=\frac{[NO][CO_2]}{[CO][NO_2]}$$

一般来说，仅仅包含一个基元反应的化学反应极少，大部分化学反应往往需要经历若干个基元反应才能从反应物分子转化为最终产物分子。仅由一个基元反应构成的化学反应称为简单反应。由两个或两个以上的基元反应构成的化学反应称复杂反应，或者称为非基元反应。

2.2.2 碰撞理论

气体的化学反应是通过原子和分子间发生碰撞而引起的。如图 2-3 所示，根据气体运动学理论，原子 A 和分子 BC 碰撞的频率，即单位时间和单位体积内 A 与 BC 的碰撞次数 $Z_{A,BC}$ 通过下式计算给出：

$$Z_{A,BC} = [A][BC]N_A^2\pi\delta_{A,BC}^2\left(\frac{8kT}{\pi\mu_{A,BC}}\right)^{1/2} \quad (2-1)$$

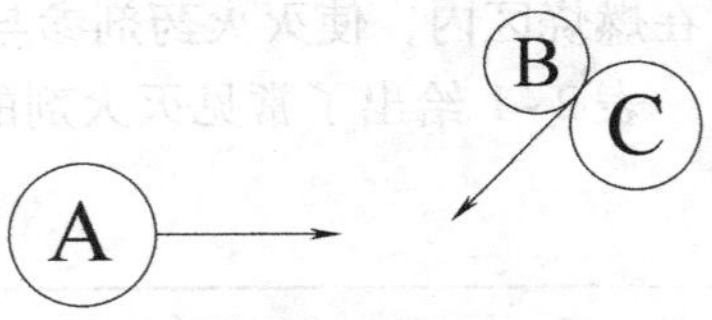

图 2-3　碰撞理论

式中　[A] ——原子 A 的物质的量浓度（mol/m^3）；

[BC] ——分子 BC 的物质的量浓度（mol/m^3）；

N_A——阿伏伽德罗（Avogadro）常数，$N_A=6.022\times10^{23}$；

k——玻耳兹曼（Boltzmann）常数，$k=1.381\times10^{-23}J/(K\cdot mol)$。

在假设碰撞粒子为刚性球体的情况下，d 为直径，则相应的有效碰撞半径为 $\delta_{A,BC}=\frac{d_A+d_B}{2}$，相应的碰撞面积为 $\pi\delta_{A,BC}^2=\pi\left(\frac{d_A+d_B}{2}\right)^2$。同时折合质量 $\mu_{A,BC}$ 的计算公式为 $\mu_{A,BC}=\frac{m_Am_{BC}}{m_A+m_{BC}}$。

事实上，相互接触、碰撞并破坏物质原有的化学键是分子间发生化学反应的必要条件，通过化学反应才有可能形成新的化学键，进而产生新的物质。分子间的碰撞时刻都在发生，且碰撞次数很大，但并非所有碰撞都会引起原有的化学键的破坏和新的化学键的形成，只有所谓的“活化分子”之间的碰撞才会引起反应。在一定温度情况下，活化分子的动能高于其他分子所具有的平均能量，而正是这些超过一定数值的能量才能破坏原有分子内部的化学键。所谓活化能 E 就是分子发生化学反应所必须达到的最低能量。活化能在不同的反应中是不一样的。而所谓的活化分子则是其能量达到或者超过活化能 E 的分子。

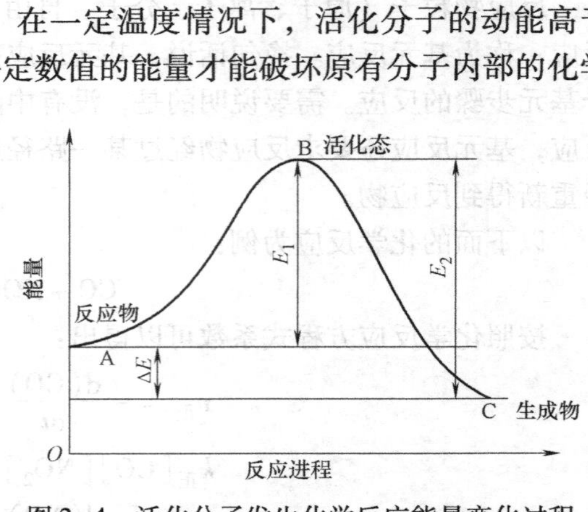

图 2-4　活化分子发生化学反应能量变化过程

图 2-4 所示的为活化分子发生化学反应的能量变化过程。图中，B 是反应物 A 和生成物 C 之间存在的一个活化态，在化学反应之前，反应物 A 的分子在达到活化态中要吸收一定的能量，并且能够满足克服化学反应的能量 E_1，E_1 称为该反应的活化能。随着反应的进行，产

生生成物 C 并放出大量热量，而化学反应的反应热 ΔE（即发热量）是释放出的能量除抵消活化能以外剩余的那部分能量。

2.2.3　链锁反应机理

在燃料氧化时发生的一系列基元反应就构成了反应机理。对于简单的燃料，如 H_2 和 CO 的燃烧，只涉及数十个基元反应；而对于碳氢燃料，要涉及上百个反应。从理论上来说，所有参加反应的反应物、中间产物和生成物在不同的温度、压力和初始燃料当量比的情况下与时间相关的浓度都可以通过一套完整的机理定量地描述。但是实际上，相应的反应机理是很难建立的。因此，为了方便理解燃烧机理的基本框架，以便利用这个框架解释燃烧化学的爆炸特性，首先将基元反应按大类分组。接着，要对几种特定燃料的燃烧机理进行研究，特别要强调燃料的一般特性。同时，也引入简化手段来实现这些讨论。

链锁反应是燃烧化学中必不可少的部分。首先，链锁反应是将稳定的反应物分子经加热或光产生分解作用，并生成高度活泼的中间产物。因为这些中间产物是自由的、很小的活性物质，它们在其外层轨道上存在不成对的电子，因此有很强的反应性。

2.2.3.1　链锁反应过程

波登斯坦（Bodenstein）是通过 H_2-Br_2 的反应来解释链锁反应的相应特性，首先在加热或光照条件的引发下 Br_2 断裂产生溴自由基（Br·），接着再进行一系列的链锁反应。

1. 链的引发过程

$$M + Br_2 \rightarrow 2Br\cdot + M$$

所谓链的引发就是用光照、加热或其他作用让反应物分子断裂产生自由基的过程，提供链锁反应的自由基是链引发的主要特征。Br_2 的键能大约为 189kJ/mol，而 H_2 的键能大约为 427kJ/mol，因此如果能量不足够高，那么就由 Br_2 的断裂引发链而形成链式反应。但是，这种条件下链的引发速度是很慢的，因为 Br_2 的断裂需要吸收大量的热，这个过程的活化能为 160～460kJ/mol。

2. 链的传递过程

$$Br\cdot + H_2 \rightarrow HBr + H\cdot$$

$$H\cdot + Br_2 \rightarrow HBr + Br\cdot$$

$$H\cdot + HBr \rightarrow H_2 + Br\cdot$$

所谓链的传递过程就是在自由基作用于反应物分子时，生成新的自由基和产物，这是提供化学反应能继续下去的条件，即自由基再生的过程。大多数的链传递反应的活化能为 0～40kJ/mol，链传递反应的快慢是决定链锁反应速度的重要因素。

3. 链的断裂过程

$$M + 2Br\cdot \rightarrow Br_2 + M$$

所谓链断裂就是指自由基与器壁碰撞，或者与容器中的惰性分子碰撞而失去能量，自由基消失，形成稳定分子同时链被中断的过程。链的中断包括两种形式，自由基的气相销毁和自由基的固相销毁。所谓气相销毁就是两个自由基或者自由基与一个惰性分子或低能量的自由基相撞而失去能量，然后再结合成稳定的分子的过程；而所谓的固相销毁则是自由基与器壁碰撞导致链终止的过程。

2.2.3.2 链锁反应类型

1. 直链反应

所谓直链反应是指在链的传递过程中，一个活性粒子参加反应后，只产生一个新的活性粒子的链锁反应。

例如氢气和氯气的反应过程：

$$H_2+Cl_2 \rightarrow 2HCl \text{（总反应）}$$

$$M+Cl_2 \rightarrow 2Cl\cdot +M \text{（链引发）}$$

$$\left.\begin{array}{l} Cl\cdot +H_2 \rightarrow HCl+H\cdot \\ H\cdot +Cl_2 \rightarrow HCl+Cl\cdot \\ \qquad\vdots \end{array}\right\} \text{（链传递）}$$

$$M+2Cl\cdot \rightarrow Cl_2+M \text{（链断裂）}$$

从以上的链锁反应可以看出，在链的传递过程中每消耗一个氯自由基得到相应反应产物的同时，伴随着一个新的氯自由基的生成，氯自由基的数目在整个反应过程中始终保持不变。

2. 支链反应

所谓支链反应就是在一定的温度条件下，基元反应产生的链载体的数目比消失的数目多，链传递过程呈枝杈发射状。如，H_2 和 O_2 的燃烧反应就是支链反应。

2.2.4 典型氧化反应机理

很多燃料的热释放速率和火焰结构的某些方面可以近似地用总反应机理来描述。但是需要注意的是，在宽广的温度、压力和燃料当量比的范围内的燃烧速率只有完全的反应机理才能解释。

2.2.4.1 H_2 的氧化机理

H_2 的燃烧化学反应化学方程式为：

$$2H_2+O_2 \rightarrow 2H_2O$$

表面上看，该反应是3个分子（2个 H_2 分子，1个 O_2 分子）相互碰撞而发生化学反应的，但是3个分子同时碰撞并发生化学反应的概率极低，几乎不存在，而实际上 H_2 与 O_2 的化学反应在某些情况下很剧烈，因此可以断定 H_2 与 O_2 的化学反应不是3个分子直接碰撞而发生的。

目前的研究成果一致认为，H_2 和 O_2 的化学反应是按链式反应形式进行的，包含20多个基元反应。

1. 链的引发

H_2 与 O_2 发生化学反应，引发链式反应的反应如下

$$H_2+M \rightarrow H\cdot +H\cdot +M$$

H_2 分子与高能量分子 M 碰撞，使得 H_2 分子分解成 2 个 H 原子，成为最初的活性中心 H。

2. 链的传递

H_2 与 O_2 发生链式反应，其链的传递过程大致如下：

$$(+)\begin{cases} H\cdot + O_2 \rightarrow OH\cdot + O\cdot \\ O\cdot + H_2 \rightarrow OH\cdot + H\cdot \\ OH\cdot + H_2 \rightarrow H_2O + H\cdot \\ OH\cdot + H_2 \rightarrow H_2O + H\cdot \end{cases}$$

$$H\cdot + O_2 + 3H_2 \rightarrow 3H\cdot + 3H_2O$$

一个氢自由基参加反应，经过一个链传递过程生成水，同时，产生三个氢自由基，而自由基的数目在反应过程中是随时间增加而增加的，如图2-5所示，整个反应速率是加速的，并且最终能够引起爆炸。

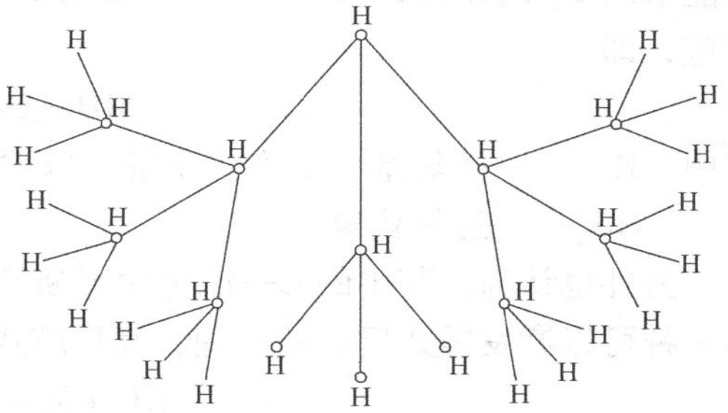

图2-5 氢自由基数目增加示意图

3. 链的终止

随着活性中心浓度的不断增加，这些活性中心碰撞的概率会越来越大，同时形成稳定分子的机会也越来越大；另外，活性中心的能量也会由于其在空中相互碰撞而被夺走，或者是由于撞到器壁等原因而销毁，从而使它失去活性而成为稳定分子。因此，活性中心的数目不会无限制地增加，甚至会出现撞到器壁而销毁的活性中心数目大而相应产生活性中心的数目小的情况，此时，销毁速度大于产生速度而造成链的终止，从而使化学反应不能发生。

2.2.4.2 CO（一氧化碳）的氧化机理

CO的氧化有两种完全不同的途径：“完全干式”和“湿式”，而按照哪种途径主要决定于系统中的氢含量。

干燥的CO和纯氧混合物需在660~740℃才能发生缓慢反应，因此，“完全干式”机理在大气化学中很重要，但是不适用于燃烧。“湿式”机理在燃烧中是很适用的，即当水蒸气含量低于0.01%时，湿式氧化速率仍比干式氧化快几个数量级。当然，CO的氧化过程中一般也包括 H_2-O_2 的氧化反应，但是此时组分中H·的浓度很低。

高温情况下，CO氧化过程主要的反应是：

$$H\cdot + O_2 \rightarrow O\cdot + OH\cdot$$

$$CO + OH\cdot \rightarrow CO_2 + H\cdot$$

一般来说，反应放热最多的应该是形成产物的终止反应，但上式中的CO和OH·之间的反应的放热量却不是最多的，其原因是它同时也是一个链传播反应。

在高温条件下，下面这第三个反应在高温CO氧化机理中也是很重要的：

$$OH\cdot + H_2 \rightarrow H_2O + H\cdot$$

要注意：以上两个反应在生成最稳定的产物 H_2O 和 CO_2 时，反应中都需要OH·的存在。

在温度较低的情况下，CO的氧化将产生剧烈变化，此时的主要反应为：

$$CO + HO_2 \rightarrow CO_2 + OH\cdot$$

式中，HO_2 是过氧化氢。

2.2.4.3 烷类和烯类碳氢化合物的氧化机理

碳氢化合物的燃烧化学反应不像 H_2 及 CO 的燃烧反应，它的反应过程更为复杂。在一般情况下，碳氢化合物的燃烧反应大都属于分支链反应，其反应最大的特征在于新的链式环节需要依靠中间产物分子的分解才能发生，因此，其化学反应速率比 H_2 或 CO 的燃烧都要慢。

现实中存在着各种各样的碳氢化合物，其化学式可简化写做 RH，当受到某一个具有足够能量的 O_2 的作用，RH 中的一个 C 的 H 化学键断开而形成自由基时，即开始发生了氧化反应，即：

$$RH + O_2 \rightarrow R\cdot + HO_2$$

式中 R·——碳氢基（具有自由键，以“·”表示）；
HO_2——过氧化氢。

另外也认为，其中的 C—H 化学键断开而形成两个不同的碳氢基 R′·与 R″·，这也是另一种可以激发链式反应的机理，其反应式如下：

$$RH + M \rightarrow R'\cdot + R''\cdot + M$$

而碳氢基与 O_2 迅速反应时，将产生过氧化基：

$$R\cdot + O_2 \rightarrow RO_2$$

高温下过氧化基又将分解产生 OH 基和醛：

$$RO_2 \rightarrow RCHO + OH$$

其中的一个分支反应——醛与 O_2 的反应，在反应中基的数目增加，即：

$$RCHO + O_2 \rightarrow RCO + HO_2$$

上式所产生的 RCO 将热分解，产生 CO：

$$RCO + M \rightarrow R\cdot CO + M$$

碳氢燃料燃烧的最后一步是 CO 氧化为 CO_2 的过程，即：

$$CO + OH \rightarrow CO_2 + H$$

把上述经过简化，碳氢燃料的基本反应途径可以认为是：

$$RH \rightarrow R\cdot \rightarrow HCHO \rightarrow HCO \rightarrow CO \rightarrow CO_2$$

以上所述的各个反应机理在不同的文献中有不尽相同的解释，还需进行更深入的研究。

2.3 燃烧反应速度方程

2.3.1 燃烧反应中浓度常用的表示方法

1. 质量浓度

所谓质量浓度就是指单位体积混合物中所含某物质的质量：

$$\rho_s = \frac{G_s}{V} \tag{2-2}$$

式中 ρ_s——组分 s 的质量浓度（kg/m^3）；
G_s——组分 s 的质量（kg）。

2. 物质的量浓度

所谓物质的量浓度是指单位体积中所含某物质的摩尔数。以下为其计算公式：

$$c_s = \frac{n_s}{V} \tag{2-3}$$

式中 c_s——组分 s 物质的量浓度（mol/m^3）；

n_s——组分 s 的物质的量（mol）；

V——混合物的体积（m^3）。

3. 质量分数[㊀]

某物质的质量与同一体积中各物质的总质量之比为质量分数（f_s），也就是相对的质量浓度，表示如下：

$$f_s = \frac{G_s}{G_{总}} = \frac{G_s/V}{G_{总}/V} = \frac{\rho_s}{\rho_{总}} \tag{2-4}$$

4. 摩尔分数[㊁]

某物质的摩尔数与同一体积中各物质的总摩尔数之比即为摩尔分数（X_s），也就是相对的物质的量浓度，表示如下：

$$X_s = \frac{n_s}{n_{总}} = \frac{n_s/V}{n_{总}/V} = \frac{c_s}{c_{总}} \tag{2-5}$$

5. 质量浓度与物质的量浓度的关系

质量浓度与摩尔浓度的关系表示如下：

$$c_s = \frac{n_s}{V} = \frac{G_s}{M_s V} = \frac{\rho_s}{M_s} \quad \rho_s = M_s c_s \tag{2-6}$$

6. 质量分数与摩尔分数的关系

$$f_s = \frac{\rho_s}{\rho_{总}} = \frac{c_s M_s}{c_{总} M_{总}} = \frac{M_s}{M_{总}} X_s \tag{2-7}$$

【例2-1】 在常压、27℃状态下，已知空气的质量浓度 $\rho_{空} = 1.177 \times 10^{-3} g/cm^3$，且 $X_{O_2} = 0.21$，$X_{N_2} = 0.79$（忽略空气中的其他气体），试求出空气中 c_{O_2}、c_{N_2}、ρ_{O_2}、ρ_{N_2}、f_{N_2}、f_{O_2}各物理量的值。

【解】（1）求 c_{O_2}、c_{N_2}。

因为 $\rho_s = M_s c_s$

所以 $\rho_{O_2} = M_{O_2} c_{O_2} = 32C_{O_2}$，$\rho_{N_2} = M_{N_2} c_{N_2} = 28c_{N_2}$

$\rho_{空} = M_{O_2} c_{O_2} + M_{N_2} c_{N_2} = 32c_{O_2} + 28c_{N_2}$

又因为 $X_{O_2} = \dfrac{c_{O_2}}{c_{O_2} + c_{N_2}} = 0.21$

所以 $c_{N_2} = \dfrac{0.79}{0.21} c_{O_2}$

㊀ GB 3102.8—1993《量和单位》将某物质的质量与混合物的质量之比定义为质量分数。

㊁ GB 3102.8—1993《量和单位》将某物质的物质的量（摩尔数）与混合物的物质的量之比定义为摩尔分数。

带入得到：

$$\rho_{空} = c_{O_2}M_{O_2} + c_{N_2}M_{N_2} = 32c_{O_2} + 28c_{N_2} = \left(32 + 28 \times \frac{0.79}{0.21}\right)c_{O_2}$$

解得：

$$c_{O_2} = 8.53 \times 10^{-6}\text{mol/cm}^3$$
$$c_{N_2} = 3.23 \times 10^{-5}\text{mol/cm}^3$$

（2） 求ρ_{O_2}、ρ_{N_2}。

$$\rho_{O_2} = c_{O_2}M_{O_2} = (8.53 \times 10^{-6} \times 32)\text{g/cm}^3 = 0.273 \times 10^{-3}\text{g/cm}^3$$
$$\rho_{N_2} = c_{N_2}M_{N_2} = (3.23 \times 10^{-6} \times 28)\text{g/cm}^3 = 0.904 \times 10^{-3}\text{g/cm}^3$$

（3） 求f_{O_2}、f_{N_2}。

因为$f_s = \dfrac{\rho_s}{\rho_{总}}$

所以$f_{O_2} = \dfrac{\rho_{O_2}}{\rho_{总}} = \dfrac{0.273 \times 10^{-3}}{1.177 \times 10^{-3}} = 0.232$

$f_{N_2} = \dfrac{\rho_{N_2}}{\rho_{总}} = \dfrac{0.904 \times 10^{-3}}{1.177 \times 10^{-3}} = 0.768$

2.3.2 反应速度的基本概念

1. 反应速率的定义

所谓化学反应速率就是指单位时间内反应物浓度的减少或生成物浓度的增加。

在一个化学反应系统中，随着反应的进行，反应物的浓度将不断降低，而生成物的浓度不断增加，直至达到平衡。经过大量实验证实，对于大多数反应系统，反应物和产物的浓度随时间的变化一般不呈线性关系，其正确的关系如图2-6所示。

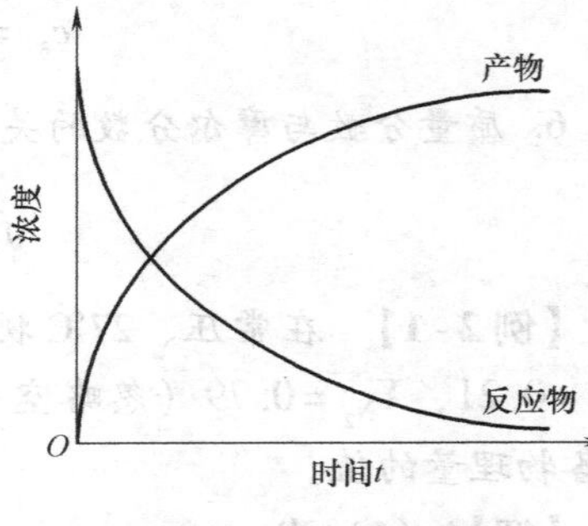

图2-6 反应物和产物的浓度随时间的变化

2. 公式表达

由上述定义可知，化学反应速率可根据不同的浓度单位，选择不同的表达形式，具体表达形式如下：

采用摩尔浓度形式 $$w_c = \pm \frac{dc_i}{dt} \tag{2-8}$$

采用相对摩尔浓度形式 $$w_x = \pm \frac{dx_i}{dt} \tag{2-9}$$

3. 任一反应的反应速率的表示

反应速率可用反应物浓度的变化来表示，也可用生成物的变化量来表示，所得到的反应速率值之间存在单值计量关系。例如，对于任一反应，其方程均可表示为如下形式：

$$aA + bB \rightarrow eE + fF$$

其相应的反应速率可表示为：

$$\left.\begin{aligned} w_A &= -\frac{dc_A}{dt} \\ w_B &= -\frac{dc_B}{dt} \\ w_E &= +\frac{dc_E}{dt} \\ w_F &= +\frac{dc_F}{dt} \end{aligned}\right\} \tag{2-10}$$

并且存在 $\frac{w_A}{a} = \frac{w_B}{b} = \frac{w_E}{e} = \frac{w_F}{f} = w$，其中，$w$ 是唯一的，称为系统反应速率。

2.3.3 质量作用定律

1. 质量作用定律概念

质量作用定律所描述的是化学反应速率与反应物浓度之间关系的规律。化学反应是由能发生反应的反应物各分子、原子或原子团间的碰撞而引起的，单位体积内的分子数越多，即反应物的浓度越大，分子碰撞次数也就越多，则相应的反应速率就越快。

在给定温度条件下，所谓的质量作用定律就是基元反应在任何瞬间的反应速率与该瞬间参与反应的反应物浓度幂的乘积成正比的规律，质量作用定律只适用于基元反应。

2. 表达式

以下面的反应式为基础：

$$aA + bB \rightarrow eE + fF$$

根据质量作用定律可得其速度方程为：

$$w_s = kc_A^a c_B^b \tag{2-11}$$

式中 k——反应速度常数（$mol^{1-a-b} \cdot m^{3a+3b-3}$）$\cdot s^{-1}$

对于异相反应，例如煤粉燃烧，其燃烧反应速率与 O_2 浓度及参与反应的煤粉表面积成正比，也可借用质量作用定律近似地表示为：

$$w = k_f A c_{O_2}^n \tag{2-12}$$

式中 A——单位体积煤粉与空气混合物内的煤粉表面积。

3. 反应级数

反应级数指反应速率表达式中的反应物浓度指数之和，一般来说，基元反应的反应级数总为整数。反应级数定量地表示了化学反应速率受反应浓度变化影响的程度，常被用来进行燃烧过程的化学动力学分析。

如果化学反应速率正比于反应物浓度，该反应就是一级反应；如果化学反应速率正比于两种物质浓度的一次方的乘积，或者说化学反应速率正比于反应物浓度的二次方，则该反应就是二级反应；相应的三级反应等都可以依此类推。然而三级反应极为少见，至于三级以上的反应基本没有。

对于基元反应 $aA + bB \rightarrow eE + fF$，其反应级数 $n = a + b$。

对一级反应，速率常数的单位为 s^{-1}，对二级反应，速率常数的单位为 $m^3/(mol \cdot s)$。

需要说明的是，总包反应是由一系列简单的基元反应组成，其反应级数一般不能用总化学反应方程式的反应物分子数来确定，且不一定是正整数，具体数值需要根据实验测得的反应速率与反应物浓度的关系来确定，可以是整数，也可以是分数。

另外，在某些化学反应中，实验得到的反应级数与总化学反应方程式的反应物分子数相等的情况仅是巧合。

对于多组分可燃物，其反应级数也只能通过实验或工程经验求得，表 2-2 给出了常见燃料燃烧反应的级数。

表 2-2 常见燃料燃烧反应级数

常见燃料	反应级数的大概数值
煤气	2
轻油	1.5 ~2
重油	1
煤粉	~1

另外，对于大多数碳氢化合物的燃烧反应，其反应级数近似等于 2。

2.3.4 阿累尼乌斯定律

1. 范特-霍夫规则

在燃烧反应中，特别是火灾中，温度越高，反应就越剧烈，温度是影响反应速度的重要因素之一。

范特-霍夫（Van't-Hoff）根据大量实验研究得出温度影响反应速率的近似规则，即通常的反应，温度每升高 10℃，反应速率则对应增加 2 ~4 倍。这个规则称为范特-霍夫规则，可表示如下：

$$\frac{k_{t+10}}{k_t} = \gamma \tag{2-13}$$

式中 k_t——速率常数；

k_{t+10}——$(t+10)$℃时的速率常数；

γ——反应速率的温度系数，其值为 2 ~4。

对于一定的反应，温度变化范围不是很大时，γ 可视为常数，则 t℃与 $(t+n\cdot 10)$℃时的速率常数之比可表示为：

$$\frac{k_{(t+n\cdot 10)}}{k_t} = \gamma^n \tag{2-14}$$

需要指出的是，范特-霍夫规则作为一个近似的经验规则，适用于大多数的反应，在缺少完整数据时，是一种很好的约略方法。

2. 阿累尼乌斯（Arrhenius）公式

根据范特-霍夫规则以及反应速率常数随温度而变化的关系，阿累尼乌斯由实验结果提出了温度对反应速率影响的具体关系式——阿累尼乌斯公式，该公式表示为：

$$\ln k = -\frac{E}{RT} + \ln A \tag{2-15}$$

也可表示为：

$$k = Ae^{-E/RT} \tag{2-16}$$

或

$$\lg k = -\frac{E}{2.303RT} + B \tag{2-17}$$

式中　A、B——常数，对于不同的反应 A、B 数值也不同；

E——反应的活化能，E 相对温度而言为常数，其意义见本书 2.2.2 节所述。

由式（2-15）可知 $\ln k$ 和 $1/T$ 呈线性关系，如图 2-7所示。结合实验结果，便可获得活化能 E、常数 A 等数值。

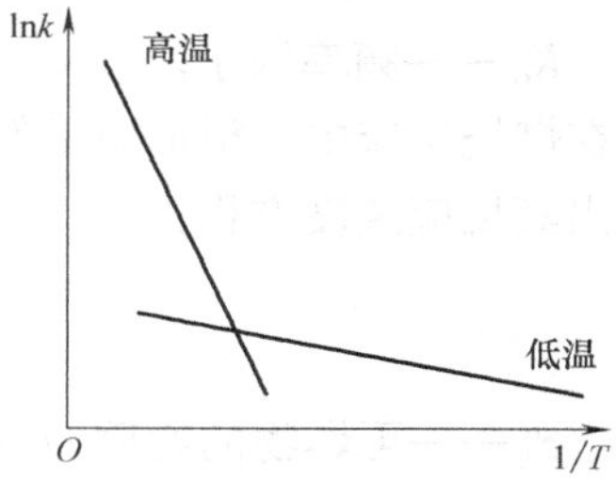

图 2-7　反应速率与温度的关系

如将式（2-15）微分得到：

$$\frac{d\ln k}{dT} = \frac{E}{RT^2} \tag{2-18}$$

式（2-15）和式（2-18）是公式的常用表达式。

阿累尼乌斯公式具有较为广泛的适用范围，它不仅适用于基元反应，也适用于具有明确反应级数与速度常数的复杂反应。另外需要说明的是，对于复杂反应，由实验结果，根据式（2-18）得到的活化能只是表观活化能，它是各基元反应活化能的代数和，无明确的物理意义。

3. 范特-霍夫公式

范特-霍夫公式可根据阿累尼乌斯经验公式以及活化能的概念导出。对于可逆反应有：

$$\frac{d\ln k_1}{dT} = \frac{E_1}{RT^2} \tag{2-19}$$

$$\frac{d\ln k_{-1}}{dT} = \frac{E_2}{RT^2} \tag{2-20}$$

式中　k_{-1}——可逆反应的反应速率常数。

以上两式相减得：

$$\frac{d\ln(k_1/k_{-1})}{dT} = \frac{E_1 - E_2}{RT^2} \tag{2-21}$$

式（2-21）中，$\frac{k_1}{k_{-1}} = K$（平衡常数），$E_1 - E_2 = \Delta E$，在定容条件下，$\Delta E = \Delta H$（反应热），代入上式即得到：

$$\frac{d\ln K}{dT} = \frac{\Delta H}{RT^2} \tag{2-22}$$

式（2-22）为根据阿累尼乌斯公式推导出的范特-霍夫公式，此公式可加深我们对化学反应系统中有关物理量物理意义的认识。其实，范特-霍夫于 1884 年（早于阿累尼乌斯 5 年）从范特-霍夫公式出发，从相反的过程也推导出温度与反应速率常数的关系式：

$$\frac{d\ln k}{dk} = \frac{\Delta E}{RT^2} + L \tag{2-23}$$

式中　L——常数，阿累尼乌斯利用实验证明 L 为0。

需要指出的是，虽然阿累尼乌斯理论与范特-霍夫公式在形式上相近，但他提出的活化能及活化状态的概念对于反应速率理论的发展起到重要的推动作用。

2.3.5 燃烧反应速度方程的表示

1. 基元反应速度方程

根据阿累尼乌斯公式，反应速率常数可表示为：

$$k = K_0 \exp\left(-\frac{E}{RT}\right) \tag{2-24}$$

式中 K_0——频率因子。

在燃烧反应中，根据质量作用定律与阿累尼乌斯定律，对于基元反应 $aA + bB \rightarrow eE + fF$，可得出其反应速度方程：

$$w_s = K_0 c_A^a c_B^b \exp\left(-\frac{E}{RT}\right) \tag{2-25}$$

式中 c_A^a——可燃物的物质的量浓度（mol/m^3）；

c_B^b——助燃物（主要指空气）的物质的量浓度（mol/m^3）；

a、b——反应系数；

E——活化能（J/mol）；

T——反应温度（K）。

2. 燃烧速度方程

在燃烧反应中，可仿照式（2-25）可以写出燃烧反应方程，即：

$$w_s = K_{os} c_F^x c_{ox}^y \exp\left(-\frac{E_s}{RT_s}\right) \tag{2-26}$$

式中 c_F——可燃物的摩尔浓度（mol/m^3）；

c_{ox}——助燃物（主要指空气）的摩尔浓度（mol/m^3）；

K_{os}——燃烧反应的频率因子；

E_s——活化能（J/mol）；

T_s——反应温度（K）；

x、y——反应系数。

上式中，K_{os}、E_s 没有实际的物理意义，对于大多数的碳氢化合物的燃烧反应，反应级数近似等于2，且 $x = y = 1$，因此燃烧反应速度方程可写为：

$$w_s = K_{os} c_F c_{ox} \exp\left(-\frac{E_s}{RT}\right) \tag{2-27}$$

根据前文所述质量浓度和物质的量浓度之间有以下关系：

$$c_F = \frac{f_F \rho_\infty}{M_F},\ c_{ox} = \frac{f_{ox} \rho_\infty}{M_{ox}}$$

将以上两式代入式（2-27），得：

$$w_s = K_{os} \frac{1}{M_F} \frac{1}{M_{ox}} \rho_\infty^2 f_F f_{ox} \exp\left(-\frac{E_s}{RT_s}\right) \tag{2-28}$$

式中 M_F——可燃物的摩尔质量；

M_{ox}——助燃物的摩尔质量；

ρ_{∞}——燃烧反应过程的总质量浓度；

f_{ox}——可燃物的质量分数；

f_F——助燃物的质量分数。

如令 $K'_{os}=K_{os}\dfrac{1}{M_F}\dfrac{1}{M_{ox}}$

则：

$$w_s = K'_{os}\rho_{\infty}^2 f_F f_{ox}\exp\left(-\frac{E_s}{RT_s}\right) \tag{2-29}$$

表2-3列出了某些常见的可燃物质的 K'_{os} 和 E_s 值。

表2-3 常见可燃物的 K_{os} 和 E_s 值

物质名称	K'_{os}/[L/(mol·s)]	E_s/(J/mol)
甲烷+空气	2×10^{14} (558K)	121.22×10^3
异辛烷+空气	5.4×10^{13} (400K)	16.72×10^3
丁烷+空气	5.4×10^{13} (400K)	87.78×10^3
正己烷+空气	5.4×10^{13} (400K)	23.32×10^3
正辛烷+空气	5.4×10^{13} (400K)	16.72×10^3
氨+氧气	5.4×10^{13} (400K)	206.91×10^3
苯+空气	5.4×10^{13} (400K)	172.22×10^3
氢+氟	1.6×10^{12} (313K)	209.00×10^3
丙烷+空气	2×10^{14} (387K)	129.58×10^3
氢+氧气	1.6×10^{12} (313K)	75.24×10^3
乙烯+空气	5.4×10^{13} (400K)	172.22×10^3

实际上，在研究某些燃烧问题时，常假定反应物的浓度不变，那么各种物质的浓度比也不变，因此，一种物质的浓度可由另外一种物质的浓度来表示。

在式（2-26）中，可以假设 $c_{ox}=mc_F$，m 为常数，则方程（2-26）可表示为：

$$w_s = K_{ns}c_F^n\exp\left(-\frac{E_s}{RT_s}\right) \tag{2-30}$$

式中 $K_{ns}=K_{os}m^y$，$n=x+y$。

根据式（2-30），对于大多数碳氢化合物的燃烧反应，燃烧反应速度方程可写为：

$$w_s = K_{ns}c_F^2\exp\left(-\frac{E_s}{RT_s}\right) \tag{2-31}$$

上述燃烧反应速度方程是根据气态物质反应推导出来的近似公式，由此公式可以得出一些有用的结论，对于火灾扑救具有重要意义。如在火灾现场，温度越低，燃烧反应速度越慢，这是灭火救援中冷却法的理论依据；火灾现场可燃物和氧气的浓度越低，燃烧反应速度越慢，这是灭火救援中窒息法的理论依据。

需要说明的是，上述方程不适用于表述液态和固态可燃物的燃烧，因为相对于气态可燃物而言，液态和固态可燃物的燃烧反应过程更加复杂，常伴随着蒸发、熔融、裂解等现象。

2.4 反应热、生成热和燃烧热

2.4.1 恒容反应热和恒压反应热

反应热是指当生成物的温度和反应物的温度相同，且反应过程中只做体积功时，反应过程所吸收或放出的热量。

同一个化学反应，假设分别在恒容或恒压条件下进行时，由于热是过程量，所以反应过程中体系与环境之间传递的热量一般不相同。如果化学反应在恒容条件（如在密闭刚性空间）下进行时产生的反应热叫做恒容反应热，用 Q_V 表示。恒容反应过程中反应体系总体积不发生改变，反应体系与环境之间不产生体积功，即 $W=0$，由能量守恒定律可得：体系内能的变化 ΔU 在数值上等于恒容反应热，即 $\Delta U = Q_V$。因此 Q_V 可以由恒容量热计测出。而如果化学反应在恒压条件（比如大气压下敞口空间）中进行时，产生的反应热叫做恒压反应热，用 Q_P 表示，大小等于系统的焓变 ΔH。若 $\Delta H>0$，则恒压反应从环境吸收热量；若 $\Delta H<0$，则恒压反应向环境放出热量。

2.4.2 生成热

化学反应中由稳定单质反应生成某化合物时的反应热，称为该化合物的生成热。在标准大气压（0.1013MPa）和指定温度下（一般选择298K），由稳定单质生成1mol某化合物的恒压反应热，称为该物质的标准生成热（标准生成焓），用 $\Delta H_{f,298}^{\ominus}$ 表示。其上标“$\ominus$”表示1个大气压的标准压力，下标“298”代表标准温度。表2-4列出了某些物质的标准生成热。

表2-4 几种物质的标准生成热（0.1013MPa，298K）

物质名称	$\Delta H_{f,298}^{\ominus}$/(kJ/mol)	物质名称	$\Delta H_{f,298}^{\ominus}$/(kJ/mol)	物质名称	$\Delta H_{f,298}^{\ominus}$/(kJ/mol)
甲烷（气）	-74.85	苯（液）	48.04	氢（气）	0
乙烷（气）	-84.68	甲苯（气）	50.00	氧（气）	0
丙烷（气）	-103.85	甲酸（液）	-424.72	氮（气）	0
乙烯（气）	-52.55	乙酸（液）	-484.5	甲醇（气）	-200.7
乙炔（气）	226.90	碳（石墨）	0	甲醇（液）	-238.57
一氧化碳（气）	-110.54	碳（钻石）	1.897	乙醇（气）	-235.1
二氧化碳（气）	-393.51	水（气）	-241.84	乙醇（液）	-277.65
苯（气）	82.93	水（液）	-285.85	丙酮（液）	-248.2

2.4.3　燃烧热

燃烧反应中可燃物与助燃物作用生成稳定产物时的反应热称为燃烧热。定压燃烧过程中的燃烧热称为燃烧焓。在标准大气压（0.1013MPa）和指定温度下（一般选择25℃），1mol某物质完全燃烧时的定压反应热，称为该物质的标准燃烧热（标准燃烧焓），用 $\Delta H^{\ominus}_{c,298}$ 表示。表2-5列出了某些物质的标准燃烧热。

表2-5　298K时某些物质的标准燃烧热（产物 N_2、H_2O（l）和 CO_2）

物质名称	$\Delta H^{\ominus}_{c,298}$/(kJ/mol)	物质名称	$\Delta H^{\ominus}_{c,298}$/(kJ/mol)	物质名称	$\Delta H^{\ominus}_{c,298}$/(kJ/mol)
碳（石墨）	-392.88	丙烷（气）	-2201.6	甲苯（液）	-3908.69
氢（气）	-285.77	丁烷（气）	-2870.64	甲醇（液）	-726.51
一氧化碳（气）	-282.84	乙烯（气）	-1411.26	乙醇（液）	-1366.8
甲烷（气）	-881.99	乙炔（气）	-1299.6	丙酮（液）	-1790.4
乙烷（气）	-1541.39	苯（液）	-3273.14	乙酸（液）	-874.54

2.4.4　燃烧热的计算

1840年，俄国化学家盖斯（Hess）在大量实验基础上指出：对于恒压或恒容条件下的任意化学反应过程，系统不做任何非体积功时，不论是一步完成还是多步完成，反应热的总值总是相同的，且只与起始状态和最终状态有关，而与反应经历的途径无关。换句话说，如果一个化学反应分几步完成，则总反应的反应热等于各分步反应热的数量和，这就是盖斯定律，也被称为热效应总值一定定律。上文已经提到，由于焓 H 和内能 U 都是状态函数，只与始态和终态有关，而与反应所经历的途径无关，且系统恒压反应热 Q_P 与焓相对应，恒容反应热 Q_V 与内能相对应，因此，盖斯定律是热力学第一定律的必然结果。盖斯定律暗示了热化学方程能够用代数方法作加减运算。盖斯定律的一个作用在于当一个化学反应的热效应根本不可能测定或难于通过实验方法准确测出时，利用盖斯定律可以很容易确定出来。例如反应：

$$C+\frac{1}{2}O_2\rightarrow CO$$

当碳燃烧时不可能完全生成CO，而总会生成一部分 CO_2，但是很难用实验方法测定出生成CO的比例，所以该反应的热效应很难直接测定。但是按下列步骤可以确定出CO的生成焓。

$$C+O_2\rightarrow CO_2 \qquad \Delta H_1=-393.51\text{kJ/mol}$$

$$C+\frac{1}{2}O_2\rightarrow CO \qquad \Delta H_2=?$$

$$CO+\frac{1}{2}O_2\rightarrow CO_2 \qquad \Delta H_3=-282.84\text{kJ/mol}$$

根据盖斯定律有 $\Delta H_1=\Delta H_2+\Delta H_3$，所以碳和氧气反应生成CO的生成焓表示如下：

$$\Delta H_2=\Delta H_1-\Delta H_3=(-393.51-(-282.84))\text{kJ/mol}=-110.67\text{kJ/mol}$$

盖斯定律的另一个作用是求解反应焓。根据盖斯定律可知，任一反应的恒压反应热等于生成物生成热之和减去反应物生成热之和，即：

$$Q_p = \Delta H = \left(\sum V_i \Delta H^{\ominus}_{\mathrm{f,\ m,}\ i} \right)_{\text{生成物}} - \left(\sum V_j \Delta H^{\ominus}_{\mathrm{f,\ m,}\ j} \right)_{\text{反应物}} \tag{2-32}$$

式中 V_i——i 为组分在反应式中的系数；

V_j——j 为组分在反应式中的系数。

【例 2-2】 求甲醇在 25℃下的标准燃烧热。

【解】 甲醇完全燃烧反应式为 $CH_3OH(l)+\frac{3}{2}O_2(g) \rightarrow CO_2(g)+2H_2O(l)$

查表 2-4 得：$\Delta H^{\ominus}_{\mathrm{f,298,CO_2(g)}}=-393.51\text{kJ/mol}$；$\Delta H^{\ominus}_{\mathrm{f,298,H_2O(g)}}=-285.85\text{kJ/mol}$

$\Delta H^{\ominus}_{\mathrm{f,298,CH_3OH(l)}}=-238.57\text{kJ/mol}$；$\Delta H^{\ominus}_{\mathrm{f,298,O_2(g)}}=0$

根据式（2-39）得甲醇（液）的标准燃烧热为：

$Q_p=\Delta H=(-393.51+2\times(-285.85))\text{kJ/mol}-(1\times(-238.57)+0)\text{kJ/mol}=-726.64\text{kJ/mol}$

2.4.5 热值的计算

热值（calorific value）又称卡值或发热量。它是燃烧热的另一种表示形式，在工程上中应用较为广泛。所谓热值是指单位质量（或体积）的燃料完全燃烧时所放出的热量。通常用热量计测定或由燃料分析结果算出。热值通常用 Q 来表示。对于液态和固态可燃物，用质量热值 Q_m(kJ/kg) 来表示；对于气态可燃物，用体积热值 Q_V(kJ/m^3) 来表示。热值反映了燃料燃烧特性，即不同燃料在燃烧过程中化学能转化为内能的本领大小。热值有高热值（higher calorific value）和低热值（lower calorific value）之分。高热值（Q_H）是指可燃物中的水和氢燃烧生成的水以液态形式存在时的热值；而低热值（Q_L）是指可燃物中水和氢燃烧生成的水以气态形式存在时的热值。一般研究中常采用低热值，特别是火灾反应中，水很难以液态的形式存在。

某些物质燃烧放出的热量，既可用燃烧热表示，也可用热值表示，但两者之间存在一定的换算关系。

对于液态和固态可燃物，燃烧热 Q_m(单位：kJ/kg) 和热值之间的换算关系为：

$$Q_m = \frac{1000 \times \Delta H_C}{M} \tag{2-33}$$

式中 M——液态或固态可燃物的摩尔质量。

对于气态可燃物，燃烧热 Q_V(单位：kJ/m^3) 和热值之间的换算关系为：

$$Q_V = \frac{1000 \times \Delta H_C}{22.4} \tag{2-34}$$

对于某些分子结构很复杂的可燃物，如石油、煤炭、木材等，计算其热值时摩尔质量很难确定。因此，这些可燃物燃烧放出的热量一般采用经验公式计算。其中以门捷列夫公式最为常用，即：

$$Q_H = 4.18 \times [81 \times C + 300 \times H - 26 \times (O - S)]$$

$$Q_L = Q_H - 6 \times (9H + W) \times 4.18$$

式中 C、H、S和W——可燃物中碳、氢、硫和水的质量分数（%）；

O——可燃物中氧和氮的总质量分数（%）。

表2-6和表2-7分别列出了部分气体的热值和部分燃料的燃烧热值。

表2-6 部分可燃气体的热值

气体名称	热值/(kJ/m³)		气体名称	热值/(kJ/m³)	
	高	低		高	低
氢	12700	10753	丙烷	93720	83470
乙炔	57873	55856	丁烯	115050	107530
甲烷	39861	35823	正丁烷	133800	123560
乙烯	62354	58321	异丁烷	132960	122770
乙烷	65605	58160	戊烷	169260	156630
丙烯	87030	81170	戊烯	149790	133890
硫化氢	25522	24016	一氧化碳	12694	12694
沼气	—	18850	焦炉煤气	—	18260
天然气	—	36220	油煤气（热裂）	—	42170
水煤气	—	10380	矿井气	—	18850

表2-7 部分燃料的燃烧热值

燃料名称	热值(kJ/kg)	燃料名称	热值(kJ/kg)	燃料名称	热值(kJ/kg)
木材	16740	木炭	34000	航空燃料	43300
天然纤维	17360	沥青	37690	烷烃浓缩物	43350
淀粉	17490	苯	40260	汽油	43510
褐煤	18830	甲苯	40570	原油	43890
酒精	29290	芳香烃浓缩物	41250	石蜡	46610
标准煤	29308	重油	41590	柴油	46040
无烟煤	31380	煤油	42890	液化石油气（气态）	87920~100500
焦炭	31380	环烷烃-烷烃浓缩物	43100	液化石油气（液态）	45220~50230

2.4.6 热释放速率

1. 热释放速率的概念及意义

热释放速率HRR（Heat Release Rate）是指单位时间内材料燃烧时所释放的热量。它不仅对火灾发展起着决定性作用，而且还是影响其他火灾的因素，是衡量火灾危害程度的一个主要参数。热释放速率越大，燃烧反馈给材料表面的热量越多，材料热解速度加快，挥发性可燃物的生成量增加，从而加速火焰的传播。材料的热释放速率也是材料燃烧性能中最重要的参数，准确地测量材料燃烧过程中的热释放速率，可提供有关火灾的规模、烟气和毒性气体释放情况、火灾的传播速率等方面的信息，这对于预测火灾危害及减少火灾损失极为重要。

燃烧热释放主要通过辐射热和对流热两种方式传播，即：

$$\dot{Q}_A = \dot{Q}_C + \dot{Q}_R \tag{2-35}$$

式中 $\dot{Q}_C$——对流热（kW）；

$\dot{Q}_R$——辐射热（kW）。

另外，可燃物的燃烧还有一个燃烧效率问题。通常将燃烧效率定义为实际燃烧热释放速率与理论上可能的最大热释放速率之比，即：

$$x_A = \frac{\dot{Q}_A}{\dot{m}_f H_T} \tag{2-36}$$

燃烧效率不仅表示燃烧放热的相对量，还表征了燃烧的完全程度，燃烧效率越高，燃烧越完全，若 $x_A = 1$，则表示完全燃烧。

热释放速率的测量可以通过测量燃烧过程中的质量损失速率，再与相应的燃烧热及燃烧效率相乘的方法获得，即热释放速率 = 质量损失速率 × 燃烧热 × 燃烧效率。但该方法中燃烧效率难以确定，因此所获得的结果也比较粗略。

2. *热释放速率的测量原理*

早在 1917 年，Thorton 发现大量有机液体和气体进行完全燃烧时，每消耗单位质量氧气所释放的净热量接近常数。Huggett 发现对于有机固体来说也存在这种现象，并且测得该常数的平均值为 13.1MJ/kg，该数值的误差不超过 ±5%。也就是说，反应净释热量可以通过测量燃烧系统中的耗氧量来确定，该方法比热平衡法更精确、更简单。在实际火灾中，往往多种材料同时燃烧，不可能确切知道每种材料的组成及其化学反应过程，因此，采用上述耗氧燃烧热平均值 13.1MJ/kg 来计算热释放速率是非常方便的。

根据耗氧原理可以测量很多有机物的燃烧热值，虽然对于乙炔等个别材料的测量有较大偏差，但考虑到它们极少出现在火灾中，即使出现，用量往往也很少，所以这个平均值被用作火灾中有机材料的耗氧燃烧热值是可行的。

在 20 世纪 70 年代后期和 80 年代早期，美国国家标准技术研究所（NIST）进一步研究和发展了耗氧技术，目前该技术已在国际上得到广泛应用并形成产品。图 2-8 就是锥形量热计系统实物图，锥形量热计系统是耗氧技术的重要应用。

图 2-8 锥形量热计系统实物图

在利用该技术时必须收集全部燃烧产物并通过排气管移走，等到充分混合后测量气体的成分和流量。不管是开放系统还是封闭系统，都需要测量氧气含量，为了提高热释放速率的精度，可同时测量二氧化碳、一氧化碳和水的含量。

该耗氧技术的实现是建立在以下简化假设的基础上的：

（1）认为所有气体都是理想气体。

（2）完全燃烧时每消耗单位质量氧气释放的热量为常数：$E_0 = 13.1\text{MJ/kg}$。

（3）流入系统的空气包括 O_2、CO_2、H_2O 和 N_2，流出系统的气体包括 O_2、CO_2、CO、H_2O 和 N_2。

（4）O_2、CO、CO_2 都在干性基础上测量，即气体分析前水蒸气已从试样中分离。

（5）N_2 在此实验条件下不参与燃烧反应，其他所有不参加燃烧反应的惰性气体都被当做 N_2。

根据耗氧原理，完全燃烧热释放速率应为：

$$q_{\text{tot}} = E_0(\dot{m}_{O_2}^{\ominus} - \dot{m}_{O_2}) \tag{2-37}$$

由于可能存在不完全燃烧现象，净燃烧热释放速率应为完全燃烧热释放速率减去排出气体中 CO 完全转化为 CO_2 的热释放速率：

$$\dot{q} = \dot{q}_{\text{tot}} - \dot{q}_{\text{cat}} = E_0(\dot{m}_{O_2}^{\ominus} - \dot{m}_{O_2}) - (E_{CO} - E_0)(\Delta\dot{m}_{O_2})_{\text{cat}} \tag{2-38}$$

式中　$\dot{q}$——热释放速率（MW）；

E_0——完全燃烧消耗单位质量氧气所释放热量（13.1MJ/kg）；

E_{CO}——将 CO 燃烧变成 CO_2 时消耗单位质量氧气所释放热量（≈17.6MJ/kg）；

$(\Delta\dot{m}_{O_2})_{\text{cat}}$——CO 转化为 CO_2 所需消耗的氧气量（kg/s），$(\Delta\dot{m}_{O_2})_{\text{cat}} = \frac{1}{2}\dot{m}_{CO}\frac{M_{O_2}}{M_{CO}}$。

2.5　燃烧时空气需要量及火焰温度的计算

2.5.1　燃烧时空气需要量的计算

一定量的可燃物完全燃烧时所需要的空气体积或质量叫做空气需要量，它是衡量可燃物能否持续燃烧或判别其燃烧类型的重要指标。

1. 固体和液体可燃物完全燃烧的理论空气需要量

习惯上将固体和液体可燃物组成成分用质量百分数来表示，如下：

$$C\% + H\% + O\% + N\% + S\% + A\% + W\% = 100\% \tag{2-39}$$

式中　C%、H%、O%、N%、S%、A%和 W%——可燃物中碳、氢、氧、氮、硫、灰分和水分的质量百分数，其中，C、H 和 S 是可燃成分，O 是助燃成分，N、A 和 W 是不可燃成分。

可燃物完全燃烧时，不同可燃成分需要消耗的氧气量不同，C、H、S 在氧气中完全燃烧的反应式如下：

（1）C 完全燃烧的化学方程式：

$$C + O_2 = CO_2$$

12kg　32kg　44kg

可知 1kg 碳完全燃烧需要消耗$\frac{8}{3}$kg 氧气，C% kg 的碳完全燃烧，需要消耗$\frac{8}{3}C\times10^{-2}$kg 氧气。

（2）H 的完全燃烧的化学反应式：

$$H_2+\frac{1}{2}O_2=H_2O$$

2kg　16kg　18kg

可知 1kg 氢完全燃烧需要消耗 8kg 氧气，H% kg 的氢完全燃烧，需要消耗 $8H\times10^{-2}$kg 氧气。

（3）S 完全燃烧的化学反应式：

$$S + O_2 = SO_2$$

32kg　32kg　64kg

可知 1kg 硫完全燃烧需要消耗 1kg 氧气，S% kg 的硫完全燃烧，需要消耗 $S\times10^{-2}$kg 氧气。

也就是说每 1kg 可燃物完全燃烧时消耗的氧气质量为碳、氢、硫三者消耗氧气量之和，扣除可燃物本身含氧质量，即可得出 1kg 可燃物完全燃烧所需要的最少氧气质量 G_{o,O_2}（理论计算量单位：kg/kg）为：

$$G_{o,O_2} = \left(\frac{8}{3}C + 8H + S - O\right)\times10^{-2} \tag{2-40}$$

式中　G_{o,O_2}的下标“o”表示理论计算量。

假定计算中所涉及的气体均为理想气体，即 1kmol 气体在标准状态下（0℃、0.1013MPa）的体积为 22.4m^3。那么 1kg 可燃物完全燃烧时需要消耗的氧气体积（单位：m^3/kg）为：

$$V_{o,O_2} = \frac{G_{o,O_2}}{32}\times22.4 = 0.7\times\left(\frac{8}{3}C + 8H + S - O\right)\times10^{-2} \tag{2-41}$$

空气中氧气的质量分数约为 23.2%，那么 1kg 可燃物完全燃烧所需空气的质量（单位：kg/kg）为：

$$G_{o,air} = \frac{G_{o,O_2}}{0.232} = \frac{1}{0.232}\times\left(\frac{8}{3}C + 8H + S - O\right)\times10^{-2} \tag{2-42}$$

空气中氧气的体积分数约为 21%，那么 1kg 可燃物完全燃烧所需空气量的体积（单位：m^3/kg）为：

$$V_{o,air} = \frac{V_{o,O_2}}{0.21} = \frac{0.7}{0.21}\times\left(\frac{8}{3}C + 8H + S - O\right)\times10^{-2} \tag{2-43}$$

2. 气体可燃物的理论空气需要量

气体可燃物的组分（按体积计）可写为：

$$CO\% + H_2\% + \sum C_nH_m\% + H_2S\% + CO_2\% + O_2\% + N_2\% + H_2O\% = 100\% \tag{2-44}$$

式中　C_nH_m——CH_4、C_2H_4、C_2H_2 等碳氢化合物。

由各种可燃物完全燃烧的化学反应式：

$$CO+\frac{1}{2}O_2=CO_2$$

$$H_2+\frac{1}{2}O_2=H_2O$$

$$H_2S+\frac{3}{2}O_2=H_2O+SO_2$$

$$C_nH_m+\left(n+\frac{m}{4}\right)O_2=nCO_2+\frac{m}{2}H_2O$$

可知1mol的CO完全燃烧需要消耗$\frac{1}{2}$mol的O_2，根据理想气体状态方程可知$1m^3$CO完全燃烧需要消耗$\frac{1}{2}m^3$的O_2。同理，单位体积的H_2、H_2S、C_nH_m完全燃烧需要O_2体积分别$\frac{1}{2}m^3$、$\frac{3}{2}m^3$、$\left(n+\frac{m}{4}\right)m^3$。单位体积气体可燃物完全燃烧时需要的氧气体积（单位：m^3/m^3）为：

$$V_{o,O_2}=\left[\frac{1}{2}CO+\frac{1}{2}H_2+\frac{3}{2}H_2S+\sum\left(n+\frac{m}{4}\right)C_nH_m-O_2\right]\times10^{-2} \tag{2-45}$$

单位体积气体可燃物完全燃烧时需要消耗的理论空气体积（单位：m^3/m^3）为：

$$V_{o,air}=\frac{V_{o,O_2}}{0.21}=\frac{1}{0.21}\times\left[\frac{1}{2}CO+\frac{1}{2}H_2+\frac{3}{2}H_2S+\sum\left(n+\frac{m}{4}\right)C_nH_m-O_2\right]\times10^{-2} \tag{2-46}$$

3. 实际空气需要量及空气消耗系数

在燃烧过程中，实际空气的供应量与燃烧所需要的理论空气量往往不相等。将可燃物完全燃烧所消耗的实际空气量与理论空气量之比定义为空气消耗系数，用α表示，即

$$\alpha=\frac{V_{a,air}}{V_{o,air}} \tag{2-47}$$

式中　$V_{a,air}$——实际空气需要量。

$\alpha=1$，表示实际供应的空气量等于理论空气量。从理论上讲，此时可燃物质与氧化剂的配比符合化学反应式的当量关系。

$\alpha<1$，表示实际供应的空气量少于理论空气量。显然，这种燃烧过程是不完全的，氧气完全消耗时燃烧产物中有剩余的可燃物质。

$\alpha>1$，表示实际供应的空气量多于理论空气量。

实际燃烧过程中，α值一般为1~2。考虑到燃烧时可燃物与氧气混合的不均匀性，各态物质完全燃烧时的α经验值为：气态可燃物$\alpha=1.02\sim1.2$；液态可燃物$\alpha=1.1\sim1.3$；固态可燃物$\alpha=1.3\sim1.7$。

2.5.2　火焰温度的计算

可燃物在燃烧时放出的热量，大部分用于加热燃烧产物，还有一部分通过热辐射损失于周围环境中。

在实际的火灾中，可燃物的种类、初始温度、氧气供给情况、散热条件等因素对物质的燃烧温度有较大的影响。为了能客观比较不同物质的燃烧温度，对物质燃烧条件进行如下统

一规定：①可燃物与空气按化学计量比配比；②完全燃烧；③绝热等压燃烧；④燃烧的初始温度是 298K（25℃）。

在以上规定的条件下计算出的燃烧温度，称为绝热燃烧温度，或称理论燃烧温度。工程上一般用内插法等方法求解理论燃烧温度。

平均比定压热容是指在恒压条件下，一定量的物质从温度 T_1 升高到 T_2 时平均每升高一度所需要的热量，用 $\overline{C}_P$ 表示，$\overline{C}_P = \dfrac{\int_{T_1}^{T_2} C_P \mathrm{d}T}{T_2 - T_1}$，表 2-8 给出了某些气体的 $\overline{C}_P$ 值。

根据热平衡理论，采用平均比定压热容 $\overline{C}_{Pi}$，可求出如下理论燃烧温度的公式：

$$Q_1 = \sum V_i \overline{C}_{Pi}(T - 298) \text{ 或 } Q_1 = \sum V_i \overline{C}_{Pi}(t - 25) \tag{2-48}$$

式中 Q_1——可燃物质的低热值，即可燃物中的水和氢燃烧生成的水以气态存在时的热值；

V_i——第 i 种产物的体积，具体计算见 2.6.3 节；

$\overline{C}_{Pi}$——第 i 种产物的平均比定压热容。

燃烧产物的平均比定压热容 $\overline{C}_{Pi}$ 取决于温度，但是由于理论燃烧温度 t 是未知数，所以 $\overline{C}_{Pi}$ 也是未知量。如果知道了 Q_1，在具体计算时，可先假定一个理论燃烧温度 t_1，从表 2-8 中查出相应的 $\overline{C}_{Pi}$，求出相应的 Q_{11}；然后再假定第二个理论燃烧温度 t_2，确定出相应的 $\overline{C}_{Pi}$ 和 Q_{12}；最后利用插值法求出理论燃烧温度 t，即：

$$t = t_1 + \frac{t_2 - t_1}{Q_{12} - Q_{11}}(Q_1 - Q_{11}) \tag{2-49}$$

表 2-8　几种气体的等压热容（温度由 273K 到 T 之间值）

温度 T/K	$\bar{c}_{PH_2O}$/[kJ/(Nm³·K)]	$\bar{c}_{PN_2}$/[kJ/(Nm³·K)]	$\bar{c}_{P干空气}$/[kJ/(Nm³·K)]	$\bar{c}_{PCO_2}$/[kJ/(Nm³·K)]	$\bar{c}_{PO_2}$/[kJ/(Nm³·K)]
773	1.5897	1.3276	1.3427	1.9887	1.3980
873	1.6153	1.3402	1.3565	2.0411	1.4168
973	1.6912	1.3536	1.3708	2.0844	1.4344
1073	1.6980	1.3670	1.3842	2.1311	1.4499
1173	1.6957	1.3796	1.3976	2.1692	1.4645
1273	1.7229	1.3917	1.4097	2.2035	1.4775
1373	1.7501	1.4034	1.4214	2.2349	1.4892
1473	1.7769	1.4143	1.4327	2.2638	1.5005
1573	1.8028	1.4252	1.4432	2.2898	1.5106
1673	1.8280	1.4348	1.4528	2.3136	1.5202
1773	1.8527	1.4440	1.4620	2.3354	1.5294
1873	1.8761	1.4528	1.4708	2.3555	1.5378
1973	1.9000	1.4612	1.4788	2.3743	1.5462

（续）

温度 T/K	$\bar{c}_{PH_2O}$/ [kJ/(Nm³·K)]	$\bar{c}_{PN_2}$/ [kJ/(Nm³·K)]	$\bar{c}_{P干空气}$/ [kJ/(Nm³·K)]	$\bar{c}_{PCO_2}$/ [kJ/(Nm³·K)]	$\bar{c}_{PO_2}$/ [kJ/(Nm³·K)]
2073	1.9213	1.4687	1.4867	2.3915	1.5541
2173	1.9423	1.4758	1.4939	2.4074	1.5617
2273	1.9628	1.4825	1.5010	2.4221	1.5692
2373	1.9824	1.4892	1.5072	2.4359	1.5759
2473	2.0050	1.4951	1.5135	2.4484	1.5830
2573	2.0189	1.5010	1.5194	2.4602	1.5897
2673	2.0356	1.5064	1.5253	2.4710	1.5964
2773	2.0528	1.5114	1.5303	2.4811	1.6027

2.6 燃烧产物的毒害作用及参数计算

2.6.1 燃烧的主要产物及毒害作用

2.6.1.1 燃烧的主要产物

燃烧产物是指由于燃烧而生成的气体、液体和固体物质，它分为完全燃烧产物和不完全燃烧产物。所谓完全燃烧是指可燃物中 C 变成 CO_2（气）、H 变成 H_2O（液）、S 变成 SO_2（气），N 变成 N_2（气）；而如果燃烧产物中包含 CO、NH_3、醇类、酮类、醛类、醚类等，则都是不完全燃烧。燃烧产物主要以气态形式存在，其成分主要取决于燃烧条件（如空气是否充足）和可燃物的组成成分。

烟是燃烧产物中一类特殊的物质，是火灾中需要考虑的主要成分。它是由燃烧或热解作用所产生的悬浮于大气中能被人们看到的固态或液态悬浮微粒，烟的主要成分是一些直径为 $10^{-7}\sim10^{-4}$cm 的极小的炭黑粒子，大直径的粒子则容易由烟中掉落而成为烟尘。

碳粒子的形成过程十分复杂。如在火灾中碳氢可燃物因受热裂解而产生一系列中间产物，这些中间产物还会进一步裂解成更小的“碎片”，并通过脱氧、聚合、环化等反应，形成石墨化碳粒子，最后大量石墨化碳粒子结合构成了烟。

2.6.1.2 燃烧产物的毒害作用

火灾中，燃烧产生的有毒气体、烟等组成的烟气对人体、人员的安全疏散以及火灾的扑救都构成了严重的威胁。

1. 烟气对人体的危害

在火灾中，人员除了直接被烧或者跳楼死亡之外，其他的死亡原因大都和烟气有关，主要有以下几个方面：

（1）火灾烟气的高温毒害作用。火灾烟气的高温对人和物体都会产生不良影响。刚刚离开起火点的烟气温度可达到800℃以上，随着离开起火点距离增加，烟气温度逐渐降低，但通常在许多区域的烟气能维持较高的温度，足以对人员构成灼烧的危险。人员对烟气高温的忍受能力与人员本身的身体状况、人员衣物的透气性和隔热程度、空气的温湿度等因素有关。如果烟气层高度高于人眼特征高度，烟气层温度在180℃以下，这可以保证一般人体可接受的辐射热量小于2.5kW/m^2；而烟气层高度低于人眼特征高度时，温度超过100℃，烟气可直灼伤人体呼吸道和表皮。

（2）烟气中毒。木材制品燃烧产生的醛类、聚氯乙烯等氢氯化合物具有很强刺激性，在一定浓度下会危害生命。例如烟中丙烯醛的允许含量为0.1ppm（百万分率，1ppm = 10^{-6}），当该值达到5.5ppm时，便会对上呼吸道产生刺激症状；10ppm以上时，就能引起肺部的变化，数分钟内即可死亡。木材燃烧的烟中丙烯醛的含量达50ppm，其中还含有甲醛、乙醛、氢氧化物、氰化氢等毒气，火灾条件下对人危害极其严重。另外，随着新型建筑材料及塑料的广泛使用，导致烟气的毒性越来越大，火灾疏散时的有毒气体不应超过的临界含量见表2-9。

表2-9　疏散时有毒气体临界含量

毒气种类	临界含量（%）	毒气种类	临界含量（%）
一氧化碳 CO	0.2	光气 $COCl_2$	0.0025
二氧化碳 CO_2	3.0	氨 NH_3	0.3
氯化氢 HCl	0.1	氰化氢 HCN	0.02

（3）缺氧。燃料燃烧需要大量的氧气，同时在着火区域内产生大量一氧化碳、二氧化碳及其他有毒气体，使空气的含氧量大大降低，发生爆炸时甚至降到5%以下，此时人体因过度缺氧而死亡。空气中缺氧对人体的影响情况见表2-10。

表2-10　缺氧对人体的影响程度

空气中的氧气含量（%）	症　状
21	空气中含氧量的正常值
20	无影响
16～12	呼吸、脉搏增加，肌肉有规律的运动受到影响
12～10	感觉错乱，呼吸紊乱，肌肉不舒畅，很快就疲劳
12～6	呕吐，神智不清
6	呼吸停止，数分钟后死亡

（4）窒息。火灾时人员因头部烧伤或吸入高温烟气而使口腔及喉头肿胀，以致引起呼吸道阻塞而窒息。此时，如不能得到及时抢救，就会有被烧死或者被烟气毒死的可能性。

上述烟气的毒害作用中，毒气的增加和氧气的减少影响最大。但在火灾实际过程中这些因素往往是相互混合地共同作用于人体，比任意一种因素单独作用更能造成致命伤害。

2. 对疏散的危害

烟气具有流动性，火灾过程中烟气不仅会蔓延到着火区域的房间及疏散通道内，甚至会蔓延到远离着火区域的部位。烟气中含有大量一氧化碳及各种燃烧成分的热气，对眼睛、鼻和喉产生强烈刺激，使人视力下降且呼吸困难，对人员的疏散造成极大的困难。火场经验表明，人们在烟中停留一两分钟就可能昏倒，四五分钟就有死亡的危险。烟气集中在疏散通道的上部空间，疏散过程中人们掩面弯腰地摸索前行，速度慢又不易辨别方向，很难找到安全出口，甚至还可能走回头路。浓烟还能造成极为紧张恐怖的心理状态，使人们失去行动能力甚至采取异常行动。

3. 对扑救的危害

消防队员在进行灭火与救援时，同样要受到烟气的威胁。烟气可能会引起消防队员中毒、窒息，严重妨碍救援行动的展开。弥漫的烟雾影响视线，使消防队员很难找到着火点或者辨别火势发展的方向，灭火工作也就难以有效地展开。同时，烟气中某些燃烧产物会形成新的火源、促进火势发展；有些不完全燃烧产物可能继续燃烧，甚至与空气形成爆炸性混合物；高温烟气的热对流和热辐射也可能引燃其他可燃物。

2.6.2 碳烟形成机理与防治

2.6.2.1 碳烟粒子特征

火灾排放的微粒物质主要包括碳、硫化物、碳氢化合物和含金属元素的灰分等，其中碳烟粒子占很大比例。

碳烟粒子主要由C元素组成，也含有少量的氢（0.5% ~2.0%）、硫和灰分，通常呈黑色，其表面往往吸附或凝聚有未燃烃。这些未燃烃大多数为可溶有机成分，可用有机溶剂萃取出来，剩下的部分叫做干碳烟。固态的碳烟颗粒尺寸极小，一般为微米量级的，其直径直接影响它的动力学特性、光学特性以及生物学特征。表2-11为碳烟粒子直径与其动力学特性、光学特性及生物学特性的关系。从表中可以看出，直径大于1μm的碳烟粒子，在大气中主要做沉降运动，故容易被雨雪冲掉，对人类的危害较小；直径为0.1 ~1μm的碳烟粒子对能见度影响很大；直径小于0.1μm的碳烟粒子虽然对能见度无影响，但是对健康影响最大，碳烟粒子可吸附在肺细胞上，甚至可被血液吸收。

表2-11 碳烟粒子直径与动力学特性

微粒直径/μm	动力学特性	光学特性	生物学特性
大于1	沉降运动	对能见度影响小	一般不能吸入呼吸道
0.1 ~1	随机运动和沉降运动，可互相聚焦	对能见度有显著影响	可吸入肺叶
小于0.1	随机运动，可互相聚焦	对能见度无影响	可吸附在肺细胞上，某些可为血液吸收

同时，碳烟微粒对辐射具有很强的吸收和发射作用，其吸收作用比气体原子或分子要强很多，并且，碳烟微粒极易吸附在燃烧设备的壁面上，使设备壁面辐射性能发生极大改变，对辐射换热起着举足轻重的作用。

燃料生成碳烟，一般认为有两种形态：

（1）气相析出型碳烟。即已蒸发的燃料在空气不足的状态下温度升高发生气相分解而形成的碳烟。气体、液体和固体燃料，在燃烧时都会产生这种碳烟。

（2）残炭型碳烟。即燃烧液体燃料时，由于火场高温或油滴周围火焰的传热，在低于蒸发温度下分解形成的碳烟。

气相析出型碳烟颗粒直径为0.02～0.05μm；残炭型碳烟的颗粒直径一般为10～300μm，远远大于气相析出型碳烟。根据测量，残炭型碳烟的空隙率很大，可达到98%，在燃烧重油时产生的碳烟的比表面积可达110～175m^2/g。

2.6.2.2 碳烟的生成机理

碳烟粒子一般是经过成核、表面增长和凝聚、集聚和氧化等一系列阶段而形成的，它通过氧化而消耗，不能在燃烧过程中完全氧化的部分将会排放到大气中。

1. *碳烟粒子成核*

在大部分非预混系统中，碳烟是在它与空气混合之后而发生氧化的。在富氧条件下，碳氢化合物的燃烧反应可以表示如下：

$$C_nH_m + kO_2 \rightarrow 2kCO + \frac{m}{2}H_2 + (n-2k)C(s)$$

式中 C(s)——固态的碳。

当$n>2k$或碳氧元素物质的量之比$n_C/n_O>1$时就会出现固态的碳。实际上，由于化学动力学因素的作用，可燃混合物在燃烧过程中生成碳烟的n_C/n_O常小于1，这是因为下述反应很快将火焰中氧化性自由基OH·消耗了：

$$H_2 + OH\cdot \rightarrow H\cdot + H_2O$$
$$CO + OH\cdot \rightarrow H\cdot + CO_2$$

这说明氧很快被包含在燃烧产物H_2O和CO_2之中，因此，燃料燃烧时，n_C/n_O在较低的情况下就会产生碳烟。例如，在预混火焰中，一般$n_C/n_O>0.5$就会生成碳烟。而在扩散火焰中，由于燃料-空气在空间中的分布总是不均匀的，在火焰面内，燃料浓度不断增加，因此总存在n_C/n_O值大于成烟临界值的区域，可见，碳烟的产生是不可避免的。

2. *碳烟粒子表面增长和凝聚生长*

碳烟粒子可通过表面生长或凝结生长而增大，其中表面生长是指气相组分附着在碳烟核表面，并成为其一部分而使碳烟微粒逐渐增大的过程。

在表面生长过程中，随着时间增长，碳离子表面的活性下降。碳离子刚成核时，其氢碳元素物质的量比n_H/n_C约为0.4，而到长大形成基本碳烟粒子时，氢碳元素物质的量比降至约0.1。凝结生长是指两个小的球状颗粒在碰撞后融合形成一个大的球状碳颗粒的过程，也是碳烟粒子长大的一种方式。在火灾中，凝结生长对粒子生长起决定性作用。

3. *碳烟粒子氧化*

在碳烟生成的过程中，也始终伴随着其氧化过程。碳烟的生成速率很快，微粒形成的特征时间是10^{-4}s，因此只要条件符合，碳烟将瞬时形成。相应的，碳烟的氧化或燃尽速率一般要比它的生成速率要慢得多，此反应速率常数k'可以用以下经验公式表示：

$$k' = 8.1\times10^4\exp\left(-\frac{37000}{RT}\right) \quad (2\text{-}50)$$

式中 R——摩尔气体常数（J/(mol·K)）；

T——燃烧温度（K）。

可见，当温度在900～1000℃以上时，碳烟的氧化燃烧速率将急剧增大。

2.6.2.3 碳烟的防治

对于预混火焰，控制燃料－空气比，使其不要大于成烟临界值。在生成碳烟的情况下，则应提高火焰温度，加速碳烟的氧化反应过程，从而减少碳烟生成量。而对于扩散性火焰，碳烟主要在富燃料区生成，因此可通过合理控制燃料－空气比的空间分布和火焰温度，达到降低碳烟生成率的目的。

2.6.2.4 碳烟粒子生成模型*

含碳燃料在缺氧区域燃烧所形成的一种黑色固体颗粒叫做炭黑（Soot）。

为了控制碳烟的生成、防止对空气形成污染，就必须研究碳烟粒子的生成规律。

在进行气相火焰分析时，当碳烟粒子随气相主流一起流动时，可认为不存在速度差，因此可以将碳烟粒子看成是气体的组分之一，因此可以同处理其他组分一样，列出碳烟组分方程：

$$\rho\frac{\partial f_s}{\partial t}+\rho u\frac{\partial f_s}{\partial x}+\rho v\frac{\partial f_s}{\partial y}+\rho w\frac{\partial f_s}{\partial z}=\frac{\partial}{\partial x}\left(\rho D_s\frac{\partial f_s}{\partial x}\right)+\frac{\partial}{\partial y}\left(\rho D_s\frac{\partial f_s}{\partial y}\right)+\frac{\partial}{\partial z}\left(\rho D_s\frac{\partial f_s}{\partial z}\right)+S_s \tag{2-51}$$

式中 D_s——碳烟的扩散系数；

f_s——碳烟的质量分数；

S_s——碳烟生成的源项。

这里所要叙述的碳烟生成模型便是为处理该源项 S_s 而建立起来的。不妨假设碳烟生成模型中的源项 S_s 由碳烟粒子的产生项 S_f 和消失项 S_d 组成，那么源项 S_s 就是产生项 S_f 和消失项 S_d 的差值，表示为：

$$S_s = S_f - S_d \tag{2-52}$$

如前所述，碳烟粒子的生成包括粒子成核和粒子生长两个阶段。粒子成核后主要通过凝结生长和表面生长而不断增大，这两种生长方式中前者相对而言占重要地位，对粒子生长起决定性作用，因此，可以认为碳烟粒子生成项 S_f 主要与粒子碰撞速率成正比，并服从阿累尼乌斯规律，即：

$$S_f = K_f p_{fuel} F^n \exp\left(-\frac{E}{RT}\right) \tag{2-53}$$

式中 K_f——常数，取值为0.01；

n——常数，取值为3；

p_{fuel}——燃料的分压。

而

$$F = S\left(\frac{f}{1-f}\right) \tag{2-54}$$

式中 S——燃料与氧化剂的化学当量比，$f=f_{fu}-(f_{ox}/S)$ 为混合分数。

与生成项 S_f 不同，消失项 S_d 主要由碳烟粒子的氧化速率决定，碳烟粒子的氧化速率与当地碳烟和氧化剂的质量分数成正比。另外，在湍流燃烧中，由于碳烟微粒包含于湍流涡旋之中，在碳烟氧化区，湍流涡旋中的碳烟随涡旋的破碎而迅速被烧掉，因此碳烟的氧化速率受控于涡团的破碎速率，故：

$$S_d = \min\left[Af_s\frac{\varepsilon}{k}, A\frac{f_{ox}}{rs}\frac{\varepsilon}{k}\frac{f_s r_s}{f_s r_s + f_{fuel}S}\right] \tag{2-55}$$

式中 A——常数，取值为4；

r_s——碳烟与氧气的化学当量比。

这里介绍的仅是众多碳烟生成模型中的一种，但是由该模型可以看出，碳烟的空间分布受到湍流尺度、化学当量比、混合分数等诸多因素影响，完善和发展碳烟的生成模型仍是目前燃烧学的一个重要研究方向。

2.6.3 燃烧产物计算

前面已经提到，燃烧产物是指由于燃烧而生成的气体、液体和固体物质。

燃烧产物的组成和各组分含量不仅与燃烧的完全程度有关，还与空气消耗系数 α 有关。燃烧产物的计算则主要包括产物量、产物百分组成及产物密度计算。

假设燃烧为完全燃烧，那么燃烧产物主要涉及 CO_2、H_2O、SO_2 和 N_2。当空气消耗系数 $\alpha>1$ 时，产物中还有部分 O_2 未被消耗；当 $\alpha=1$ 时，产物中不再有 O_2 存在，这种产物量称为理论燃烧产物量，通常用 $V_{o,P}$表示，即 $V_{o,P}=V_{o,CO_2}+V_{o,SO_2}+V_{o,H_2O}+V_{o,N_2}$。

1. 固体和液体可燃物燃烧的理论产物量

当硫燃烧为完全燃烧时，燃烧过程中各种反应物、生成物之间的数量关系如下：

$$S+O_2 \rightarrow SO_2$$
$$32\text{kg} \qquad 64\text{kg}$$

从上式可以看出 1kg 硫完全燃烧时能生成 2kg 的 SO_2，而标准状态下的体积为 $\left(2\times\frac{22.4}{64}\right)\text{m}^3=\frac{22.4}{32}\text{m}^3$。也就是说 1kg 可燃物硫在标准状况下完全燃烧时生成的 SO_2 体积（单位：m^3/kg）为：

$$V_{o,SO_2}=\frac{22.4}{32}\times\frac{S}{100}$$

同理，1kg 可燃物在标准状况下完全燃烧时分别生成 H_2O、N_2 和 CO_2 的体积（单位：m^3/kg）为：

$$V_{o,H_2O}=\frac{22.4}{2}\times\frac{H}{100}+\frac{22.4}{18}\times\frac{W}{100}$$

$$V_{o,N_2}=\frac{22.4}{28}\times\frac{N}{100}+\frac{79}{100}\times V_{o,air}$$

$$V_{o,CO_2}=\frac{22.4}{12}\times\frac{C}{100}$$

综上所述，1kg 可燃物在标准状况下完全燃烧的燃烧产物体积（单位：m^3/kg）为：

$$\begin{aligned}V_{o,P} &= V_{o,CO_2}+V_{o,H_2O}+V_{o,N_2}+V_{o,SO_2}\\ &=\left(\frac{C}{12}+\frac{H}{2}+\frac{W}{18}+\frac{N}{28}+\frac{S}{32}\right)\times\frac{22.4}{100}+\frac{79}{100}\times V_{o,air}\end{aligned} \tag{2-56}$$

式中 $V_{o,air}$——单位质量（或体积）可燃物完全燃烧所需空气的体积，1kg 可燃物完全燃烧所需空气的体积。$V_{o,air}=\frac{0.7}{0.21}\times\left(\frac{8}{3}C+8H+S-O\right)\times10^{-2}$

2. 气体可燃物燃烧的理论产物量

单位体积气体可燃物完全燃烧时，每 1m^3 可燃物燃烧生成的 CO_2、H_2O、N_2 和 SO_2 的体积分别（单位：m^3/m^3）为：

$$V_{o,CO_2}=(CO+CO_2+\sum nC_nH_m)\times 10^{-2}$$

$$V_{o,H_2O}=\left(H_2+H_2O+H_2S+\sum \frac{m}{2}C_nH_m\right)\times 10^{-2}$$

$$V_{o,N_2}=N_2\times 10^{-2}+0.79\cdot V_{o,air}$$

$$V_{o,SO_2}=H_2S\times 10^{-2}$$

其中，碳氢化合物完全燃烧的化学反应式为：

$$C_nH_m+\left(n+\frac{m}{4}\right)O_2=nCO_2+\frac{m}{2}H_2O \tag{2-57}$$

因此，燃烧产物的总体积（单位：m^3/m^3）为：

$$\begin{aligned}V_{o,P}&=V_{o,CO_2}+V_{o,H_2O}+V_{o,N_2}+V_{o,SO_2}\\&=\left[CO+CO_2+H_2+H_2O+N_2+2H_2S+\sum\left(n+\frac{m}{2}\right)C_nH_m\right]\times\\&\quad 10^{-2}+0.79\cdot V_{o,air}\end{aligned} \tag{2-58}$$

其中，$V_{o,air}$为 1m^3 气体可燃物完全燃烧所需空气的体积。

$$V_{o,air}=\frac{V_{o,O_2}}{0.21}=\frac{1}{0.21}\times\left[\frac{1}{2}CO+\frac{1}{2}H_2+\frac{3}{2}H_2S+\sum\left(n+\frac{m}{4}\right)C_nH_m-O_2\right]\times 10^{-2}$$

3. 可燃物实际燃烧产物量

如果空气消耗系数 $\alpha>1$，则在实际的燃烧产物中，N_2 和 O_2 有所剩余，产物的总体积相应增加，计算公式如下：

$$V_{a,N_2}=N_2\times 10^{-2}+0.79\alpha V_{o,air}\quad（气态可燃物） \tag{2-59}$$

$$V_{a,N_2}=\frac{22.4}{28}\frac{N}{100}+\alpha\frac{79}{100}V_{o,air}\quad（固态或液态可燃物） \tag{2-60}$$

式中 V_{a,N_2}——空气消耗系数 $\alpha>1$ 时，单位质量（固、液）或体积（气）可燃物燃烧产物中 N_2 的体积（气态可燃物：m^3/m^3，固态或液态可燃物：m^3/kg）。

$$V_{a,O_2}=(\alpha-1)\times\frac{21}{100}V_{o,air} \tag{2-61}$$

式中 V_{a,O_2}——空气消耗系数 $\alpha>1$ 时，单位质量（固、液）或体积（气）可燃物燃烧产物中 O_2 的体积（m^3/m^3 或 m^3/kg）。

$$V_{a,P}=V_{o,P}+(\alpha-1)V_{o,air} \tag{2-62}$$

式中 $V_{a,P}$——空气消耗系数 $\alpha>1$ 时，单位质量（固、液）或体积（气）可燃物燃烧产物量总体积（m^3/m^3 或 m^3/kg）。

4. 燃烧产物的体积百分组成计算

燃烧产物中 CO_2、H_2O、SO_2、N_2 和 O_2 的体积百分数分别按下列各式计算：

$$X_{CO_2}=\frac{V_{o,CO_2}}{V_{a,P}}\times 100\%$$

$$X_{H_2O} = \frac{V_{o,H_2O}}{V_{a,P}} \times 100\%$$

$$X_{SO_2} = \frac{V_{o,SO_2}}{V_{a,P}} \times 100\%$$

$$X_{N_2} = \frac{V_{o,N_2}}{V_{a,P}} \times 100\%$$

$$X_{O_2} = \frac{V_{o,O_2}}{V_{a,P}} \times 100\%$$

复 习 题

1. 燃烧的本质是什么？有什么特征？其发生需要什么条件？

2. 查阅1990年四川梨子园铁路隧道火灾扑救过程的相关资料，结合该例子论述如何应用着火三角形来指导实际火灾的扑救。

3. 分别计算在 $p=1\text{atm}$，273K 条件下，1kgC_2H_6 和 1kgC_2H_5OH 完全燃烧所需要的理论空气量。

4. 某基元反应，方程式为 $2A+B \rightarrow 3D+F$；20℃时，反应速率常数为 $2m^6/(mol^2 \cdot s)$，300℃时，反应速率常数为 $30m^6/(mol^2 \cdot s)$，求：

（1）该基元反应的活化能 E 及频率因子 K_0；（e 取 2.72）。

（2）600℃时，反应速率常数为多少？

（3）如果 A 的浓度为 $2mol/m^3$，B 的浓度为 $3mol/m^3$，600℃时，该基元反应的反应速率为多少？

5. 已知某种煤的元素组成为：C—67%，H—4%，S—1%，O—9%，N—1%，求完全燃烧6kg该煤所需要的空气体积量？

6. 燃烧产物（烟气）的危害性主要体现在哪些方面？

7. 高热值和低热值的区别和转换方法？

8. 已知木材的组成为：C—43%　H—7%　O—41%，N—2%，W—7%，求3kg木材在25℃下完全燃烧的发热量。

9. 某有机气体与氧气进行预混燃烧，其燃烧质量流率为1kg/s，燃烧前氧的质量含量为20%，燃烧产物中氧含量为0，而产生的CO质量含量为3%，求其燃烧释热速率。

10. 已知煤气成分为：C_2H_4—4.8%，H_2—37.2%，CH_4—26.7%，C_3H_6—1.3%，CO—4.6%，CO_2—10.7%，N_2—12.7%，O_2—2.0%，假定 $p=1\text{atm}$，$T=273\text{K}$，空气处于干燥状态。问燃烧 $1m^3$ 煤气：

（1）所需的理论空气量是多少 m^3？

（2）各种燃烧产物是多少 m^3？

（3）总燃烧产物是多少 m^3？

（4）$4m^3$ 该煤气在25℃下的燃烧发热量？

第 3 章

燃烧的物理基础

3.1 燃烧的热量传递

3.1.1 引言

燃烧现象总是伴随着热量的传递。传热学理论认为，热量传递有传导、对流和热辐射三种基本方式。热传导主要依靠分子、原子以及自由电子等微观粒子的热运动传递热量；热对流是由流体的宏观运动而引发的流体各部分之间的相对位移，是热流体相互混合所导致的热量传递，所以热对流只能在流体中存在，并伴有动量的传递；热辐射是通过电磁波传递热量，因此与前两种传递方式不同的是，热辐射不需要物质做媒介。

从热传递的定义中可以看出，热量传递的驱动力是温度差，即热量总是从高温物体向低温物体传递的。在很多燃烧现象中，特别是在火灾中往往会有热传递的两种或三种方式同时起作用。下面将分别对热量传递的三种基本方式进行具体阐述。

3.1.2 热传导

热传导（heat conduction）又称导热，属于接触传热，是指在热量传递过程中，物体各部分之间没有相对位移，仅依靠物质分子、原子及自由电子等微观粒子的碰撞、转动和振动等热运动等方式产生热量从高温部分向低温部分传递的现象。一般在固体内部，只能依靠导热的方式传热；在流体中，尽管也存在导热现象，但通常被对流运动所掩盖。

热传导服从傅里叶定律（Fourier's law of heat conduction）。该定律是传热学中的一个基本定律，其基本内容为：对于给定截面，单位时间内通过的热量值，正比例于垂直界面方向上的温度变化率和截面面积，而热量传递方向则可根据温度变化确定，具体地说，传递方向与温度升高的方向相反。

如果定义热流密度 q，则傅里叶定律可以用下式表达：

$$q = -\lambda \frac{dt}{dx} \tag{3-1}$$

式中 q——热流密度（heat flux），即某方向上单位时间，经单位面积传递的热量（W/m^2）；

λ——导热系数，即单位温度梯度时的热通量，用该参数可以衡量物质的导热能力。

上式中导热系数是影响热流密度的重要参数，而需要强调的是，物质的导热系数会因物质的差异而不同，即使是同种物质，在材料的结构、密度、湿度、温度等因素的影响下，其导热系数也会发生变化。表 3-1 给出了几种保温、耐火材料的导热系数与温度的关系。

表 3-1　几种保温、耐火材料的导热系数与温度的关系

材料名称	材料最高允许温度/℃	密度 ρ/(kg/m^3)	导热系数 λ/ [W/(m·K)]
超细玻璃棉毡、管	400	18~20	$0.033+0.00023t_1$
矿渣棉	550~600	350	$0.0674+0.000215t_1$
水泥蛭石制品	800	400~450	$0.103+0.000198t_1$
水泥珍珠岩制品	600	300~400	$0.0651+0.000105t_1$
粉煤灰泡沫砖	300	500	$0.099+0.0002t_1$
岩棉玻璃布板	600	100	$0.0314+0.000198t_1$
A 级硅藻土制品	900	500	$0.0395+0.00019t_1$
B 级硅藻土制品	900	550	$0.0477+0.0002t_1$
膨胀珍珠岩	1000	55	$0.0424+0.000137t_1$
微孔硅酸钙制品	650	≯250	$0.041+0.0002t_1$
耐火黏土岩	1350~1450	1800~2040	$(0.7\sim0.84)+0.00058t_1$
轻质耐火黏土砖	1250~1300	800~1300	$(0.29\sim0.41)+0.00026t_1$
超轻质耐火黏土砖	1150~1300	540~610	$0.093+0.00016t_1$
超轻质耐火黏土砖	1100	270~330	$0.058+0.00017t_1$
硅砖	1700	1900~1950	$0.93+0.0007t_1$
镁砖	1600~1700	2300~2600	$2.1+0.00019t_1$
铬砖	1600~1700	2600~2800	$4.7+0.00017t_1$

注：t_1 表示以℃为单位的材料的平均温度的数值。

3.1.3 热对流

热对流（heat convection）又称对流，是指由于流体的宏观运动而引发的流体各部分之间发生相对位移，冷热流体相互掺混引起热量传递的方式。从热对流的定义中可以看出，热对流中热量的传递与流体流动有密切关系。虽然流体中也会存在温度差，根据傅里叶定律，确定这个过程也会存在热传导，但在整个传热中其处于次要地位。而工程上比较关注的是对流传热（convection heat transfer）也称为对流换热，以区别于一般意义上的热对流。所谓对流传热指流体流过一个物体表面时流体与物体表面间的热量传递过程。

从引起流动的根源上，可以将热对流换热分为自然对流与强制对流两大类。其中，自然对流（natural convection）是由流体内部的温差造成的。具体地讲，流体内部的温度差使得各部分流体密度不同。一般来说，温度高的流体密度小，温度低的流体密度大，从而引起流体内部的流动。自然对流常发生在地球大气层和海洋等环境中。液体在泵、搅拌器或其他压差的作用下发生的对流，则称为强制对流（forced convection）。

对流传热服从牛顿冷却公式：

$$q = h\Delta T \tag{3-2}$$

式中　q——单位时间内单位壁面积上的对流换热量（W/m^2）；

ΔT——流体与壁面间的平均温差（℃）；

h——表面传热系数，原为对流换热系数，convective heat transfer coefficient，其值为流体和壁面温度差为1℃时，单位时间内单位壁面面积和流体之间的换热量［$W/(m^2 \cdot ℃)$］。

需要注意的是，表面传热系数 h 不是物性常数，这一点与导热系数是不同的，一般来说，表面传热系数是依赖于流体的性质（如导热系数、密度、粘度等）、流动参数（如速度和流动状态）以及固体的几何性质等因素，同时它也是温度变化（ΔT）的函数。对于自然对流，典型的 h 一般为5～25$W/(m^2 \cdot K)$；而对于强制对流，则为10～500$W/(m^2 \cdot K)$。表3-2给出了几种对流换热过程的表面传热系数的取值范围。表中表明，各过程流表面传热系数的大小顺序为：水大于空气；有相变大于无相变；强制对流大于自然对流。

表3-2　几种对流换热过程的表面传热系数取值范围

过程		h/[$W/(m^2 \cdot K)$]
自然对流	空气	1～10
	水	200～1000
强制对流	气体	20～100
	高压水蒸气	500～35000
	水	1000～1500
水的相变换热	沸腾	2500～35000
	蒸汽凝结	5000～25000

对流换热一般发生在紧靠表面的流体层中，因此 h 的估算也是传热学和流体动力学研究的主要问题之一。而流体层的结构决定了表面传热系数 h 的大小。当换热过程发生在靠近固壁表面的边界层时，考虑速度为 U_∞ 的不可压缩流体流过一个与其相平行的刚性平板，固壁表面的边界层与这个刚性平板组成了一个等温系统。如图3-1所示，假设靠近平板的液体流速为零，即 $U(0)=0$，而在远离壁面的无穷远处速度 $U(\infty)=U_\infty$。流速在 y 方向上的分布与其位置相关，即流速方程为 $U=U(y)$。

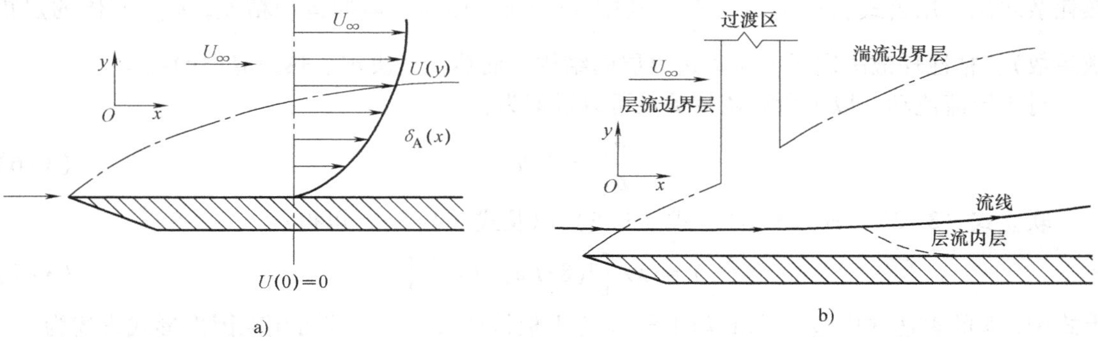

图3-1　平板上的绝热流动边界层系统（虚线为流动边界层）

在已有基础上，定义了流动边界层厚度，是指从平板表面到 $U(y)=0.99U_\infty$ 点处的距离，当 x 值较小时，即在靠近壁面的边缘处，边界层内的流动为层流。在 x 的不断增大过程中，经过了一个过渡区，跨过这个阶段后，流动将转变为充分发展的湍流。需要注意的是，在靠近壁面处，始终存在着一个如图 3-1b 所示的“层流内层”。

同管流一样，液体流动状态由当地雷诺数 $Re_x=\dfrac{xU_\infty\rho}{\mu}$ 来确定，当 $Re_x<2\times10^5$ 时，则流动属于层流流动；当 $Re_x>3\times10^6$，则流动属于湍流流动；当 Re_x 介于两者之间，则为过渡区，既有可能是层流流动，也可能是湍流流动。一般地，在进行流动问题分析时取临界雷诺数的值为 5×10^5。

对于图 3-1 给出的等温流动边界层系统，其流动边界层厚度 δ_A 也依赖于当地 Re_x 数，且对于层流其表达式可近似为：

$$\delta_A=l\left(\frac{8}{Re_l}\right)^{1/2} \tag{3-3}$$

式中 l——对应于 δ_A 的 x 值；

Re_l——$x=l$ 点的当地雷诺数。

当流体和平板之间存在温差时，则会形成“热边界层”，如图 3-2 所示。流体和固壁间的换热速率取决于紧靠壁面的流体内的温度梯度，即 $y=0$ 处的温度梯度。

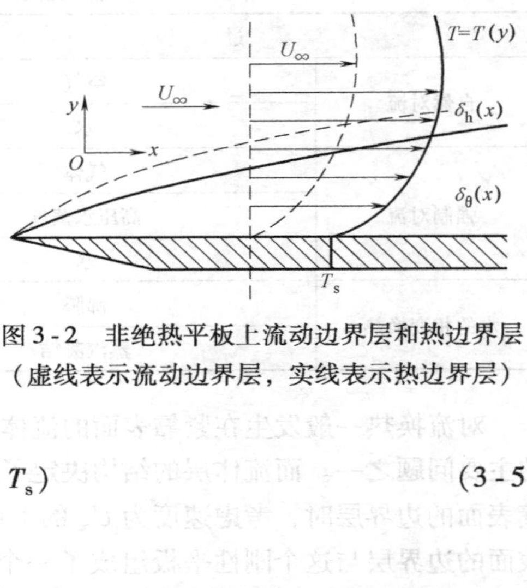

图 3-2 非绝热平板上流动边界层和热边界层（虚线表示流动边界层，实线表示热边界层）

根据傅里叶导热定律，则有：

$$q''=-\lambda\left(\frac{\partial T}{\partial y}\right)\bigg|_{y=0} \tag{3-4}$$

式中 λ——流体的导热系数。

式（3-4）可近似表达为：

$$q''=\frac{\lambda}{\delta_\theta}(T_\infty-T_s) \tag{3-5}$$

式中 δ_θ——热边界层厚度；

T_∞、T_s——来流温度和固壁表面温度。

热边界层厚度和流动边界层厚度之比依赖于普朗特数，普朗特数是指流体的粘性耗散与热耗散之比，用公式表示为 $Pr=\dfrac{\nu}{a}$（其中 $\nu=\mu/\rho$，称为流体的运动粘度，a 为流体的热扩散系数），粘性耗散决定了着流动边界层的结构，而热耗散决定了热边界层的结构。

对于层流流动，以上所述依赖关系可以近似为：

$$\frac{\delta_\theta}{\delta_A}=(Pr)^{\frac{1}{3}} \tag{3-6}$$

联立式（3-2）、式（3-3）、式（3-5）以及式（3-8），可得：

$$h\approx\lambda/\left[l(8/Re)^{\frac{1}{2}}Pr^{-\frac{1}{3}}\right] \tag{3-7}$$

上式中，h 的表达式中包含着 λ/l 因子，l 为平板特征尺寸。上式可用无因次形式表述为：

$$Nu=\frac{hl}{\lambda}=0.35Re^{1/2}Pr^{1/3} \tag{3-8}$$

式（3-8）中，Nu 为努赛尔数，其与毕渥数有着相同的形式，但式中 λ 的含义不同，这里的 λ 为流体的导热系数。

根据有关文献，努塞尔数的数学精确解为：

$$Nu = 0.332Re^{1/2}Pr^{1/3}$$

一般情况下，当 Pr 变化较小时，通常假设其值为1，从而可以得到 $h \propto U^{1/2}$。该结论常常被应用在火灾探测器对火灾热响应的分析中。

对于平板的湍流流动，其在 $y=0$ 处的温度梯度较层流流动要大得多，其 Nu 为：

$$Nu = 0.0296Re^{4/5}Pr^{1/3}$$

关于自然对流与受迫对流情况下 h，δ_θ，Nu 等的具体分析，可参阅相关传热学书籍。了常压下空气的热物性参数随温度的变化的数值见附录3，表3-3列出了一些常用的无量纲数。

表3-3　常用无量纲数

无量纲数	符号	表达式	意　义
毕渥数（Biot）	Bi	$Bi = \frac{hl}{\lambda}$	物体内部传导热阻与物体表面对流热阻之比
傅里叶数（Fourier）	Fo	$Fo = \frac{at}{l^2}$	给定时间 t 内，温度波近似穿透深度与物体特征尺寸之比
路易斯数（Lewis）	Le	$Le = \frac{a}{D}$	热扩散系数与质量扩散系数之比
雷诺数（Reynolds）	Re	$Re = \frac{ul}{\nu} = \frac{\rho ul}{\mu}$	流动惯性力与粘性力之比
普朗特数（Prandtl）	Pr	$Pr = \frac{\nu}{a} = \frac{\mu c_p}{\lambda}$	流体的运动粘度与热扩散系数之比
努赛尔数（Nusselt）	Nu	$Nu = \frac{hl}{\lambda}$	固壁表面流体对流换热与导热系数之比
格拉晓夫数（Grashof）	Gr	$Gr = \frac{g\beta\Delta T^{①} l^3}{\nu^2}$	流体的浮力与粘性力之比

注：① $\Delta T = T_s - T_\infty$

3.1.4　热辐射

物体因其自身温度而发出辐射能的现象称为热辐射（Radiative heat transfer）。一切温度高于绝对零度的物体都能产生热辐射，温度越高，辐射出的总能量就越大。

与热传导和热对流不同，热辐射在不需要相互接触时也能进行能量的传递，它是真空中唯一的传热方式。

实验表明，物体的辐射能力与温度和物体有关，同一温度下不同物体的辐射与吸收能力也不尽相同。在研究热辐射规律之前，首先要理解黑体的概念。所谓黑体，是指能吸收投入到其表面上的所有热辐射能量的物体。黑体在单位时间内发出的热辐射能量由斯忒藩-玻耳兹曼定律（Stefan-Boltzmann）确定，如下式所示：

$$\Phi = A\sigma T^4 \tag{3-9}$$

式中 A——辐射表面积（m^2）；

σ——斯忒藩-玻耳兹曼常量，即黑体辐射常数，其值为 $5.67\times10^{-8}W/(m^2\cdot K^4)$；

T——热力学温度（K）。

一切实际物体的辐射能力都小于同温度下的黑体。但是无法确定其精确值，所以实际物体辐射热流量的计算一般采用斯忒藩-玻耳兹曼定律的经验修订形式，即：

$$\Phi = \varepsilon A\sigma T^4 \tag{3-10}$$

式中，ε 称为物体的辐射率，它是一个表征辐射物体表面性质的常数，其定义为：一个物体的辐射能与同样温度下黑体的辐射能之比，即 $\varepsilon=\dfrac{\Phi}{\Phi_b}$（$\Phi_b$ 为黑体辐射能），对于黑体，$\varepsilon=1$，而其他物体的 ε 值总小于1。

3.1.5 发光火焰和热烟气的辐射

火焰及热烟气的辐射对火灾的蔓延与扩大起到了很关键的作用。一般情况下，燃烧时不产生发光火焰的物质并不多，除甲醇和多聚甲醛等少数物质以外，大部分液体和固体燃烧时伴随着黄色发光火焰，这种黄色火焰由火焰内部反应区燃料一侧产生的微小半无烟碳颗粒形成，其直径量级为10~100μm，这些无烟碳颗粒在通过火焰氧化区过程中部分被烧尽，另一部分则进一步反应和变化而生成烟，分布于燃烧产物与空气的混合物中，形成热烟气。由于微小颗粒处于火焰内部或热烟气中，其本身温度较高，每个颗粒都起到一个微小的黑体或灰体作用，且其辐射光谱是连续的。火焰（热烟气）辐射依赖于温度、颗粒浓度和火焰的“厚度”或射线行程平均长度（L），其辐射率 ε 的经验公式与克希霍夫定律相似，即：

$$\varepsilon = 1 - \exp(-KL) \tag{3-11}$$

式中 L——火焰的“厚度”或射线行程平均长度（m）；

K——发射系数（m^{-1}），当碳颗粒直径远小于辐射波长时（大多数情况 $\lambda>1\mu m$），其正比于热烟气中碳颗粒的体积分数和辐射温度，即：

$$K = 3.72\frac{C_0}{C_2}f_V T_S \tag{3-12}$$

式中 C_0——取值2~6的常数；

C_2——Plank第二常数，其值为 $1.4388\times10^{-2}m\cdot K$；

f_V——碳颗粒的体积分数，即整个体积中碳颗粒所占的份额，其值约为 10^{-6} 量级；

T_S——辐射温度；表3-4给出了部分燃料的发射系数与其对应的碳颗粒体积分数和辐射温度。

表3-4 部分燃料火焰中碳颗粒的辐射特性

燃料［组成］	K/m^{-1}	$f_v\times10^6$	T_s/K
甲烷［CH_4］	6.45	4.49	1289
乙烷［C_2H_6］	6.39	3.30	1590
丙烷［C_3H_8］	13.32	7.09	1561

（续）

燃料［组成］	K/m^{-1}	$f_v\times10^6$	T_s/K
正丁烷[$(CH_3)(CH_2)_2(CH_3)$]	12.59	6.41	1612
异丁烷[$(CH_3)_2CH$]	16.81	9.17	1554
乙烯［C_2H_4］	11.92	5.55	1722
丙烯［C_3H_6］	24.07	13.6	1490
异丁烯[$(CH_3)_2CCH_2$]	30.72	18.7	1409
乙醇[$(CH_3)(CH_2)(OH)$]	0.37	—	—
汽油	2.0	—	—
煤油	2.6	—	—
柴油	0.43	—	—
PMMA（有机玻璃）[$(C_5H_8O_2)_n$]	0.50	0.272	1538
木材[$(C_6H_{10}O_5)_n$]	0.80	0.362	1732
聚苯乙烯[$(C_8H_8)_n$]	1.20	0.674	1486
混合家具	1.13	—	—

一般而言，火焰中烟粒子越多，辐射损失越大，且燃烧越不完全，火焰平均温度就越低。例如，拉斯贝斯（Ras－bash）等人曾发现不发光的甲醇火焰的平均温度为1200℃，而煤油和苯燃烧形成的发光火焰的平均温度分别为990℃、921℃，相对低得多。

在上述经验公式中，没有对碳颗粒和气体这两种辐射源加以严格区分，只是把它们统称为火焰（烟气）辐射，但实际上，碳颗粒的辐射远超过水蒸气和 CO_2 气体等物质所产生的分子辐射。而在整个热辐射波长范围内，由 CO_2 和水蒸气所产生的间断辐射也使得“薄火焰”中碳颗粒连续辐射的强度谱带上出现峰值。但为研究的方便，通常假设发光火焰的辐射率独立于波长，也就是说它具有灰体的辐射性质，并且在一般的计算中忽略气体辐射。如果必须考虑气体辐射，则可以采用下面的碳颗粒与热气体均匀混合物的辐射率公式进行计算：

$$\varepsilon=[1-\exp(-KL)]+\varepsilon_g\exp(-KL) \tag{3-13}$$

式中 ε_g——气体的总辐射率；

L——火焰（热烟气）的“厚度”；对于一般的粗略估算，通常假设碳氢燃料形成的“厚发光火焰”（$L>1m$）为黑体，即 $\varepsilon=1$。

通过计算或实验获得辐射率后便可根据火焰温度应用式（3-10）来计算辐射能。但如果要计算距火焰一定距离以外某点的辐射热流，或是两个黑体表面之间的辐射换热，则必然要用到角系数。角系数的计算请参阅有关传热学书籍的相关内容，这里不再详细介绍。

3.2 燃烧的物质输运

在存在两种或两种以上的组分的流体系统中，其中一种组分的迁移运动，就称为该组分的物质输运或传质。燃烧发生时，可将燃烧系统中组分构成划分为燃烧产物、燃料和氧化剂。燃烧能够维持下去，必然要求燃烧产物不断离开燃烧区，而燃料和氧化剂则不断进入燃烧区。这些过程存在着产物的离开、燃料和氧化剂的进入，因此都是物质输运的问题。但是需要注意的是，在宏观流体系统中，组分并不是仅指其中的某种单独成分，还可以指一种或任意多种成分的组合。例如，在 CH_4、O_2、N_2 三种物质组成的流体系统中，三种物质可以被分别看成三种组分；而如果需要重点考虑 CH_4 的输运时，则可以将 CH_4 看成是组分 A，而（O_2+N_2）组成的混合物看成是组分 B；若在重点考虑 O_2 的输运时，亦可以将 O_2 看成是组分 A，而（CH_4+N_2）组分的混合物看成组分 B。在大多数时候，我们都可以将流体系统划分为双组分系统，本节的物质输运分析也都是基于双组分系统。

物质的输运可以通过以下几种方式进行：

（1）分子扩散。这种方式是组分在静止流体中的输运，而组分的浓度梯度则成为分子扩散的驱动力。

（2）斯忒藩流。在不可透过的相分界面上有组分产生或消耗，而出于维持组分分布稳定的需要产生了流体整体输运，这种流动即为斯忒藩流。斯忒藩流的驱动力是除了组分的浓度梯度，还有就是相分界面上组分的产生或消耗源。

（3）对流传质。流体流过壁面或液体界面时，在主流与界面间存在浓度差条件下，组分边混合边流动的输运，称为对流传质。其驱动力是组分的浓度梯度和整体流（的驱动力）。

（4）烟囱效应。气体组分温度升高、密度减小时，在空气浮力作用下的向上输运称为烟囱效应。冷气体的向下输运，则称逆烟囱效应。其驱动力是浮力与重力共同作用下的体积力。

此外，还存在由外力引起的强迫流动，湍流运动引起的物质混合等。下面将着重介绍上述四种物质的输运方式和相应的数学描述方法。

3.2.1 分子扩散

1. 费克扩散定律

费克（Fick）定律可以用来描述物质输运的分子扩散规律。在含有两种或两种以上组分的流体中，一般会存在浓度梯度，而每一种组分都有从高浓度向低浓度方向转移的趋势，以达到减弱浓度不均匀的目的。如图 3-3 所示，在相距为 δ 的两个多孔的平行平板之间，充满一种静止的相同温度的流体 B。另一种与 B 温度相同的流体 A 从一边渗入（渗入浓度为 $c_{A,\infty}$），从另一边渗出（渗出浓度为 $c_{A,w}$），而且 $c_{A,\infty}>c_{A,w}$。横坐标代表 A 的浓度。这

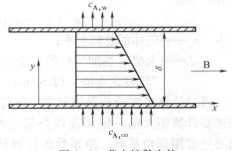

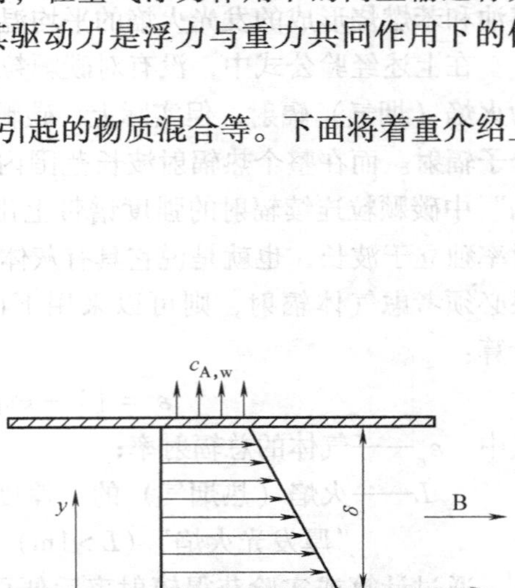

图 3-3 费克扩散定律

样在B中不同的层上，A的浓度不同。由于浓度差存在，流体A将产生扩散。单位时间、单位面积上流体A扩散造成的物质流与其在B中的浓度梯度成正比，即：

$$J_{m_A} = -D_{AB}\frac{d\rho_A}{dy} \tag{3-14}$$

$$J_{n_A} = -D_{AB}\frac{dc_A}{dy} \tag{3-15}$$

式中　J_{m_A}、J_{n_A}——组分A在单位时间内通过单位面积的质量（kg/(m^2·s)）和摩尔量（kmol/(m^2·s)），即质流通量和摩尔通量，两者有 $J_{n_A}=J_{m_A}/M_A$ 的换算关系，M_A 是组分A的摩尔质量（kg/kmol）；

D_{AB}——组分A在组分B中的扩散系数（m^2/s）；

ρ_A——组分A的质量浓度（kg/m^3）；

c_A——组分A的物质的量浓度（kmol/m^3）。

式（3-14）、式（3-15）中的负号说明组分A沿着浓度降低的方向进行扩散。

对于混合气体，费克定律也可用分压梯度的形式写出。应用理想气体状态方程，有

$$c_i = \frac{p_i}{RT} \tag{3-16}$$

式中　p_i——混合物中组分 i 的分压力（Pa）；

R——通用气体常数（8.314kJ/kmol·K）。

此时，费克定律可按照式（3-16）的关系表达成分压力梯度的形式，即：

$$J_{m_A} = -\frac{D_{AB}}{R_A T}\frac{dp_A}{dy} \tag{3-17}$$

$$J_{n_A} = -\frac{D_{AB}}{RT}\frac{dp_A}{dy} \tag{3-18}$$

式中　R_A——气体常数，$R_A = R/M_A$（kJ/kg·K）。

费克定律也可以用质量分数梯度的形式写出。系统混合物的总浓度 ρ 应该是随空间位置而变化的，但一般与燃烧有关的情况下 ρ 随空间位置的变化不大，可当做常数。对于双组分系统，定义质量分数为：

$$f_A = \frac{\rho_A}{\rho} \qquad f_B = \frac{\rho_B}{\rho} \tag{3-19}$$

且有：

$$f_A + f_B = 1 \tag{3-20}$$

将式（3-19）代入式（3-14），组分A J_{m_A}（单位为：kg/(m^2·s)）的质流通量为：

$$J_{m_A} = -\rho D_{AB}\frac{df_A}{dy} \tag{3-21}$$

2. 组分扩散系数

双组分系统中组分扩散系数取决于组分A和组分B的性质。可以通过等摩尔逆向扩散过程来进行考察扩散过程。在一个包含A、B两种组分的气体混合物系统中，等摩尔逆向扩散是指，当两个组分的扩散方向相反时摩尔通量数值相等，即 $J_{n_A} = -J_{n_B}$。如图3-4所示，在稳态的等摩尔逆向扩散过程中，系统内任一点上的总压力保持不变，即：

$$p = p_A + p_B = \text{const}$$

于是必定有：

$$\frac{dp_A}{dy} + \frac{dp_B}{dy} = 0 \tag{3-22}$$

这表明，系统中A、B两组分的摩尔浓度梯度处处大小相等，方向相反。再根据$J_{n_A} = -J_{n_B}$的性质，由式（3-18）可得：

$$-\frac{D_{AB}}{RT}\frac{dp_A}{dy} = \frac{D_{BA}}{RT}\frac{dp_B}{dy} \tag{3-23}$$

代入式（3-22）即得：

$$D_{AB} = D_{BA} = D \tag{3-24}$$

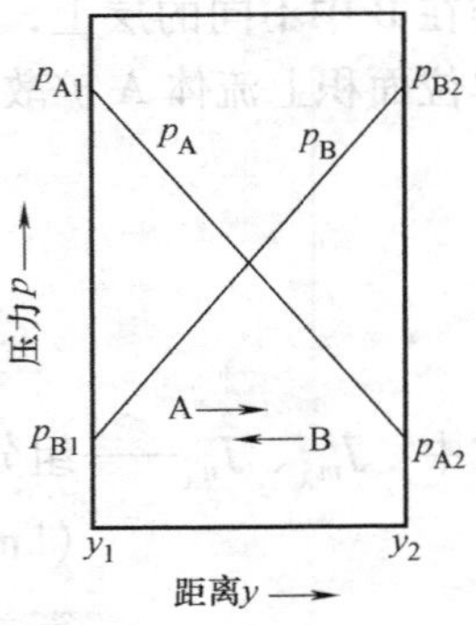

图3-4 等摩尔逆向扩散时分压力变化

因此，对于双组分系统，两种组分各自的扩散系数在数值上是相等的。在后续的双组分系统中，将不再区分D_{AB}和D_{BA}，统一用D来表示。

在很多书中D被称为二元组分扩散系数，因为它是基于二元组分（即双组分）系统扩散所提出的参数。但在燃烧系统中常常会存在三种及以上的组分，每种组分的扩散都被认为符合费克定律，且参数D也都相同。例如，碳在空气中的燃烧会有三种气体组分，即O_2、CO_2、N_2，在处理时每种组分的扩散都应用费克定律公式且参数D都相同。因此在本书中D直接称为组分扩散系数，而不再区分是几元系统。

组分扩散系数D，表征物质扩散能力的大小，是一个物性参数。它的数值取决于扩散时的温度、压力及混合物系统的性质，主要依靠实验来确定。

附录2列举了在$p_0 = 1.0132 \times 10^5$Pa、$T_0 = 298$K（或其他温度）时一些双组分系统的组分扩散系数D_0。双组分气体混合物可作为理想气体，用分子运动理论推导出组分扩散系数D正比于$p^{-1}T^{3/2}$。这样可以利用已知p_0、T_0状态下组分扩散系数的数据，用下式推算其他p、T状态下的组分扩散系数，即：

$$D = D_0 \frac{p_0}{p}\left(\frac{T}{T_0}\right)^{3/2} \tag{3-25}$$

式中 D——组分扩散系数（cm^2/s）。

对于缺乏直接实验数据的双组分气体混合物，可按分子运动理论推出的以下半经验公式作初步估算，即：

$$D = 435.7 \frac{T^{3/2}}{p(V_A^{1/3} + V_B^{1/3})^2}\sqrt{\frac{1}{M_A} + \frac{1}{M_B}} \tag{3-26}$$

式中 T——热力学温度（K）；

p——总压力（Pa）；

M_A、M_B——气体A、B的分子量；

V_A、V_B——气体A、B在正常沸点下液态的摩尔体积（cm^3/mol）；几种常见气体的V值列于表3-5。

表3-5 常见气体的液态摩尔体积 （单位：cm^3/mol）

气体	空气	Br_2	Cl_2	CO	CO_2	H_2	H_2O	N_2
液态摩尔体积	29.9	53.2	48.4	30.7	34.0	14.3	18.9	31.1
气体	CH_4	C_2H_6	C_3H_6	C_3H_8	NH_3	O_2	SO_2	I_2
液态摩尔体积	53.3	81.1	81.7	88	25.8	25.6	44.8	71.5

在计算中，应注意式（3-26）得出的组分扩散系数的单位为cm^2/s，应用到质流通量和摩尔通量公式中时需换算成单位为m^2/s的值。

【例3-1】 试计算CO_2-N_2混合物在0℃及1.0132×10^5Pa下的组分扩散系数。

【解】 法1：$T=273K$，$p=1.0132\times10^5Pa$。

CO_2的相对分子质量$M_{CO_2}=44$，N_2的相对分子质量$M_{N_2}=28$。从表3-5查得两种组分的液态摩尔体积，$V_{CO_2}=34cm^3/mol$，$V_{N_2}=31.1cm^3/mol$，利用式（3-26）得：

$$D=435.7\frac{T^{3/2}}{p\ (V_A^{1/3}+V_B^{1/3})^2}\sqrt{\frac{1}{M_A}+\frac{1}{M_B}}$$

$$=\left[435.7\times\frac{273^{3/2}}{1.0132\times10^5\times\ (34^{1/3}+31.1^{1/3})^2}\times\sqrt{\frac{1}{44}+\frac{1}{28}}\right]cm^2/s$$

$$=0.115cm^2/s=1.15\times10^{-5}m^2/s$$

法2：CO_2-N_2混合物，在$T_0=293K$，$p_0=1.0132\times10^5Pa$时，查附录得$D_0=0.16\times10^{-4}m^2/s$。由式（3-25）得$T=273K$，$p=1.0132\times10^5Pa$时的组分扩散系数为：

$$D=\left[0.16\times10^{-4}\times\left(\frac{273}{293}\right)^{3/2}\right]m^2/s=1.44\times10^{-5}m^2/s$$

3.2.2 斯忒藩流

上一节介绍了流体中单纯的扩散引起的物质输运。本节将介绍存在相分界面且在该分界面上存在组分生成或消耗时，流体中组分的物质输运。在燃烧问题中，空气流和与之相邻的液体或固体物质之间就存在着一个相分界面，并且在该相分界面上存在着液体或固体物质的消耗、产物的生成等。在水的蒸发问题中，水面就是一个相分界面，并且有水蒸气的生成。

如果在相分界面上存在物理或化学过程，使组分A产生或消耗，那么在表面处就会形成一定的浓度梯度以及对应的法向扩散物质流。与此同时，组分B将存在逆向扩散物质流。研究发现，如果只考虑扩散物质流，输运过程的一些现象将得不到合理的解释，必须还同时存在着一个法向的总物质流，整个输运过程的现象才能归于合理。这一现象是斯忒藩在研究水面蒸发时首先发现的，因此称为斯忒藩流。要强调的是，这个斯忒藩流是由于扩散以及相分界面处存在组分源这两个因素共同作用时才会产生的。下面用两个实例来说明斯忒藩流产生的条件和大小。

首先分析斯忒藩在研究水面蒸发时发现的斯忒藩流，如图 3-5 所示。考虑一维的情形，例如在一个杯子里，气态物质只能上下运动，并以向上方向为正。A–B 界面是水面，水面上方空间中是空气。这时，水–空气相分界面处有水蒸气和空气两种组分。假定水面上方水蒸气和空气混合物的总密度 ρ_0 保持不变，并用 f_{H_2O} 表示水蒸气的质量分数，用 f_{air} 表示空气的质量分数。它们的分布如图 3-5 所示，且有：

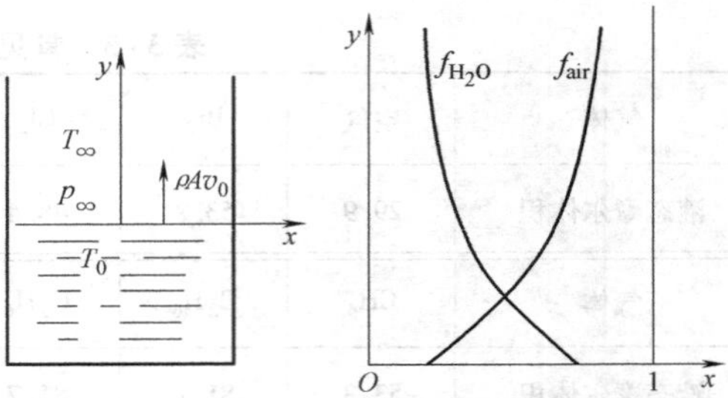

图 3-5 水面处水蒸气蒸发时的斯忒藩流

$$f_{H_2O} + f_{air} = 1 \tag{3-27}$$

在水面处水蒸气的密度（质量浓度，下同）大，上方空间密度小。根据式（3-21），水面处扩散质量流量为：

$$J_{m_{H_2O,\ 0}} = -D_0\rho_0\left(\frac{df_{H_2O}}{dy}\right)_0 \tag{3-28}$$

因为$\left(\frac{df_{H_2O}}{dy}\right)_0 < 0$，所以 $m_{H_2O,0} > 0$。这表明水蒸气是向上扩散的。

与此相对应，水面处空气的密度小，上方空间密度大，因此空气是向下扩散的。空气扩散的质量流量为：

$$J_{m_{air,\ 0}} = -D_0\rho_0\left(\frac{df_{air}}{dy}\right)_0 \tag{3-29}$$

由式（3-27）得到：

$$\left(\frac{df_{air}}{dy}\right)_0 = -\left(\frac{df_{H_2O}}{dy}\right)_0 \tag{3-30}$$

由此可知存在一个流向水面的空气扩散流，但因空气是不会被水面吸收的，而且运动是一维的，空气在杯子内也不可能前后左右逸出杯子，那么这些流向相分界面的空气流最后到哪里去了呢？仅仅依靠扩散流，不能合理解释空气组分的输运。

在稳定的蒸发过程中，向下扩散的空气在水面处既没有积聚增多，也没有被消耗或进入水中，那就必然还有向上的整体流动，使得空气组分在水面上的总质量流量为零。这股整体流动就称为斯忒藩流。

假设整体流动的质量流量为 $\rho_0 A v_0$，它既包含水蒸气也包含空气，则在水面处有：

$$\rho_0 A v_0 = f_{H_2O,\ 0}\rho_0 A v_0 + f_{air,\ 0}\rho_0 A v_0 \tag{3-31}$$

这样每一组分的总质量流都由两部分组成：一部分是该组分质量浓度梯度造成的扩散流，另一部分是由于混合气的总体流（斯忒藩流）所携带的该组分的物质流。因此，水面处水蒸气和空气各自的总质量流量可表达如下，且空气在水面上的总质量流量为零：

$$G_{H_2O,\ 0} = -D_0 A\rho_0\left(\frac{df_{H_2O}}{dy}\right)_0 + f_{H_2O,\ 0}\rho_0 A v_0 \tag{3-32}$$

$$G_{air,\ 0} = -D_0 A\rho_0\left(\frac{df_{air}}{dy}\right)_0 + f_{air,\ 0}\rho_0 A v_0 = 0 \tag{3-33}$$

在水面蒸发问题中，由于斯忒藩流的存在使得水蒸气的总质量流量比单独的水蒸气扩散质量流量要大。将式（3-34）、式（3-35）相加并利用式（3-30）、式（3-31），得：

$$G_{H_2O,\ 0}=\rho_0 A\nu_0 \tag{3-34}$$

式（3-34）表明水面处水蒸气的总质量流量就等于斯忒藩流的大小。注意水面处水蒸气的总质量流量实际就是水的质量蒸发速率。因此，斯忒藩流的大小就等于水的质量蒸发速率。将式（3-34）代入式（3-32），可以得到如下表达式：

$$\rho_0 A\nu_0=G_{H_2O,\ 0}=\frac{1}{1-f_{H_2O,\ 0}}\left[-DA\rho_0\left(\frac{\mathrm{d}f_{H_2O}}{\mathrm{d}y}\right)_0\right] \tag{3-35}$$

接着来分析燃烧中的斯忒藩流。考虑碳板在纯氧中的燃烧，气体流动按一维进行。首先，假定碳表面发生的反应和质量比如下：

$$\begin{matrix} C+O_2\rightarrow CO_2 \\ 12\quad 32\quad\ 44 \end{matrix} \tag{3-36}$$

这时，碳板的上方空间有氧气和二氧化碳两种气体组分，因此有：

$$f_{O_2}+f_{CO_2}=1 \tag{3-37}$$

假定碳板上方空间混合气的总密度 ρ_0 保持不变，则氧气和二氧化碳的扩散流有如下关系：

$$-D_0A\rho_0\left(\frac{\mathrm{d}f_{CO_2}}{\mathrm{d}y}\right)_0=D_0A\rho_0\left(\frac{\mathrm{d}f_{O_2}}{\mathrm{d}y}\right)_0 \tag{3-38}$$

这表明 CO_2 离开碳板的扩散流与 O_2 到达碳板的扩散流大小相等，方向相反。但另一方面由反应方程即式（3-36）知道在碳板表面 O_2 的总质量流量与 CO_2 的总质量流量存在以下关系：

$$G_{CO_2,\ 0}=-\frac{44}{32}G_{O_2,\ 0} \tag{3-39}$$

即在数量上 CO_2 的总质量流量要比氧气的大。因此，比较式（3-38）和（3-39）可知，单纯依靠扩散是无法满足反应进行所需要的量比关系的。从而必然存在着一个与 CO_2 扩散流方向相同的混合气整体质量流，使得 CO_2 的总质量流增大，O_2 的总质量流减小而符合式（3-39）的要求。这一混合气的整体质量流 G_0 就是斯忒藩流。在碳板表面，各质量流表达如下：

$$G_0=G_0f_{O_2,\ 0}+G_0f_{CO_2,\ 0} \tag{3-40}$$

$$G_{O_2,\ 0}=-D_0A\rho_0\left(\frac{\mathrm{d}f_{O_2}}{\mathrm{d}y}\right)+G_0f_{O_2,\ 0} \tag{3-41}$$

$$G_{CO_2,\ 0}=-D_0A\rho_0\left(\frac{\mathrm{d}f_{CO_2}}{\mathrm{d}y}\right)+G_0f_{CO_2,\ 0} \tag{3-42}$$

将式（3-41）、式（3-42）相加，并利用式（3-38）、式（3-39）、式（3-40），以及反应式（3-36）中物质的比例关系，得：

$$G_0=G_{O_2,\ 0}-\frac{44}{32}G_{O_2,\ 0}=-\frac{12}{32}G_{O_2}=-G_C \tag{3-43}$$

式（3-43）表明，这时的斯忒藩流的质量流量大小就等于碳燃烧的质量损失速率。

通过上面的分析，可以了解斯忒藩流产生的条件是在相分界面处既有扩散现象存在，又有组分的生成或消耗发生，这两个条件是缺一不可的。在燃烧问题上，正确运用斯忒藩流的概念来分析相分界面处的边界条件是非常重要的，在讨论液滴、固体的燃烧问题时，就要用到这一概念和规律。

【例3-2】 已知干球温度为25℃，湿球温度为22℃，空气在水面的表面传热系数为5W（m·℃），水的蒸发潜热为2454.3kJ/kg。假定水面处水蒸气压力为饱和蒸汽压 p_{sat}（$t=22℃$）$=2.642\times10^3$Pa，水蒸气在空气中的扩散系数为 2.56×10^{-5}m²/s。求：(1) 单位面积水面的蒸发速率；(2) 水面处水蒸气的质量浓度梯度。

【解】 (1) 湿球温度是由于水分蒸发吸收潜热温度降低而形成的。因此这是传热与传质的耦合，潜热量就等于空气对水的传热量。假定传热全部来自对流，单位面积的蒸发速率为 g_0，则：

$$g_0 A r_s = hA(t_\infty - t)$$

$$g_0 = \frac{h(t_\infty - t)}{r_s} = \left(\frac{5\times(25-22)}{2454.3\times10^3}\right)\mathrm{kg/(m^2\cdot s)} = 0.611\times10^{-5}\mathrm{kg/(m^2\cdot s)}$$

(2) 根据理想气体状态方程，由水面处水蒸气的压力求质量分数：

$$\frac{\rho_{H_2O,\,0}/M_{H_2O}}{\rho_{tot}/M_{tot}} = \frac{p_{sat}}{p_{tot}} \Rightarrow f_{H_2O,\,0} = \frac{\rho_{H_2O,\,0}}{\rho_{tot}} = \frac{p_{sat}M_{H_2O}}{p_{tot}M_{tot}} = \frac{2642\times18}{101325\times28.85} = 0.0163$$

由式 $g_0 = \frac{g_{H_2O,0}}{A} = \frac{1}{1-f_{H_2O,0}}\cdot\left[-D\rho\left(\frac{df_{H_2O}}{dy}\right)_0\right]$，得水面处质量浓度梯度为：

$$\left(\frac{d\rho_{H_2O}}{dy}\right)_0 = \frac{g_0(1-f_{H_2O,\,0})}{-D} = \frac{0.611\times10^{-5}\times(1-0.0163)}{-2.56\times10^{-5}}\mathrm{kg/m^2} = -0.235\mathrm{kg/m^2}$$

【例3-3】 碳板在空气中燃烧，假定只有上表面发生反应且全部生成 CO_2，碳板的消耗速度为24g/s。求斯忒藩流的大小。

【解】 碳板的反应和质量比如下：

$$\begin{gathered}C + O_2 + 3.76N_2 \rightarrow CO_2 + 3.76N_2 \\ 12 : 32 : 105.25 : 44\end{gathered} \tag{1}$$

碳板上方空间存在三种气体组分：O_2、CO_2、N_2。假定气体总密度是不变的，每种组分的扩散都符合费克定律，且组分扩散系数都相同，各组分的质量分数有如下关系：

$$f_{O_2} + f_{CO_2} + f_{N_2} = 1 \tag{2}$$

斯忒藩流存在的理由如下：首先，N_2 是惰性气体，既没有生成也没有消耗，若存在质量浓度梯度，那就必然存在与其扩散方向相反的斯忒藩流，使 N_2 的总质量流为0。其次，若 N_2 质量分数不变，那由式 (2) 知 O_2 和 CO_2 的扩散流将大小相等、方向相反。而由式 (1) 知 O_2 和 CO_2 的总质量流的数值比例为32:44，也必然存在斯忒藩流，使 O_2 和 CO_2 满足反应的比例关系。

假定斯忒藩流为 G_0，则在碳表面处的各气体组分总质量流为：

$$G_{O_2,\,0} = -D_0 A\rho_0\left(\frac{df_{O_2}}{dy}\right) + G_0 f_{O_2,\,0} \tag{3}$$

$$G_{CO_2,\,0} = -D_0 A\rho_0\left(\frac{df_{CO_2}}{dy}\right)_0 + G_0 f_{CO_2,\,0} \tag{4}$$

$$0 = G_{N_2,\,0} = -D_0 A\rho_0\left(\frac{df_{N_2}}{dy}\right)_0 + G_0 f_{N_2,\,0} \tag{5}$$

$$G_{CO_2,0} = -\frac{44}{32}G_{O_2,0} \tag{6}$$

将式（3）、式（4）、式（5）相加，并利用式（2），得：

$$G_{CO_2,0} + G_{O_2,0} = G_0 \tag{7}$$

由式（6）、式（7），得：

$$G_0 = -\frac{12}{32}G_{O_2,0} \tag{8}$$

而由式（1）知，碳和氧气的消耗质量关系为：

$$G_c = \frac{12}{32}G_{O_2,0}$$

因此斯忒藩流的大小为：

$$|G_0| = |G_c| = 24\text{g/s}$$

即斯忒藩流的质量流量大小等于碳的质量消耗率。

3.2.3 对流传质

1. 对流传质与对流传质系数

流体流过壁面或液体界面时，主流与界面间组分存在浓度差时就会引起组分输运，这种输运称为对流传质。在对流传质中，组分的输运是扩散和整体流动这两种作用的结果。对流传质的总输运效果也常用类似于对流换热中牛顿冷却公式的形式来表达计算：

$$J_{m_A} = h_D(\rho_{A,w} - \rho_{A,\infty}) \tag{3-44}$$

$$J_{n_A} = h_D(c_{A,w} - c_{A,\infty}) \tag{3-45}$$

式中 J_{m_A}、J_{n_A}——组分A在单位时间内、通过单位面积的质量和摩尔量，即质流通量（$kg/m^2 \cdot s$）和摩尔通量（$kmol/m^2 \cdot s$）；两者有 $J_{n_A} = J_{m_A}/M_A$ 的换算关系，M_A 是组分A的摩尔质量（kg/kmol）；

h_D——对流传质系数（m/s）；

$\rho_{A,w}$、$\rho_{A,\infty}$——界面处和远离界面主流中组分A的质量浓度（kg/m^3）；

$c_{A,w}$、$c_{A,\infty}$——界面处和远离界面主流中组分A的物质的量浓度（$kmol/m^3$）。

在界面附近，由于对流传质使得组分浓度从界面处的数值变化过渡到主流中的数值。这一浓度变化的区域就称为浓度边界层。以流体流经平板时形成的边界层为例，如图3-6所示。边界层从平板边缘开始，沿着流动方向是逐渐展开的。边界层的厚度 δ_c 被定义为 $\left[\frac{c_{A,w} - c_A}{c_{A,w} - c_{A,\infty}}\right] = 0.99$ 时的 y 值。

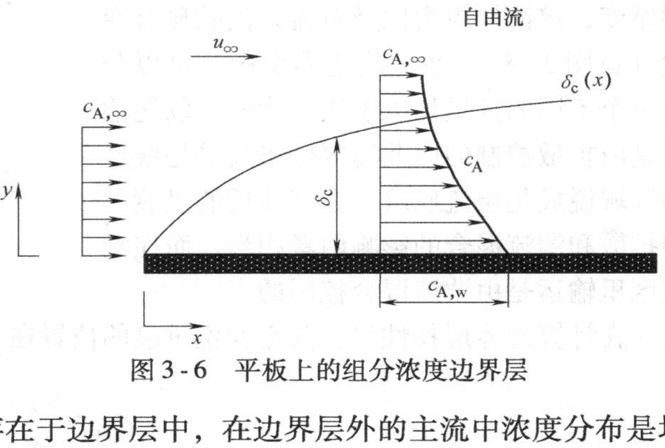

图3-6 平板上的组分浓度边界层

按照上述定义，组分的浓度变化就主要存在于边界层中，在边界层外的主流中浓度分布是均匀的，不存在浓度梯度。因此对流传质问题就转化为浓度边界层问题。

2. *层流与湍流的影响*

在对流传质中，第一步很重要的是要确定流动是层流还是湍流。流动中的表面摩擦以及对流传热速率、对流传质速率很大程度上取决于是哪种流动状态。

如图3-7所示，在层流和湍流的流动状态之间存在着很大的差别。在层流边界层中，流体运动很有规则，并能识别出微粒运动的流线。流体沿流线的运动可用 x 和 y 两个方向上的速度分量来描述。由于在 x 方向上边界层是增大的，所以必然存在垂直于表面的流体运动。垂直于表面方向的速度分量 ν，对通过边界层的动量、能量和组分的输运有重要的影响。

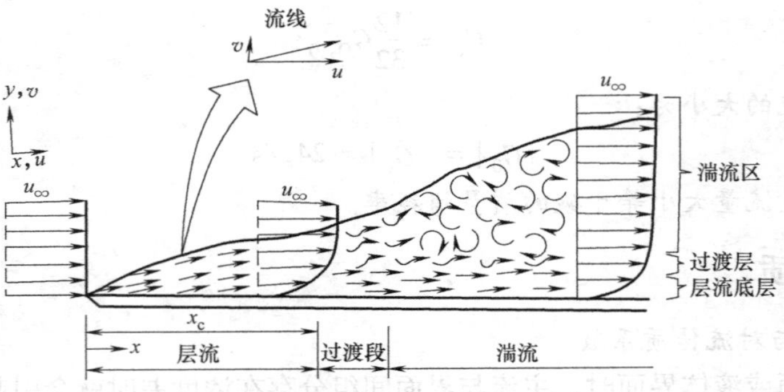

图3-7 平板上速度边界层的开展

与此不同的是，在湍流边界层中的流体运动很不规则，通常用速度的波动来描述。这些波动使动量、能量和组分的传递增强，因而使表面摩擦及对流体传递速率增加。由于波动产生的流体混合，使得湍流边界层的厚度以及边界层分布（速度、温度和浓度），相比于层流边界层的要大且平缓。

对流传质主要取决于流体的流动。对于平板上速度边界层的展开，如图3-7所示。开始时边界层是层流，但是在距前缘的某个距离处开始发生向湍流流动的过渡。在过渡区开始产生流体波动，且边界层最终完全变成湍流。过渡到湍流的过程中，伴随着边界层厚度、壁面切应力以及对流系数的显著变化（见图3-8）。在湍流边界层中，可以分成三个不同的区域加以说明，我们可以把输运是由扩散控制的以及速度分布几乎是线性的区域说成是层流底层。在其邻近的过渡层中扩散和湍流混合的影响两者相当，而在湍流区里输运是由湍流混合控制的。

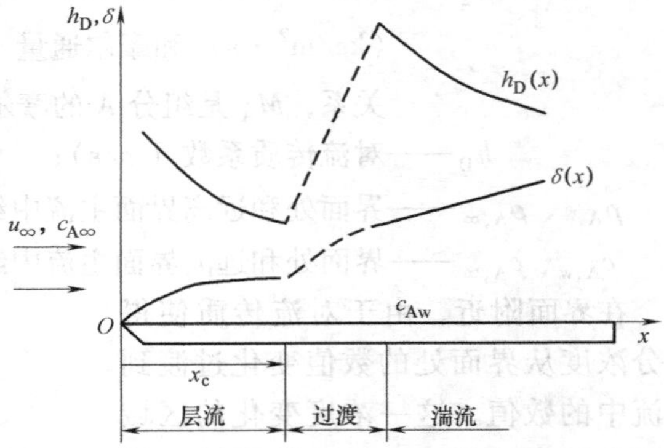

图3-8 平板流动的边界层厚度 δ 和局部对流传质系数 h_D 的变化

在计算边界层特性时，假定发生过渡的位置在 x_c 处，那么这个位置可用雷诺数来确定：

$$Re_x = \frac{u_\infty x}{\nu} \tag{3-46}$$

式中 x——离开前缘的距离（m）；

u_∞——主流中速度（m/s）；

ν——运动粘度（m^2/s）；

Re_x——临界雷诺数，即 $x=x_c$ 时的 Re_x 值。对于外部流动，其数值可在 $10^5 \sim 3\times10^6$ 变化，它取决于表面粗糙度、自由流的湍流度以及沿表面压力变化的性质。在边界层计算中，通常有代表性的临界雷诺数的值为：

$$Re_x = \frac{u_\infty x_c}{\nu} = 5\times10^5 \tag{3-47}$$

【例3-4】 烟气中含有少量碳粒，质量浓度为 2.8×10^{-2}kg/m³，烟气流以0.5m/s的速度流过直径为8cm的圆管。假定碳粒接触圆管时全部沉降，即可认为管壁附近烟气中碳粒浓度为0。已知烟气的运动粘度为 $1.56\times10^{-5}m^2/s$，组分扩散系数为 $0.826\times10^{-5}m^2/s$。求（1）气流与管壁间的对流传质系数；（2）碳粒在管壁上的沉降速率。

【解】（1）求对流传质系数，可用 Sh 准则及有关经验公式（满足 $2000<Re<3500$，$0.6<Sc<2.5$ 的条件）：

$$Sh \equiv \frac{h_D L}{D_{AB}} \text{和} Sh = 0.023Re^{0.83}Sc^{0.44}$$

其中，$Re=\dfrac{u_\infty d}{\nu}=\dfrac{0.5\times0.08}{1.56\times10^{-5}}=2564$，$Sc=\dfrac{\nu}{D}=\dfrac{1.56\times10^{-5}}{0.826\times10^{-5}}=1.89$

因此，$h_D = \dfrac{D}{d}\times0.023Re^{0.83}Sc^{0.44} = (0.103\times10^{-3}\times0.023\times675.15\times1.323)$ m/s

$= 2.116\times10^{-3}$m/s。

（2）沉降速率。由对流传质公式：

$$\dot{m} = h_D(\rho_\infty - \rho_0) = [2.116\times10^{-3}\times(2.8\times10^{-2}-0)]\text{kg}/(\text{m}^2\cdot\text{s})$$
$$= 5.92\times10^{-5}\text{kg}/(\text{m}^2\cdot\text{s})$$

3.2.4 烟囱效应

建筑物发生火灾时会产生烟气。当烟气温度高于环境温度时，建筑物内的烟气会自动持续向上输运，这一现象就称烟囱效应（见图3-9）。这时建筑内下部的压力较低，外面的冷空气流入；建筑物内上部压力较高，高温烟气流向外面。这种烟囱效应，对于电梯竖井或楼梯竖井等竖向高度很大的空间，尤其突出。其实质就是由于热浮力而导致的烟气输运。

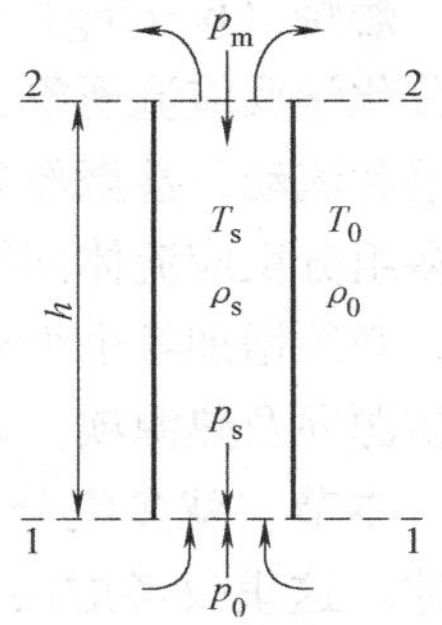

图3-9 烟囱效应

假设管外温度为 T_0、空气密度为 ρ_0，管内温度为 T_s、烟气密度为 ρ_s，且2-2面为中性面，即在该截面位置，内外压力相同，均为 p_m，则：

（1）当管内温度等于管外温度，即 $T_0=T_s$，$\rho_0=\rho_s$ 时，管内外流体处于平衡状态，不产生流动，则根据平衡方程有：

$$p_0 = p_s = p_m + \rho_0 gh = p_m + \rho_s gh \tag{3-48}$$

（2）当管内温度不等于管外温度，即 $T_0<T_s$ 时，有：

$$p_0 = p_m + \rho_0 gh \qquad p_s = p_m + \rho_s gh \tag{3-49}$$

$$\rho_s < \rho_0 \qquad p_0 > p_s$$

$$p_s = \frac{\rho_s R T_s}{M_s} \qquad p_0 = \frac{\rho_0 R T_0}{M_0} \tag{3-50}$$

式中 R——通用气体常数，一般取 8.314J/（mol·K）。

假设烟气分子量与空气的平均分子量相同，为 0.0289kg/mol。

于是有：

$$\Delta p = p_s - p_0 = gh(\rho_s - \rho_0) \tag{3-51}$$

$$\Delta p = gh\left(\frac{p_s M_s}{R T_s} - \frac{p_0 M_0}{R T_0}\right) \tag{3-52}$$

建筑物内外的压差变化与大气压 p_{atm} 相比要小得多，因此可根据理想气体定律用 p_{atm} 来计算气体的密度。而一般认为烟气也遵循理想气体定律：

$$p_0 \approx p_s \approx p_{atm}$$

$$M_s \approx M_0$$

于是有

$$\Delta p = gh\left(\frac{p_s M_s}{R T_s} - \frac{p_0 M_0}{R T_0}\right) \approx \frac{gh p_{atm} M_0}{R}\left(\frac{1}{T_s} - \frac{1}{T_0}\right) \tag{3-53}$$

$$\Delta p = K_s h\left(\frac{1}{T_s} - \frac{1}{T_0}\right) \tag{3-54}$$

式中 K_s——修正系数，一般可取 3460。

可见，管道的 h 越高、内外温差越大，则下端 1-1 平面上的压力差就越大，烟囱效应就越明显，这种烟囱效应，对高层建筑发生火灾时的危害很大。据实测，火灾烟囱效应引起的烟气向上的垂直速度可达 2～4m/s，热烟气在 1min 内充满几十层的大楼。

3.3 燃烧物理学基本方程

3.3.1 引言

燃烧（burning）是固体、液体或气体燃料与氧化剂之间发生的一种猛烈的发光放热的多组分化学反应流现象，其反应过程总是全部地或者部分地在气相中进行，并且总是伴随着火焰传播和流动，甚至部分燃烧就发生在流动的系统中。因此，燃烧物理学的基本方程主要描述的是多组分反应流体问题，它比经典的流体力学要杂得多。由于，多组分的存在，在守恒方程中，必须增加各个组分的扩散方程；又因存在化学反应，在扩散方程和能量方程中，必须增加物质源项及热源项。另外，气体的热力学性质、输运性质等也要依赖于构成该系统的组分。

本节将就多组分气体的一些基本参量、守恒方程及多组分反应系统的相似准则进行简单阐述。这里仅考虑层流问题。

3.3.2 多组分气体基本参量

对于多组分气体，考虑微元体 ΔV，其内部包含一个点 $P(x, y, z)$，微元体的质量为 $\Delta m(t)$，那么就可以近似求出质点 P 处的总体质量密度 ρ：

$$\rho(t) = \lim_{\Delta V \to 0} \frac{\Delta m(t)}{\Delta V} \tag{3-55}$$

如果气体中存在多种组分，每一种组分用 i 来表示，那么质点 P 处 i 组分的质量密度可按下式计算：

$$\rho_i(t) = \lim_{\Delta V \to 0} \frac{\Delta m_i(t)}{\Delta V} \tag{3-56}$$

根据质量密度的定义，各个时刻，点 P 处总体质量密度 ρ 与每一组分质量密度 ρ_i 均存在如下关系：

$$\rho(t) = \sum_{i=1}^{N} \rho_i(t) \tag{3-57}$$

而某一时刻多组分气体中某一组分 i 的质量分数，也就是质量百分比浓度为：

$$f_i = \frac{\rho_i}{\rho} \tag{3-58}$$

且根据前文所述，可知质量密度与摩尔数之间存在如下关系：

$$\rho = cM \tag{3-59}$$

$$\rho_i = c_i M_i \tag{3-60}$$

式中　c、c_i——单位体积中总摩尔数（物质的量浓度）和 i 组分摩尔数（物质的量浓度）；

M、M_i——混合气体的摩尔数和 i 组分的摩尔数。

而在混合气中，单位体积总摩尔数也等于各分组分 i 的摩尔数之和，即：

$$c = \sum_i c_i \tag{3-61}$$

根据上面各式可以得到多组分气体混合物的平均分子量：

$$M = \frac{\rho}{c} = \frac{\sum_i \rho_i}{\sum_i c_i} = \frac{\sum_i c_i M_i}{\sum_i c_i} \tag{3-62}$$

这样，混合物中 i 组分的摩尔分数就可以写成：

$$x_i = \frac{c_i}{c} \tag{3-63}$$

$$f_i = x_i \frac{M_i}{M} \tag{3-64}$$

在处理燃烧学问题时，一般假定多组分气体服从完全气体定律，则由气体状态方程可得：

$$p_i = \rho_i \frac{R}{M_i} T = c_i RT \tag{3-65}$$

$$p = \rho \frac{R}{M} T = cRT \tag{3-66}$$

将式（3-67）和式（3-67）相除，得：

$$x_i = \frac{c_i}{c} = \frac{p_i}{p} \tag{3-67}$$

根据多组分气体的分压定律可，气体的总压 p 等于各组分气体分压 p_i 之和，即：

$$p = \sum_i p_i \tag{3-68}$$

$$M = \sum_i M_i X_i \tag{3-69}$$

3.3.3 基本方程

在燃烧学中，基本守恒方程包括总质量守恒方程（即连续性方程）、动量守恒方程（即运动方程）、能量守恒方程及组分守恒方程（即扩散方程）。下面将对直角坐标系下各守恒方程式的形式进行推导，而其他坐标的表达式请参阅相关书籍进行推导。

1. 质量守恒方程（连续性方程）

$$\frac{D\rho}{Dt} + \rho \nabla V = 0 \tag{3-70}$$

如图3-10所示的微元正六面体 $\Delta x \Delta y \Delta z$。流体在 x、y、z 方向上的速度分别为 u、v、w。假定质量流量和流体密度都是坐标（x，y，z）的连续函数。则在三个方向的六个面上，流量存在如下关系。

从面 a 上流入的质量是：

$$m_x = (\rho u)_x \Delta y \Delta z \Delta t \tag{3-71}$$

从面 b 上流出的质量是：

$$m_{x+dx} = (\rho u)_{x+dx} \Delta y \Delta z \Delta t \tag{3-72}$$

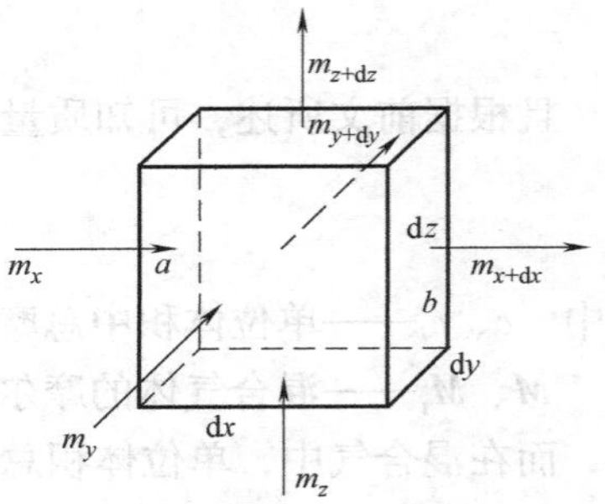

图3-10 总质量守恒微元正六面体

把 x 方向的质量流量 m_{x+dx} 在 $x=0$ 处按一阶泰勒公式展开，得：

$$m_{x+dx} = m_x + \frac{\partial m_x}{\partial x}\Delta x + \frac{\partial^2 m_x}{\partial_x{}^2}\frac{\Delta x^2}{2!} + \cdots + \frac{\partial^n m_x}{\partial x^n}\frac{(\Delta x)^n}{n!} + \cdots \tag{3-73}$$

$$m_{x+dx} - m_x = \frac{\partial m_x}{\partial x}\Delta x + \frac{\partial^2 m_x}{\partial x^2}\frac{\Delta x^2}{2!} + \cdots + \frac{\partial^n m_x}{\partial x^n}\frac{(\Delta x)^n}{n!} + \cdots \tag{3-74}$$

取一阶近似，可得沿 x 方向流出的净质量是：

$$(\Delta m)_x = \frac{\partial}{\partial x}(\rho u)\Delta y \Delta z \Delta x \Delta t \tag{3-75}$$

同理，沿 y 方向流出的净质量是：

$$(\Delta m)_y = \frac{\partial}{\partial y}(\rho v)\Delta y \Delta z \Delta x \Delta t \tag{3-76}$$

沿 z 方向流出的净质量是：

$$(\Delta m)_z = \frac{\partial}{\partial z}(\rho w)\Delta y \Delta z \Delta x \Delta t \tag{3-77}$$

将式（3-75）、式（3-76）和式（3-77）三式相加，得：

$$\Delta m = \left[\frac{\partial}{\partial x}(\rho u) + \frac{\partial}{\partial y}(\rho v) + \frac{\partial}{\partial z}(\rho w)\right]\Delta y \Delta z \Delta x \Delta t \tag{3-78}$$

如果在微元体内不存在物质源（或汇），那么根据质量守恒的原理，流出的微元体净质量等于同一时间内微元体内质量的变化，则有等式：

$$\frac{\partial \rho}{\partial t}\Delta x \Delta y \Delta z \Delta t + \Delta m = 0 \tag{3-79}$$

将式（3-78）代入式（3-79）后取极限，得

$$\frac{\partial\rho}{\partial t}+\frac{\partial}{\partial x}(\rho u)+\frac{\partial}{\partial y}(\rho \nu)+\frac{\partial}{\partial z}(\rho w)=0 \tag{3-80}$$

式（3-80）就是连续性方程。对于稳态流动，$\frac{\partial\rho}{\partial t}=0$，则上式可简化成：

$$\frac{\partial}{\partial x}(\rho u)+\frac{\partial}{\partial y}(\rho \nu)+\frac{\partial}{\partial z}(\rho w)=0 \tag{3-81}$$

对于不可压稳态流动，ρ 为常数，则式（3-80）可写成：

$$\frac{\partial u}{\partial x}+\frac{\partial \nu}{\partial y}+\frac{\partial w}{\partial z}=0 \tag{3-82}$$

如果是一维不可压稳态流动，则式（3-80）可写成：

$$\frac{\partial u}{\partial x}=0 \tag{3-83}$$

从表达形式来看，多组分气体连续方程和单一组分气体连续方程是一样的，但是需要注意的是，多组分表达式中的总密度是各分组分密度之和，即：

$$\rho=\sum_i \rho_i \tag{3-84}$$

2. 组分守恒方程（扩散方程）

组分守恒方程即多组分气体中某一组分 i 的守恒方程。采用图3-11所示的微元体对组分方程进行推导。在微元体中，组分 i 的守恒关系也就是多组分气体宏观流动从微元体 $\Delta x\Delta y\Delta z$ 带走的 i 组分的质量，加上 i 组分由于扩散运动扩散出去的质量，再加上 i 组分由于化学反应消耗掉的质量，等于同一时间微元体内 i 组分物质质量的减少。i 组分在 x 方向上随着多组分气体整体流动从面 a 上流入微元体的质量是：

$$m_{i,x}=\rho u f_i\Delta y\Delta z\Delta t \tag{3-85}$$

如图3-11所示，假设流量是坐标的连续函数，且存在各阶偏导数，按照泰勒级数展开，有：

$$m_{i,x+\mathrm{d}x}=m_{i,x}+\frac{\partial m_{i,x}}{\partial x}\Delta x+\frac{\partial^2 m_{i,x}}{\partial x^2}\frac{\Delta x^2}{2!}+\cdots+\frac{\partial^n m_{i,x}}{\partial x^n}\frac{(\Delta x)^n}{n!}+\cdots \tag{3-86}$$

$$m_{i,x+\mathrm{d}x}-m_{i,x}=\frac{\partial m_{i,x}}{\partial x}\Delta x+\frac{\partial^2 m_{i,x}}{\partial x^2}\frac{\Delta x^2}{2!}+\cdots+\frac{\partial^n m_{i,x}}{\partial x^n}\frac{(\Delta x)^n}{n!}+\cdots \tag{3-87}$$

取一阶泰勒展开式近似。则可得在 x 方向上由于流动造成的 i 组分从微元体内净流出量为：

$$m_{i,x+\mathrm{d}x}-m_{i,x}=\frac{\partial}{\partial x}(\rho u f_i)\Delta x\Delta y\Delta z\Delta t \tag{3-88}$$

采用同样的分析方法，可得沿 x 方向上扩散出去的净扩散流量（见图3-12）为：

$$Q_{i,x}=-\rho D_i\frac{\partial f_i}{\partial x}\Delta y\Delta z\Delta t \tag{3-89}$$

写成泰勒展开式有：

$$Q_{i,x+\mathrm{d}x}=Q_{i,x}+\frac{\partial Q_{i,x}}{\partial x}\Delta x+\frac{\partial^2 Q_{i,x}}{\partial x^2}\frac{\Delta x^2}{2!}+\cdots+\frac{\partial^n Q_{i,x}}{\partial x^n}\frac{(\Delta x)^n}{n!}+\cdots \tag{3-90}$$

$$Q_{i,x+\mathrm{d}x} - Q_{i,x} = \frac{\partial Q_{i,x}}{\partial x}\Delta x + \frac{\partial^2 Q_{i,x}}{\partial x^2}\frac{\Delta x^2}{2!} + \cdots + \frac{\partial^n Q_{i,x}}{\partial x^n}\frac{(\Delta x)^n}{n!} + \cdots \tag{3-91}$$

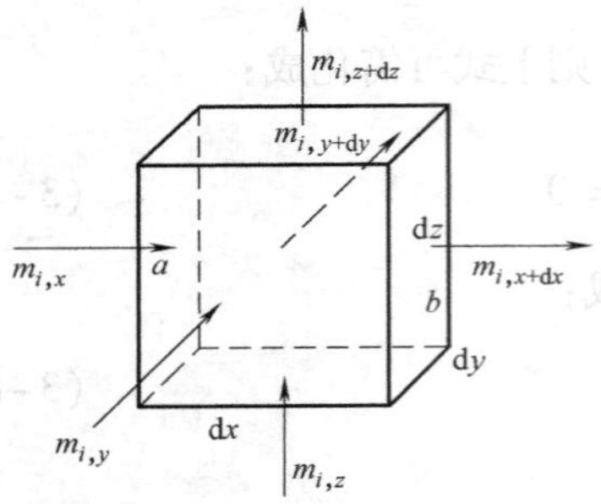

图 3-11　组分守恒微元正六面体

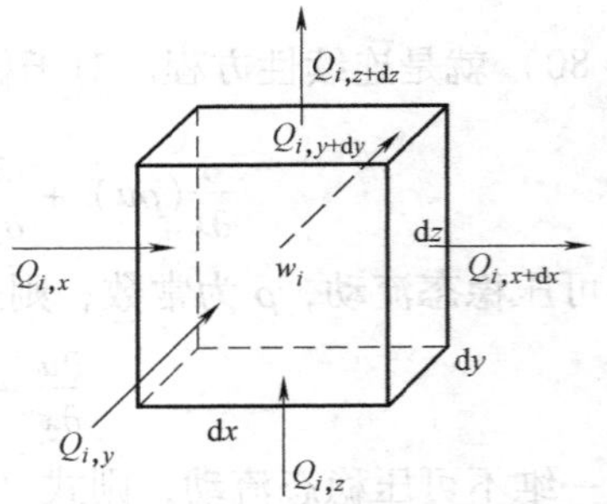

图 3-12　直角坐标系质量扩散微元控制体 dxdydz

取一阶泰勒展开式近似：

$$Q_{i,x+\mathrm{d}x} - Q_{i,x} = \frac{\partial Q_{i,x}}{\partial x}\Delta x = -\frac{\partial}{\partial x}\left(\rho D_i \frac{\partial f_i}{\partial x}\right)\Delta x \Delta y \Delta z \Delta t \tag{3-92}$$

负号表示如果 b 面向微元体外（即 x 增加的方向）扩散，那么浓度沿 x 的负方向增加。

同理可得 y、z 两个方向上由于流动和扩散而造成的净物质流量为：

$$m_{i,y+\mathrm{d}y} - m_{i,y} = \frac{\partial}{\partial y}(\rho v f_i)\Delta x \Delta y \Delta z \Delta t \tag{3-93}$$

$$m_{i,z+\mathrm{d}z} - m_{i,z} = \frac{\partial}{\partial z}(\rho w f_i)\Delta x \Delta y \Delta z \Delta t \tag{3-94}$$

及

$$Q_{i,y+\mathrm{d}y} - Q_{i,y} = -\frac{\partial}{\partial y}\left(\rho D_i \frac{\partial f_i}{\partial y}\right)\Delta x \Delta y \Delta z \Delta t \tag{3-95}$$

$$Q_{i,z+\mathrm{d}z} - Q_{i,z} = -\frac{\partial}{\partial z}\left(\rho D_i \frac{\partial f_i}{\partial z}\right)\Delta x \Delta y \Delta z \Delta t \tag{3-96}$$

假设在同一时间微元体内由于化学反应而导致 i 组分的生成或消耗量为 w_i，同一时间微元体内组分 i 的质量随时间的变化可表示成：

$$\Delta m_i = \frac{\partial}{\partial t}(\rho f_i)\Delta x \Delta y \Delta z \Delta t \tag{3-97}$$

根据前述对组分守恒方程的定义，将以上各方程式相加，即可得 i 组分的守恒方程（组分扩散方程）。

$$\begin{aligned}\Delta m_i = {} & (m_{i,x} - m_{i,x+\mathrm{d}x}) + (m_{i,y} - m_{i,y+\mathrm{d}y}) + (m_{i,z} - m_{i,z+\mathrm{d}z}) + \\ & (Q_{i,x} - Q_{i,x+\mathrm{d}x}) + (Q_{i,y} - Q_{i,y+\mathrm{d}y}) + (Q_{i,z} - Q_{i,z+\mathrm{d}z}) - w_i\end{aligned} \tag{3-98}$$

$$\begin{aligned}&\frac{\partial(\rho f_i)}{\partial t} + \frac{\partial}{\partial x}(\rho u f_i) + \frac{\partial}{\partial y}(\rho v f_i) + \frac{\partial}{\partial z}(\rho w f_i) \\ &= \frac{\partial}{\partial x}\left(\rho D_i \frac{\partial f_i}{\partial x}\right) + \frac{\partial}{\partial y}\left(\rho D_i \frac{\partial f_i}{\partial y}\right) + \frac{\partial}{\partial z}\left(\rho D_i \frac{\partial f_i}{\partial z}\right) - w_i\end{aligned} \tag{3-99}$$

把连续方程代入式（3-99），并化简可得：

$$\rho\frac{\partial f_i}{\partial t}+\rho u\frac{\partial f_i}{\partial x}+\rho v\frac{\partial f_i}{\partial y}+\rho w\frac{\partial f_i}{\partial z}=\frac{\partial}{\partial x}\left(\rho D_i\frac{\partial f_i}{\partial x}\right)+\frac{\partial}{\partial y}\left(\rho D_i\frac{\partial f_i}{\partial y}\right)+\frac{\partial}{\partial z}\left(\rho D_i\frac{\partial f_i}{\partial z}\right)-w_i \tag{3-100}$$

3. 动量守恒方程

动量守恒方程，即运动方程、纳维–斯托克斯（N–S）方程，其基础是牛顿运动学第二定律。其意义为施加于质量为 m 的微元体上的力同其合加速度成正比，对不可压流体，其在三个方向上的加速度分别为（详细推导过程及可压缩流体动量方程请参阅流体力学相关文献与著作）：

$$\rho\frac{Du}{Dt}=\rho\left(\frac{\partial u}{\partial t}+u\frac{\partial u}{\partial x}+v\frac{\partial u}{\partial y}+w\frac{\partial u}{\partial z}\right)=-\frac{\partial p}{\partial x}+\mu\left(\frac{\partial^2 u}{\partial x^2}+\frac{\partial^2 u}{\partial y^2}+\frac{\partial^2 u}{\partial z^2}\right)+\left(\sum_i\rho_iF_i\right)_x \tag{3-101}$$

$$\rho\frac{Dv}{Dt}=\rho\left(\frac{\partial v}{\partial t}+u\frac{\partial v}{\partial x}+v\frac{\partial v}{\partial y}+w\frac{\partial v}{\partial z}\right)=-\frac{\partial p}{\partial y}+\mu\left(\frac{\partial^2 v}{\partial x^2}+\frac{\partial^2 v}{\partial y^2}+\frac{\partial^2 v}{\partial z^2}\right)+\left(\sum_i\rho_iF_i\right)_y \tag{3-102}$$

$$\rho\frac{Dw}{Dt}=\rho\left(\frac{\partial w}{\partial t}+u\frac{\partial w}{\partial x}+v\frac{\partial w}{\partial y}+w\frac{\partial w}{\partial z}\right)=-\frac{\partial p}{\partial z}+\mu\left(\frac{\partial^2 w}{\partial x^2}+\frac{\partial^2 w}{\partial y^2}+\frac{\partial^2 w}{\partial z^2}\right)+\left(\sum_i\rho_iF_i\right)_z \tag{3-103}$$

4. 能量守恒方程

能量守恒方程的基础是热力学第一定律，即一个微元体内能的变化等于外界传给微元体的热量加上外界力对微元体所做的功。其总的表达式可写成（详细推导过程请参阅其他相关文献与著作）：

$$\rho\frac{Dh}{Dt}=\nabla\cdot(\lambda\nabla T)+\nabla\cdot\left(\sum_i\rho_ih_iv_i\right)+\sum_i v_i\cdot(\rho_iF_i)+\nabla\cdot q_r+\Phi+\frac{Dp}{Dt} \tag{3-104}$$

式中　q_r——辐射换热量。

右边第一项为导热热流，第二项与第三项为扩散产生的热量交换，v_i 是 i 组分扩散速度；第四项是辐射换热量。外界力对微元体所做的功包括两个部分：一部分是体积力做功，另一部分是表面力做的功。F_i 是 i 组分单位质量所受到的体积力。

Φ 为耗散功，具体表达式为：

$$\Phi=2\mu\left[\left(\frac{\partial u}{\partial x}\right)^2+\left(\frac{\partial v}{\partial y}\right)^2+\left(\frac{\partial w}{\partial z}\right)^2\right]+\mu\left(\frac{\partial u}{\partial y}+\frac{\partial v}{\partial x}\right)^2+\mu\left(\frac{\partial v}{\partial z}+\frac{\partial w}{\partial y}\right)^2+\mu\left(\frac{\partial w}{\partial x}+\frac{\partial u}{\partial z}\right)^2+\frac{2}{3}\mu\left(\frac{\partial u}{\partial x}+\frac{\partial v}{\partial y}+\frac{\partial w}{\partial z}\right)^2 \tag{3-105}$$

$$h_i-h_{oi}=\int_{T_0}^{T}C_{pi}\mathrm{d}T \tag{3-106}$$

式中　h_i——组分 i 的焓，它包括两个部分，即物理焓（热焓）和化学焓；

h_{oi}——组分生成焓，其值为常数。

混合物的生成焓却是组分浓度的函数。组分的比热容与组分的浓度无关，而混合物的比热容却取决于组分的浓度。

3.3.4　多组分反应系统的相似准则

前面所介绍的一系列燃烧相关的守恒方程，从原则上来讲可以用来求解燃烧学问题。但实际上，这些守恒方程是非线性偏微分方程，除了极少数特例之外，一般很难求出其解析值解。因此，要根据不同燃烧条件对上述方程进行一定程度的简化，从而使其解变得容易求出。

根据相似定律，如果两个物理现象要相似，则描述它们的无量纲方程组及其边界条件、初始条件要完全相同。从无量纲方程组中可以得到一系列无量纲数，这些无量纲数就是判别有关现象是否彼此相似的重要判据和标准，称为无量纲准则。

假设物体的某特征尺寸 L，流体流经 L 长度所需的时间为 $t_L=L/u_\infty$，该过程中压力降为 Δp，无穷远处的各物理量，如 u_∞、ρ_∞、$c_{p\infty}$、μ_∞、α_∞、D_∞、λ_∞ 以及火焰温度 T_f，重力加速度 g 作为特征标尺，则有：$\bar{t}=t/t_L$；$\bar{x}=x/L$；$\bar{y}=y/L$；$\bar{z}=z/L$；$\bar{t}=u/u_\infty$；$\bar{v}=v/v_\infty$；$\bar{w}=w/u_\infty$；$\bar{\mu}=\mu/\mu_\infty$；$\bar{T}=T/T_f$；$\bar{\rho}=\rho/\rho_\infty$；$\bar{\lambda}=\lambda/\lambda_\infty$；$\bar{p}=p/\Delta p_\infty$；$\bar{F}=F/g$；$\bar{D}=D/D_\infty$；$\bar{C_p}=C_p/C_{p_\infty}$。

将上述无量纲代入四大类守恒方程，就得到传热和流动准则以及化学反应或燃烧相似准则。

1. 传热与流动准则

传热与流动准则见表 3-6。

表 3-6 传热与流动准则

传热与流动准则	表达式	传热与流动准则	表达式
斯特洛霍尔（Strouhal）准则	$S=L/(u_\infty t_L)$	贝克莱（Peclet）准则（传热）	$Pe_r=u_\infty L/\alpha_\infty$
傅鲁特（Froude）准则	$Fr=u_\infty^2/(gL)$	贝克莱准则（扩散）	$Pe_D=u_\infty L/D_\infty$
欧拉（Euler）准则	$Eu=\Delta p/(\rho_\infty u_\infty^2)$	马赫（Mach）准则	$M=u_\infty/\alpha_\infty$
雷诺准则	$Re=u_\infty L\rho_\infty/\mu_\infty$		

2. 化学反应或燃烧相似准则

化学反应或燃烧相似准则见表 3-7。

表 3-7 化学反应或燃烧相似准则

化学反应或燃烧相似准则	表 达 式
阿累尼乌斯准则	$Ar=E/(RT_f)$
邓克尔（Damkohler）第一准则	$D_{\mathrm{I}}=t_L/(\rho_\infty/w_{if})=\dfrac{L/u_\infty}{\rho_\infty/w_{if}}=t_f/t_c$
邓克尔第二准则	$D_{\mathrm{II}}=\dfrac{L^2/D_\infty}{\rho_\infty/w_{if}}=t_D/t_c$
热释放准则	$\alpha=\dfrac{Q}{C_{p_\infty}T_\infty}$

注：表中 w_{if} 为特征反应速率，$w_{if}=k_{0i}\rho_\infty^2 f_0 f_f e^{-E/RT_f}$；$T_i$ 为火焰温度；t_c 为特征反应时间，$t_c=\rho_\infty/w_{if}$；t_D 为特征扩散时间，$t_D=L^2/D_\infty$；α_∞ 为声速，$\alpha_\infty=(KRT_\infty)^{1/2}$；$D_{\mathrm{I}}=Pe_D^{-1}D_{\mathrm{II}}$。

无量纲准则不仅在数值模拟计算中十分有用，并且每一个无量纲数本身都有其物理意义。反应流和无反应流体相比，增加了 Ar、D_{I}、D_{II} 和 α 四个准则。其具体解释如下。

(1) $D_{\mathrm{I}}<1$ 时，$t_f<t_c$，为冻结流动。

（2）$D_{\mathrm{I}} \to \infty$ 时，将 D_{I} 改写成：

$$D_{\mathrm{I}} = \frac{L}{l_c} \frac{1}{\frac{1}{l_c w_{if}}(\rho_\infty u_\infty)} \tag{3-107}$$

式中 l_c——反应区的宽度。

在稳定燃烧过程中有，$l_c w_{if} = \rho_\infty u_\infty$，相应的，式（3-107）变成：

$$D_{\mathrm{I}} = \frac{L}{l_c} \tag{3-108}$$

因此，若 $D_{\mathrm{I}} \to \infty$，$l_c \to 0$ 时，反应区的宽度与系统的特征尺度相比是很小的。对于大多数气体燃料来说，在压力不太低的情况下，其 D_{I} 准则是很大的，因此有理由将火焰面假设成一无限薄的反应面，它仅仅是热能产生的源或组分消耗的汇，并且在该反应面反应物的浓度为零。

（3）$D_{\mathrm{II}} \ll 1$ 时，$t_D \ll t_c$，为动力控制的反应性流动。

（4）$D_{\mathrm{II}} \gg 1$ 时，$t_D \gg t_c$，为扩散控制的反应性流动。

（5）$D_{\mathrm{II}} = 1 \sim 20$ 时，扩散和动力均起作用，称为扩散－动力控制反应性流动。

（6）Ar 准则。Ar 准则是活化能与火焰温度（也可是其他特征温度）之比，是衡量可燃物活化能大小的一个无量纲量。当 Ar 数很大时，根据阿累尼乌斯定律可知，活化能越大，反应越难进行，而由于反应速度和温度呈指数关系，因此这时的反应在低温区域很难进行，而主要集中在高温侧附近，Ar 数越大，活化能越高则这一区域就越小。

（7）无量纲热释放准则。该准则是衡量燃料发热量的一个无量纲参数，该参数越大，燃料则越易着火，燃烧速率也越大。

复 习 题

1. 在500K和1atm下，氧气（O_2）和氮气（N_2）等摩尔混合，计算混合物中组分的质量浓度 ρ、物质的量浓度 c 和各自的质量分数。

2. 有一厚为 δ 的薄膜，其一侧表面上组分A的摩尔浓度为 C_{A1}，另一侧表面上为 C_{A2}。薄膜中组分A的扩散系数为 D。写出：（1）组分A通过薄膜的扩散通量表达式；（2）薄膜中组分A的摩尔浓度变化式。

3. 利用附录中的数据 D_0，计算400K、3.5atm下 CO_2 在空气中的组分扩散系数 D，并比较 D_0/D 和 $\rho_0 D_0/\rho D$。

4. 一个直径为3cm的圆筒中装有水，水面距筒口的距离为 $L = 20\text{cm}$。在1atm压力下，水蒸气进入干空气中。已知汽－水分界面上水蒸气的质量分数为0.025，组分扩散系数为 $0.26 \times 10^{-4}\text{m}^2/\text{s}$。

（1）求水的蒸发速率。

（2）求筒中高度 $L/2$ 处水蒸气的质量分数。

（3）求水面处斯忒藩流输运的水蒸气量，扩散输运的水蒸气量。

（4）求在高度 $L/2$ 处斯忒藩流输运的水蒸气量，扩散输运的水蒸气量。

5. 已知火灾发生时，房间内烟气温度为300℃，下部开口面积为 2m^2，上部开口面积为 0.5m^2，上、下开口间的高度差为2.5m。求上、下开口处的压力和烟气的体积流量。提示：可将烟气视为同温度的空气，且适用理想气体状态方程。

6. 回答以下关于燃烧物理学基本方程的问题：

（1）燃烧物理学基本方程主要包括哪些？

（2）这些方程有何特点？

（3）这些方程反应和描述了燃烧现象的什么特征？

第 4 章

着火与灭火理论

火被广泛地应用于人们的日常生活和工业生产中，如热力工程中所使用的各种燃烧设备、民用取暖设备、航空推进装置等。在应用过程中，其共同要求是迅速可靠的点着火焰并能够进行稳定的燃烧。火在给人类带来方便的同时，燃烧一旦失控，又会给人类带来灾难，造成生命和财产的损失。为有效防止火灾的发展和蔓延并最终使之熄灭，有必要掌握着火和灭火的基本理论，这些就是本章主要讨论的内容。

4.1 着火与灭火的基本概念

（1）着火。燃烧反应的一个重要的外部标志，指预混气自动反应加速并自动升温，以致引起空间某部分或某瞬间有火焰出现的过程，即由空间的这一部分到那一部分，或由时间的某瞬间到另一瞬间化学反应的作用在数量上有跃变的现象。影响着火的因素包括化学动力学因素和流体力学因素。

（2）热自燃。在可燃混合物的着火过程中，主要依靠热量的不断积累而自行升温，最终达到剧烈的反应速度的自燃。

（3）链锁自燃。可燃混合物的着火过程，主要依靠链锁分支不断积累自由基（活化分子），最终达到剧烈的反应速度的自燃。

（4）强迫着火（点燃或称引燃）。可燃物局部受高温热源（电热线圈、电火花、炽热质点、点火火焰等）加热而着火、燃烧，然后依靠燃烧波传播到整个可燃混合物中。简言之：火焰的局部引发及其相继的传播。

（5）灭火。由于散热、做功等因素将能量或自由基从燃烧区域移走，使反应不能自持，由燃烧态向低温缓慢氧化态过渡，使燃烧中断。

（6）着火条件。如果在一定的初始条件（闭口系统）或边界条件（开口系统）之下，系统将不能在整个时间区段内或空间区段内保持低温水平的缓慢反应态，而会出现一个剧烈加速的过渡过程，使整个系统在某个瞬间或空间某部分达到高温反应态（即燃烧态），实现这个过渡过程的初始条件或边界条件便称为“着火条件”。着火条件不是一个简单的初温条件，而是化学动力参数和流体力学参数的综合函数。

对于给定的可燃混合气体，在闭口系统条件下，其着火条件可表示为：

$$f(T_\infty, h, p, d, u_\infty) = 0 \tag{4-1}$$

式中 T_∞——预混气的初温（K）；

h——表面传热系数 [$W/(m^2 \cdot K)$]；

p——预混气的压力（Pa）;

d——容器直径（m）;

u_∞——环境气流速度（m/s）。

在开口系统条件下，着火的临界边界条件经常用着火距离 x_i 表示，这时着火条件可表示为：

$$f(x_i, T_\infty, h, p, d, u_\infty) = 0 \tag{4-2}$$

值得注意的是，着火条件指的是系统的初始条件系统达到着火条件，并不意味着它已经着火，而只是具备了着火的条件。

4.2 谢苗诺夫热自燃理论

4.2.1 热自燃理论的基本出发点

任何反应体系中的可燃混合气体，一方面进行着放热的氧化反应，反应的放热使预混气温度升高，温度的升高又会促进反应加速，因而化学反应的放热速度和放热量是促进着火的有利因素。另一方面，体系又会向环境散热，使体系温度下降，因此散热是阻碍着火的不利因素。例如，冬季里晚上观赏用的蜡烛灯笼，在室内点燃后，若在室外露天风大环境下易熄灭且很难再点燃。

热着火理论认为，着火是反应放热因素与散热因素相互作用的结果。如果在某一系统中，反应放热占优势，体系就会出现热量积累，温度升高，反应加速，最终发生自燃；相反，如果散热因素占优势，体系温度下降，不能自燃。

4.2.2 谢苗诺夫（Simonov）热自燃理论分析法

热力着火理论的基本思想最早是范特－荷甫（Van't－Hoff）提出的，他认为，当反应体系与周围介质间的热平衡被破坏时就发生着火。莱－夏特尔（Le－chatelier），并对这一思想进行了进一步阐述。他认为反应放热曲线与体系向环境散热的散热曲线相切时就是着火的临界条件，谢苗诺夫给出了热力着火理论的数学描述。以上都是对闭口系统进行的热力着火分析，虽在工程中无实际应用价值，但因在闭口系统中影响因素较少，易抓住问题的本质，故可通过该分析方法，达到揭示着火本质的目的。

设有一个内部充满可燃混合气的容器，容器体积为 V，表面积为 S，为简化分析，谢苗诺夫采用“零维”热力模型，即认为容器内可燃混合气的温度和浓度均匀分布，只考虑过程随时间的变化并作如下假设：

（1）初始的混合气体温度和容器壁温 T_0 相同，在反应过程中，外界环境温度始终保持不变，而混合气体的瞬时温度为 T，容器壁温与混合气温度相同。

（2）容器内各点的温度、浓度和化学反应速度相同。

（3）环境与容器壁之间有对流换热，表面传热系数为 h，它不随温度的改变而变化。

（4）在着火温度附近，由于反应所引起的可燃混合气的浓度变化忽略不计。

单位时间内化学反应释放的热量 q_r 为：

$$q_r = VwQ = VQK_{ns}c_F^n\exp(-E/RT) \tag{4-3}$$

式中 Q——可燃混合气体的反应热（J/kg）；

V——容器体积；

w——化学反应速度（kg/(m³·s)）；

c_F——可燃混合气体中反应物的物质的量浓度；

n——反应级数；

$K_{ns}\exp(-E/RT)$——根据阿累尼乌斯定律写出的反应速度常数；

T——某时刻容器内可燃混合气体的温度（K）。

单位时间内容器壁的散热量 q_l 为：

$$q_l = hS(T - T_0) \tag{4-4}$$

式中 hS——散热强度。

由（4-3）式可知 q_r 是混合气体温度 T 的指数函数，大小取决于阿累尼乌斯因子；由式（4-4）可以很明显地看出 q_l 是混合气体温度 T 的线性函数。将 q_r 与 q_l 随温度变化的曲线画在同一张图上，如图 4-1 所示，当压力（浓度）不同时，得到的一组放热曲线；当改变 T_0 时则得到一组平行的散热曲线（如图中虚线所示）；当改变 hS 时，则得到一组不同斜率的散热曲线。

系统化学反应在产生热量的同时通过容器壁散失热量，总的能量守恒方程为：

$$C_V\rho V(\mathrm{d}T/\mathrm{d}t) = q_r - q_l \tag{4-5}$$

式中 $C_V\rho V(\mathrm{d}T/\mathrm{d}t)$——可燃气体能量的增量（W）；

C_V——可燃混合气比定容热容［J/(kg·K)］；

ρ——可燃混合气密度（kg/m³）。

分析 q_r 与 q_l 随温度变化的关系，就可导出着火的临界条件，从图上讨论着火条件比直接求解简单而且更直观。选取图 4-1 中的一对曲线 q_{r1} 和 q_l 进行分析，可以得出自燃的临界条件。如图 4-2 所示，给出了在一定的 T_0 和压力时，不同的散热强度（hS）条件下 q_r 与 q_l 随温度变化的曲线。

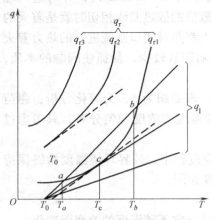

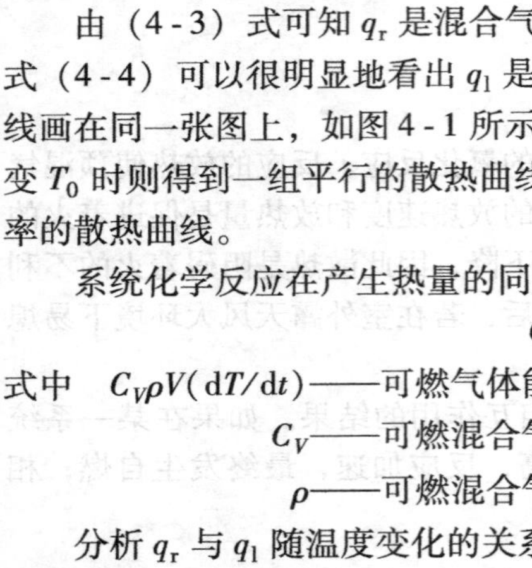

图 4-1 q_r 与 q_l 随温度变化曲线

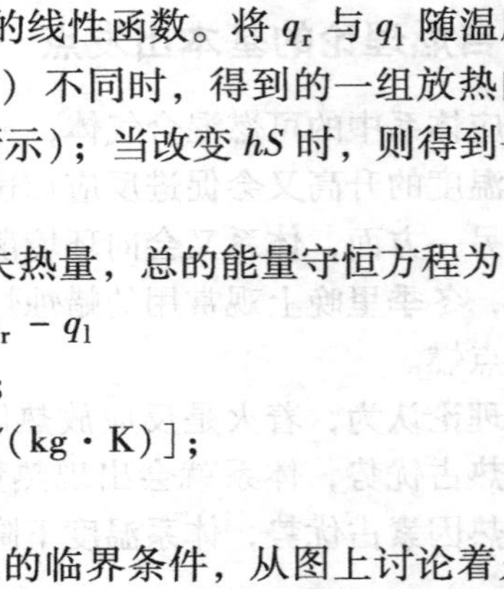

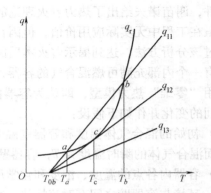

图 4-2 q_r 与 q_l 随温度变化曲线（T_0 和压力一定）

（1）当散热强度（hS）较大，如图 4-2 中的 q_{l1}，q_r 与 q_{l1} 曲线交于点 a 和点 b。起初，可燃混合气的初温等于环境温度 T_{0b}，混合气体及容器壁面与环境之间没有热量交换，但此时容器内的化学反应在进行，随着化学反应的进行，反应放出的热量使混合气体的温度升高，于是容器壁面与环境间就存在温差，这样就有了热损失，由于此时的反应放热量总是大于散热量，因此混合气体的温度不断上升达到 T_a，此时 $q_r=q_{l1}$。如果系统受到某种扰动使温度高于 T_a，散热量就大于放热量（$q_{l1}>q_r$），温度降低，系统回到点 a。反之，当系统受到某种扰动使温度低于 T_a，放热量大于散热量（$q_r>q_{l1}$），温度升高，系统也回到点 a。点 a 是稳定点，实际上是反应速率很小的缓慢的低温氧化工况，不能导致自燃。由此可见，$q_r=q_l$不是自燃的充分条件。一般燃料在空气中长期安全储存，都属于这种工况。对于交点 b，虽然 $q_r=q_{l1}$，但点 b 是不稳定点，因为当温度低于 T_b 时就会因 $q_{l1}>q_r$而回到点 a，如果当温度略高于 T_b 时就会因 $q_{l1}<q_r$使反应急剧加速，直到容器内的可燃混合物燃烧完为止。值得说明的是，在自燃的情况下，点 b 的工况是不可能出现的，因为从点 a 到点 b 的过程中反应的散热量一直大于放热量，因此反应系统内的温度不可能自动升高，只有当加入外界能量时，从点 a 到点 b 的这一过程才可以实现。

（2）当散热强度（hS）较小，如图4-2中的 q_{l3}，q_r与 q_{l3}曲线相离。

从 T_{0b}开始，可燃混合气反应放出的热量始终大于通过容器壁向环境散发的热量（$q_r>q_{l3}$），容器内可燃混合气体的温度不断升高，化学反应速度随温度的升高而加速，最终导致可燃混合气体自燃。

（3）当散热曲线为 q_{l2}，q_r与 q_{l2}曲线相切。

q_r与 q_{l2}曲线相切于点 c，从 T_{0b}开始，可燃混合气体反应放出的热量大于环境散发的热量（$q_r>q_{l2}$），容器内可燃混合气体的温度不断升高，当升高到 T_c 时，$q_r=q_{l2}$。点 c 是不稳定点，如果散热强度（hS）稍许小一些，就是上述第（2）条的情况，则反应放出的热量始终大于散发的热量，最终导致可燃混合气体自燃，如果散热强度（hS）稍许大一些，如（1）的情况，就会使反应停留在低温的氧化区，不能自燃，因此，很明显，曲线 q_r与 q_l相切时是可燃混合气体自燃的临界条件。点 c 为着火点，相应的 T_c 为自燃温度（或自燃点），相应的，T_{0b}为临界环境温度。值得强调的是，T_c 与 T_{0b}均不是可燃物质的物性参数，而与容器尺寸、形状及散热情况相关。

根据以上分析，谢苗诺夫给出了热力着火临界条件的数学表达式：

$$(q_r)_c=(q_l)_c,\quad \left(\frac{dq_r}{dT}\right)_c=\left(\frac{dq_l}{dT}\right)_c \tag{4-6}$$

或者

$$VQK_{ns}c_F^n\exp\left(-\frac{E}{RT_c}\right)=hS(T_c-T_{0b}) \tag{4-7}$$

$$\left(\frac{E}{RT_c^2}\right)VQK_{ns}c_F^n\exp(-E/RT_c)=hS \tag{4-8}$$

从上述表达式中，可以得到临界着火温度与容器的壁面温度（混合气体的初始温度）T_{0b}之间的关系。

将式（4-7）与式（4-8）相除，得：

$$RT_c^2/E=T_c-T_{0b} \tag{4-9}$$

式（4-9）可以写为：

$$T_c^2-(E/R)T_c+(E/R)T_{0b}=0 \tag{4-10}$$

求解得：

$$T_c = E/2R \pm \sqrt{(E/2R)^2 - (E/R)T_{0b}} \tag{4-11}$$

正根号解出的自燃温度相当高，与实际物理解不相符，舍去该解，则：

$$T_c = E/2R - E/2R(1 - 4RT_{0b}/E)^{1/2} \tag{4-12}$$

将上式展开，得：

$$T_c = (E/2R) - (E/2R)(1 - 2(RT_{0b}/E) - 2(RT_{0b}/E)^2 - \cdots) \tag{4-13}$$

一般来说，E 远大于 T_0，因此 RT_0/E 很小，忽略高阶项，得：

$$T_c = T_{0b} + (RT_{0b}^2/E), \quad T_c - T_{0b} = RT_{0b}^2/E \tag{4-14}$$

一般情况下，活化能 $E=$（1～2.5）$\times 10^2$kJ/mol。例如一种碳氢－空气混合物，它的初始温度为700K，总的活化能大约为160kJ/mol，式（4-14）的温度升高约为25K。这说明在着火的情况下，自燃温度 T_c 与临界环境温度 T_{0b} 相差不多，由于自燃温度的测量一般比较困难，在实际应用中常把 T_{0b} 当做自燃温度。因此，在许多情况下，把 T_c 看做是 T_{0b} 还是 T_{0b} +（RT_{0b}^2/E），最终的计算结果只有很小的差异，故：

$$T_c \approx T_{0b} \tag{4-15}$$

4.2.3 着火感应期

着火感应期（着火延迟，诱导期）是指可燃混合气体系统已达着火条件的情况下，从初始温度升高到着火温度所需要的时间。图4-3为在一定压力和散热条件时，不同环境温度下，q_r 与 q_l 随外界温度变化的曲线，根据图4-3及能量方程式（4-5），可以定性地画出不同环境温度下的混合气体温度随时间变化的曲线，如图4-4所示。

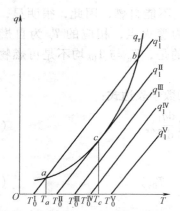

图4-3 q_r 与 q_l 随外界温度变化曲线（不同环境温度）

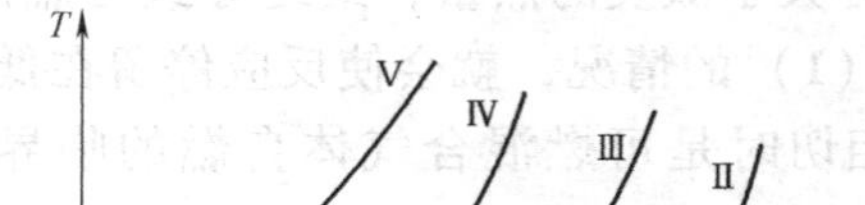

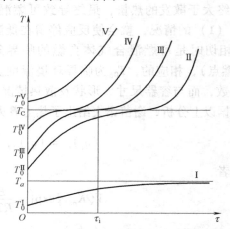

图4-4 自燃过程中混合气体温度随时间变化

当环境温度为 T_0^{I} 时，相应的混合气体温度曲线为Ⅰ，从 T_0^{I} 开始 $q_r > q_l$，由式(4-5)知 $\mathrm{d}T/\mathrm{d}t > 0$，所以温度 T 随时间 t 不断升高。又由于 $q_r - q_l$ 值随温度升高逐渐减小，$\mathrm{d}^2T/\mathrm{d}t^2 < 0$，所以温度曲线下凹，最终逼近交点 T_a。

当环境温度为 T_0^{II} 时，相应的混合气体温度曲线为Ⅱ，从 T_0^{II} 开始到 T_c，$\mathrm{d}T/\mathrm{d}t > 0$，$q_r - q_l$ 值随温度升高逐渐减小，$\mathrm{d}^2T/\mathrm{d}t^2 < 0$，温度减速上升，曲线下凹。当温度升高到 T_c

时，$dT/dt=0$。这点之后，q_r-q_l 值随温度升高逐渐增大，$d^2T/dt^2>0$，温度加速上升，曲线上凹，则在 $T=T_c$ 处温度曲线出现一个拐点，拐点的横坐标值（时间值）就是着火感应期 τ_i（着火延迟）。

当环境温度为 T_0^{III} 时，对应曲线为Ⅲ，$q_r-q_l^{\mathrm{III}}$ 始终大于零，混合气体温度不断升高。当温度升高到 T_c 时，$q_r-q_l^{\mathrm{III}}$ 值最小，这点之前，温度减速上升，混合气体温度随时间变化的曲线下凹，这点之后，温度加速上升，曲线上凹，曲线出现一拐点。

提高系统环境温度到 T_0^{IV}，对应曲线Ⅳ，着火感应期缩短。继续提高环境温度到 T_0^{V} 并高于 T_c，对应曲线为Ⅴ，即初始条件比着火条件更有利的情况，拐点消失，即使这样，混合气体温度也不会骤然上升，仍然要经历一个温升减速的阶段，只是这时的温升最低速率大于零，因此仍然存在着火感应期。

根据以上分析，着火感应期随环境温度变化的大致情况是：$T_0<T_0^{\mathrm{II}}$ 时（系统环境温度小于着火临界条件时所对应的环境温度），$\tau_i=\infty$；$T_0^{\mathrm{II}}\leqslant T_0<T_c$ 时，τ_i 等于拐点所对应的横坐标值，$T_0=T_0^{\mathrm{II}}$ 时 τ_i 取得一个最大的有限值；$T_0>T_c$，τ_i 将不断缩短，但不为零。

4.2.4 着火界限

为了讨论自燃临界状态下自燃温度 T_C、临界温度 T_{0b} 与可燃混合气体临界压力 p_c 之间的关系，将式（4-14）代入（4-7）有：

$$QVK_{ns}c_F^n e^{\frac{-E}{RT_{0b}(1+RT_{0b}/E)}}=hS\left(\frac{RT_{0b}^2}{E}\right) \tag{4-16}$$

将 $\dfrac{1}{1+\dfrac{RT_{0b}}{E}}$ 按二次式展开

$$\frac{1}{1+\dfrac{RT_{0b}}{E}}\approx 1-\left(\frac{RT_{0b}}{E}\right)+\left(\frac{RT_{0b}}{E}\right)^2 \tag{4-17}$$

由于 $E\gg RT_{0b}$，则

$$\frac{1}{1+\dfrac{RT_{0b}}{E}}\approx 1-\frac{RT_{0b}}{E} \tag{4-18}$$

即

$$QVK_{ns}c_F^n ne^{1-\frac{E}{RT_{0b}}}=hS\left(\frac{RT_{0b}^2}{E}\right) \tag{4-19}$$

取对数得

$$\ln\left(\frac{c_F^n}{T_{0b}^2}\right)=\frac{E}{RT_{0b}}-\ln\frac{QVK_0E}{hSR}-1 \tag{4-20}$$

令 $b=-\left(1+\ln\dfrac{QVK_0E}{hSR}\right)$，$c_F=\dfrac{x_Fp_c}{RT_{0b}}$，$p_c$ 为自燃的临界压力，得

$$\ln\left(\frac{p_c^n}{R^nT_{0b}^{n+2}}\right)=\frac{E}{RT_{0b}}+b \tag{4-21}$$

或者

$$\frac{p_{c}{}^{n}}{R^{n}T_{0b}^{n+2}}\mathrm{e}^{-\frac{E}{RT_{0b}}} = \mathrm{e}^{b} \tag{4-22}$$

对于一定的容积和初始条件，e^{b} = 常数，则得自燃临界条件下的 p_c 与临界环境温度 T_{0b} 之间的关系为：$\frac{p_c^n \mathrm{e}^{E/RT_{0b}}}{T_{0b}^{n+2}}$ = 常数，又由式（4-14），$T_c = T_{0b} + RT_{0b}^2/E \approx T_{0b}$，由此可以确定临界着火温度 T_c 与自燃的临界压力 p_c 之间的关系曲线，如图 4-5 所示，称为着火界限。由图可知，临界着火温度是临界压力的强函数，混合气体压力增大时，自燃温度降低，反之，如混合气体压力降低时，自燃温度升高。对于一定成分的可燃混合气体在某一压力 p_c 下，只有当周围介质温度达到 T_{0b} 时，可燃混合物达到自燃点 T_c 才会着火；如果周围介质温度低于临界温度 T_{0b}，可燃混合物不能着火，而只能处于低温的氧化状态。同理，当可燃混合物周围介质温度达到 T_{0b} 时，只有临界压力达到 p_c 时，可燃混合物才会着火，否则不能着火。

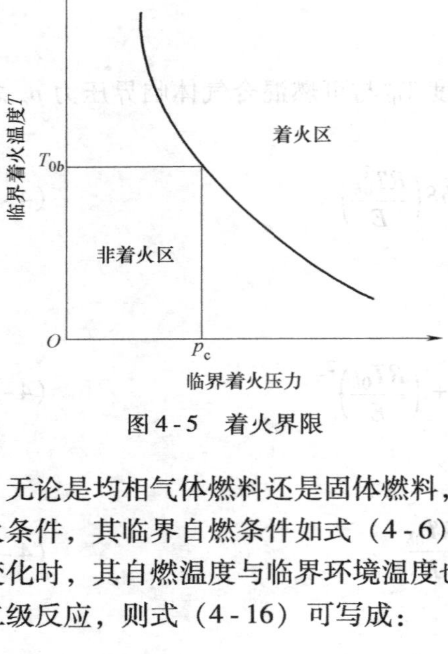

图 4-5　着火界限

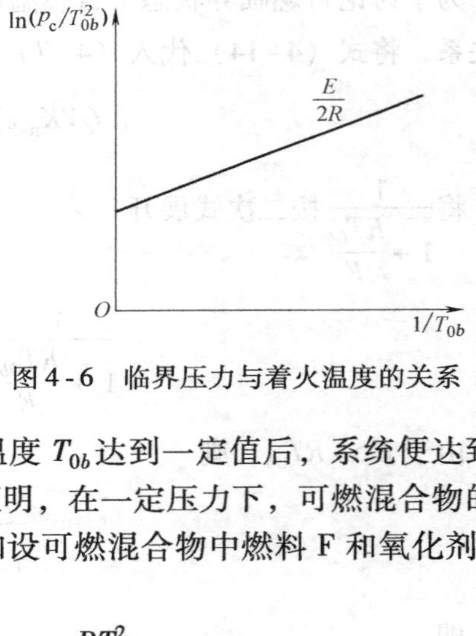

图 4-6　临界压力与着火温度的关系

无论是均相气体燃料还是固体燃料，当周围介质温度 T_{0b} 达到一定值后，系统便达到了着火条件，其临界自燃条件如式（4-6）所示。实验证明，在一定压力下，可燃混合物的浓度变化时，其自燃温度与临界环境温度也不相同。例如设可燃混合物中燃料 F 和氧化剂 OX 是二级反应，则式（4-16）可写成：

$$QVK_{ns}\mathrm{e}^{-E/\left[RT_{0b}\left(1+\frac{RT_{0b}}{E}\right)\right]}c_{F}c_{OX} = hS\frac{RT_{0b}^{2}}{E} \tag{4-23}$$

令 x_A 和 x_B 分别为燃料和氧化剂的摩尔成分，p 为可燃混合物的总压力，自燃时 $p = p_c$，则上式可写为：

$$QVK_{ns}\mathrm{e}^{-E/\left[RT_{0b}\left(1+\frac{RT_{0b}}{E}\right)\right]}\frac{x_{F}x_{OX}p_{c}^{2}}{(RT_{0b})^{2}} = hS\frac{RT_{0b}^{2}}{E} \tag{4-24}$$

对上式取对数并将（4-15）代入，整理可得出与实验公式相似的谢苗诺夫方程式：

$$\ln\left(\frac{p_{c}}{T_{0b}^{2}}\right) = \frac{E}{2RT_{0b}} + \ln\left(\frac{hSR^{3}}{QVEK_{0}x_{F}x_{OX}}\right)^{\frac{1}{2}} \tag{4-25}$$

如以 ln（p_c/T_{0b}^2）为纵坐标，以 $1/T_{0b}$ 为横坐标，实验点应落在一条直线上，如图 4-6

所示，直线的斜率为$\frac{E}{2R}$，从而可求得反应的活化能E。在式（4-25）中，如果取$p_c=\text{const}$，则可得到临界环境T_{0b}（或临界着火温度T_c）温度与混合气体成分的关系曲线，如图4-7所示。若取$T_c=\text{const}$，则可得到另一条临界着火压力p_c与混气成分的关系曲线，如图4-8所示，这些曲线统称为着火浓度界限（或自燃浓度界限）。

从图4-7和图4-8中可以看出，在一定的温度（或压力）下，并非所有的混合气体成分都能引起着火，而存在着一个范围，其浓度超过这一范围，混合气体就不能着火。混合气体浓度只有在$x_1 \sim x_2$的范围内才能着火，x_2为上限，指含燃料量较多的混合气体组成，一般统称为富燃料限；x_1为下限，指含燃料量较少的混合气体组成，即所谓贫燃料限。由图4-7和图4-8还可以看出，当温度（或压力）下降时，着火界限变窄；当温度（或压力）降至某一临界值时，着火界限成为一点；当继续降低温度（或压力）时，则任何比例的混合气体均不能着火。故为了使可燃混合物迅速着火，提高温度或是压力（或两种都提高）是有效的，为防止着火或使已着火系统灭火，降低温度或者增加散热强度是有效的。

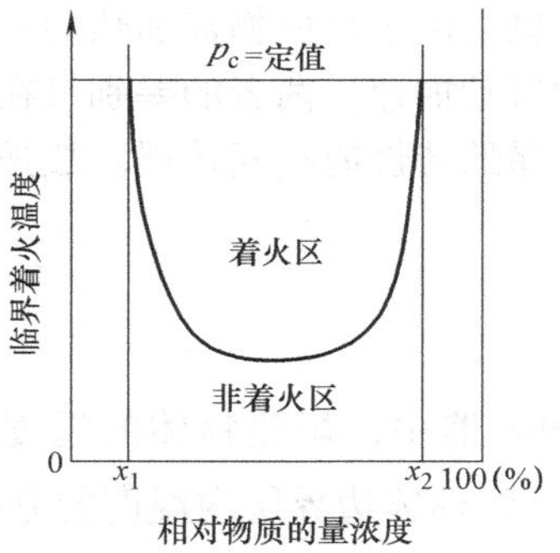

图4-7 自燃温度与混合气体成分关系

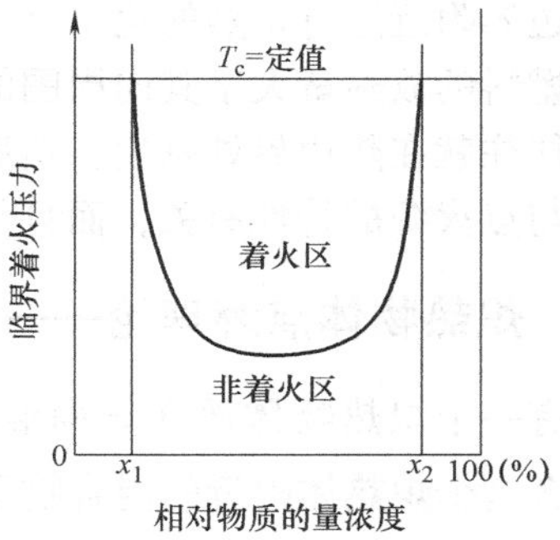

图4-8 自燃的临界压力与混合气体成分关系

4.2.5 谢苗诺夫自燃理论的适用性

谢苗诺夫自燃理论假设体系内各点温度相等。对于气体混合物，由于温度不同的各部分之间存在着对流，可以认为体系内部各点温度均一；对于毕渥数较小的堆积固体物质，也可近似认为物体内部温度分布均匀。这两种情况下的自燃均可由谢苗诺夫自燃理论进行分析。但当毕渥数较大时（$Bi>10$），燃烧物质体系内部各点温度相差较大，在这种情况下，谢苗诺夫自燃理论中温度均一的假设将不成立，如图4-9所示。

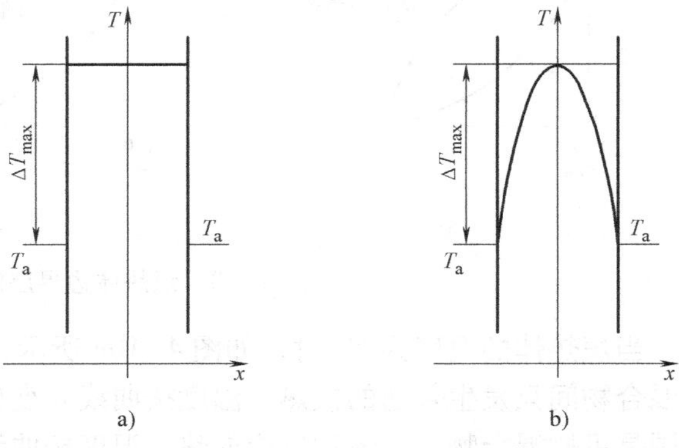

图4-9 自动加热体系内的温度分布示意图
a）谢苗诺夫模型 b）弗兰克－卡门涅茨基模型

为了解决这种问题，弗兰克－卡门

涅茨基考虑了大毕渥数条件下物质体系内部温度分布的不均匀性。提出了弗兰克－卡门涅茨基热自燃理论，该理论以体系最终是否能得到稳态温度分布作为自燃着火的判断准则，给出了热自燃的稳态分析方法。该方法的详细介绍，可参阅其他相关文献。

4.3 强迫着火

在燃烧技术中，为了加速着火，往往由外界加入热量，使局部可燃物着火，然后火焰向未燃可燃物传播，使全部可燃混合物着火的方法称为强迫着火（点燃或引燃），它是工程上常用的点火方法，一般可采用炽热物体点燃、电火花或电弧点燃、火焰点燃、局部自燃点燃等。研究点燃理论对燃烧技术的发展有着重要的意义，同时人类居住空间内多数火灾是由于点燃引起的。因此，掌握点燃的关键理论与知识，对于火灾的预防也有着重要的意义。本节将着重分析炽热物体点燃和电火花点燃的简化理论。

自燃和强迫着火在本质上没有差别，前者可燃混合物的温度较高，反应和着火是在容器的整个空间中进行的。而后者可燃混合物的整体温度较低，混合物受到高温点燃源的加热，只在热边界附近进行剧烈的化学反应，剧烈化学反应的原因也是由于可燃物被加热到一定温度后，燃料的放热量大于其向周围的散热量而导致的反应的自动加速，两者的差别仅在于强迫着火往往就在热边界处发生，然后依靠火焰在混合物中传播的特性向空间传播。故强迫着火不但与点火源的特性有关，而且与火焰的传播特性有关。

4.3.1 炽热物体点燃理论——零值边界梯度法

设有一个炽热物体放在充满混合物（其温度为 T_0）的容器中，炽热物体的温度大于 T_0，那么这个炽热体附近的混合物受到加热。图 4-10 给出了炽热体边界层内温度的分布。

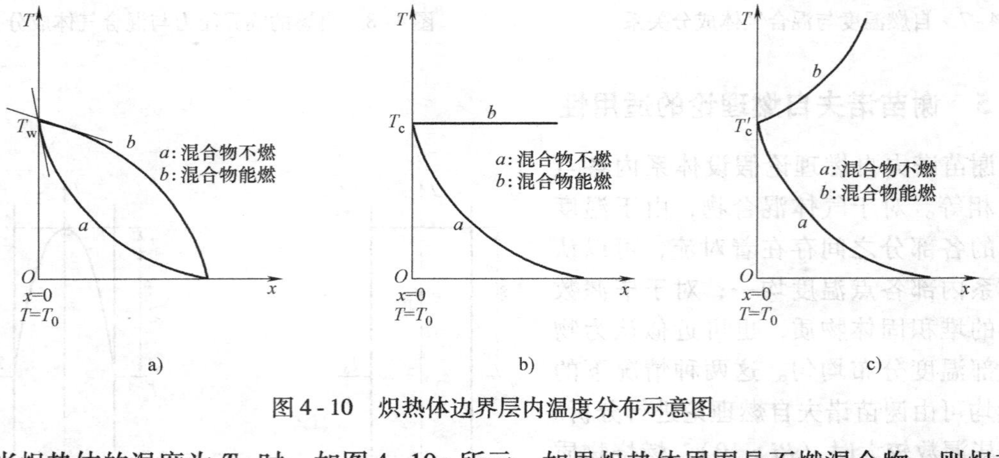

图 4-10 炽热体边界层内温度分布示意图

当炽热体的温度为 T_w 时，如图 4-10a 所示，如果炽热体周围是不燃混合物，则炽热体与混合物间只发生普通的换热，温度按曲线 a 变化，越远离炽热体，温度越低；如果炽热体周围是可燃混合物，可燃物反应放热，温度按曲线 b 变化，曲线 b 是在曲线 a 基础上加上化学反应的热效应，当炽热体壁温不高时，可燃物的化学反应速度较慢，反应产生的热量较少，因此可燃物只能处于低温的氧化状态而不能着火。

不断提高炽热体的温度，可燃物化学反应的速度增大，反应放出的热量增加。当炽热体温度升高到 T_c 时，如图 4-10b 所示，不燃混合物的温度按曲线 a 变化，炽热体附近的可燃物进行着剧烈的化学反应，使其温度升高到 T_c，与炽热体温度相同，如曲线 b。此时，曲线 b 在 $x=0$ 处的斜率为零，即温度梯度等于零。这时边界层内可燃物化学反应放出的热量等于向周围散发的热量。

再稍微提高炽热体的温度到 T_c'，如图 4-10c 所示，炽热体周围的可燃物的放热量大于散热量，热量不断积累，在这样的条件下，着火不可避免的出现，可燃物因着火而使温度不断升高，温度最大值不断地远离炽热体，此时，温度梯度大于零。

通过以上分析，很明显，炽热体附近可燃物的温度梯度等于零时是点火成功的临界条件，其数学表达式为：

$$\left(\frac{\mathrm{d}T_c}{\mathrm{d}x}\right)_{壁面}=0 \tag{4-26}$$

式中　T_c——临界点燃温度。

4.3.2　热平板点燃理论

下面利用零值边界条件来导出可燃气流中炽热平板点燃的具体条件。

设有一股冷的均匀可燃混合气体流过一个温度非常高的炽热惰性平板，平板的壁面温度为 T_0，平板的长度为 L，混合气体温度为 T_∞，如图 4-11 所示。近似取温度梯度为零处所对应的距离 x_i 为着火距离，达到零值梯度时，若 $x_i \leqslant L$ 时，点火成功，若 $x_i > L$，则点火失败。下面推导点燃距离 x_i 的数学表达式。

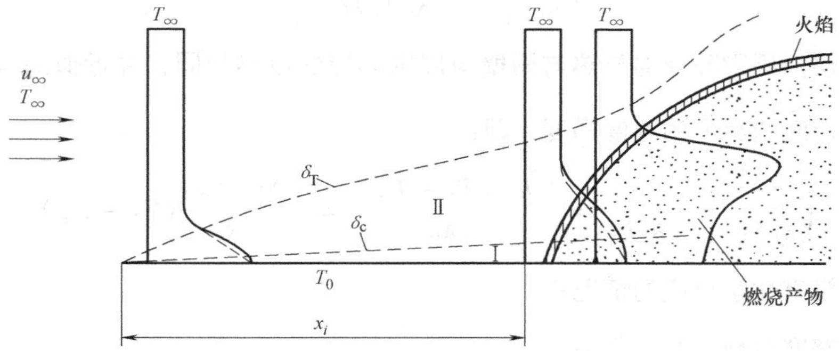

图 4-11　炽热平板点燃过程示意图

将整个温度边界层划分为两个区域，（Ⅰ表示化学反应区，Ⅱ表示无化学反应区）。在Ⅰ区，紧邻热壁面的薄层 δ_c（$\delta_c<\delta_T$）内，速度 u 和 v 都很小，而化学反应很剧烈，因此可忽略能量方程中的对流项，能量方程可简化成：

$$\frac{\partial}{\partial y}\left(\lambda\frac{\partial T}{\partial y}\right)=-wQ \tag{4-27}$$

Ⅱ区可忽略化学反应的效应，能量方程可以写成：

$$\rho u\frac{\partial(C_pT)}{\partial x}+\rho v\frac{\partial(C_pT)}{\partial y}=\frac{\partial}{\partial y}\left(\frac{\lambda}{C_p}\frac{\partial(C_pT)}{\partial y}\right) \tag{4-28}$$

边界条件：

$$y=0,\ T=T_0,$$

$$\left.\begin{array}{l} y=0 \\ x=x_i \end{array}\right\}处,\left(\frac{\partial T}{\partial y}\right)_0=0$$

$$y=\infty\ 处, u=u_\infty; T=T_\infty$$

Ⅰ区与Ⅱ区交界条件:

$$\left(\frac{\partial T}{\partial y}\right)_{\mathrm{I}}=\left(\frac{\partial T}{\partial y}\right)_{\mathrm{II}}$$

首先分析工区情况，由于反应区厚度 δ_c 很小，因此可以近似的取 $\lambda=\lambda_0$，λ_0 为平板壁面导热系数，式（4-27）可简化为:

$$\frac{\partial^2 T}{\partial y^2}=-\frac{Qw}{\lambda_0} \tag{4-29}$$

令 $\frac{\partial T}{\partial y}=\eta$，则有:

$$\frac{\partial^2 T}{\partial y^2}=\frac{\partial \eta}{\partial T}\eta=\frac{\partial}{\partial T}\left(\frac{\eta^2}{2}\right)$$

在 $x=x_i$ 处，将上式由 $y=0$ 积分到反应区边界（此边界上的温度用 T_* 表示），并使用零值梯度边界条件（对于炽热平板，板前缘后的无火焰区过渡到火焰区时，壁面温梯度由负变正，因此，可将温度梯度等于0的条件规定为点燃条件），则得:

$$\left(\frac{\partial T}{\partial y}\right)_{\mathrm{I}}=-\sqrt{\frac{2Q}{\lambda_0}\int_{T_0}^{T_*} w\mathrm{d}T} \tag{4-30}$$

假设反应层向周围环境的放热与固壁向周围环境的放热相同，并近似的认为 $\left(\frac{\partial T}{\partial y}\right)_{\mathrm{II}}$ 就是没有化学反应时边界上的温度梯度，即:

$$\left(\frac{\partial T}{\partial y}\right)_{\mathrm{II}}=\left(\frac{\partial T}{\partial y}\right)_*=-\frac{h_*(T_0-T_\infty)}{\lambda_0}=-\frac{Nu_*(x)}{x}(T_0-T_\infty) \tag{4-31}$$

式中　* ——没有化学反应的情况;

Nu——努赛尔数，$Nu=\frac{hx}{\lambda}$;

x——平板的特征长度;

h——表面传热系数。

根据Ⅰ、Ⅱ区交界条件得点燃距离的公式:

$$\frac{Nu_*^2(x_i)}{x_i^2}=\frac{1}{(T_0-T_\infty)^2}\frac{2Q}{\lambda_0}\int_{T_0}^{T_*} w\mathrm{d}T \tag{4-32}$$

假设 δ_c 中混合气体浓度在着火前保持不变，且假定燃料浓度在反应中起控制作用，则Ⅰ区内的反应速率可写为:

$$w=K_0(f_{\mathrm{F},0}\rho_0)^n\mathrm{e}^{-\frac{E}{RT}}=K_0 f_{\mathrm{F},0}^n\rho_\infty{}^n\left(\frac{T_\infty}{T_0}\right)^n\mathrm{e}^{-\frac{E}{RT}} \tag{4-33}$$

在 δ_c 中 $T_0 - T \ll T_0$，有 $e^{-\frac{E}{RT}} \approx e^{-\frac{E}{RT_0}} e^{-\frac{E(T_0-T)}{RT_0{}^2}}$，则

$$\begin{aligned}\int_{T_0}^{T_*} w\mathrm{d}T &= \int_{T_0}^{T_*} K_0 f_{\mathrm{F},0}^n \rho_\infty^n \left(\frac{T_\infty}{T_0}\right)^n e^{-\frac{E}{RT}} \mathrm{d}T \\ &= \int_{T_0}^{T_*} K_0 f_{\mathrm{F},0}^n \rho_\infty^n \left(\frac{T_\infty}{T_0}\right)^n e^{-\frac{E}{RT_0}} e^{-\frac{E(T_0-T)}{RT_0^2}} \mathrm{d}T \\ &= K_0 f_{\mathrm{F},0}^n \rho_\infty^n \left(\frac{T_\infty}{T_0}\right)^n e^{-\frac{E}{RT_0}} \frac{RT_0^2}{E}(1 - e^{-\frac{E(T_0-T_*)}{RT_0^2}})\end{aligned} \tag{4-34}$$

由于临界着火时有：$T_0 - T_* \approx \dfrac{RT_0^2}{E}$，则得：

$$\begin{aligned}\int_{T_0}^{T_*} w\mathrm{d}T &= K_0 f_{\mathrm{F},0}^n \rho_\infty^n \left(\frac{T_\infty}{T_0}\right)^n e^{-\frac{E}{RT_0}} \frac{RT_0^2}{E}\left(1 - \frac{1}{e}\right) \\ &= w_0(T_0)\frac{RT_0^2}{E}\left(1 - \frac{1}{e}\right)\end{aligned} \tag{4-35}$$

式中　$w_0(T_0) = K_0 f_{\mathrm{F},0}^n \rho_\infty^n \left(\dfrac{T_\infty}{T_0}\right)^n e^{-\frac{E}{RT_0}}$，将式（4-35）代入式（4-32），得到着火的具体条件：

$$\frac{Nu_*^2(x_i)}{x_i^2} = \frac{2Qw_0(T_0)RT_0^2}{\lambda_0(T_0 - T_\infty)^2 E}\left(1 - \frac{1}{e}\right) \tag{4-36}$$

由上式可以看出，如果其他条件不变，平板的壁温越高，着火距离 $x = x_i$ 越小，实验也证明了这一结果。

4.3.3　电火花点燃

1. 电火花点燃过程

电火花点燃是工程中应用最普遍的一种点燃方式。电火花点燃过程大体可以分为两个阶段：①电火花加热混合气体使局部混合气体着火，形成初始火焰中心；②初始火焰中心向未燃混合气体传播，通过导热和对流作用使整个混合气体燃烧。如果初始的火焰中心形成并出现稳定的火焰传播，则点火成功。电火花点燃取决于电火花的性质和混合气体性质两个方面。

电火花点燃的机理目前有两种说法：一种是点燃的热理论，把电火花看做一个外加高温热源，由于它的存在使靠近它的局部可燃混合气体温度升高，达到着火临界状态而被点燃，然后使整个容器内的混合气体着火燃烧；另一种是点燃的电理论，认为可燃气着火是由于靠近火花部分的混合气体受到电离作用产生自由基而形成活性中心，这为链锁反应的创造了条件，而链锁反应的结果使混合气体着火燃烧。实验表明，这两种机理同时存在，一般来说，系统温度较低时，主要是电离的作用，当电压升高时，热作用将更为显著。

电火花可用电容放电或感应放电，最常用的是电容放电产生的电火花，电容放电是由电容器放电产生，放电时间可短至 0.01μs 或高达 100μs。电火花点燃是由两个圆形电极放电来实现。电极端部可用法兰连接，法兰平行放置，为使混合物被点燃，法兰间的距离远大于熄火距离。电容电火花的放电能量为：

$$E = \frac{1}{2}C_f(U_2^2 - U_1^2) \tag{4-37}$$

式中　E——放电能量（J）；

C_f——电容器电容（F）；

U_2 和 U_1——产生火花前和产生火花后电容器的电压（V）。

2. Williams 点火熄火准则

准则 1：当可燃气体中加入足够多的能量，使得和稳定传播的层流火焰一样厚的一层气体的温度升高到绝热火焰温度，才能点燃。

准则 2：板形区域内化学反应的热释放速率必须近似平衡于通过热传导方式从这个区域散热的速率。

运用 Williams 第二准则，可以得到临界半径的概念，即只有当实际半径大于临界半径值，火焰才能传播。然后假设由电火花所提供的最小点火能量与临界体积内的气体从初始状态升至火焰温度所需的热量大小相等。

3. 最小点火能与电极熄火距离

实验表明，当电极间可燃混合气体的混气比、温度、压力一定时，电极放电能量有一最小值 E_{min}，只有当放电量 $E > E_{min}$ 才能点燃可燃混合气体，这个最小放电能量称为最小点火能 E_{min}。对应给定的可燃混合气体，不同的混气比、混气压力及初温，所需要的最小点火能也不同。

图 4-12 为最小能量随电极间距 d 的变化规律，由图可知，存在一个 E_{min} 的最小值，对应的 d 有一个最佳值，d 太小或 d 太大对点燃都不利。从图中还可以看出，当电极间距离 d 小于某一值 d_q 时，无论多大的火花能量都不能使可燃混合气体点燃，这个电极间最小距离称为电极熄火距离 d_q。

4. 电火花点燃简化分析

芬恩（Fenn）等人给出了静止混合气体和流动混合气体中电火花最小引燃能的半经验理论。这里只分析静止混合气体中电火花最小引燃能的半经验理论。

在静止混合气体中，电极间的火花加热混合气体。图 4-13 为电火花引燃静止混合气体的物理模型。

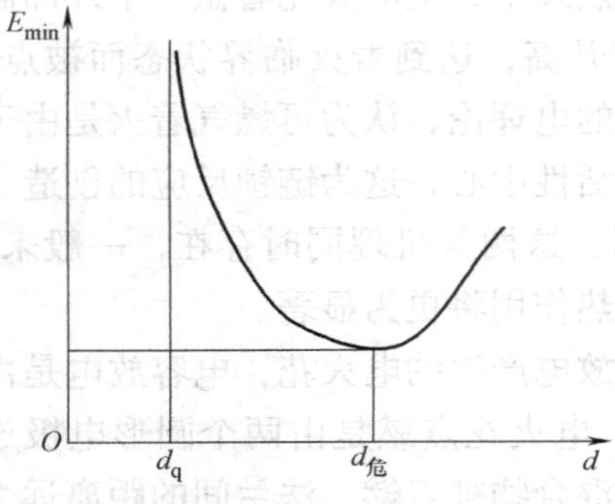

图 4-12　点燃最小能量与电极熄火距离

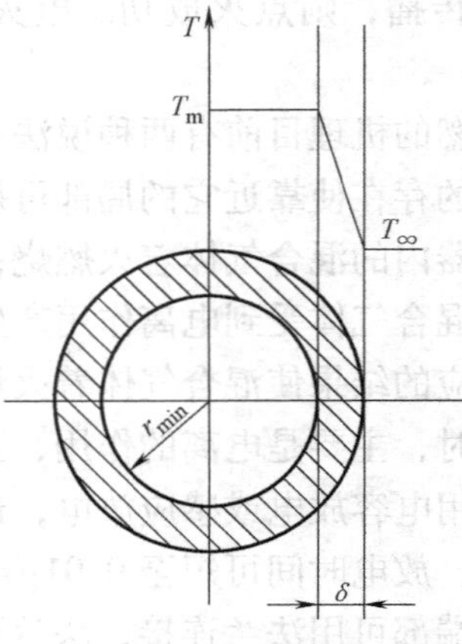

图 4-13　电火花引燃静止混合气体的物理模型

假设：

1）电火花加热区是球形，球形火花的最高温度是混合气体的理论燃烧温度 T_m，从球心到球壁上温度分布均匀。环境温度为 T_∞。点燃成功时，在火焰厚度 δ 内形成由温度 T_m 到 T_∞ 的线性温度分布。

2）电极间距足够大，忽略电极的熄火作用。

3）反应为二级反应。

4）电火花点燃混合气体完全是热的作用。

当火球半径达到一定值时，则可燃混合气体局部形成稳定的火焰，并向未燃混合气体传播，这个火球半径为最小火球半径，其对应的能量为最小引燃能。

火球内的混合气体受到电火花的加热作用而发生化学反应并放出热量，同时火球又通过表面向未燃混合气体散失热量。如果要点燃成功，并形成稳定的火焰传播，则在传播开始的瞬间化学反应放出的热量必须要大于或等于火球表面导走的热量。为了获得最小火球半径，令反应释放热量的速率和由导热向冷空气损失的热量的速率相等，即 $\dot{Q}'''V = \dot{Q}_{\text{cond}}$

其中，用 $\dot{Q}''' = -\bar{\dot{m}}'''_{\text{F}}\Delta h_c$ 计算单位体积化学反应放出的热量，并利用了傅里叶定律计算由导热向冷空气损失的热量，而球形体的表面积和体积都是用最小火球半径 $r_{\min}$ 来表示，则可得：

$$\frac{4}{3}\pi r_{\min}^3 K_0 Q_{\text{F}} \rho_\infty^2 f_{\text{F}} f_{\text{ox}} e^{\frac{-E}{RT_m}} = -4\pi r_{\min}^2 \lambda \left(\frac{dT}{dr}\right)_{r=r_{\min}} \tag{4-38}$$

根据假设（1）上式右边的温度梯度可以近似简化为

$$-\left(\frac{dT}{dr}\right)_{r=r_{\min}} = \frac{T_m - T_\infty}{\delta} \tag{4-39}$$

式中 δ——层流火焰前沿厚度。

假定：

$$\delta = Cr_{\min} \tag{4-40}$$

式中 C——常数。

将式（4-39）和式（4-40）代入式（4-38）得：

$$r_{\min} = \left[\frac{3\lambda(T_m - T_\infty)e^{\frac{E}{RT_m}}}{CK_0 Q_{\text{F}} \rho_\infty^2 f_{\text{F}} f_{\text{ox}}}\right]^{\frac{1}{2}} \tag{4-41}$$

当过量空气系数 $\alpha > 1$ 时，$T_m - T_\infty = \dfrac{f_{\text{F}} Q_{\text{F}}}{c_p}$；当过量空气系数 $\alpha < 1$ 时，$T_m - T_\infty = \dfrac{f_{\text{ox}} Q_{\text{ox}}}{c_p}$；

因此有：

$$\begin{aligned} \alpha > 1 \text{ 时}, r_{\min} &= \left(\frac{A_1 e^{\frac{E}{RT_m}}}{f_{\text{ox}} \rho_\infty^2}\right)^{\frac{1}{2}} \\ \alpha < 1 \text{ 时}, r_{\min} &= \left(\frac{A_2 e^{\frac{E}{RT_m}}}{f_{\text{F}} \rho_\infty}\right)^{\frac{1}{2}} \end{aligned} \tag{4-42}$$

式中 $A_1 = \dfrac{3\lambda}{CC_p K_0}$，$A_2 = \dfrac{3\lambda Q_{\text{ox}}}{CC_p K_0 Q_{\text{F}}}$。

由上式可知，假设 $\delta = Cr_{\min}$ 是近似合理的，因为层流火焰厚度 $\delta \propto (e^{\frac{E}{RT_m}})^{\frac{1}{2}}$，最小火球半

径 $r_{\min} \propto (e^{\frac{E}{RT_m}})^{\frac{1}{2}}$，因此 $\delta \propto r_{\min}$。

为使半径为 $r_{\min}$ 火球内的混合气体温度从初温 T_∞ 升到理论燃烧温度 T_m，其所需电火花的最小能量为：

$$E_{\min} = k_1 \frac{4}{3}\pi r_{\min}^3 \bar{c}_p \rho_\infty (T_m - T_\infty) \tag{4-43}$$

由于实际混合气体被电火花加热的温度总是比理论燃烧温度高，故引入一经验修正系数 k_1，因此当 $\alpha > 1$，则有：

$$E_{\min} = k\rho_\infty^{-2} f_{ox}^{-\frac{3}{2}} (T_m - T_\infty) e^{\frac{3}{2}\frac{E}{RT_m}} \tag{4-44}$$

式中　$k = \frac{4}{3}\pi k_1 \bar{c}_p A_1^{\frac{3}{2}}$。

将式（4-44）两边取对数得：

$$\ln \frac{E_{\min} f_{ox}^{\frac{3}{2}}}{(T_m - T_\infty)} = A - 2\ln\rho_\infty + \frac{3}{2}\frac{E}{RT_m} \tag{4-45}$$

在这里，A 为常数，密度 ρ_∞ 与压力和温度有关，理论燃烧温度 T_m 与 T_∞ 有关，近似假设 T_m 与 T_∞ 成正比关系，则式（4-43）可以改写成：

$$\ln \frac{E_{\min} f_{ox}^{\frac{3}{2}}}{(T_m - T_\infty)} = \text{const} + 2\ln T_\infty - 2\ln p + \frac{3}{2}\frac{E}{RT_m} \tag{4-46}$$

上式给出了最小点火能与环境压力及温度，物性参数及化学动力学参数之间的关系。若式（4-46）中的常数已知，则可解出电火花点燃的最小能，该常数只能用实验方法求得。若给定混合气体的 α 和压力，则式（4-46）简化为：

$$\ln \frac{E_{\min} f_{ox}^{\frac{3}{2}}}{(T_m - T_\infty)} \propto 2\ln T_\infty \tag{4-47}$$

实验证明了这一线性关系，如图 4-14 所示，图中直线的斜率等于2。同样当给定 T_∞ 及 α 时，上式可简化为：

$$\ln \frac{E_{\min} f_{ox}^{\frac{3}{2}}}{(T_m - T_\infty)} \propto 2\ln p \tag{4-48}$$

实验也证明了这一关系，如图 4-15 所示，其直线的斜率恰好等于 -2。此半经验理论在定性方面是合理的。

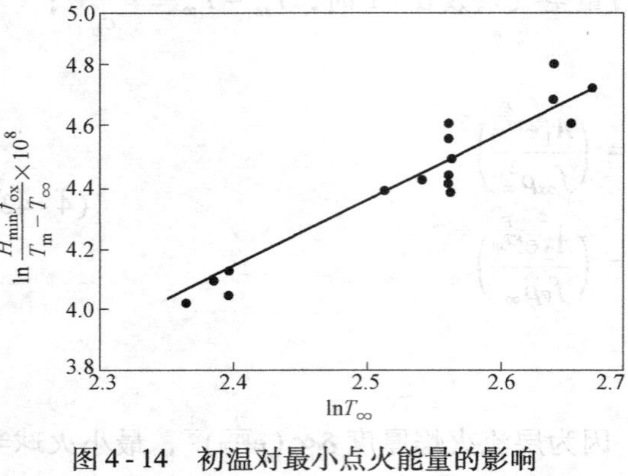

图 4-14　初温对最小点火能量的影响

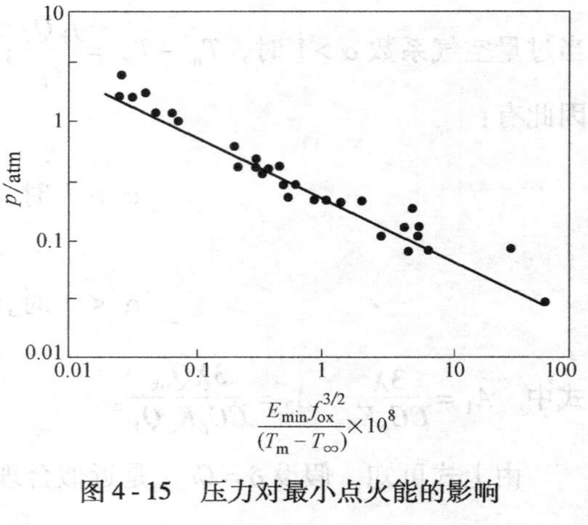

图 4-15　压力对最小点火能的影响

4.4 开口系统的着火和灭火分析

前述着火分析是在假定混合气体的质量分数不变的基础上进行的，因为着火前反应速度很慢，混合气体浓度变化不大；但燃料一旦着火而燃烧，则其反应就会急剧增加，可燃气的质量分数也会因燃烧出现显著变化。在密闭容器中，当考虑质量分数变化时，放热曲线和散热曲线在高温区将有第三个交点，即稳定燃烧态。如果在燃烧工况建立以后使外界参数急剧恶化（如散热增强，气流加速），可能会使系统灭火，达到第二个临界点，即灭火点，灭火点和着火点不重合。虽然着火和灭火规律有类似之处，但两者具有不可逆性。

在非绝热情况下，混合气体的质量分数变化计算比较复杂，为了计算简便，乌里斯提出了在一个假想的简单开口系统上进行着火和灭火分析，建立了理想的“零维”模型。

4.4.1 简单开口系统模型

假想有一个容器，两端是开口的，其中充满了进行反应的混合气体及已燃气，如图4-16所示，并做如下假设：

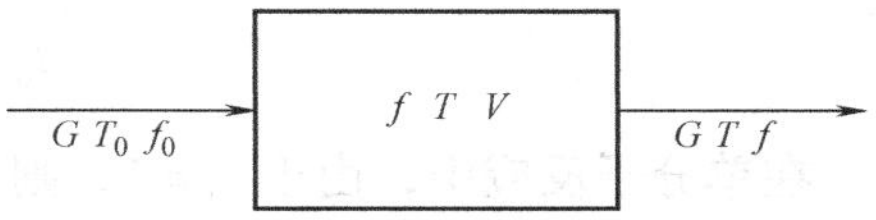

图4-16 简单开口系统模型

（1）混合气体的进口温度和质量分数分别为 T_0 和 f_0。

（2）容器中发生反应的混合气体的温度 T 和质量分数 f 分布均匀。

（3）容器出口排出的燃烧产物的温度和浓度也是 T 和 f。

（4）开口系统的质量流量为 G。

（5）容器壁是绝热的。

（6）反应为一级反应。

利用这个理想模型，可通过热量和质量的输入、输出写出形式较为简单的热平衡和质量平衡关系式，并据此建立反应系统的质量分数与温度间的关系。

4.4.2 简单开口系统的热量平衡和质量平衡

简单开口系统的单位体积放热速度为：

$$\dot{q}_r = \Delta H_c w = \Delta H_c K_{os} \rho_0 f \exp\left(-\frac{E}{RT}\right) \tag{4-49}$$

因系统燃烧产生物流出开口容器而导致的单位体积散热速度为：

$$\dot{q}_1 = \frac{GC_p}{V}(T - T_0) \tag{4-50}$$

单位时间的反应的质量为：

$$g_r = Vw = VK_{os}\rho_0 f \exp\left(-\frac{E}{RT}\right) \tag{4-51}$$

单位时间反应物的减少量为：

$$g_1 = G(f_0 - f) \tag{4-52}$$

在稳态情况下，根据热量平衡和质量平衡有：

$$\dot{q}_r = \dot{q}_1, \quad g_r = g_1 \tag{4-53}$$

即：

$$\Delta H_c K_{os} \rho_0 f \exp\left(-\frac{E}{RT}\right) = \frac{G}{V} C_p (T - T_0) \tag{4-54}$$

$$V K_{os} \rho_0 f \exp\left(-\frac{E}{RT}\right) = G(f_0 - f) \tag{4-55}$$

上式相除得：

$$C_p (T - T_0) = \Delta H_c (f_0 - f) \tag{4-56}$$

结合绝热燃烧温度的定义，可得：

$$\frac{(T - T_0)}{(f_0 - f)} = \frac{\Delta H_c}{C_p} = T_m - T_0 \tag{4-57}$$

式中　T_m——系统绝热燃烧温度。

整理上式得：

$$f_0 - f = \frac{(T - T_0)}{(T_m - T_0)} \tag{4-58}$$

在单分子反应中，由于$f_0 = 1$，则式（4-58）可进一步化简为：

$$f = f_0 - \frac{(T - T_0)}{(T_m - T_0)} = \frac{(T_m - T)}{(T_m - T_0)} \tag{4-59}$$

4.4.3　简单系统的放热与散热曲线及灭火分析

根据式（4-50）可以得到散热速率与温度T之间的关系：

$$\dot{q}_1 = \frac{G c_p}{V}(T - T_0) \tag{4-60}$$

同样，由式（4-49）与式（4-59）可以得到放热速率与温度T的关系：

$$\dot{q}_r = \Delta H_c K_{os} \rho_0 \left(\frac{(T_m - T)}{(T_m - T_0)}\right) \exp\left(-\frac{E}{RT}\right) \tag{4-61}$$

根据上述放热速度与散热速度和温度T之间的函数关系式，以温度T为横坐标，放热速度与散热速度为纵坐标可以做出图4-17，从图中可以看出，随着开口容器中混合气体质量分数的变化，放热曲线和散热曲线存在三个交点，其中第三个交点a'代表高水平的稳定反应态，也就是系统内混合气体稳定燃烧的状态。因此不考虑混合气体质量分数变化的着火分析不能完全反映系统在燃烧时所处的状态。如果在燃烧发生后使T_0不断减少，当降至T_{0E}时，放热曲线和散热曲线则会在高温区域内相切于点e，切点意味着系统将由高水平稳定反应态向低水平缓慢反应态逐渐转变，也就是灭火过程。但是要注意的是着火和灭火都是由稳态向非稳态过渡，但它们的初始稳态是不同的。因此，它们不是一个现象的正反两个方面，这就是通

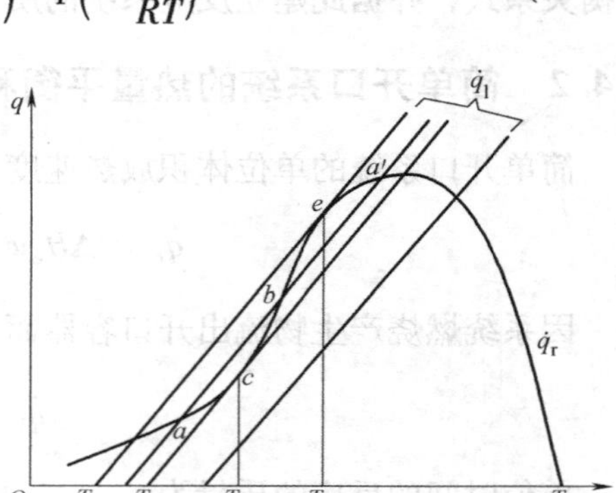

图4-17　混气浓度变化时的放热曲线和散热曲线

常所说的着火和灭火是不可逆过程的原因。图中，T_E 为系统的灭火温度，T_{0E}为系统达到灭火条件时所要求的初温，T_{0C}为系统达到着火条件时所要求的初温，并且 $T_{0E} < T_{0C}$。当初温 T_0 介于 T_{0E}和 T_{0C}之间时，如果系统之前处于燃烧反应态，则系统不会自行灭火；如果系统初始处于缓慢反应态，则系统不会自动着火。也就是说只有当初温小于 T_{0E}时，才能使已处于燃烧反应态的系统灭火，当 $T_0 = T_{0C}$时，系统的燃烧并不能被熄灭的，即灭火过程要比着火过程在更为不利的条件下才能实现，该现象称为灭火滞后现象。

图 4-18 给出了系统散热条件对系统灭火的影响。可以看出，如果保持环境温度不变，改变系统的散热情况，即改变 G/V 的比值大小，而 G/V 的比值大小在 $\dot{q}-T$ 图上就是散热曲线的斜率，也可以得到跟前述混合气体的质量分数变化类似的情况。当系统在点 a''稳定燃烧时，如果增大系统的散热条件，使 $\dot{q}_1$ 由 q_{13}变到 q_{12}的位置，即着火位置，系统则仍然保持稳定燃烧。如果继续增大系统的散热条件，使 $\dot{q}_1$ 由 $\dot{q}_{12}$变到 $\dot{q}_{11}$的位置，此时系统才具备灭火条件，也就是说要使系统灭火，必须使其处于比着火时更容易散热的条件下。

图 4-19 给出了系统混合气体密度对系统灭火的影响。从图中可以看出，当保持环境温度 T_0 和散热条件不变时，降低系统混合气体密度 ρ_0，由式（4-61）可知，系统以放热速度 $\dot{q}_r$ 将变小，相应图中的放热曲线也将向下移动。

当系统混合气体密度 ρ_0 从 ρ_1 下降 ρ_2 时，对应的放热曲线也 $\dot{q}_{r1}$由下降到 $\dot{q}_{r2}$。当系统处于（$\dot{q}_{r1}$、$\dot{q}_1$）状态时，系统在点 a'稳定燃烧；系统处于（$\dot{q}_{r2}$、$\dot{q}_1$）状态时，系统燃烧将终止。

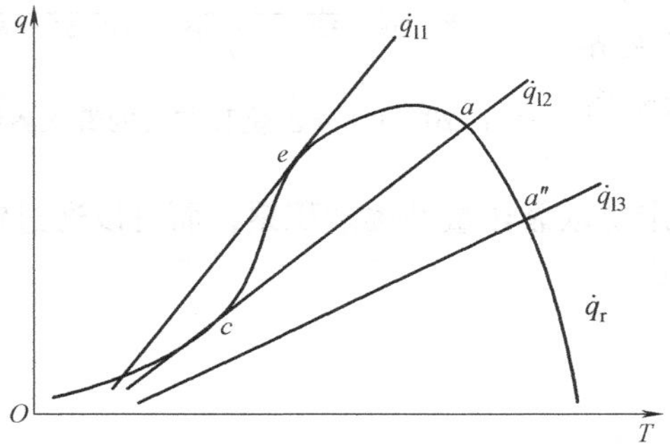

图 4-18　系统散热条件对系统灭火的影响

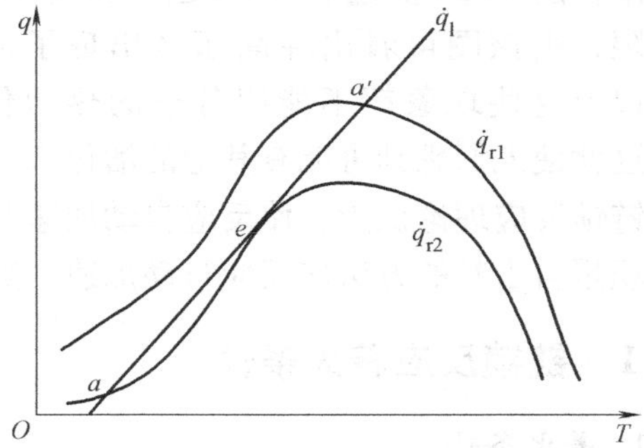

图 4-19　混气密度对系统灭火的影响

根据前面混合气体的质量分数、散热条件和混气密度改变对系统着火和灭火的影响分析可以看出，系统着火实际上就是由一种低水平的稳定态向高水平的稳定态过渡的过程，或者说是由缓慢的氧化态向燃烧态的过渡过程。系统灭火则是由一种高水平的稳定态向低水平的稳定态过渡的过程，或者说是由燃烧态向缓慢的氧化态的过渡过程。发生这种过渡的临界条件由下式统一表示：

$$\begin{aligned}\dot{q}_r &= \dot{q}_l \\ \frac{d\dot{q}_r}{dT} &= \frac{d\dot{q}_l}{dT}\end{aligned} \tag{4-62}$$

从前述关于着火和灭火的相关分析可知，改变初温对着火的影响较大，而对灭火的影响则较小；改变混合气体浓度（或氧的含量）对灭火的影响较大，而对着火的影响较小。

综上分析可知，为使已着火的系统灭火，可采取以下措施：

（1）降低系统氧或可燃气含量。降低氧含量或可燃气含量，对灭火而言比降低环境的温度效果更明显；相反，对防止着火而言，降低环境温度要比降低氧含量或可燃气含量的效果更显著。

（2）降低系统环境温度，使其低于灭火条件相对应的环境温度。

（3）改善系统的散热条件，使其超过灭火的临界散热条件，使系统产生热量尽快散发出去。降低环境温度和改善散热条件，都必须使系统处于比着火更不利的状态才能灭火。

4.5 链锁反应自燃理论

20 世纪初叶，化学家们在很多化学反应中发现了许多“反常”现象，发现有些反应的发展并不需要预先加热，而可以在低温条件下以等温方式进行，且其反应速率相当大。例如，低温时，磷、乙醚的蒸气氧化所出现的冷焰现象，冷焰现象。再如，混合气 H_2+O_2 在低压下出现三个爆炸极限，呈半岛状，称为氢氧混合气的着火半岛。还有一些爆炸混合气体（如 CH_4+O_2，$CO+O_2$）在低压时可能出现两个或三个，甚至更多着火界限，形成著名的“着火半岛”现象。如 H_2+O_2 有三个着火界限，图 4-20 描述了 1.8% 乙烷和空气混合物的着火界限，由该图可看出在高压区出现了多个着火界限。以上这些现象都不能用分子的热活化理论来解释，这就使人们想到可能有其他的活化来源。

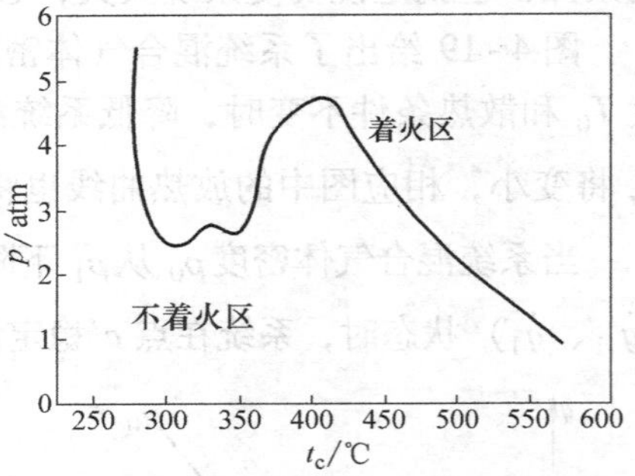

图 4-20　1.8% 乙烷和空气的着火界限

链锁反应理论认为，使反应自动加速并不一定要依靠热量的逐渐积累，而可以通过链锁反应积累自由基的方法使反应自动加速，直至着火。

4.5.1 链锁反应着火条件

1. 着火条件

通过链锁反应逐渐积累自由基的方法可使反应自动加速，直至着火。在链锁反应过程中，外加能量使链引发产生自由基后，链的传播会持续进行下去，自由基的数目因分支而不断增加，反应速度加快，最后导致爆炸。但是，在链锁反应过程中，也有使自由基消失和链锁中断的反应，所以链锁反应的速度是否能得以增长以致爆炸，取决于这两者即自由基增长因素与自由基消毁因素相互作用的结果。

设 w_1 为因外界能量的作用（即链引发）而生成自由基的速度。w_2 为链传递过程自由基的增长速度，w_3 为自由基消毁速度，则自由基随时间变化的关系为：

$$\frac{\mathrm{d}n}{\mathrm{d}t} = w_1 + w_2 - w_3 \qquad (4\text{-}63)$$

$$= w_1 + fn - gn$$

式中 n——自由基浓度；

f，g——分支反应速度常数和链终止反应速度常数。

令 $\varphi=f-g$，则式（4-63）可写成：

$$\frac{\mathrm{d}n}{\mathrm{d}t}=w_1+\varphi n \tag{4-64}$$

初始条件为：$t=0, n=0, (\mathrm{d}n/\mathrm{d}t)_{t=0}=w_1$

对式（4-64）进行求解得：

$$n=\frac{w_1}{\varphi}(\mathrm{e}^{\varphi t}-1) \tag{4-65}$$

如果令 α 表示在链传递过程中，由一个自由基参加反应而生成的最终产物分子数（如在氢氧反应中链传递时，消耗一个 H·，生成 2 个 H_2O 分子，则 $\alpha=2$），那么，反应速度（即产生最终产物的速度）为：

$$w=\alpha fn=\frac{\alpha f w_1}{\varphi}(\mathrm{e}^{\varphi t}-1) \tag{4-66}$$

由于链的引发过程很难发生，通常温度下 w_1 值很小，对链的发展影响很小。因此链分支速度和链中断速度是影响链发展的主要因素。f 和 g 随着外界条件（温度、压力和容器尺寸）的改变而改变，这些条件对 f 和 g 的影响程度是不同的。由于分支过程是稳定分子断裂成自由基的过程，需要吸收能量，使得温度对 f 的具有很大影响，温度升高将导致 f 增大；而链终止反应是复合反应，不需要吸收能量，因此可将 g 近似看做与温度无关。随着温度的变化 φ 的符号将变化，从而找出着火条件。

在低温时，由于链的分支速度很小，而链的中断速度相对较大，因此 $\varphi<0$。故式（4-66）可变换为：

$$w=\frac{\alpha f w_1}{-|\varphi|}(\mathrm{e}^{-|\varphi|t}-1)=\frac{\alpha f w_1}{|\varphi|}\left(1-\frac{1}{\mathrm{e}^{|\varphi|t}}\right) \tag{4-67}$$

当 $t\to\infty$，$\frac{1}{\mathrm{e}^{|\varphi|t}}\to 0$，故：

$$w\to\frac{\alpha f w_1}{|\varphi|}=\text{常数} \tag{4-68}$$

这说明，当 $\varphi<0$ 时，反应速度趋向某一定值，即自由基数目不能积累以加速反应。因此系统不会自动着火。

当温度升高到某一数值时，如恰好使链分支速度等于链中断速度，即 $\varphi=0$，则：

$$n=w_1 t \tag{4-69}$$

$$w=\alpha f w_1 t \tag{4-70}$$

这说明当 $\varphi=0$，反应速度随时间线性增加，而不是加速增加，所以系统不会着火。如图 4-21 所示，不断地升高温度，可使 $\varphi>0$，反应速度随时间按指数增长，系统会发生着火。将上述三种情况放在同一张图上进行比较则很容易找到着火临界条件，即图中 $\varphi=0$ 的这条直线。所以 $\varphi=0$ 代表系统由稳态向

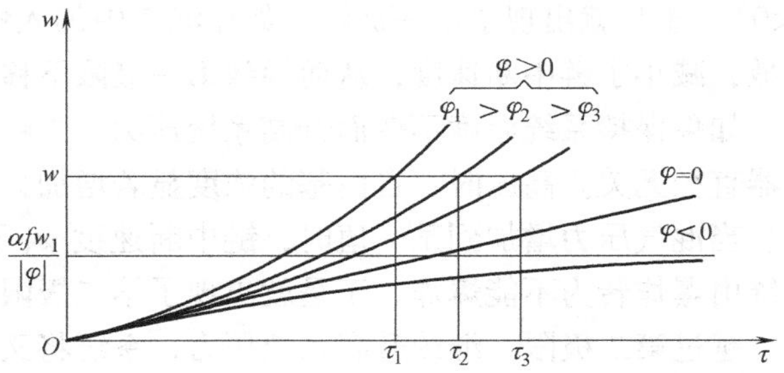

图 4-21 不同 φ 值链锁反应速度随时间的变化

自行加速的非稳态过渡的临界条件，为此可将 $\varphi=0$ 称为“链锁着火临界条件”，而此时的混气温度称为链锁自燃温度。

2. 着火感应期

由图 4-21 可以明显地观察到，当 $\varphi\leqslant0$ 时，着火感应期 $\tau=\infty$，当 $\varphi>0$ 时，随着 φ 的增加，着火感应期 τ 减小，其关系可由下式得到：

$$w=\frac{\alpha f w_1}{\varphi}(e^{\varphi\tau_i}-1) \tag{4-71}$$

当 φ 较大时，$e^{\varphi\tau i}\gg1$，$\varphi\approx f$，并将上式取对数，可得：

$$\tau_i=\frac{1}{\varphi}\ln\frac{w}{aw_1} \tag{4-72}$$

实际上 $\ln\frac{w}{aw_1}$ 随外界影响变化较小，可视为常数，因此有：

$$\tau_i=\frac{\text{const}}{\varphi} \quad 或 \quad \tau_i\varphi=\text{const} \tag{4-73}$$

4.5.2 链锁反应着火极限

对于如 H_2+O_2 之类的可燃混气在低压情况下可出现两个或者三个着火界限（爆炸界限），形成文献中所提及的著名的“着火半岛现象”。着火半岛的现象可以看做是链锁反应产生的明证。如图 4-22 所示为按一定比例混合的氢氧混合气爆炸极限，该图表明“＊”点所对应的温度形成了三个爆炸压力极限。这种结果是热理论所不能解释的，第一和第二极限可用链锁着火理论进行解释。

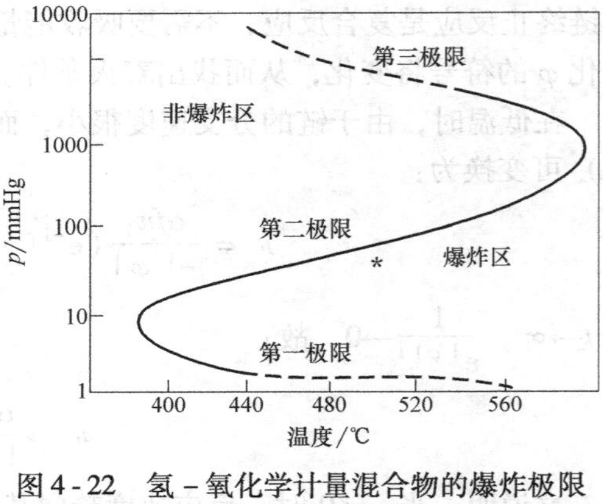

图 4-22 氢－氧化学计量混合物的爆炸极限

在“＊”点处保持系统温度不变而降低系统压力，“＊”点则向下移动。在一定的温度下，链的分支速度几乎与压力无关，可认为是定值。而链的中断速度却与压力有关。低压时，混合气体分子向四周的扩散速度较大，固相销毁增加，实验表明，第一极限是容器直径的函数，若容积较小时，自由基很容易与器壁碰撞，链中断主要发生在器壁上。压力越低，自由基中断速度越大，当压力下降到某一值后，链中断速度 w_3 开始大于链分支速度 w_2（即 $\varphi<0$），于是就出现了第一极限。如在混气中加入惰性气体，则能阻止氢自由基向周围器壁扩散，减小了链中断速度，从而导致第一极限下移。

如果保持系统温度不变而升高系统压力，“＊”点则向上移动。实验表明，第二极限与容器直径无关。高压时，自由基的浓度显著增加，气相销毁增加，故链中断主要发生在气相中。当混气压力增加到某一值时，链中断速度 w_3 开始大于链分支速度 w_2（即 $\varphi<0$），于是系统由爆炸转为不能爆炸，于是就出现了第二极限。

越过第二极限，继续升高系统压力，系统将又由非爆炸区转为爆炸区，即出现了第三极限，对于第三极限的解释尚存在争议，目前可用热着火理论来解释，随着压力的升高，反应放出的热量就越多，热量的积累又引起反应自动加速，达到第三极限时，系统反应放出的热量大于其向环境的散热量，这使可燃混气温度升高，最终导致热爆炸。

也有认为由于压力升高，而出现了新的链锁反应：

$$H\cdot + O_2 + M \xrightarrow{\text{高压}} HO_2\cdot + M$$

$$HO_2\cdot + H_2 \longrightarrow H_2O + OH\cdot$$

这使得f进一步增大。

4.6　链锁理论的灭火分析

根据链锁反应着火理论，要防火或灭火都必须使系统中链的中断速度大于链分支速度，即自由基的消毁速度超过其增长速度。本节将主要介绍基于链锁理论的灭火措施及在气溶胶灭火剂中的应用。

4.6.1　基于链锁理论的灭火措施

1. 降低系统温度，以减慢链分支速度

在链传递过程中，由链分支产生自由基是一个分解过程，需要吸收能量，温度越低，链分支速度越小，产生自由基的数目越少。

2. 增大链的中断速度，提高自由基消毁速度

（1）增加自由基固相销毁速度，可增加容器壁比表面积，以提供更多的表面积（器壁），或在着火系统中加入惰性固体颗粒，如砂子、粉末灭火剂等，这些方式可增加自由基与器壁或固体颗粒表面的碰撞机会。

（2）增加自由基气相销毁速度，可在着火系统中喷洒卤代烷等灭火剂，也可以促进链终止。

（3）提高反应系统中的气体压力，在较高压力下，两个活性中心与第三者物体碰撞的机会增多，促进链终止。

4.6.2　热气溶胶的灭火机理

气溶胶灭火剂是一种典型的主要通过抑制燃烧场活性游离基而达到抑制火灾的灭火方法。

气溶胶灭火剂在灭火时将产生固体微粒和惰性气体，且真正起灭火作用的是气溶胶中少量高度分散而细小的固体微粒。原因是其产生的惰性气体量对空间中的氧气浓度几乎不产生影响，因此不能有很明显的窒息灭火作用。而固体微粒对活性自由基具有气相及固相化学抑制作用（化学抑制机理），同时其在火场中的热熔、汽化和分解具有吸热降温作用。

下面以K型热气溶胶灭火剂为例，对基于抑制链锁反应的灭火机理进行介绍。

1. 气相化学抑制灭火机理

气溶胶灭火剂发生剂通过吸热反应以后，气溶胶固体微粒分解出来的K能够以两种形式存在，一是以蒸气形式存在，二是失去电子以阳离子的形式存在。它与燃烧中的活性基团H·、O·和·OH的亲合反应能力，要比这些基团与其他可燃物分子或自由基之间的亲合

反应能力大得多，所以它能够在瞬间与这些基团发生多次链式反应，具体如下。

$$K + OH \cdot \rightarrow KOH$$

$$K + O \cdot \rightarrow KO$$

$$KOH + OH \cdot \rightarrow KO + H_2O$$

$$KOH + H \cdot \rightarrow K + H_2O$$

如上式所示，以上反应使得K能够反复大量地消耗活性基团，并抑制活性基团之间的放热反应，从而将燃烧的链式反应中断，使燃烧得到抑制。

2. 固相化学抑制灭火机理

气溶胶中的固体微粒是很微小的（$10^{-9} \sim 10^{-6}$m），它具有很大的比表面积和表面能，能够强烈地使自己表面能降低以达到一种相对稳定状态的趋势，属于典型的热力学不稳定体系。因此它可以有选择性地吸附一些带电离子，使其表层的不饱和力场得到补偿而达到某种相对稳定状态。虽然这些粒子很小，但相对于自由基团和可燃物裂解产物的尺寸来说却要大得多，它对活性自由基团和可燃物裂解产物具有相当大的吸附能力。而这些微粒在火场中被加热以致发生汽化和分解是需要一定时间的，并且也不可能完全被汽化或分解。当它们进入火场以后，受到可燃物裂解产物和自由活性基团的撞碰冲击后，瞬间对这些产物和基团进行物理或化学吸附，并可在其表面与活性的基团发生化学作用。可能发生以下反应：

$$K_2O + 2H \cdot \rightarrow 2KOH$$

$$KOH + H \cdot \rightarrow KO + H_2O$$

$$KO + H \cdot \rightarrow KOH$$

$$K_2CO_3 + 2H \cdot \rightarrow 2KHCO_3$$

通过以上物理或化学作用可以消耗燃烧活性自由基团，并且吸附可燃物裂解产物而未被汽化分解的微粒，能够使可燃物裂解的低分子产物不再参与产生活性自由基的反应，从而减少自由基产生的来源，达到抑制燃烧速度的目的。

此外，K型热气溶胶受热分解，其产物中的固体微粒主要有K_2O、K_2CO_3和$KHCO_3$。这三种物质的固体微粒在火焰上均会分解而发生强烈的吸热反应。这在火灾中也起到一定的吸热降温作用。

复 习 题

1. 说明热自燃理论和链锁自燃理论的基本出发点。
2. 利用放热曲线和散热曲线的位置关系（改变容器壁温或可燃气体压力），分析谢苗诺夫热自燃理论中着火的临界条件。
3. 什么是着火感应期？影响着火感应期的因素有哪些？它们分别是如何影响的？
4. 在热着火理论中存在哪些自燃着火极限？有哪些因素影响自燃着火极限？
5. 链锁反应有何特点？举例说明链锁反应的基本过程和类型。
6. 如何结合链锁反应理论解释氢－氧化学计量混合物着火（爆炸）压力极限？
7. 何谓强迫着火？它有什么特征？
8. 分析炽热物体点燃可燃预混气体的临界条件。
9. 解释电火花引燃可燃预混气体的机理，影响电火花引燃混合气体的因素有哪些？
10. 在考虑可燃混合气体的质量分数变化的条件下，根据散热曲线与放热曲线位置关系对4.2.2节所提的可燃混合气系统进行着火和灭火分析。

第 5 章

可燃气体预混燃烧

5.1 可燃气体燃烧的分类

气相燃烧是火灾中最主要的燃烧形式，即使是液体可燃物或固体可燃物受热后也一般先发生蒸发或热解形成可燃蒸气或可燃热解气，而后与氧化剂发生混合而燃烧。因此，掌握可燃气体的燃烧特性和燃烧规律具有重要的意义。

5.1.1 可燃气体燃烧的类型

关于可燃气体燃烧的分类方法很多，可以根据火焰的传播形式、燃烧中可燃物与氧化剂混合模式以及燃烧物质的流动状态进行划分，具体如下。

1. 按照火焰的传播形式分类

按照火焰的传播形式，气体燃烧可分为缓燃和爆轰两种形式。火焰的缓慢燃烧是依靠导热与分子扩散使未燃混合气温度升高，并进入反应区引起化学反应，进而使燃烧波不断向未燃混合气中推进，其传播速度一般不大于1～3m/s，该过程中火焰传播是稳定的。在一定的物理、化学条件下（如温度、浓度、压力、混合比等），其传播速度是一个不变的常数。

爆轰（爆震波）的传播不是依靠传热传质发生的，而是通过激波的压缩作用使未燃混合气的温度不断升高而引起化学反应的，从而使燃烧波不断向未燃混合气中推进，其传播过程也是稳定的。与缓慢燃烧形成了明显的对比，爆轰的传播速度很高，常大于1000m/s。

2. 按照燃烧中可燃物与氧化剂混合模式分类

按照燃烧中可燃物与氧化剂混合模式，气体燃烧可分为扩散燃烧和预混燃烧两种。扩散燃烧是指燃烧之前燃料与氧化剂分开，一边混合一边燃烧，燃烧主要受扩散混合过程控制，包括以下过程：①可燃气体与氧化剂的混合过程；②可燃混合物的加热与着火过程；③可燃混合物的燃烧过程。

预混燃烧是指可燃气体与助燃气体在管道、容器或空间预先混合，其混合物含量达到爆炸极限，遇火源时而发生的燃烧，这种燃烧易在混合气体所分布的空间中快速进行，从而形成爆炸。常说的化学爆炸实际上就是预混燃烧，例如煤气或液化石油气泄漏在厂房或空间内，遇明火发生燃烧爆炸。

3. 按照流动状态分类

按照燃烧物质的流动状态分类，气体燃烧可以分为层流燃烧与湍流燃烧。

5.1.2 预混可燃气燃烧波的形式与雨果尼特方程

1. 物理模型

假设有一圆管，管中充满可燃预混气，在管子右端的火源点燃预混气，则火焰就会在混合气中向左侧传播。如果管中预混气并非静止的，而是自左向右以一定的速度 u_∞ 流动，则当预混气流动速度与火焰传播的速度相等时，由于两者方向相反，则火焰锋面就在某一位置驻定下来，形成驻定的燃烧波，其物理模型如图 5-1 所示。

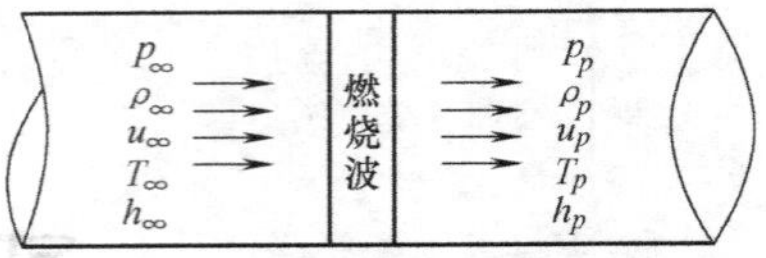

图 5-1 预混气驻定燃烧波的火焰传播

为了分析简便，这里只讨论燃烧波驻定时的情况。图中 p_∞、ρ_∞、u_∞、T_∞、h_∞ 分别为未燃预混气的压力、密度、流速、温度和焓，而 p_p、ρ_p、u_p、T_p、h_p 分别是表示燃烧波过后生成的燃烧产物的压力、密度、流速、温度和焓。为了便于分析，做如下简单假设：

（1）混合气（或燃烧波）的流动过程为一维定常流动。

（2）忽略粘性力及体积力。

（3）混合气为完全气体。

（4）混合气（或燃烧波）燃烧前后的比定压热容 c_p 和气体常数不变。

（5）整个过程中气体的分子量保持不变。

（6）反应区相对于管子的特征尺寸（如管径）很小。

（7）混合气与管壁之间无摩擦和热交换。

2. 雨果尼特（Hugoniot）方程与瑞利方程

（1）瑞利方程的推导过程。在可燃混合气（或燃烧波）的传播过程中，分别根据连续性方程、动量方程、能量方程和状态方程的守恒特性，可得到如下基本关系式：

连续方程：

$$\rho_p u_p = \rho_\infty u_\infty = m = \text{const1} \tag{5-1}$$

在忽略粘性力与体积力的前提下，得到动量方程：

$$p_p + \rho_p u_p^2 = p_\infty + \rho_\infty u_\infty^2 = \text{const2} \tag{5-2}$$

在忽略了粘性力、体积力以及摩擦热交换后，能量方程可简化为：

$$h_p + \frac{u_p^2}{2} = h_\infty + \frac{u_\infty^2}{2} = \text{const3} \tag{5-3}$$

对于比热容不变时，热量方程可写为：

$$\begin{aligned} h_p - h_{p*} &= C_p(T_p - T_*) \\ h_\infty - h_{\infty*} &= C_p(T_\infty - T_*) \end{aligned} \tag{5-4}$$

式中 h_{p*}——燃烧产物在参考温度 T_* 时的比焓（包括化学焓）值；

$h_{\infty*}$——初始反应物在参考温度 T_* 下的比焓值。

另外根据状态方程，可以得到压力、温度、密度之间的关系：

$$p = \rho RT \text{ 或 } p_p = \rho_p RT_p \text{ 或 } p_\infty = \rho_\infty RT_\infty \tag{5-5}$$

将式（5-4）代入式（5-3）得：

$$C_pT_p + \frac{u_p^2}{2} - (\Delta h_{\infty p})_* = C_pT_\infty + \frac{u_\infty^2}{2} \tag{5-6}$$

而单位质量可燃混合气的反应热 $Q=(\Delta h_{\infty p})_{*}=h_{p*}-h_{\infty*}$，所以，式（5-6）可改写为：

$$C_pT_p+\frac{u_p^2}{2}-Q=C_pT_\infty+\frac{u_\infty^2}{2} \tag{5-7}$$

由式（5-1）和式（5-2）可得：

$$p_\infty+\frac{m^2}{\rho_\infty}=p_p+\frac{m^2}{\rho_p} \tag{5-8}$$

$$\frac{p_p-p_\infty}{\dfrac{1}{\rho_p}-\dfrac{1}{\rho_\infty}}=-m^2=-\rho_\infty^2u_\infty^2=-\rho_p^2u_p^2 \tag{5-9}$$

式（5-9）即为瑞利方程，依据将该方程做出 $p_p-\frac{1}{\rho_p}$图，如图 5-2 所示。图中斜率为 $-m^2$ 的直线称为瑞利线，它表示在一定的初态 p_∞、ρ_∞ 情况下，过程终态 p_p、ρ_p 应满足的关系。

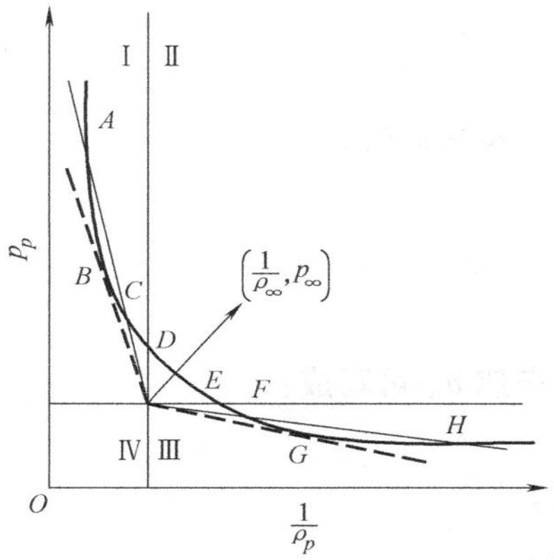

图 5-2　预混气火焰传播方式

（2）雨果尼特方程的推导过程。由式（5-4）、式（5-7）和式（5-9）可得：

$$\begin{aligned}h_p-h_\infty&=C_pT_p-C_pT_\infty-(h_{p*}-h_{\infty*})\\&=C_pT_p-C_pT_\infty-Q\end{aligned} \tag{5-10}$$

根据式（5-7），有：

$$C_pT_p-C_pT_\infty-Q=\frac{u_\infty^2}{2}-\frac{u_p^2}{2}=\frac{m^2}{2}\left(\frac{1}{\rho_\infty^2}-\frac{1}{\rho_p^2}\right) \tag{5-11}$$

而根据瑞利方程式（5-9），可得：

$$\frac{m^2}{2}\left(\frac{1}{\rho_\infty^2}-\frac{1}{\rho_p^2}\right)=\frac{1}{2}(p_p-p_\infty)\left(\frac{1}{\rho_\infty}+\frac{1}{\rho_p}\right) \tag{5-12}$$

所以有：

$$C_pT_p-C_pT_\infty-Q=\frac{1}{2}(p_p-p_\infty)\left(\frac{1}{\rho_\infty}+\frac{1}{\rho_p}\right) \tag{5-13}$$

利用状态方程式（5-5）有：

$$T_p=\frac{p_p}{\rho_pR} \tag{5-14}$$

$$T_\infty=\frac{p_\infty}{\rho_\infty R} \tag{5-15}$$

比热容比为：

$$\gamma=\frac{C_p}{C_V}=\frac{C_p}{C_p-R} \tag{5-16}$$

$$\frac{C_p}{R}=\frac{\gamma}{\gamma-1} \tag{5-17}$$

将式（5-14）与式（5-15）代入式（5-13），消去温度项有：

$$C_p \frac{p_p}{\rho_p R} - C_p \frac{p_\infty}{\rho_\infty R} - Q = \frac{1}{2}(p_p - p_\infty)\left(\frac{1}{\rho_\infty} + \frac{1}{\rho_p}\right) \tag{5-18}$$

结合式（5-17），有：

$$\frac{\gamma}{\gamma - 1}\left(\frac{p_p}{\rho_p} - \frac{p_\infty}{\rho_\infty}\right) - \frac{1}{2}(p_p - p_\infty)\left(\frac{1}{\rho_\infty} + \frac{1}{\rho_p}\right) = Q \tag{5-19}$$

式（5-19）即为雨果尼特方程（Hugoniot）方程，同样做出 $p_p - \frac{1}{\rho_p}$ 图，所得曲线称为雨果尼特（Hugoniot）方程曲线（见图5-2），它所表达的含义就是当消去参数 m 之后，在给定初态 p_∞、ρ_∞ 及反应热 Q 的情况下，终态 p_p、ρ_p 之间的关系。

对式（5-9）变形得到：

$$u_\infty^2\left(\frac{1}{\rho_\infty} - \frac{1}{\rho_p}\right) = \frac{p_p - p_\infty}{\rho_\infty^2} \tag{5-20}$$

进一步化简得：

$$u_\infty^2 = \frac{1}{\rho_\infty^2}\left(\frac{p_p - p_\infty}{\frac{1}{\rho_\infty} - \frac{1}{\rho_p}}\right) \tag{5-21}$$

而声速 a_∞ 可写成：

$$a_\infty^2 = \gamma R T_\infty = \frac{\gamma p_\infty}{\rho_\infty} \tag{5-22}$$

结合式（5-21）与式（5-22）有：

$$\gamma M_\infty^2 = \gamma \frac{u_\infty^2}{a_\infty^2} = \gamma \frac{1}{\rho_\infty^2}\left(\frac{p_p - p_\infty}{\frac{1}{\rho_\infty} - \frac{1}{\rho_p}}\right) \Big/ (\gamma p_\infty / \rho_\infty) \tag{5-23}$$

$$\gamma M_\infty^2 = \left(\frac{\frac{p_p}{p_\infty} - 1}{1 - \left(\frac{1}{\rho_p} \Big/ \frac{1}{\rho_\infty}\right)}\right) \tag{5-24}$$

或者

$$\gamma M_{\mathrm{p}}^2 = \left(\frac{1 - \frac{p_\infty}{p_p}}{\left(\frac{1}{\rho_\infty} \Big/ \frac{1}{\rho_p}\right) - 1}\right) \tag{5-25}$$

式中　M_∞ 表示燃烧波之前的初始反应物的马赫数；而 M_{p} 表示燃烧波之后燃烧产物的马赫数。在定义了马赫数的基础上，式（5-23）~式（5-25）都可以用来确定燃烧波的传播速度与声速的大小关系。

3. 雨果尼特曲线和瑞利曲线

预混气火焰传播中，已燃区的气体参数应同时满足雨果尼特曲线和瑞利曲线。图5-2

给出了雨果尼特曲线和瑞利曲线。从图中可以看出，燃烧波后已燃区的状态点必然在雨果尼特曲线与瑞利直线的交点上。通过未燃区状态点$\left(\frac{1}{\rho_\infty},\ p_\infty\right)$处分别作$p_p$，$\frac{1}{\rho_p}$坐标轴的平行线（见图中虚线），就把平面分成4个区域（分别用Ⅰ、Ⅱ、Ⅲ、Ⅳ表示），由于瑞利直线斜率为负，在Ⅱ、Ⅳ区不可能出现瑞利曲线，已燃区的状态点也就必然落在了Ⅰ、Ⅲ区。交点A、B、C、D、E、F、G、H是可能出现的已燃区状态点，下面对这些状态点的意义进行讨论。

（1）Ⅰ区域为爆轰区在该区域，燃烧后压力急剧上升，燃烧后气体被压缩，密度增大。式（5-23）的马赫数判断式的分子远远大于1，而分母又小于1，若比热容比γ取1.4，则马赫数大于1（见表5-1），和正常火焰传播相比，燃烧波（预混气）是以超音速传播的，即爆轰。爆轰是依靠冲击波（激波）的高压，使未燃气受到近爆轰的发生似绝热压缩的作用而升温着火，从而使燃烧波在末燃区中传播的。

表5-1　气体中正常火焰传播与爆轰的比较

比值	常见的比值大小	
	爆轰	正常火焰（缓慢）传播
u_∞/a_∞	5~10	0.0001~0.03
u_p/u_∞	0.4~0.7	4~6
p_p/p_∞	13~55	0.976~0.98
T_p/T_∞	8~21	4~16
ρ_p/ρ_∞	1.4~1.6	0.06~0.25

（2）Ⅲ区为缓慢燃烧区在这个区域内，燃烧后压力降低，密度减少，即燃烧后体积膨胀，马赫数表达式中的分子小于1，而分母又大于1，燃烧波是以亚音速传播的，即通称的正常的火焰传播或缓慢。

（3）图5-2中还显示，瑞利直线与雨果尼特曲线存在两个切点B和G。B点为上恰普曼-乔给特点（Chapman-Jouguet），可简称为上C-J点，具有终点B的燃烧波称为C-J爆轰波。图中，AB段属于强爆轰，BD段属于弱爆轰。一般地，自发的燃烧波均属于C-J爆轰波，但人工产生的超声速燃烧可形成强爆轰波。G点为下恰普曼-乔给特点，亦可简称为下C-J点，EG段属于弱缓燃阶段，GH属于强缓燃阶段。由于大多数的燃烧过程是接近于等压过程的，因此强缓慢燃烧火焰传播不能发生，而具有实际意义的只是EG段的弱缓慢燃烧火焰传播。

（4）当$Q=0$时，也就是不发生燃烧反应，雨果尼特曲线经过未燃区状态点$\left(\frac{1}{\rho_\infty},\ p_\infty\right)$，这时将会形成一般气体力学的激波。

5.2 可燃预混气体层流燃烧

5.2.1 预混火焰前沿的结构及传播机理

1. 火焰前沿的概念

若在一充满均匀预混气的圆管中，局部加热，使其燃烧形成火焰，燃烧产生的热量通过导热的形式加热其相邻的冷混气层，使冷可燃混合气体的温度升高，化学反应加快，从而形成了新的火焰。如此这样往下进行，在未燃区和已燃区之间形成了明显的分界线，也就是火焰前沿，如图5-3所示。简单地说，火焰前沿其实就是区分已燃区和未燃区的一层薄薄的化学反应发光区，实验表明，其厚度只有几百微米，甚至几十微米，因此在后面的分析中，有时可将其视为一个几何面。

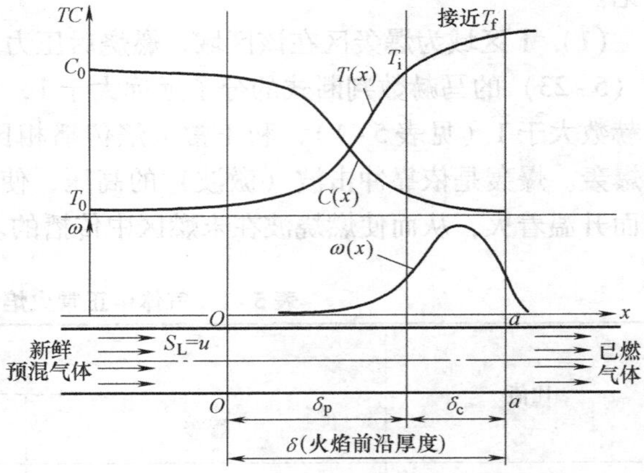

图5-3 稳定的平面火焰前沿

2. 火焰前沿结构特点

准确地讲，火焰在圆管中的火焰前沿是抛物线形状，但为了便于分析，假设管中火焰前沿为平面状且在管内不发生变化，可燃预混气沿圆管方向以速度 S_L 向前沿运动（见图5-3）。如前所述，火焰前沿宽度很小，仅有几百甚至几十微米（见图5-3中截面 $O-O$ 到 $a-a$），在这个区域内，已燃气体与未燃气体明显地分开，并且完成了化学反应、热传导和物质扩散等一系列的过程。由此可以总结出火焰前沿结构的三个特点，具体阐述如下。

（1）分为预热区和化学反应区两部分。

图5-3还给出了火焰传播过程中浓度、温度及化学反应速率的变化情况示意图。可以看出，根据这些参数的变化，火焰前沿可以分为预热区（δ_p 区）和化学反应区（δ_c 区）两个区域。在 δ_p 区内，可燃气浓度较高，温度相对较低，化学反应速率很小，一般可不考虑其化学反应，而温度和浓度的变化主要依靠导热和扩散的作用；而在区域 δ_c 内，温度迅速升高，活化中心的浓度达到了峰值，发生了剧烈的化学反应，反应速率也达到了极大值。一般来说，火焰前沿的化学反应区远小于其预热区，即 $\delta_c \ll \delta_p$。

新鲜混合气主要在预热区内被加热，温度从初温达到了混合气体的着火温度 T_i，而后进入反应区，在反应区内大部分的可燃混合气（95%～98%）是在接近理论燃烧温度 T_f 的情况下发生反应，可认为化学反应速率达到最大值时的温度接近理论燃烧温度（略低于理论燃烧温度）。

（2）存在强烈的导热和物质扩散。

根据图5-3给出的火焰前沿内反应物的浓度、温度以及反应速率的变化情况，可以看出，在火焰前沿宽度内，温度急剧上升（$T_0 \rightarrow T_f$），可燃气体浓度迅速降低（$c_0 \rightarrow 0$）。可见，在火焰前沿极小的宽度范围内，温度和浓度沿着 x 轴方向发生了极大的变化，也就是出现了很高的温度梯度 $\mathrm{d}T/\mathrm{d}x$ 和浓度梯度 $\mathrm{d}c/\mathrm{d}x$，根据傅里叶定律和费克定律，火焰前沿处将存在快速的热量传递和强烈的物质扩散。传递或扩散的方向特点为，热量传递：高温火焰→低温新鲜混合气；物质扩散：高浓度→低浓度，如新鲜混合气的分子 $O-O$ 截面向 $a-a$ 截面方向扩散；燃烧产物分子，如已燃气体中的游离基和活化中心（如 OH·和 H·等）则向新鲜混合气方向扩散，这必然使得火焰前沿内的燃烧产物与新鲜混合气产生了强烈的混合。

（3）着火延迟时间（即感应期）很短。

着火延迟时间（感应期）极短，是火焰前沿中化学反应的另外一个特点，这个特点与自燃过程中化学反应的特点不同。由于加速化学反应都需要一定的热量和活化中心，在自燃过程中，依靠化学反应可自行累积热量和活化中心，但这个过程需要一定的准备时间，即着火感应期。而在火焰前沿中，预混气体的温度升高速度快，在很短的时间内，便可导入了大量的热流，产生了强烈活化中心的扩散，使得其着火延迟时间（感应期）极短。

3. 火焰传播机理

在分析层流火焰传播的过程中，需要对火焰传播的机理有所了解，目前关于火焰传播机理主要有热理论和扩散理论两种，下面进行简要叙述。

（1）火焰传播的热理论

热理论认为：火焰中化学反应主要是由于热量导致新鲜冷混气升高，化学反应加快，而化学反应区（火焰前锋）在空间中的移动主要取决于从反应区向新鲜预混气体传热的导热系数。需要说明的是，热理论中只是认为活化中心对化学反应速率的影响不是主要因素，但并没有否认火焰中的活化中心和扩散现象的存在。

（2）火焰传播的扩散理论。

扩散理论则认为：燃烧均属于链式反应，火焰中存在大量的活化中心（如 H、OH 等）这种活化中心向新鲜预混气体的扩散促进了链反应，从而导致火焰的传播。

上述理论中，热理论比较接近实际。前苏联科学家泽尔多维奇（1938 年）及其同事弗兰克－卡门涅茨基（1940 年）、谢苗诺夫（1951 年）等在前人研究成果的基础上，提出了层流火焰传播的热理论，这是目前比较完善的火焰传播理论。以下主要介绍这些理论。

5.2.2 泽尔多维奇火焰传播的热理论

1. 简化假设

泽尔多维奇等人根据上述预混火焰前沿结构及传播机理的分析，提出了火焰传播的热理论。该理论作了如下假设：

（1）火焰中化学反应主要由分子热活化引起。已燃气体与新鲜混合气之间的导热决定了火焰前锋在空间的移动。活化中心的扩散对其影响相对较小，可不予考虑。

（2）研究对象均为简单反应，而非链式反应，且反应活化能很大。反应过程不考虑热损失和压力扩散，即为绝热等压过程，反应温度接近理论燃烧温度。

（3）假定反应物和燃烧产物均为理想气体，其物性参数（导热系数 λ、热扩散系数 α、扩散系数 D 以及比热容 C 等）保持恒定（或取其所研究的温度区间内的平均值），且一般燃烧问题，路易斯数 Le（$Le=\alpha\backslash D$ 或 $Le=D\backslash\alpha$）约等于 1，即热扩散系数与扩散系数相等。

（4）气流为一维层流流动，火焰前沿为一驻定的平面，由于动能变化很小，分析中可以不考虑。

根据上述假设，基于气体的能量方程，可推导出层流火焰传播速度的计算公式。

2. 火焰热传导微分方程

(1) 能量守恒方程式。

考虑如图5-4所示体积为 $dxdydz$ 的火焰微元体。依据简化假设，根据能量守恒定律，即单位时间微元体单位体积内，由热传导传入微元体的净热量与化学反应的放热量之和，等于气体流动中净流出的能量，可建立等压绝热过程、一维定常火焰稳定传播的反应流能量守恒方程：

$$\lambda \frac{\partial^2 T}{\partial x^2} - u\rho C_p \frac{\partial T}{\partial x} + \omega \Delta H_c = 0 \tag{5-26}$$

式中 ω——化学反应速率 [mol/(m^3·s)]；

λ——导热系数 [kW/(m·K)]；

ΔH_c——反应热 (kJ/mol)。

式 (5-26) 第一项表示单位时间内导入控制微元体 $dxdydz$ 的热量，即：

$$Q_{x+dx} - Q_x = \lambda \frac{\partial^2 T}{\partial x^2} dxdydz \tag{5-27}$$

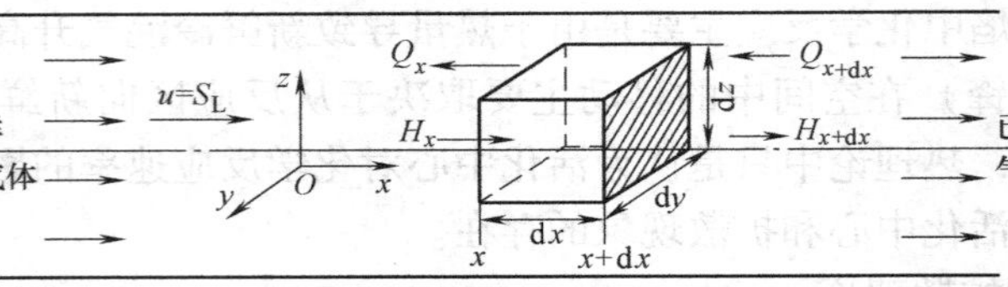

图5-4 火焰前沿的内微元体中的热流平衡

式 (5-26) 第二项表示单位时间内由于流动引起的微元体中焓值的变化，即：

$$H_{x+dx} - H_x = u\rho C_p \frac{\partial T}{\partial x} dxdydz \tag{5-28}$$

式 (5-26) 第三项表示单位时间内微元体中由于化学反应所释放出的热量使微元体中气体焓值的增加量，即：

$$Q_{ch} = \omega \Delta H_c dxdydz \tag{5-29}$$

(2) 连续方程。

根据质量守恒定律，可建立一维定常火焰稳定传播的连续方程：

$$\rho u = \rho_\infty u_\infty = \rho_0 u_0 = m = \text{const} \tag{5-30}$$

(3) 边界条件。

层流火焰传播的边界条件如下：

$$\left.\begin{array}{lll} x = -\infty \text{ 时,} & T = T_0 & c = c_0 \\ x = +\infty \text{ 时,} & T = T_f & c = 0 \end{array}\right\} \tag{5-31}$$

根据一维层流火焰传播的控制方程式 (5-26) 和式 (5-27) 及边界条件求解层流火焰传播速度 S_L 精确解的难度较大。为此，不少学者提出过各种近似解法，其中以泽尔多维奇、弗兰克-卡门涅茨基等提出的分区近似解法较为简易。他们将火焰前锋内的预热区和化学反应区进行一定程度的假设，不考虑预热区中化学反应的影响，同时，忽略反应区中温度的一阶导数。这样就可以对式（5-26）和式（5-27）进行简化，进而求得各区的温度梯度（$\mathrm{d}T/\mathrm{d}x$）值及火焰传播速度 S_L。下面重点介绍泽尔多维奇近似解法。

3. 泽尔多维奇近似解法

（1）在预热区内能量方程式。

根据泽尔多维奇的观点，火焰前沿的预热区内，温度较低，因此化学反应速度较慢，可忽略不计，即将式（5-26）中的第三项略去，于是方程简化为：

$$\lambda \frac{\partial^2 T}{\partial x^2} - u\rho C_p \frac{\partial T}{\partial x} = 0 \tag{5-32}$$

由于当 $x=\delta_p$ 时，预混气体温度达到着火温度，进入反应区。因此，预热区的边界条件如下：

$$\begin{cases} 当\ x \to -\infty\ 时, & T = T_0, & \dfrac{\mathrm{d}T}{\mathrm{d}x} = 0 \\ 当\ x = \delta_p\ 时, & T = T_i, & \dfrac{\mathrm{d}T}{\mathrm{d}x} = \left(\dfrac{\mathrm{d}T}{\mathrm{d}x}\right)_i \end{cases} \tag{5-33}$$

式中 T_i——预热区预混气体的着火温度。

于是，对式（5-32）的一次积分为：

$$\left(\frac{\mathrm{d}T}{\mathrm{d}x}\right)_{ip} = \frac{1}{\lambda}\rho u C_p (T_i - T_0) \tag{5-34}$$

（2）化学反应区的温度分析。

化学反应区的温度接近已燃气体温度 T_f，且温度梯度迅速降低到零。因此，式（5-26）中的第二项（温度的一阶导数）可忽略不计，则该式可简化为：

$$\lambda \frac{\mathrm{d}^2 T}{\mathrm{d}x^2} + \Delta H_c w = 0 \tag{5-35}$$

考虑到流体温度传递的连续性，结合边界条件式（5-31）和式（5-33），可以获得反应区的边界条件为：

$$当\ x = \delta_p\ 时, T = T_i, \frac{\mathrm{d}T}{\mathrm{d}x} = \left(\frac{\mathrm{d}T}{\mathrm{d}x}\right)_i \tag{5-36}$$

$$当\ x = \to \infty\ 时, T \approx T_f, \frac{\mathrm{d}T}{\mathrm{d}x} \approx 0 \tag{5-37}$$

对式（5-35）积分可得：

$$\left(\frac{\mathrm{d}T}{\mathrm{d}x}\right)_{ic} = \left[\frac{2\Delta H_c}{\lambda}\int_{T_i}^{T_f} w \mathrm{d}T\right]^{\frac{1}{2}} \tag{5-38}$$

稳定过程中，通过反应区与预热区的交界面处（即 $T=T_i$ 位置）热流应相等，故有：

$$\lambda\left(\frac{\mathrm{d}T}{\mathrm{d}x}\right)_{ip} = \lambda\left(\frac{\mathrm{d}T}{\mathrm{d}x}\right)_{ic} \tag{5-39}$$

将式（5-38）带入式（5-39）可得：

$$\frac{1}{\lambda}\rho u C_p (T_i - T_0) = \left[\frac{2\Delta H_c}{\lambda}\int_{T_i}^{T_f} w \mathrm{d}T\right]^{\frac{1}{2}} \tag{5-40}$$

由式（5-40）可以得出：

$$m = \rho u = \rho_0 S_L = \left[\frac{2\Delta H_c \lambda}{C_p^2}\int_{T_i}^{T_f}\frac{w\mathrm{d}T}{(T_i - T_0)^2}\right]^{\frac{1}{2}} \tag{5-41}$$

式中 ρu——质量燃烧速度。

由式（5-41）可得火焰传播速度 S_L。

$$S_L = \frac{m}{\rho_0} = \left[\frac{2\Delta H_c \lambda}{(\rho_0 C_p)^2}\int_{T_i}^{T_f}\frac{w\mathrm{d}T}{(T_i - T_0)^2}\right]^{\frac{1}{2}} \tag{5-42}$$

考虑到着火温度 T_i 是未知量，又因在低温预热区内化学反应速率很小，故可采用下述近似方法求取，即：

$$\int_{T_i}^{T_f} w\mathrm{d}T \approx \int_{T_0}^{T_f} w\mathrm{d}T$$

代入式（5-42），可得：

$$\left(\frac{\mathrm{d}T}{\mathrm{d}x}\right)_{ic} = \left[\frac{2\Delta H_c}{\lambda}\int_{T_0}^{T_f} w\mathrm{d}T\right]^{\frac{1}{2}} \tag{5-43}$$

而在高温化学反应区内，$T_i \approx T_f$，故 $\rho u C_p(T_f - T_i) \approx 0$，因此，式（5-40）可表示为：

$$\left(\frac{\mathrm{d}T}{\mathrm{d}x}\right)_{ip} = \frac{1}{\lambda}\rho u C_p(T_i - T_0) \approx \frac{1}{\lambda}\rho u C_p(T_f - T_0) \tag{5-44}$$

将式（5-43）与式（5-44）分别代入式（5-39），可得：

$$S_L = \left[\frac{2\Delta H_c \lambda}{(C_p\rho_0)^2}\frac{\int_{T_0}^{T_f} w\mathrm{d}T}{(T_f - T_0)^2}\right]^{\frac{1}{2}} \tag{5-45}$$

设 $c_{f,0}$ 为燃料的初始物质的量浓度，由于是等压绝热系统，可燃气体燃烧所释放的热量均用于加热本身，于是有 $c_{f,0}\Delta H_c = \rho_0 C_p(T_f - T_0)$，即：

$$\Delta H_c = \frac{\rho_0 C_p(T_f - T_0)}{c_{f,0}}$$

代入式（5-45），则有：

$$S_L = \left[\frac{2\lambda}{c_{f,0}C_p\rho_0}\frac{\int_{T_0}^{T_f} w\mathrm{d}T}{(T_f - T_0)}\right]^{\frac{1}{2}} \tag{5-46a}$$

令反应的平均速度 $\overline{w} = \dfrac{\int_{T_0}^{T_f} w\mathrm{d}T}{(T_f - T_0)}$，则有：

$$S_L = \left(\frac{2\lambda\overline{w}}{c_{f,0}C_p\rho_0}\right)^{\frac{1}{2}}$$

式（5-46a）也可写成如下表达式：

$$S_L = \left(\frac{2\alpha_0}{\tau_m}\right)^{\frac{1}{2}} \approx \left(\frac{\alpha_0}{\tau_m}\right)^{\frac{1}{2}} \tag{5-46b}$$

式中 α_0——预混气体的热扩散系数，$\alpha_0 = \dfrac{k}{C_p\rho_0}$；

τ_m——火焰中平均反应时间，$\tau_m=\frac{c_{f0}}{\overline{w}}$。

式（5-46b）表明，层流火焰传播速度是一个特性参数，只取决于预混气体的物理化学性质，其正比于预混气体的热扩散系数平方根，而反比于平均化学反应时间的平方根。

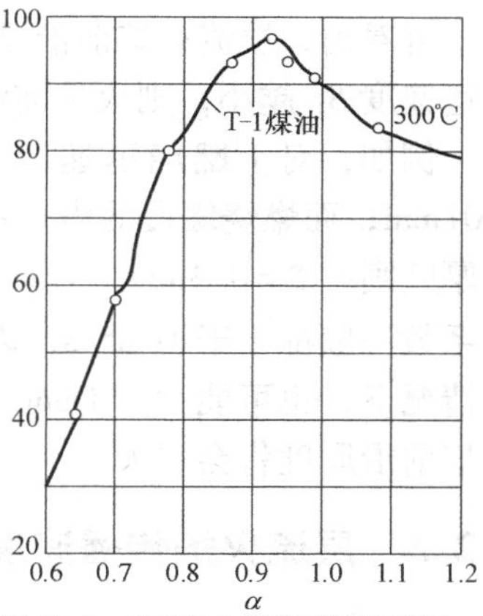

图5-5 层流火焰传播速度与空气系数α之间关系

用泽尔多维奇近似解法来求取 S_L 值虽然比较粗糙的，但其却揭示出可燃混合气体的主要物理化学参数对燃烧过程的影响。此后，也有不少学者对此进行了修正，关于这方面资料，可参考相关的专题论著。

图5-5给出了按谢苗诺夫公式（式（5-46b））的计算值与前苏联学者伊诺齐姆切夫用本生灯测出的T-1煤油的层流火焰传播速度值的比较，实验表明，计算值与实验数据大致相符合。

实际应用中，层流火焰传播速度多是根据实验总结出来的经验公式进行估算的。表5-2给出了威斯特（Weast）和海默尔（Heimel）针对初始温度 T_0 在298～700K苯、正庚烷和异辛烷等分别与空气按化学计量比混合时，所组成预混气的层流火焰传播速度计算公式。

表5-2 几种物质火焰传播速度计算公式

物质名称	层流火焰传播速度计算公式/(cm/s)
苯	$S_L=30+7.91\times10^{-7}T_0^{2.92}$
正庚烷	$S_L=19.8+2.493\times10^{-7}T_0^{2.39}$
异辛烷	$S_L=12.1+8.362\times10^{-7}T_0^{2.19}$

4. 火焰前沿厚度的计算

根据前文所述，火焰前沿由预热区和化学反应区组成，其厚度为 $\delta(=\delta_p+\delta_c)$，如图5-6所示，在 $T=T_i$ 处作 $T=f(x)$ 曲线的切线，可将A、B两点间的距离定义为火焰前沿厚度。于是有：

$$\left(\frac{dT}{dx}\right)_i=\frac{T_f-T_0}{\delta} \tag{5-47}$$

另一方面，由式（5-34）、式（5-40）与式（5-46）可得：

$$\left(\frac{dT}{dx}\right)_i=\frac{1}{\lambda}\rho_0 uC_p(T_i-T_0)\approx\frac{S_L(T_f-T_0)}{\alpha_0} \tag{5-48}$$

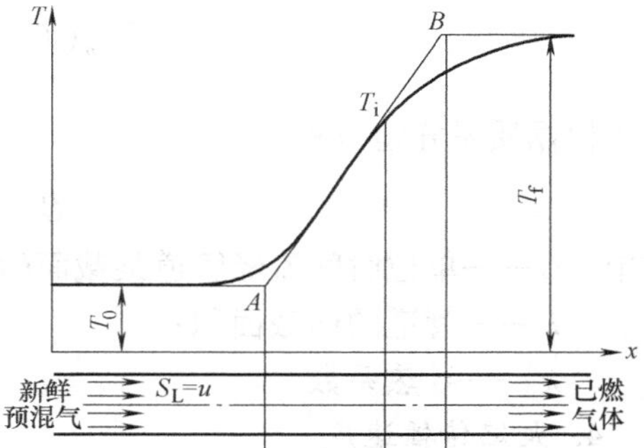

图5-6 火焰前锋内温度变化与火焰前沿厚度的定义

根据式（5-47）与式（5-48），可得：

$$\delta = \frac{\alpha_0}{S_L} \tag{5-49}$$

可看出，层流火焰前沿厚度主要由预混气体的热扩散系数及火焰的传播速度决定，火焰传播速度 S_L 越小，则火焰前沿厚度越大。

例如，对于燃烧迅速的 H_2-O_2 预混气体（$S_L=1200\text{cm/s}$），其火焰前沿厚度 $\delta\approx0.01\text{mm}$；而燃烧缓慢的由6% CH_4 与94%空气组成的可燃混合气（$S_L=5\text{cm/s}$），其火焰前沿厚度则有 $\delta=0.4\text{mm}$。对于烃类燃料预混气体，由于其 S_L 值一般都大于10cm/s，而热扩散系数一般都小于1cm²/s，因此，它们的火焰前沿厚度通常都小于1mm，但在低压和贫燃料情况下，也可能大于1mm。实验还表明，初温对火焰前沿厚度影响不大，但如压力减小，火焰前沿厚度将会增大。

5.2.3 层流火焰传播速度的马兰特简化分析

层流火焰传播速度是燃烧过程的一个基本特性参数。马兰特采用简化分析的方法也得到了层流火焰传播速度的表达式，进而也给出不同物理化学因素对它的影响。

1. 简化模型

马兰特简化分析的物理模型如图5-7所示。

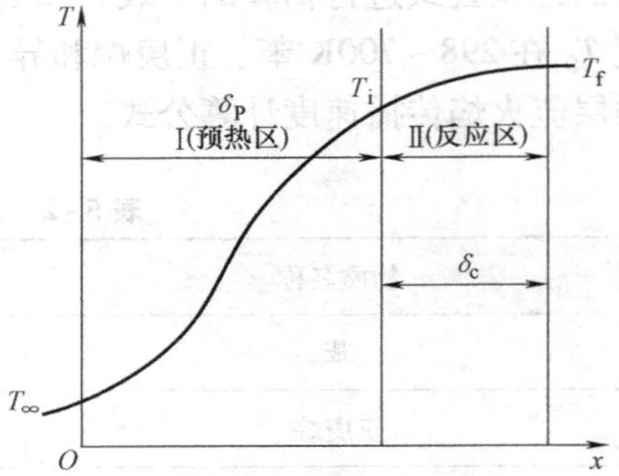

图5-7 火焰前沿中的温度分布

2. 反应区的温度分布

在简化模型中，由反应区导出的热量将对预热区的未燃混合气进行加热，如能使未燃混合气温度上升到着火温度 T_i，则火焰可保持稳定传播。

为了分析方便，可假设反应区中的温度呈线性分布，即：

$$\frac{dT}{dx} = \frac{T_f - T_i}{\delta_c} \tag{5-50}$$

3. 控制方程

上述简化模型的热平衡方程式为：

$$GC_p(T_i - T_\infty) = F\lambda \frac{T_f - T_i}{\delta_c} \tag{5-51}$$

根据质量守恒方程，又有

$$G = \rho F u = \rho_\infty S_L F \tag{5-52}$$

式中 G——单位时间流经管道某截面的质量流量；

F——管道的横截面积；

λ——导热系数。

4. 火焰传播速度

根据式（5-51）与式（5-52），可得：

$$\rho_\infty S_L C_p(T_i - T_\infty) = \lambda \frac{T_f - T_i}{\delta_c} \tag{5-53}$$

即：

$$S_L = \lambda \frac{(T_f - T_i)}{\rho_\infty \delta_c C_p (T_i - T_\infty)} = \alpha \frac{(T_f - T_i)}{\delta_c (T_i - T_\infty)} \tag{5-54}$$

式中 α——预混气体的热扩散系数，$\alpha = \dfrac{\lambda}{\rho_\infty C_p}$。

又因为

$$\delta_c = S_L \tau_c = S_L \frac{\rho_\infty f_{s,\infty}}{w_s} \tag{5-55}$$

式中 τ_c——平均化学反应时间；

ρ_∞——混合气初始质量浓度；

$f_{s,\infty}$——混合气得初始质量分数；

w_s——可燃混合气质量反应速度。

将式（5-55）带入式（5-54）得：

$$S_L = \left[\frac{\alpha(T_f - T_i) w_s}{(T_i - T_\infty)\rho_\infty f_{s,\infty}}\right]^{\frac{1}{2}} \tag{5-56}$$

该式表明，层流火焰传播速度与热扩散系数及化学反应速度的平方根成正比，并已获得了实验的证实。

又根据燃烧反应速度方程有：

$$w_s = K'_{os}\rho_\infty^n f_{s\infty}^n e^{\frac{-E}{RT_f}}, K'_{os} = \frac{K_{os}}{M_s} \tag{5-57}$$

带入式（5-56）得：

$$S_L = \left[\frac{\lambda(T_f - T_i) K_{os}\rho_\infty^{n-2} f_{s\infty}^{n-1} e^{\frac{-E}{RT_f}}}{C_p (T_i - T_\infty)}\right]^{\frac{1}{2}} \tag{5-58}$$

根据 $p \propto \rho$ 关系可得：

$$S_L \propto \rho_\infty^{\frac{n}{2}-1} = p^{\frac{n}{2}-1} \tag{5-59}$$

式中 n——反应级数。

该式表明，当反应级数等于2时，火焰传播速度与压力无关。而对于大多数的碳氢化合物与氧气的反应，其反应级数接近于2，因此压力对其火焰传播速度的影响不大，这一结论也得到了实验的证实。

但是需要指出的是，上述理论并不完善。例如，根据式（5-56），当未燃混合气初温 T_∞ 等于着火温度 T_i 时，所计算的层流火焰传播速度将为无穷大，这显然是不正确的。

5. 物理化学参数对层流火焰传播速度的影响

根据式（5-58），结合实验研究，可了解不同物理化学参数对层流火焰传播速度的影响。

（1）初始压力的影响。

根据式（5-59），当反应级数 $n<2$ 时，火焰传播速度随压力增加而下降；当反应级数 $n=2$时，火焰传播速度与压力无关；当反应级数 $n>2$ 时，火焰传播速度随压力的增加而变快。而这也提供了一种分析某些混合气体燃烧的反应级数的方法。例如，在烃类和氧气与氮气或氩气或氦气组成的混合气体中，实验发现，当 $S_L>100$cm/s 时，火焰传播速度随压力增加而增加，表明此时反应级数 $n>2$；而当 $S_L<50$cm/s 时，火焰传播速度随压力增加而下

降，则此时反应级数 $n<2$；此外，S_L 在 50~100cm/s 时，火焰传播速度不随压力的增加而不变，所以，此时反应级数 $n=2$。

（2）初始温度的影响。

根据式（5-59）可以看出，火焰传播速度随混合气初温 T_0 的增加而升高。实验结果表明，通常 $S_L \propto T_0^n$，其中 $n=1.5\sim2$。

（3）火焰温度的影响。

根据式（5-59），火焰的传播速度将随火焰温度 T_f 的增加而加快。这主要是因为，火焰温度越高，离解反应越易进行，所产生的自由基（H，OH，O）就越多，这些自由基的扩散进一步加快了反应的进行。

（4）可燃气与空气比值的影响。

可燃气与空气存在一个最佳混合比，该混合比下，火焰传播速度达到最大。理论上来讲，最佳混合比应等于化学当量比，但由于实际燃烧中的情况比较复杂，影响因素也很多，使得最佳混合比会因实际的燃烧情况存在一定的变化。实验还发现可燃气浓度过低或过高时，火焰都将无法传播，据此，也可用传播法实验来测定可燃气的爆炸极限。

（5）可燃气体的分子结构的影响。

碳原子数目对火焰传播速度的影响因物质种类不同有所差异，对于饱和烃，分子中碳原子数目对火焰传播速度基本无影响；对于非饱和烃，随着碳原子数目增加，火焰传播速度将下降。当碳原子数增加到 4 以后，随着碳原子数目的增加，火焰传播速度缓慢下降。当碳原子数达到 8 以后，火焰传播速度将不再随着碳原子数目的增加而下降。

（6）可燃混合气性质的影响。

由于火焰传播速度正比于热扩散系数的平方根，所以导热系数 λ 增加或热容减小，都可使热扩散系数增大、火焰传播速度增加。从这个方面上看，也可以解释一般灭火剂都具有低的导热系数和高的热容的特点，这是因为低的导热性和高的热容均不利于火焰的传播。

5.2.4 层流火焰传播界限

1. 火焰传播界限

燃料与氧化剂的混合物在点火的情况下，如果产生自持的燃烧波，则称其具有可燃性。预混可燃气体中可燃物含量过浓或过稀，都会使火焰传播速度急剧下降，以致不能维持火焰在可燃混合气中的传播，这种现象称为淬熄。淬熄的临界条件就是火焰的传播界限，淬熄对火焰传播具有很大的影响，它们与压力、容器直径或管径、混合气中可燃气的浓度等参数有关。点火、可燃性和淬熄研究的目的是确定预混气可燃的范围。每种可燃气体都有相应的火焰传播浓度界限（极限），其在混合物中的浓度能够使燃烧自持的最小值为下限 α_L，而最大值为上限 α_H。火焰传播浓度界限实际上就是着火浓度界限（见图 5-8）。

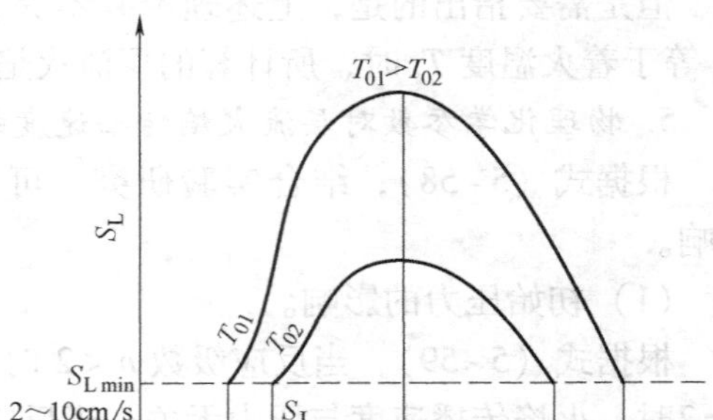

图 5-8　火焰传播界限

以往曾以为，火焰传播界限就是 $S_L=0$ 时的参数。但进一步实验研究发现，淬熄现象在 S_L 未接近零时就已发生，这主要是因为燃烧区对外的散热（通过导热或热辐射）引起的。预混气体中燃料过贫或其他原因，使燃烧温度降低，而导致化学反应速率变慢，S_L 减小，而散热损失相对地将进一步增大，造成燃烧温度进一步下降，到达某一临界值后，火焰就无法继续传播。

2. 影响火焰传播界限的因素

火焰传播界限与许多因素有关，如燃料的种类、混合气的组成、温度及压力等。20世纪50年代初，为了鉴定火焰能否从点火源开始在混合物中传播，人们选用了一根5cm内径、1.22m长垂直放置的玻璃管，在管子底部装上火花塞，它能产生很强的、数毫米长的火花。测试表明：压力增大时，上限变宽，但对下限影响并不明显，这是碳氢化合物-空气混合物的典型特征。上限曲线斜率的改变是因为化学反应级数发生了变化，低压时反应级数为二级，而高压时为一级。简单碳氢化合物（如乙烷、丙烷、丁烷和戊烷）的上限随压力升高呈线性的增大，压力升高时，下限开始稍有扩大，而后逐渐趋于一个近似值。当压力降至某一极限值时，上下两界限会聚于一点，若再继续降低压力，火焰将无法传播。对于烃类可燃物与空气的混合气体，当温度在15~25℃的范围内时，其极限压力 $p_{极限}\approx4000\sim4700$Pa；若用纯氧代替空气或升高其温度，则可使极限压力下降至267~1333Pa。

需指出的是，实验装置的尺寸对可燃极限和压力之间的函数关系具有较大影响。当尺寸减小时，压力对可燃极限具有很大的影响。而若不把容器尺寸增大，当压力降低时，混合物的点火则会变得越来越困难。另外，当温度升高时，碳氢化合物-空气混合物可燃范围将变宽，但是，温度对可燃极限的影响通常比压力的影响小。

有关着火极限的数据均由实验测定，表5-3给出了几种典型燃料-空气混合气的火焰传播界限值，其中，氢-空气混合气的火焰传播界限最为宽阔。这表明燃料的性质对传播界限具有很大的影响。同时，与空气相比，燃料在纯氧的火焰传播界限将显著扩大，特别是上限。这主要是因为燃料在纯氧中具有更大的火焰传播速度。

表5-3　在空气和纯氧中燃烧时的火焰传播界限（%）

燃料	下限（按体积计）		上限（按体积计）	
	空气	纯氧	空气	纯氧
H_2	4	4	74	94
CO	12	16	75	94
NH_3	15	15	28	79
CH_4	5	5	14	61
C_3H_8	2	2	10	55

5.2.5　层流火焰传播速度的测量

长期以来，对于层流火焰的传播速度，由于理解得较为全面，并拥有充分的实验数据，其测量未能引起人们的兴趣。但由于贫燃条件在火花点火发动机中的广泛使用，层流火焰传播速度的测量再度受到重视。而目前，随着激光测试技术的快速发展，也为测量和研究火焰传播速度提供了较为精确而有效的测试手段，它在测量中可以丝毫不破坏流场的结构。

实际上，火焰传播理论仅给出了近似的火焰传播速度，如果要获得准确的火焰传播速度就必须通过实验进行测定。由于火焰结构复杂，人们对火焰测量尚未形成统一认识，测定火焰传播速度的方法也有很多种，目前较为常用方法有本生灯法、驻定火焰法、平面火焰法与管内火焰法等。

1. 本生灯法

本生灯是在实验室中广泛使用的一种可产生预混火焰的装置。其工作特性类似于喷射式低焰烧嘴、家用煤气灶喷嘴等低速燃烧装置。用本生灯方法确定火焰传播速度操作比较简单。

实际上，本生灯就是一个垂直的圆管（见图 5-9），其中流动着均匀的可燃混合气，同时，管内流体处于层流状态，这使得气体流速呈抛物线分布。混合气在管口处被点燃后，将形成稳定的正锥体形层流火焰前锋，火焰由内外两层火焰锥组成，如图 5-9 和图 5-10 所示。当空气供给系数 $\alpha<1$ 时，内外火焰的颜色和形式：内锥为蓝色预混焰锥，而外锥为黄色扩散火焰；当 $\alpha\geqslant 1$ 时，内外火焰的颜色和形式：内锥依然为蓝色的预混焰锥，而外锥则为紫红色的燃烧产物火焰。

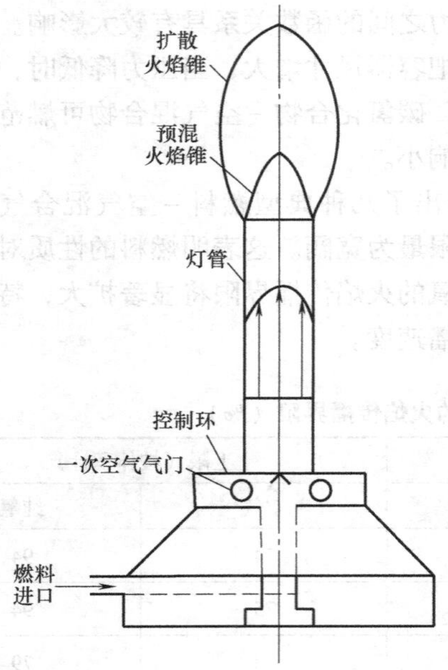

图 5-9 本生灯装置及其火焰

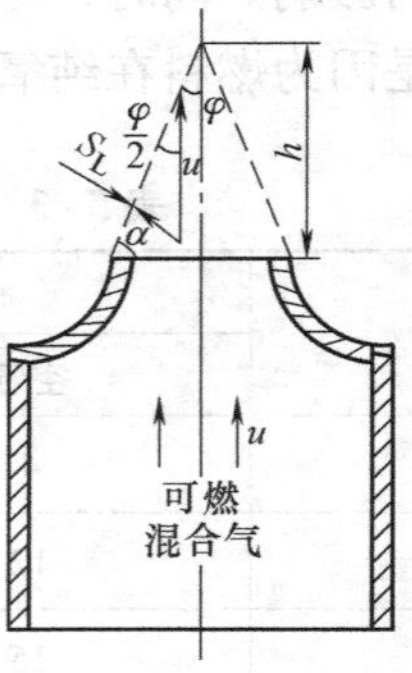

图 5-10 本生火焰锥

本生灯法实际上就是利用预混火焰锥、内锥来测定火焰传播速度 S_L 的。在稳定状态下，单位时间内整个火焰前锋面上被烧掉的混合气的量应等于单位时间内从喷口流出的全部可燃混合气，据此可以确定火焰传播速度，即：

$$S_L = \frac{V}{A_t} \tag{5-60}$$

式中 A_t——火焰的表面积；

V——混合气体的体积流量。

如果气体流速沿管截面不是均匀分布的，则火焰前沿表面将不是正锥形，而是曲面形。这种情况下，式（5-60）将不再适用，这时就必须测出各点的 u_i，而流速可根据下式进行计算，即：

$$u_i = u_0\left(1 - \frac{r^2}{R^2}\right) \tag{5-61}$$

式中　u_0——管中心速度；

R——管半径。

而 S_L 可根据火焰锥的形状特征与 u_i 建立如下关系：

$$S_{Li} = u_i \cos\varphi_i \tag{5-62}$$

以上计算方法中并没有考虑温度的影响，而实际上，由于锥形火焰面的存在及对内的传热，使得混合气体在流入火焰区之前已经受到加热，温度也各不相同。例如，在靠近管壁处的气流基本未受到火焰面的加热，同时还受到了管壁的散热冷却作用，所以该部分气流的火焰传播速度应是最小的。而相对应的，在管中心处气流受到火焰加热的作用最强，同时未受到管壁的冷却作用，所以其火焰传播速度应为最大（见图 5-11）。

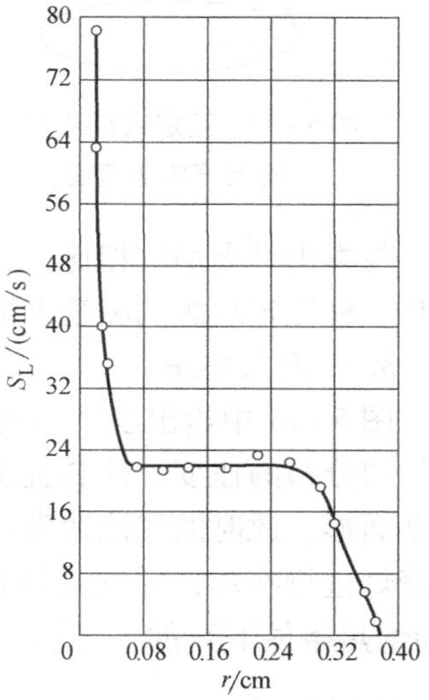

图 5-11　火焰传播速度随径向 r 的变化

在实际操作中，可将某些强发光的粒子加入可燃混合气流中，而后再用相关设备（如照相机）跟踪粒子的轨迹，进而求出各条流线与火焰面的交角，同时应用激光多普勒仪测出各点的流速。另外，还需要测出火焰场的温度分布，以便找出火焰面（即预热区的外边界），这样才能最终确定各条流线与火焰面的交角，进而算出不同位置的火焰传播速度 S_{Li}。

综上所述，用本生灯法可以较为简便地测出火焰传播的平均速度，但若要获得准确的 S_{Li} 值，则需要做很多改进，测试起来也相对复杂。同时，本生灯法主要适用于传播速度适中的可燃气体，对于 S_L 较大的可燃气体，该方法并不适合。

2. 驻定火焰法

由于本生灯法的局限性，一些学者提出了驻定火焰法，其原理如图 5-12 所示。在两个相距一定距离的喷嘴中，以射流的形式提供相同相对的混合气体，且射流在喷嘴附近的速度为均匀分布。点燃以上可燃混合气，将会形成两个驻定的平面火焰。由于射流的特点之一就是气流速度沿轴向下降，相对撞后产生横向（径向）分量，使得火焰也必然向径向延伸展宽，这种火焰被称为拉伸火焰（streched）。利用拉伸火焰可以测得其传播速度，但所测得的并不是前述所说的一维绝热平面火焰的传播速度。如要获得真实的火焰传播速度，还必须消除速度梯度的影响。首先在实验中测出不同速度梯度 $\kappa = du/dx$（u 是 x 方向速度）下的火焰传播速度，将数据进行线性拟合，并将所得到的直线延伸至 $\kappa=0$，这样所对应的速度值即为真实的 S_L 值。为了使火焰尽可能接近绝热状态，消除火焰的热损失，一般采用两个驻定火焰。图 5-13 为两对气流及火焰面处气流速度沿 x 方向的速度分布，据此，可以计算速

度梯度 κ，进而可以获得 S_L 值与 κ 之间的关系。图5-14给出了利用激光多普勒仪器以及采用驻定火焰法获得的 S_L 值与 κ 之间的关系。

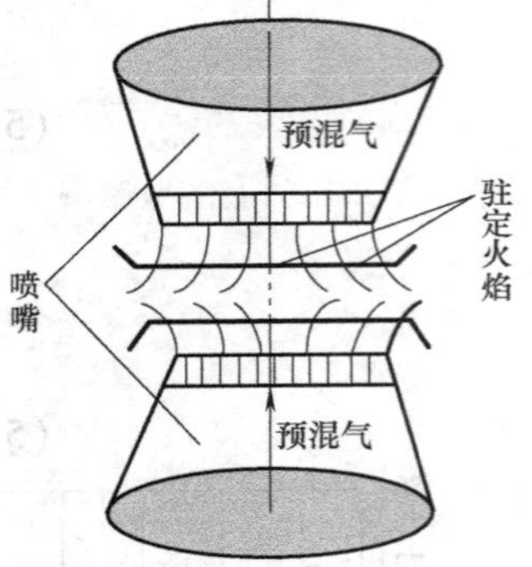

图5-12 驻定火焰法测层流火焰传播速度

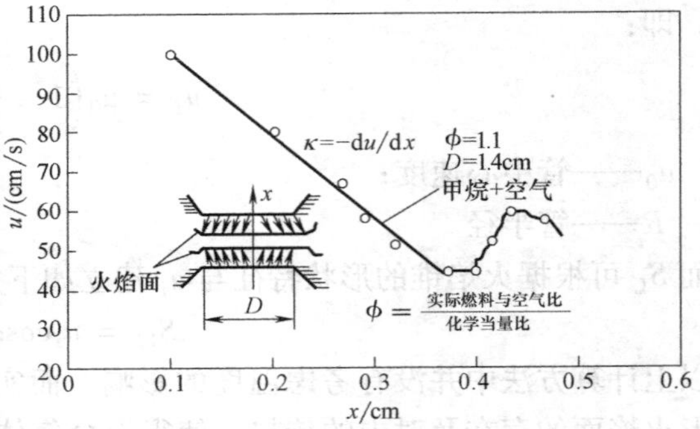

图5-13 沿轴向的速度分布

与本生灯火焰法相比，驻定火焰法消除了流场速度梯度的影响，因此更为准确，该方法也是一种比较理想的测量火焰传播速度的方法。

3. 平面火焰法

图5-15中给出了用平面火焰法测定火焰传播速度的设备示意图。气流在烧灯出口处具有均匀分布的速度，该装置所产生的火焰一般呈三角形，可以通过调整气流速度，使火焰变为平面形，此时的气流速度即为 S_L。这种方法中需要考虑管壁的散热作用，一般可采用水对烧灯进行冷却，并测定不同冷却速度下的 S_L 值，进而采用外推法，获得冷却速度为0（即绝热条件下）的 S_L 值。

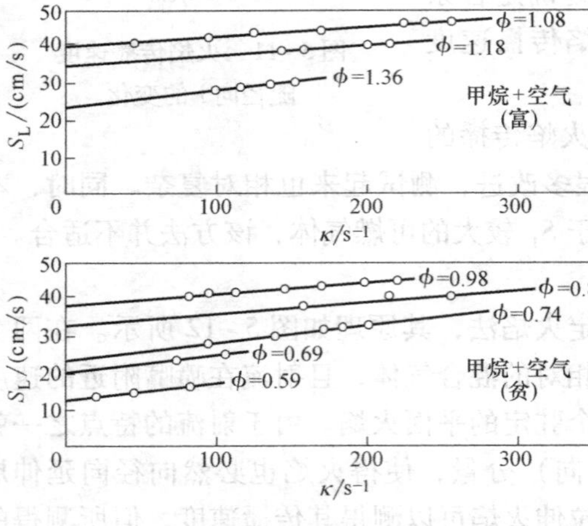

图5-14 S_L 与 κ 的关系

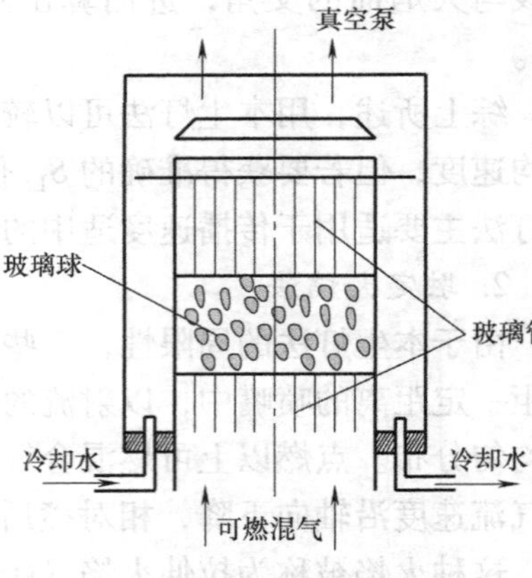

图5-15 平面火焰法测量层流火焰传播速度

4. 管内火焰法

在单端开口的管内充满预混可燃气体，在管的轴向留出缝隙以供摄像，当火焰在管内传播时，记录火焰的传播过程、位移速度及火焰曲面形状，进而对曲面面积 S 进行近似计算，在此基础上，便可用下式计算火焰的层流传播速度：

$$S_L = \frac{A_c}{S}u_w \tag{5-63}$$

式中 u_w——火焰的位移速度；

A_c——管面积。

需要说明的是，该方法很直观地描述了火焰传播的特点，但很多潜在的因素（如管径等）对测量结果的影响尚未研究清楚，因此该方法主要用于定性示教，很少被采用。

5. 球弹法

在球形容器中点燃预混气体后，火焰向四周传播的传播过程中，压力逐渐增加，可以认为这个过程为绝热过程。用相关设备记录压力随时间的变化（$p-t$）关系，用相机记录火焰位置随时间（$R-t$）的变化关系，在此基础上，可用下式计算 S_L：

$$S_L = \frac{\mathrm{d}r}{\mathrm{d}t} - \frac{\mathrm{d}p}{\mathrm{d}t}\frac{\alpha^3 - r^3}{3p\gamma^2} \tag{5-64}$$

式中 α——球弹的半径；

r——压力为 p 时相应的火焰半径；

γ——混合气的比热容比。

这种方法仅适用于传播速度较大的混合气，由于燃烧速度比较大，燃烧过程可视为绝热状态，同时，这种方法可以在一次实验中获得不同温度和压力下的传播速度，可测定高压情况下的层流火焰传播速度。

5.3 可燃预混气体湍流燃烧

5.2 节详细介绍了预混层流火焰传播的速度理论。但在实际应用中，绝大部分火灾及燃烧装置的燃烧都属于湍流燃烧范畴。因此，很有必要了解湍流火焰的结构和性质，弄清湍流燃烧火焰传播机理。湍流燃烧包括预混燃烧和扩散燃烧两种类型，而其中预混燃烧在实际应用中具有极其重要的地位，大部分工程设备都采用这种类型的燃烧装置，而湍流扩散燃烧在火灾中则较为常见。本节将主要介绍湍流预混火焰的燃烧，而湍流扩散燃烧将在第 6 章介绍。尽管湍流燃烧应用较多，但目前还没有公认的、通用的湍流预混火焰的理论，相关理论的研究依旧是燃烧学领域的重点。

5.3.1 湍流火焰和层流火焰的基本区别

湍流火焰与层流火焰存在明显的差别，层流火焰前沿是区分新鲜混合气和燃烧产物的一层薄的（毫米量级甚至更小）、平滑的发光锥面；而湍流火焰前沿厚度却很大（几个毫米），其发光区呈毛刷皱褶状，并且比较模糊，火焰长度也比层流火焰短。

图 5-16 是用纹影照相法在不同时刻记录下的一种湍流火焰结构示意图，各曲线代表了湍流火焰瞬时的薄反应区轮廓线。可以看出，瞬时火焰前沿在火焰顶部高度卷曲。反应区的位置随着反应的进行一直在变化，但从时均视觉效果来看，其呈现出了很厚的火焰发光区域，这一有明显厚度的区域称为湍流火焰刷。但根据瞬时图像，实际的反应区相对很薄，与层流预混火焰类似。

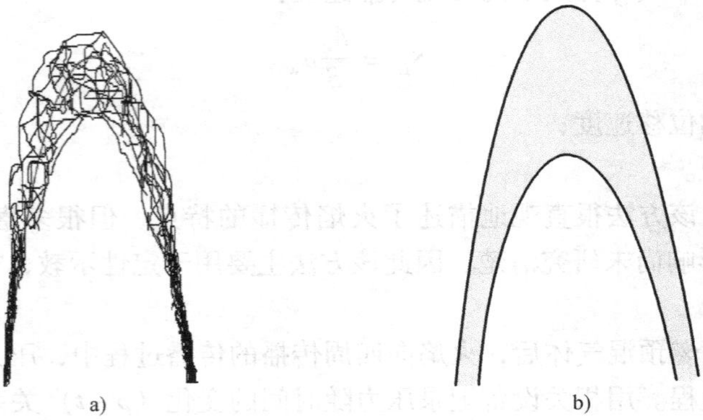

a)　　　　　　　　　　　　b)

图 5-16　湍流火焰结构示意图

a）瞬间反应锋面的叠合图　b）湍流火焰刷（时均图）

其次，湍流燃烧过程明显快于层流燃烧过程。层流火焰传播的速度取决于预混可燃气体的物理化学性质，在标准状况下仅为 20～100cm/s，相对较小。而湍流火焰传播速度大小不仅取决于燃料的物理化学性质，而且和湍流性质有关，其值比层流火焰传播速度大得多。同时，火焰传播速度会随着湍流强度的增大而增加，而火焰也会变得更短，再加上向外界散热损失较小，使得采用湍流火焰的炉子或燃烧室尺寸更紧凑，也更为经济。

与层流火焰相比，湍流火焰传播速度的增加主要受到以下几个因素的影响。

（1）湍流流动可能使火焰变形、皱褶，从而增大了反应表面积。但皱褶表面上任一处的法向火焰传播速度仍然保持层流火焰传播速度的大小。

（2）湍流火焰中，湍流流动可能加剧了热传导速度或活性物质的扩散速度，从而增大了火焰前沿法向的实际传播速度。

（3）湍流使可燃预混气与燃烧产物间的混合加快，使火焰本质上成为均匀预混可燃混合物，而预混可燃气的反应速度取决于混合物中可燃气体与燃烧产物的比例。

另外，湍流火焰往往伴随着噪声，其燃烧产物内氧化氮（NO）的含量较少，对环境的污染也较小。

5.3.2 湍流火焰速度定义

湍流预混火焰的传播还可以看做是层流预混火焰在湍流中的传播，其传播速度的定义类似于层流火焰传播速度，即指湍流火焰前沿法向相对于新鲜可燃气运动的速度。

由于湍流流动造成了火焰的扭曲，而当地的湍流程度又决定了火焰的扭曲程度。这表明，除了火焰厚度 δ_f 以外，还存在另一与湍流速度脉动有关的长度尺度和速度尺度。也即湍流火焰的性质不仅取决于预混层流火焰的特性（如层流火焰速度 S_L 和火焰厚度 δ_f），还依赖于湍流的特性（如脉动速度 u' 和长度尺度 l_T）。湍流预混火焰速度可以用流经火焰的可燃预混气的质量流量 $\dot{m}$ 与湍流火焰的表观面积 $\bar{A}$ 来表示。但对于有一定厚度的弯曲火焰面积的确定尚存在争议，这也导致了湍流火焰速度测量结果的不确定性。为此，有学者建议通过测量反应物流速来确定火焰速度，即湍流火焰速度就可以表示为：

$$S_T = \frac{\dot{m}}{\bar{A}\rho_u} \tag{5-65}$$

式中　$\dot{m}$——反应物的质量流量；

ρ_u——未燃气体密度；

$\bar{A}$——时间平滑后的火焰面积，即湍流火焰的表观面积。

流体的雷诺数对火焰传播速度也有影响，如图5-17所示，当雷诺数超过临界值时，式（5-65）所定义的湍流火焰传播速度大于层流火焰传播速度。

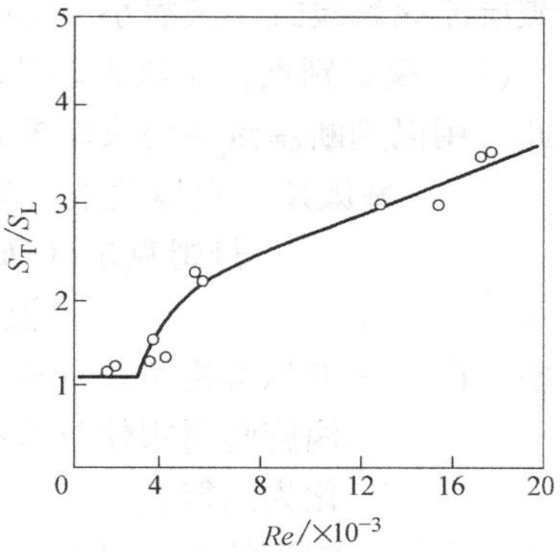

图5-17　在圆筒状燃烧器上测得的雷诺数对湍流火焰传播速度的影响

【例5-1】　如图5-18所示，空气-燃气混合物以平均流速80m/s，从直径为100mm的圆形管道中流出燃烧。根据曝光照片估计的楔形火焰内角为18°。试计算在此条件下的湍流燃烧速度。可燃混合气体初温：$T=293\text{K}$，$p=1\text{atm}$，平均分子量$M_W=20\text{kg/kmol}$。

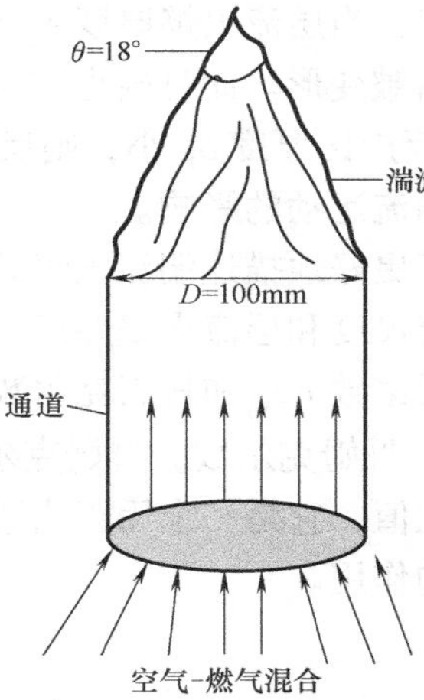

图5-18　计算模型

【解】　根据给定条件，可燃混合气的质量流量为：

$$\dot{m} = \rho_u A_{duct}\bar{\nu}_{duct} = (0.832\times3.14\times0.05^2\times80)\text{kg/s} = 0.5225\text{kg/s}$$

应用气体的状态方程对可燃混合气的密度进行计算：

$$\rho_u = \frac{p}{RT} = \left(\frac{101325}{(8315/20)\times293}\right)\text{kg/m}^3 = 0.832\text{kg/m}^3$$

对于锥形火焰面，根据楔形火焰内角为18°，可计算出火焰的长度L：

$$L = \left(\frac{D/2}{\sin(18°/2)}\right)\text{m} = 0.32\text{m}$$

于是表观火焰面积$\bar{A}$为：

$$\bar{A} = \frac{1}{2}\pi DL = (0.5\times3.14\times0.1\times0.32)\text{m}^2 = 0.05024\text{m}^2$$

根据式（5-65），湍流燃烧速度为：

$$S_T = \frac{\dot{m}}{\bar{A}\rho_u} = \left(\frac{0.5225}{0.05024\times0.832}\right)\text{m/s} = 12.50\text{m/s}$$

以上计算结果是湍流燃烧的平均速度，但是应该要说明的是，各局部的湍流燃烧速度并不等同于该平均值。

5.3.3　湍流预混火焰模式

1. 湍流预混火焰模式判断

如前所述，湍流预混火焰的传播可以看做层流预混火焰在湍流中的传播，湍流将随时间变化的速度梯度和曲率引入了流动，可以用脉动速度u'和长度尺度l_T来描述。而速度梯度和曲率对于预混层流火焰的拉伸作用也极大影响了火焰的传播过程。为此，可根据预混层流火焰的特性（如S_L和δ_f）与湍流的特性（如u'和l_T），对湍流预混火焰进行分类，主要有褶皱层流火焰模式、漩涡小火焰模式和分布反应模式。

（1）模式判据。湍流火焰的基本结构主要取决于湍流几何尺度与层流火焰厚度的关系，因此，用以判断湍流预混火焰模式的判据如下：

$$\text{威廉斯 - 克里莫夫（Williams - Klimov）判据：褶皱层流火焰}\ \delta_L \leqslant \ell_K \tag{5-66a}$$

$$\text{丹姆克尔（Damkohler）判据：分布反应模式}\ \delta_L > \ell_0 \tag{5-66b}$$

$$\text{漩涡小火焰模式}\ \ell_0 > \delta_L > \ell_K \tag{5-66c}$$

式中 ℓ_K——卡尔莫格洛夫（Kolmlgorov）微尺度，代表流体中最小的漩涡尺度。这些小漩涡旋转得很快且有很高的漩涡强度，由于它们的摩擦升温而使流体的动能转化为内能。

ℓ_0——湍流的积分尺度，它代表最大的漩涡尺度。

δ_L——层流火焰厚度，表示仅受分子而不受湍流作用下的传热传质控制的反应区。

以上判别式具有明确的物理意义，威廉斯 - 克里莫夫（Williams - Klimov）判据反映了如下情况：当层流火焰厚度 δ_L 比湍流尺度 ℓ_K 薄得多时，湍流运动只能使很薄的层流火焰区域发生褶皱变形。而丹姆克尔（Damkohler）判据反映了另外一种情况：如果所有湍流尺度 ℓ_K 都比反应区厚度 δ_L 小，则反应区的输运现象将同时受分子运动和湍流运动的控制，或至少要受湍流运动的影响。

为了更好地描述湍流火焰结构，结合湍流模式判据的特点，可引入用相关的无量纲数，例如湍流尺度和层流火焰厚度，可以转化为两个无量纲参数：ℓ_K/δ_L、ℓ_0/δ_L。另外还可以引入湍流雷诺数 Re_{ℓ_0}和丹姆克尔数 Da。

（2）丹姆克尔数。丹姆克尔数 Da 的基本含义是流体的特征时间或混合时间与化学特征时间的比值，它是一个用于描述燃烧问题的重要参数，特别在湍流预混火焰的理解方面，具有重要的作用。

$$Da = \frac{\text{流动特征时间}}{\text{化学特征时间}} = \frac{\tau_f}{\tau_c} \tag{5-67}$$

Da 的计算方法与所研究的状况有关，在研究预混火焰时，$\tau_f \equiv \ell_0/u'$ 是流体中最大漩涡的存在时间，$\tau_c \equiv \delta_L/S_L$ 是根据层流火焰定义出的化学特征时间。根据以上特征时间，Da 可表示为：

$$Da = \frac{\ell_0/u'}{\delta_L/S_L} = \left(\frac{\ell_0}{\delta_L}\right)\left(\frac{S_L}{u'}\right) \tag{5-68}$$

对于快速化学反应模式，$Da \gg 1$，即化学反应速度比流体的混合速度快得多。而当化学反应比较慢时，$Da \ll 1$。上式说明，Da 也可以表示为几何尺度比 ℓ_0/δ_L 与相对湍流速度 u'/S_L 的倒数的乘积。即，当几何尺度比固定时，丹姆克尔数将随湍流强度的增大而减小。

2. 湍流预混火焰的传播图域

通过实验和计算，有学者根据湍流预混火焰传播的不同区域，绘制出了用来描述层流火焰和湍流特性的图域。图 5 - 19 是根据定义的 5 个无量纲参数：ℓ_K/δ_L、ℓ_0/δ_L、Re_{ℓ_0}、Da 和 u'/S_L，然后将数据互相关联起来绘制而成。图中，纵坐标是丹姆克尔数，横坐标是湍流雷诺数 Re_{ℓ_0}，两条粗实线将图分为三个区域，各区域分别对应褶皱层流火焰、分布反应和漩涡小火焰三个模式。从图中可以看出，在褶皱层流火焰模式下，反应发生在很薄的片内；分布反应模式下，反应发生在一个空间分布相对较厚的区域中；位于前述两种模式之间的就是漩涡小火焰模式。通过对火花点火发动机火焰状态进行估计，便可得到图 5 - 19 中方框中的数据点。也就是说，如果我们获得了表示湍流流场的参数，就可以通过图5-19来估计实际设备中火焰所处的模式。从图中还可以看到，在特定的条件下，燃烧状态既可能是褶皱层流火焰模式，也有可能是漩涡小火焰模式。

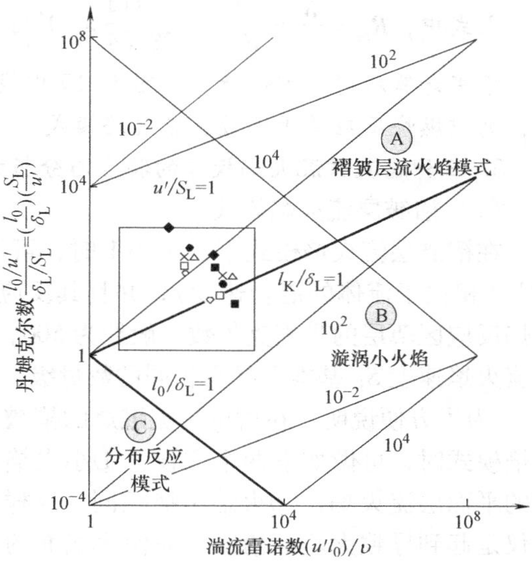

图5-19 预混燃烧图

【例5-2】 假设平均流速为80m/s的均匀混合的异辛烷与空气的可燃预混气体流出直径为0.3m的燃料筒燃烧，混合物的当量比为1，初始温度为500K，燃烧产物温度为1800K，压力为12atm。如相对湍流强度为10%，积分尺度为燃烧筒直径的1/10，$S_L=80cm/s$，$\mu=650\times10^{-7}Pa\cdot s$。试计算某燃烧室中的丹姆克尔数$Da$，并判定该燃烧反应所属的模式。

【解】 上述问题中的流动特征时间为：

$$\tau_f=\frac{\ell_0}{u'}=\frac{D/10}{0.10\times\bar{u}}=\frac{0.30/10}{0.10\times80}s=0.00375s$$

由式（5-49）有层流火焰厚度为：

$$\delta\approx\alpha/S_L$$

其中，热扩散率α可近似采用空气的物性，并根据平均温度为$0.5\times(T_b+T_u)=1150K$时α取值为$209\times10^{-6}m^2/s$（查附录3），通过压力修正，得：

$$\alpha=\left(209\times10^{-6}\times\frac{1}{12}\right)m/s=1.74\times10^{-5}m^2/s$$

根据题意，层流火焰速度$S_L=80cm/s$，则有：

$$\delta_L\approx(1.74\times10^{-5}/0.80)m=2.18\times10^{-5}m$$

因此，化学特征时间为：

$$\tau_c=\frac{\delta_L}{S_L}=\frac{2.18\times10^{-5}}{0.80}s=2.73\times10^{-5}s$$

由式（5-68），丹姆克尔数为：

$$Da=\frac{\tau_f}{\tau_c}=137$$

$$Re_{\ell_0}=\frac{\rho u'\ell_0}{\mu}=\frac{(p/R_MT_b)(0.1\bar{u})(D/10)}{\mu}$$

$$=\frac{12\times101325/(288.3\times1800)\times0.1\times80\times(0.30/10)}{650\times10^{-7}}$$

$$=8651$$

上式中，$R_M=\frac{R}{M}\approx\frac{R}{M_{空}}=\left(\frac{8.314}{28.84}\times10^3\right)\mathrm{J/(kg\cdot K)}=288.3\mathrm{J/(kg\cdot K)}$

根据计算所得的雷诺数。在图 5-19 中找出对应的点，对应点处于 $l_K/\delta_L=1$ 粗实线的上方，则该燃烧反应属于褶皱层流火焰模式。

3. 三种湍流预混火焰模式的特点与分析方法

（1）褶皱层流火焰模式

在褶皱层流火焰模式下，$Da>1$ 时，可燃混合气在很薄的区域内发生了“快速化学反应”（相比于流体的混合速度），并且其反应强度与湍流雷诺数有关。例如，发动机中燃烧火焰反应区薄层的丹姆克尔数一般约为 500，而湍流雷诺数约为 100。此时，湍流强度 u' 与层流火焰速度 S_L 基本上具有相同的数量级。

为了方便说明，在讨论湍流燃烧的褶皱层流火焰模式时，可做如下两个假设：①小火焰为一维的平面层流火焰；②火焰传播相同。这样，湍流仅是起到导致火焰面褶皱，而使火焰面的面积增大的作用。如图 5-20 所示，可将湍流的质量燃烧速率 $\dot{m}$ 定义为可燃混合气体的密度、火焰面积及相应速度的乘积，如下式所示：

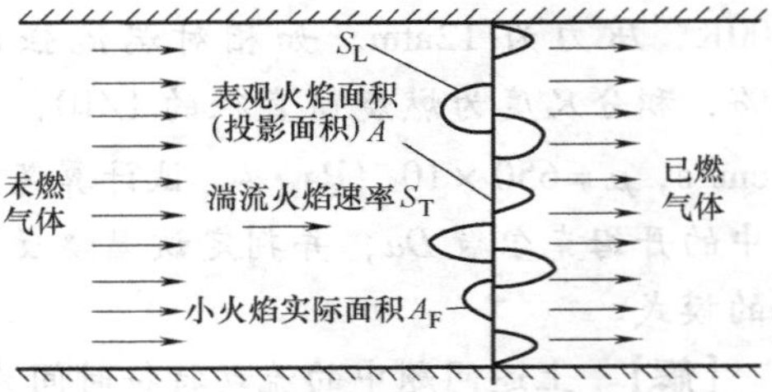

图 5-20 褶皱层流小火焰的结构

$$\dot{m}=\rho_u\bar{A}S_T=\rho_u A_F S_L \tag{5-69}$$

根据上式，湍流火焰与层流火焰的速度比值即相当于褶皱火焰面积和式（5-65）定义的时间平均火焰面积（表观火焰面积）的比值，即：

$$\frac{S_T}{S_L}=\frac{A_F}{\bar{A}} \tag{5-70}$$

值得注意的是，层流火焰传播速度与流体的局部流动性质有关，当火焰曲率、流动速度梯度发生变化以及已燃气体回流，都会使局部的层流火焰传播速度受到影响。

有学者依据以上褶皱层流小火焰模式的思想，将湍流火焰速度与流动特性联系起来，建立了许多不同的模型，这些模型中主要是用来计算褶皱层流小火焰状态下的湍流速度，但在这些公式中认为 S_T/S_L 只与 u'/S_L 有关，而与湍流几何尺寸等特性参数无关，也就是说，这些公式认为，在褶皱层流小火焰状态下，湍流尺度的变化并不能引起火焰速度较大的变化，甚至可以忽略，这与实际的情况存在一定的差别，部分学者则提出了修正方法（见 5.3.4 节）。

（2）分布反应模式

在分布反应模式下，火焰积分尺度（ℓ_0/δ_L）和丹姆克尔数（Da）都小于 1 时，在这种模式下有以下几个特征：流道小而速度大；装置中的压力损失大；火焰维持较困难。所以分布反应模式一般在现实中很难实现。但是由于许多污染物的生成反应速度很慢，因此，也可能存在该模式，为此，对此模式下的化学反应与湍流的相互作用进行研究也是有必要的。

图 5-21 为了湍流火焰在分布模式下传播的示意图，由图可见，所有的湍流尺度都在反应区内。在该模式下，流体的湍流混合速度比化学反应速度快得多，同时产生了速度、温度和组分质量分数等参数的脉动项。该模式下的瞬时化学反应速度就由瞬时温度、质量分数及其脉动量进行确定。需要注意的是，以上参数的脉动量关联项并不等于 0，因此时均反应速

率的计算并不能粗略地用这些参数的平均量来表示。

（3）漩涡内小火焰模式

褶皱层流火焰与分布反应模式之间存在着漩涡小火焰模式，即图5-19中两条粗线所夹的楔形区域，其中火花点火发动机燃烧时计算区域的一部分火焰状态即属于该模式，另外很多其他设备的火焰状态也属于该模式。该模式具有中等大小的丹姆克尔数 Da 及很高的湍流强度，即 $u'/S_L \gg 1$。图5-22给出了漩涡小火焰模式下的燃烧过程示意图，目前较为著名的漩涡破碎模型的提出也是基于此概念的，从图中可以看出，燃烧区域几乎充满了已燃气团，而未燃气团则在不断地破碎成更小的微团，这样，未燃混合物与已燃气体在大量的微团界面处接触与反应。依据这种思路，可燃混合气体的燃烧速度主要取决于漩涡的破碎速度与湍流的混合速度。根据漩涡破碎模型理论，单位体积的预混可燃气的质量燃烧速率可表示为：

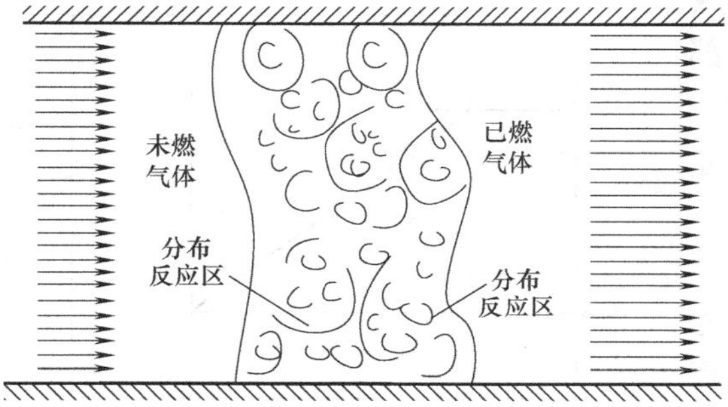

图5-21　湍流火焰在分布模式下的传播

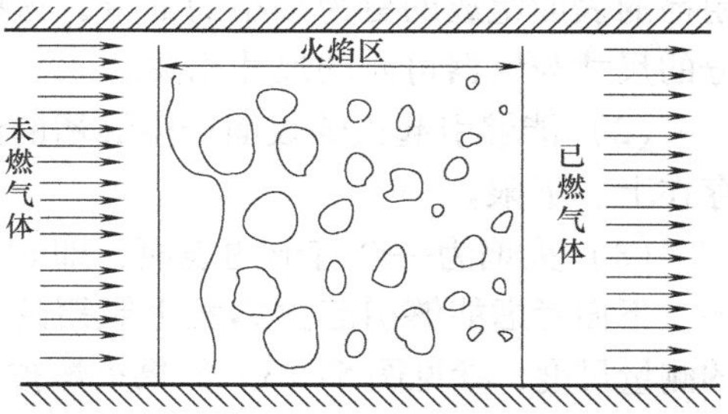

图5-22　湍流火焰在漩涡小火焰模式中传播

$$\overline{\dot{m}'''_F} = -\rho_0 C_F f'_{F,rms} \varepsilon_0 / k_t \tag{5-71}$$

式中　C_F——常数（$0.1 < C_F < 100$，但一般接近1）；

$f'_{F,rms}$——燃料质量分数脉动量的均方根；

ε_0——湍流耗散率；

k_t——湍流动能，$k_t = 3u'^2/2$。

由于湍流动能 k_t、湍流耗散率 ε_0 与湍流尺度密切相关，因此，与前面褶皱层流火焰状态的理论描述不同，漩涡破碎模型中，在湍流燃烧速率的计算过程中，湍流尺度有着决定性的作用，这与褶皱层流小火焰模式的情况恰恰相反。

5.3.4　湍流预混火焰模型

下面以褶皱层流小火焰模式为例，介绍湍流预混火焰模型。目前，对于褶皱层流小火焰模式，主要有预混结构模型和统计模型两种主要模型。在这里，以结构模型为例进行说明。根据式（5-65），湍流预混火焰的传播速度为：

$$S_T = \frac{\dot{m}}{A\rho_u} = \frac{G_V}{A} \tag{5-72}$$

式中　G_V——流经火焰的可燃预混气的体积流量。

而在褶皱层流小火焰模式中，由于湍流只是导致火焰发生扭曲的原因，所以在分析中可以暂且忽略湍流对层流火焰的拉伸作用。因此，小火焰的层流传播速度变为：

$$S_L = \frac{G_V}{A_F} \tag{5-73}$$

式中 A_F——与未燃混合气相接触的可见火焰的实际表面积。

从上式可以看出，褶皱层流小火焰模式下，由于湍流漩涡而使层流火焰表面发生扭曲，进而增大了实际的反应面积，即 $A_F > \bar{A}$，这造成了火焰的传播速度增加，如图 5-23 所示。

基于以上几何考虑，可得层流和湍流火焰传播速度之间的关系：

$$\frac{S_T}{S_L} = \frac{\left(\frac{G_V}{\bar{A}}\right)}{\left(\frac{G_V}{A_F}\right)} = \frac{A_F}{\bar{A}} = \left[1 + C\left(\frac{u'}{S_L}\right)^2\right]^{\frac{1}{2}} \tag{5-74}$$

需要说明的是，湍流长度尺度对湍流火焰传播是有较大影响的，而上式中并没有考虑这种影响，因此，需要寻求更为准确的火焰结构描述方法。为此，可作出如下假设：

(1) 湍流火焰结构可描述成由不规则的线或粗糙的表面组成的更为细小的部分，这些细小部分的尺寸与仪器可测的尺寸相关。

(2) 能够引起火焰表面产生皱褶的漩涡尺寸存在上、下限。

(3) 火焰为一个有形的表面，即 $u' \gg S_L$。

下面考虑能够引起火焰发生皱褶的漩涡尺寸的测量尺度，参见图 5-23。如果火焰被分成很多的小部分，那么所测得的火焰表面积 $\bar{A}$ 将与测量的尺度存在较大的关系，并遵循如图5-23所示的幂次法则。

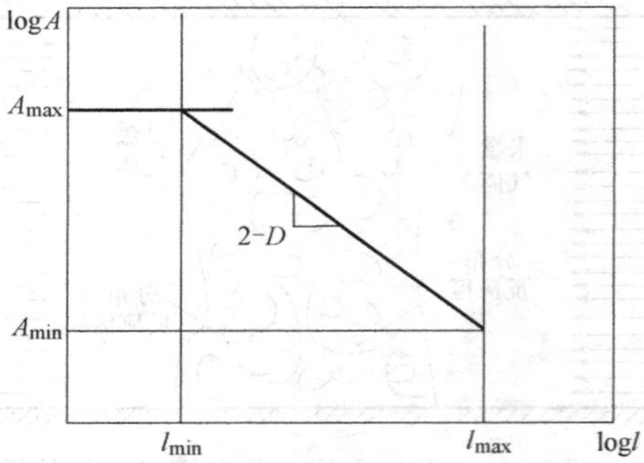

图 5-23 火焰面与测量尺度遵循幂次法则

其中：

$$A_{max}/A_{min} = (l_{max}/l_{min})^{D-2} \tag{5-75}$$

D 是分形维数，取值存在一定的范围，对于表面而言 $2 \leqslant D \leqslant 3$。对于湍流火焰燃烧，根据实验，$D$ 主要取决于 u'。当 $u'/S_L \ll 1$ 时，D 可取最低值 2。当 $u'/S_L \gg 1$ 时，D 可取最高值 2.35。

根据湍流尺度 l_{max} 和 l_{min} 的含义，可有：

$$\begin{aligned} l_{max} &= \text{最大漩涡尺寸} = \text{积分尺寸} \\ l_{min} &= \text{最小漩涡尺寸} = \text{Kolmogorov 尺度} \end{aligned} \tag{5-76}$$

于是有：$l_{max}/l_{min} = \mathrm{C}Re_l^{3/4}$，代入式（5-74），可得：

$$\frac{S_T}{S_L} = (\mathrm{C}Re_l^{3/4})^{D-2} \tag{5-77}$$

依据已有实验结果，对于低湍流强度，D 取最低值 2 时，$S_T = S_L$；对于高湍流强度 $D = 2.35$，$S_T/S_L = \mathrm{C}Re_l^{0.26}$，也可以写成以下表达式。

$$\frac{S_T}{S_L} = 1 + \mathrm{C}Re_l^{0.26} \tag{5-78}$$

进一步可通过测量雷诺数 Re_l 与 S_T/S_L 的关系，确定式（5-78）中的常数 C。

$$\frac{S_T}{S_L} = 1 + 0.6Re_l^{0.26} \tag{5-79}$$

式（5-79）很好地揭示了湍流火焰传播速度的影响关系。但是应注意的是，此模型针对的是褶皱层流小火焰模式，当 Re_l 很高时，由于湍流的拉伸作用将改变当地的 S_L 值，该式将不再适用。

需要说明的是，以上主要介绍了湍流火焰速度的概念、湍流预混火焰的性质及湍流预混火焰的分类。与其他较为成熟的工程科学不同，目前对湍流预混火焰的理解一直在不断变化。许多问题目前还没有一个非常确切的答案。

5.4 可燃预混气体的爆炸

可燃气体与空气的预混气体遇火源时会发生爆炸，但是在不同形式的空间内，爆炸特性会有所不同。在密闭空间内，容器尺寸不变，以预混气爆炸前后系统的体积不会发生变化，并且在爆炸过程中产生的热量也难以释放；而在敞开空间中，预混气爆炸后体积膨胀，而且热量也很容易向外散失，所以，与两种空间的预混气爆炸相比，在密闭空间爆炸更危险，下面将重点讨论密闭空间内可燃预混气的爆炸特性。

5.4.1 可燃气体爆炸参数

1. 可燃气体的爆炸温度

所谓可燃气体的爆炸温度是指在可燃气与空气按照化学计量比配比、可燃气体完全反应、没有通过容器壁面的散热（即绝热）等条件下，反应放热全部用来加热气体产物使其能达到的最高温度。下面以甲烷为例来计算其爆炸温度。

甲烷与空气反应的化学方程式为：

$$CH_4 + 2O_2 + 7.52N_2 \longrightarrow CO_2 + 2H_2O + 7.52N_2$$

由于反应产生的气体产物温度很高，水蒸气以气态形式存在，所以选用甲烷的低位发热量(802.34kJ/mol) 作为其燃烧热。在高温环境下，气体产物被快速加热，但密闭空间限制了气体产物的膨胀，同时燃烧过程中形成的热量来不及散发，因此视该过程为定容绝热过程，结合表5-4给出的常见气体的平均摩尔比定容热容，可以计算出气体产物温度每升高1K所吸收的热量为：$7.52\times(20.8+0.00288t)+2\times(16.74+0.009t)+(37.66+0.00243t)$。

表5-4 常见气体的平均摩尔比定容热容

气 体	平均摩尔比定容热容计算式/(J/mol/K)
单原子气体（Ar、He、金属蒸气）	20.84
双原子气体（N_2、O_2、H_2、CO、NO 等）	$20.8+0.00288t$
CO_2、SO_2	$37.66+0.00243t$
H_2O、H_2S	$16.74+0.00900t$
所有四原子气体（NH_3 及其他）	$41.84+0.00188t$
所有五原子气体（CH_4 及其他）	$50.21+0.00188t$

则产物最终能达到的温度满足以下方程：

$$[7.52\times(20.8+0.00288t)+2\times(16.74+0.009t)+(37.66+0.00243t)]t = 802340$$

简化为：

$$(227.56+0.042t)t=802340$$

求解得：$t=\dfrac{-227.56+\sqrt{227.56^2+4\times0.042\times802340}}{2\times0.042}℃=2433.16℃$

需要说明的是，上述计算是基于可燃气体在化学计量比下完全反应来确定的，若化学反应配比大于计量比，则计算出的爆炸温度值将偏低。另外，上述计算中假定产物和反应物的初温为0℃，但如果混合气体初始温度不为0℃，计算出的温度值也会有所偏差，但是和很高的爆炸温度相比，偏差可以忽略不计。

2. 可燃气体的爆炸压力

（1）爆炸压力波形。

图5-24给出了球形密闭容器内爆炸时间与压力关系示意图。图中，虚线 a 表示的是理论定容爆炸压力波形，它对应于绝热系统的瞬时整体点火，整个系统没有任何耗散效应，也不会通过容器壁与外界进行热交换。而实际上，这种理想化的波形是不存在的。

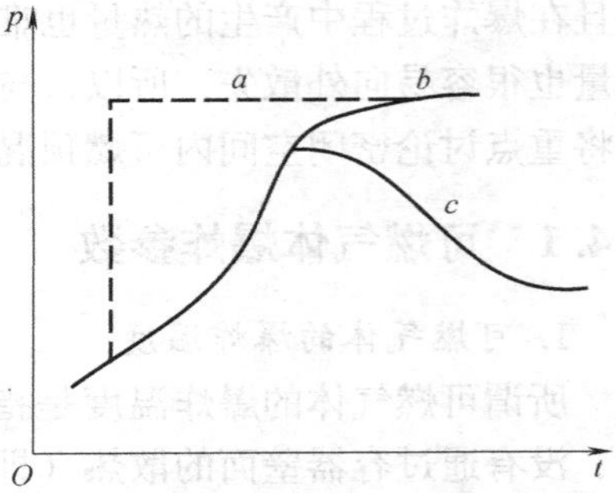

图5-24　球形密闭容器内爆炸时间与压力关系

在没有热损失的情况下，燃烧过程中压力极限值能维持一段时间（如图中曲线 b 所示），而实际上，在燃烧过程中都会发生热量的交换与传递，所以压力在没有到达理论极限值之前就开始衰减（如图中曲线 c 所示）。曲线 c 是在密闭容器内实测到的压力波形，根据该压力波形，可以将爆炸过程分为三个阶段：

1）爆炸压力上升阶段。该阶段的特点是爆炸反应放出能量的速度大于热量的耗散（主要为热传导方式）速度，因此反应过程中能量不断积累，从而导致压力不断上升，此阶段压力上升速率与化学反应动力学和燃烧速度等因素有关。

2）爆炸压力最高阶段。在此阶段，爆炸压力达到整个过程的最大值，其值的大小与化学反应热效应和热力学参数有关。也可从热量的传递来解释该状态存在的原因：此刻爆炸反应放出的能量等于向周围热传导而损失的能量。

3）爆炸压力衰减阶段。随着反应的继续进行，由于容器器壁的冷却效应和气体泄漏带走能量，导致爆炸反应放出的能量小于向周围热传导而损失的能量，压力也开始逐渐下降，从能量损失的途径上看，压力衰减速度与热传导和可压缩气体的流动有关。

（2）爆炸压力的简化计算。

一般根据理想气体状态方程对爆炸压力进行简化计算，也就是假设爆炸气体为理想气体。设爆炸前未燃混合气的摩尔数、温度、压力和体积分别为 n_1、T_1、p_1、V_1，其中，p_1 一般取为常压101325Pa，爆炸后燃烧产物的相应参数分别为 n_2、T_2、p_2、$V_2=V_1$。爆炸前后理想气体状态方程：

$$p_1V_1=n_1RT_1 \tag{5-80}$$

$$p_2V_2=n_2RT_2 \tag{5-81}$$

两式相除得：

$$p_2 = \frac{n_2 T_2}{n_1 T_1} p_1 \tag{5-82}$$

假如计算甲烷的爆炸压力，可将甲烷的相关数据代入式（5-81），得到其最大爆炸压力为：

$$p_2 = \left(\frac{10.52 \times (2433.16 + 273.15)}{10.52 \times 273.15} \times 101325\right)\text{Pa} = 1.003 \times 10^6\text{Pa}$$

3. 爆炸升压速度

上面计算中的爆炸压力 p_2 实际就是可燃气在爆炸过程中的最大压力。如果考虑时间因素，即从初始压力上升到最大爆炸压力，需要一定的时间。如图5-25中给出的甲烷爆炸时压力与时间的关系，可以看出在这段时间内压力是逐渐上升的。据此可以认为爆炸升压速度也是预混可燃气体爆炸的一个重要参数。

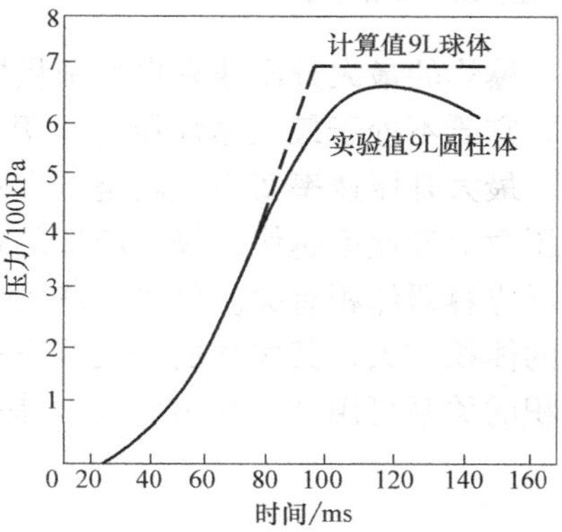

图5-25　甲烷爆炸升压速度实验值与计算值

爆炸过程中压力随时间的变化可以用下面两式描述：

$$p = K_d \frac{S_L^3 t^3}{V_1} p_1 + p_1 \tag{5-83}$$

$$K_d = \frac{4}{3}\pi\left(\frac{n_2 T_2}{n_1 T_1}\right)^2\left(\frac{n_2 T_2}{n_1 T_1} - 1\right)\gamma \tag{5-84}$$

式中　p——瞬时压力（Pa）；

S_L——火焰传播速度（m/s）；

K_d——系数；

γ——比热容比，取1.4；

t——时间（s）。

根据式（5-83）中计算的末态的压力值，并确定对应的时间，即可计算平均升压速度（单位为Pa/s）：

$$\nu = \frac{p_2 - p_1}{t} \tag{5-85}$$

从爆炸压力随时间变化上看，可燃气的爆炸压力和火焰传播速度因气体种类不同而有所差异，到达最大压力值的所需时间也不同，从而造成了不同可燃气爆炸的升压速度的不同，见表5-5。例如氢气爆炸升压速度就大于甲烷的爆炸升压速度。体积越大，升压速度越慢，体积越小，升压速度越快；火焰传播速度越大，升压速度也越快。

表5-5　常见可燃气体和蒸气的最大爆炸压力和升压速度

名称	体积百分数（%）	最大爆炸压力/$\times 10^5$Pa	最大压力上升速度/（$\times 10^5$Pa/s）	平均压力上升速度/（$\times 10^5$Pa/s）
环己烷	3	8.6	452	121
己烷	3	8.7	456	117
苯	4	8.6	500	118

（续）

名称	体积百分数（%）	最大爆炸压力/$\times 10^5$Pa	最大压力上升速度/（$\times 10^5$Pa/s）	平均压力上升速度/（$\times 10^5$Pa/s）
乙烷	7	7.9	464	128
甲烷	10	7.35	334	92
氢	35	7.3	2703	730

注：以上数据的初压均为1×10^5Pa。

爆炸的最大升压速率也是衡量燃烧速度的重要标准，它是整个爆炸过程中的最快升压速率，它既不处于最大爆炸压力（升压速率应为0）所发生的时刻，也不等同于平均升压速率。最大升压速率实际上就是压力－时间曲线上升段拐点处的切线斜率。泄压时间越短，爆炸压力上升速率越快，爆炸产生的破坏力就越大。爆炸的最大升压速率主要与燃烧速度和化学反应容器体积有关。可燃气体的燃烧速度越快，其爆炸的最大升压速率就越大；而反应容器的体积越大，其爆炸的最大升压速率就越小。可燃气体（或蒸气）爆炸最大升压速率与容积的关系可用“三次方定律”来表示，即：

$$\left(\frac{dp}{dt}\right)_m V^{\frac{1}{3}} = K_G \tag{5-86}$$

需要说明的是，上式成立必须满足四个条件：①容器形状相同；②可燃气的最佳混合浓度相同；③可燃气与空气混合气的湍流度相同；④点火源或与点火能相同。式（5-86）表明，对于特定的可燃预混气体，其爆炸的最大升压速率与容器容积的立方根的乘积是个定值，通常把这个值称为可燃混合气的“爆炸指数”，用来评价各种可燃混合气的爆炸危险程度，该指数越大，爆炸危险程度就越高。另外，式（5-86）中的最大升压速率与初始压力存在以下类似的线性关系：

$$\left(\frac{dp}{dt}\right)_m = \frac{\tau S_L A}{V}\left(\frac{p_m}{p_0} - 1\right)p_m \tag{5-87}$$

式中 τ——湍流度为脉动速度的均方根与当地平均速度绝对值之比；

S_L——试验测定的参考燃烧速度；

A——火焰波阵面的面积；

V——实验中所用容器的体积。

【例5-3】 假设圆柱形容器的高度为300mm，直径为300mm，容积为20L，初温为298K，煤气的体积分数为19.2%，$\tau=1$，$S_L=4.0$m/s，此时煤气在容器内爆炸产生的最大压力$p_{max}=0.7$MPa，求最大压力上升速率和爆炸指数K_G。

【解】 $$\left(\frac{dp}{dt}\right)_m = \frac{\tau S_L A}{V}\left(\frac{p_m}{p_0} - 1\right)p_m = \left(\frac{4.0}{0.3}\times(7.0-1)\times 0.7\right)\text{MPa/s} \approx 56\text{MPa/s}$$

$$K_G = \left(\frac{dp}{dt}\right)_m V^{\frac{1}{3}} = 15.2\text{MPa}\cdot\text{m/s}$$

4. 爆炸威力指数

一般来说，预混可燃气体爆炸对设备造成了一定程度的破坏。这里用爆炸威力指数来表征破坏程度的大小。所谓爆炸威力指数是指最大爆炸压力与平均升压速度的乘积，即：

爆炸威力指数＝最大爆炸压力×平均升压速度

由上式中可以看出，爆炸威力指数不仅与最大爆炸压力有关，而且还与平均升压速度有关。表 5-6 给出了几种常见的可燃气体的爆炸威力指数。值得注意的是，上文中提到的“爆炸指数”也是一个可用以评价可燃混合气爆炸危险程度的重要参数，但它采用的是最大升压速率。

表 5-6　几种可燃气体的爆炸威力指数　（单位：$10^{10}Pa^2/s$）

气体名称	威力指数	气体名称	威力指数
甲烷	676	环己烷	1041
乙烷	1011	氢	5329
丙酮	1012	乙炔	8859
己烷	1018	苯	1014

5. 爆炸总能量

爆炸过程中产生的总能量也是衡量爆炸危害程度的一个重要参数。根据爆炸反应的特点，爆炸总能量与可燃气体的热值和体积成正比，即用下式计算：

$$E = Q_V V \tag{5-88}$$

式中　E——可燃气体爆炸总能量（kJ）；

Q_V——可燃气体热值（kJ/m^2）；

V——可燃气体积（m^3）。

【例 5-4】　某容器中装有甲烷和氧气的预混气，体积为 $2.24m^3$，CH_4 的体积分数为 5%，爆炸前初温 $T_1 = 298K$，初始压力 $p_1 = 1.01325 \times 105Pa$（即 1atm）。甲烷的低热值为 $35823kJ/m^3$，火焰燃烧速度为 34.7cm/s。假设混合气及产物各组分的比热容均为常数，其中 H_2O（g）为 16.7J/(mol·K)，O_2 为 20.8J/(mol·K)，CH_4 为 50.2J/(mol·K)，CO_2 为 37.7J/(mol·K)。比热容比 γ 为 1.4。

（1）计算该预混气体的爆炸温度与爆炸压力，其爆炸压力能否导致人员的直接死亡？

（2）计算该预混气体爆炸过程的平均升压速度及爆炸威力指数（π 取 3.14）。

（3）如该容器为圆柱形容器，直径为 2.0m，湍流度为 1.0，计算该预混气体最大升压速率及爆炸指数。

【解】　（1）体系中总摩尔数为 $2.24m^3/(22.4l/mol) = 100mol$，于是可计算出 CH_4 有 5mol(100mol×5%)，而 O_2 有 95mol。

$$\begin{array}{cccc} CH_4 + & 2O_2 \longrightarrow & CO_2 + & 2H_2O \\ 5mol & 10mol & 5mol & 10mol \end{array}$$

可见反应前后系统的总摩尔数不变。

反应后系统的物质由 $85molO_2$、$5molCO_2$ 与 $10molH_2O$ 组成。

$$Q = 5\% \times 2.24 \times Q_{低} = (5\% \times 2.24 \times 35823)kJ = 4012.176kJ$$

$$Q = (n_{O_2}c_{V,O_2} + n_{CO_2} + c_{V,CO_2} + n_{H_2O}c_{V,H_2O})(T_2 - T_1)$$

爆炸温度：$$T_2 = \left(298 + \frac{4012.176 \times 1000}{85 \times 20.8 + 5 \times 37.7 + 10 \times 16.7}\right)K = 2187.42K$$

爆炸压力：$p_2 = \frac{T_2}{T_1}p_1 = \frac{2187.42}{298}p_1 = 7.34\text{atm} = 7.34 \times 10^5\text{Pa}$

由于 $p_2 - p_1 > 0.75\text{atm}$，该爆炸压力将可导致人员死亡。

（2）由于

$$p_2 = K_d p_1 \frac{S_t^3 t^3}{V_1} + p_1$$

所以

$$K_d = \frac{4}{3}\pi\left(\frac{n_2 T_2}{n_1 T_1}\right)^2\left(\frac{n_2 T_2}{n_1 T_1} - 1\right)\gamma = 2002.1$$

$$t = \left[\frac{V_1}{K_d S_L^3}\left(\frac{p_2}{p_1} - 1\right)\right]^{\frac{1}{3}}\text{s} = \left[\frac{2.24}{2002.1 \times (34.7 \times 10^{-2})} \times (7.34 - 1)\right]^{\frac{1}{3}}\text{s} = 0.554\text{s}$$

平均升压速度： $\nu = \frac{p_2 - p_1}{t} = \left(\frac{7.34 - 1}{0.554}\right)\text{atm/s} = 11.44\text{atm/s}$

爆炸威力指数 = $(7.34 \times 101325 \times 11.44 \times 101325)\ \text{Pa}^2/\text{s} = 8.62 \times 10^{11}\text{Pa}^2/\text{s}$

（3）最大压力上升速率与初始压力存在线性关系。

最大升压速度：

$$\left(\frac{dp}{dt}\right)_m = \frac{\tau S_L A_f}{V_1}\left(\frac{p_2}{p_1} - 1\right)p_2$$

$$= \left[\frac{1 \times 34.7 \times 10^{-2} \times 3.14 \times \left(\frac{2}{2}\right)^2}{2.24} \times 6.34 \times 7.34\right]\text{atm/s}$$

$$= 22.636\text{atm/s} = 2.29 \times 10^6\text{Pa/s}$$

式中 S_L——火焰波阵面的面积。

爆炸指数 $K_m = \left(\frac{dp}{dt}\right)_m V^{1/3} = (22.636 \times 101325 \times 2.24^{1/3})\text{Pa} \cdot \text{m/s} = 3.0 \times 10^6\text{Pa} \cdot \text{m/s}$

5.4.2 爆炸极限理论及计算

1. 爆炸极限的含义

一般地，并不是可燃性气体或液体蒸气与空气只要按比例混合就会燃烧或爆炸，即便会发生，燃烧的速度也会受到混合比例大小的影响。例如实验证明，氢气在空气中的含量为 4.1% ~74% 范围内时，混合气体才会在遇到明火发生爆炸。理论上，当混合物中可燃气体含量等于化学计量浓度时，燃烧最快，有关的实验结果表明，火焰传播速度最大、燃烧最剧烈时，可燃气体含量实际上与化学计量浓度有所偏离，但一般都在化学计量浓度附近，而当含量低于或者高于某一极限值时，火焰便不再蔓延。

以上含量的极限即为爆炸极限，具体地，对气体或液体蒸气的爆炸极限可作如下定义：

1）爆炸下限：可燃性气体或液体蒸气与空气组成的气体混合物能使火焰蔓延的可燃气的最低含量（体积百分数，下同）。

2）爆炸上限：可燃性气体或液体蒸气与空气组成的气体混合物能使火焰蔓延的可燃气

的最高含量。可燃气含量若在下限之下或者上限之上的混合物，一般情况下是不会着火或爆炸的。但时，当混合比大于上限时，如混合气体泄漏到敞开空间中时，由于扩散及与空气的混合稀释作用，还是具有很高的燃烧或爆炸危险性的。

2. 爆炸极限测定

可燃性气体或液体蒸气的爆炸极限一般通过试验测得，下面将详细介绍测定过程、主要是试验装置和试验步骤。

（1）试验装置。

试验中，常常采用由反应管、真空泵、搅拌泵、点火电极、压力计等设备组成的系统装置来测定爆炸极限，实验装置如图5-26所示。

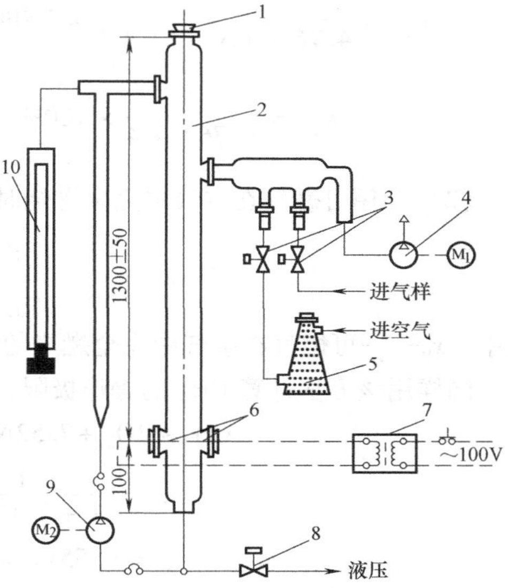

图5-26　爆炸极限测定系统示意图

1—安全塞　2—反应管　3—电磁阀　4—真空泵　5—干燥瓶　6—放电电极　7—电压互感器；8—泄压电磁阀　9—搅拌泵　10—压力计

（2）实验步骤。

爆炸极限的测定步骤如下：

1）检查装置的气密性。具体过程为先利用真空泵把容器中抽为绝对压力为668Pa的真空，然后停泵等待5min，如果容器内真空度下降至小于267Pa，则认为气密性良好。

2）搅拌混合。按照分压法确定空气和可燃气的流量来配比预混气，并使用无油搅拌泵把空气与燃气搅拌5~10min，以保证均匀混合。

3）开始试验。打开点火装置，并观察是否有火焰传播到管顶。

在试验过程中，需要注意的是，每次试验完成后都要用相对湿度小于30%的空气冲洗反应管，反应管壁与点火电极有污染时也应该冲洗。用渐近法去逼近可燃气体的爆炸下限。如果在同样条件下进行的三次试验中均没有发现火焰传播现象，则可改变配比进行下一个含量（体积分数，下同）的试验，测爆炸下限时每次含量增加量要≤10%，测上限时每次含量减少量≤2%。

参见《空气中可燃气体爆炸极限测定方法》（GB/T 12474—1990），在每次试验中，找到最接近的火焰传播与不传播的体积百分数，并取其平均值为爆炸极限。

3. 爆炸极限计算方法

通常来说，爆炸极限的计算方法有多种，下面简单地介绍几种方法。

（1）通过1mol可燃气体在燃烧反应中所需氧原子的摩尔数（N）的计算公式为：

$$x_{下} = \frac{1}{4.76(N-1)+1} \times 100\%$$
$$x_{上} = \frac{4}{4.76N+4} \times 100\% \quad (5-89)$$

式中　$x_{下}$——可燃气体的爆炸下限（%）；

$x_{上}$——可燃气体的爆炸上限（%）。

下面以 CH_4 为例，给出用该方法计算 CH_4 爆炸极限的过程。

首先给出 CH_4 的化学反应方程式：

$$CH_4 + 2O_2 + 7.52N_2 \longrightarrow CO_2 + 2H_2O + 7.52N_2$$

然后计算 CH_4 完全燃烧所需要氧原子的摩尔数：

$$N = 4$$

最后确定 CH_4 的爆炸极限：

$$x_{下} = \frac{1}{4.76 \times (N-1) + 1} \times 100\% = \frac{1}{4.76 \times (4-1) + 1} \times 100\% = 6.54\%$$

$$x_{上} = \frac{4}{4.76N + 4} \times 100\% = \frac{4}{4.76 \times 4 + 4} \times 100\% = 17.36\%$$

（2）利用可燃气在空气中完全燃烧时的化学计量浓度 x_0 计算有机物爆炸极限：

$$x_{下} = 0.55x_0$$
$$x_{上} = 0.48\sqrt{x_0} \tag{5-90}$$

式中　x_0——可燃气在空气中完全燃烧的化学计量浓度（体积%）。

同样用该方法计算 CH_4 的爆炸极限：

$$CH_4 + 2O_2 + 7.52N_2 \longrightarrow CO_2 + 2H_2O + 7.52N_2$$

$$x_0 = \frac{1}{1 + 2 + 7.52} \times 100\% = 9.5\%$$

$$x_{下} = 0.55x_0 = 0.55 \times 9.5\% = 5.23\%$$

$$x_{上} = 0.48\sqrt{x_0} = 0.48 \times \sqrt{9.5\%} = 14.8\%$$

注意：此式适用于饱和烃类为主的有机可燃气体，不适用于无机可燃气体。

（3）通过燃烧热计算有机可燃气的爆炸下限。

当爆炸下限用体积百分数表示时，大多数同系列的可燃气，如烷烃类醇类、醚类、酮类以及烯烃类等，它们的爆炸下限和摩尔燃烧热的乘积近似为常数。即：

$$x_{1下}Q_1 = x_{2下}Q_2 = x_{3下}Q_3 = \cdots = C_x \tag{5-91}$$

式中　C_x——常数。对于烷烃类，$C_x \approx 43$kJ；对于醇类、醛类、烯烃类，$C_x \approx 41.5$kJ。

式（5-91）说明爆炸下限与反应热成反比，即反应热越大，爆炸下限越小；反应热越小，爆炸下限越大。

利用上述公式计算，如果已知两种可燃气体燃烧热和其中一种可燃气体的爆炸下限，就可以确定另一种可燃气体的爆炸下限。该方法可利用燃烧反应的活化能与放热量之间的关系证明，具体可参阅相关文献与著作。

【例5-5】 乙烷的爆炸下限为3%，摩尔燃烧热为1559.8kJ/mol，戊烷的摩尔燃烧热为3506.1kJ/mol，求戊烷的爆炸下限。

【解】 由 $x_1Q_1 = x_2Q_2$ 可得：

$$x_{戊} = \frac{x_{乙}Q_{乙}}{Q_{戊}} = \frac{3\% \times 1559.8}{3506.1} = 1.33\%$$

（4）多种可燃气组成的混合可燃气的爆炸极限的计算（莱-夏特尔公式）：

$$x = \frac{100\%}{\frac{P_1}{x_1} + \frac{P_2}{x_2} + \frac{P_3}{x_3} + \cdots + \frac{P_i}{x_i}} \tag{5-92}$$

式中 x——混合可燃气的爆炸极限；

P_1、P_2、P_3——混合气中各组分的体积分数（%）；

x_1、x_2、x_3——混合气中各组分的爆炸极限（%）。

如果把可燃混合气各组分的爆炸下限代入公式可以计算出混合气体的爆炸下限；反之，将各组分的爆炸上限代入公式可以计算得到混合气体的爆炸上限。式（5-92）可通过较为严格的证明获得，其具体过程可参阅相关文献与著作。

值得注意的是，只有当满足混合气体的各组分之间不发生化学反应的条件时，莱–夏特尔公式才适用。而对同时含有氢–硫化氢、氢–乙炔或硫化氢–甲烷等的混合气体，利用莱–夏特尔公式计算的爆炸下限与实际比较接近，但计算上限时则存在较大偏差，具有较大误差。

（5）含有惰性气体的可燃混合气体爆炸极限的计算方法。

莱–夏特尔公式同样适用于可燃混合气中含有氮气、二氧化碳等惰性气体的情况。只是在计算器爆炸极限时，需要把惰性气体与一种可燃气体编成一组，将该组中惰性气体和可燃气体的体积百分数之和代入莱–夏特尔公式，并结合惰性气体与可燃气体的组合配比根据图5-27和图5-28确定该组气体的爆炸极限。

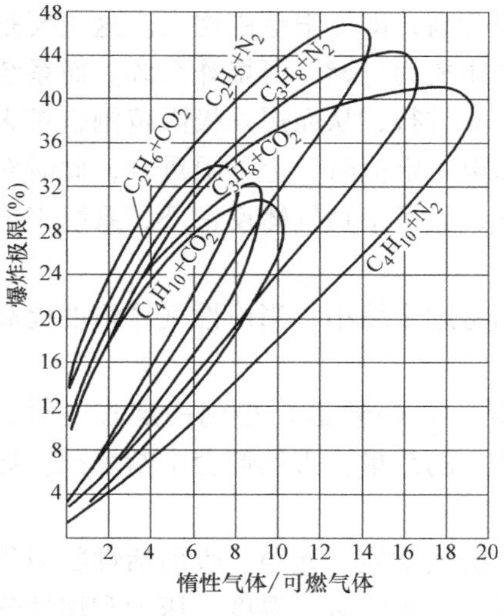

图5-27 可燃气体与惰性气体的爆炸极限

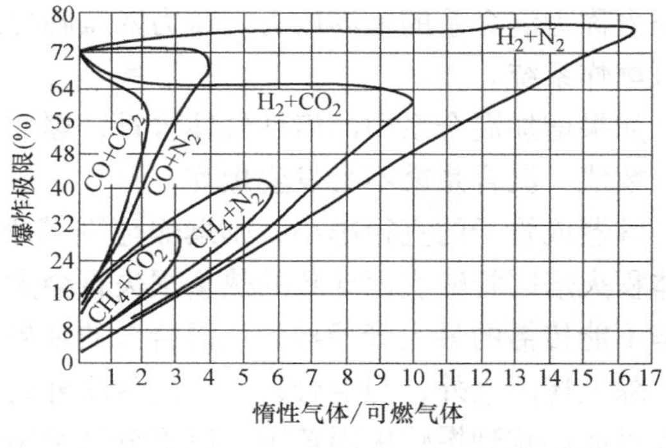

图5-28 可燃气体与二氧化碳及氮气的爆炸极限

【例5-6】 求解煤气的爆炸极限，已知煤气的组成为 H_2—12.4%、CO—27.3%、CO_2—6.2%、CH_4—0.7%、N_2—53.4%。

【解】 将 H_2 和 N_2 分为第一组，CO 和 CO_2 分为第二组，CH_4 为第三组。

第一组组分体积百分数之和为65.8%，第二组组分体积百分数之和为33.5%，第三组体积百分数为0.7%。

各组惰性成分与可燃成分之比为：

$$\frac{N_2}{H_2}=\frac{53.4}{12.4}=4.31 \qquad \frac{CO_2}{CO}=\frac{6.2}{27.3}=0.23$$

分别查 H_2、N_2、CO、CO_2 和 CH_4 的爆炸极限图得到：

第一组的爆炸极限为22%~76%，第二组的爆炸极限为17%~68%，第三组的爆炸极限为5%~15%。

混合气体的爆炸下限为：

$$x_{下}=\frac{1}{\frac{65.8}{22}+\frac{33.5}{17}+\frac{0.7}{5}}100\% = 19.6\%$$

$$x_{上}=\frac{1}{\frac{65.8}{76}+\frac{33.5}{68}+\frac{0.7}{15}}100\% = 71.2\%$$

4. 爆炸极限的影响因素

爆炸极限不仅仅是物性参数，其大小主要取决于可燃气的性质，除此之外，还受到初始温度、系统压力、惰性介质含量、混合系所存在的空间及器壁材质以及点火能量等参数的影响。

一般地，点火能的强度高、热表面的面积大、点火源与混合物的接触时间变长，都会使爆炸范围扩大。

混合系统的初始温度升高，则爆炸下限降低、上限升高，即极限范围增大。这主要是因为系统的温度升高，分子内能增加，使原来不燃的混合物成为可燃、可爆炸系统。而系统压力增大，分子间距离更近，碰撞几率增高，燃烧反应更易进行，从而爆炸极限范围也扩大。

相反，压力降低，则爆炸极限范围缩小，当压力降至一定值时，上下限重合，此时对应的压力称为混合系的临界压力。压力降至临界压力以下，除了个别气体反常外，系统将成为不可爆炸系统。

如果增加混合系中的惰性气体含量，爆炸极限范围将逐步缩小，当惰性气体浓度提高到某一数值，混合系就不会发生爆炸。

容器或管子的直径越小，则爆炸范围越小。当管径（火焰通道）小到一定程度时，单位体积火焰因管壁表面导致的热量损失将会大于反应产生的热量，火焰便会中断熄灭。导致火焰不能传播的最大管径称为该混合系的临界直径。

除上述因素外，与混合系接触的封闭外壳的材质、机械杂质、光照、表面活性物质等也都有可能影响到爆炸极限范围。以下分别给出爆炸极限随火源能量、温度、压力和惰性气体等外界因素变化规律的实验结论。

5. 三元系爆炸极限图

前述爆炸极限都是可燃气在空气中的爆炸极限，由于空气中氮气和氧气比例是固定的，可以把空气看做一种组分，所以可燃气与空气组成的爆炸系统也可以看做二元系统。而如果氮气和氧气不符合空气中的组成比例，由此组成的体系称为三元系统，三元系统中可燃气体的爆炸极限比较复杂，一般有以下三种情况：①由可燃气体 F、助燃气体 S 和一种惰性气体 I 组成；②由两种可燃气体 F1、F2 和助燃气体 S 组成；③由可燃气体 F 和助燃气体 S1、S2 共同组成。比较常见的是第一种情况。

(1) 三角坐标表示方法。三元系统的组成可用三角坐标系表示，如图5-29所示，图中每种组分的坐标分别占据三角形的一条边，三角形每边的两个顶点各表示了一种纯组分，边上任意一点 *N* 则表示其由该边所对应的组分F、I按一定的比例组成，而 *N* 点分割的线段长度之比即代表了这两组分的含量比值，即 $F\%/I\% = \overline{IN}/\overline{FN}$，三角形内任意一点 *M* 则代表了三元系统三种成分F、I、S所对应的任一组合。对于三角形中的任意点，这三种成分的浓度之和都应等于100。*M* 点中各组分在系统中含量可利用该点作所对应组分顶点对边的平行线，平行线与该顶点邻边的交点进行表示。如以组分F为例，可通过点 *M* 作点 *F* 对边 *SI* 的平行线，平行线与 *FS* 的交点 *A* 表示，即可表示组分F的含量。对于顶点 *F* 与其对边任意点如 *P* 的连线 *FP* 上的某一点 *B*，那么点 *B* 所代表的三元混合系统中所对应的I组分与S组分含量的比值便可用 *SI* 被点 *P* 点所分割的两线段长度之比来计算，即 $I\%/S\% = \overline{PS}/\overline{IP}$。

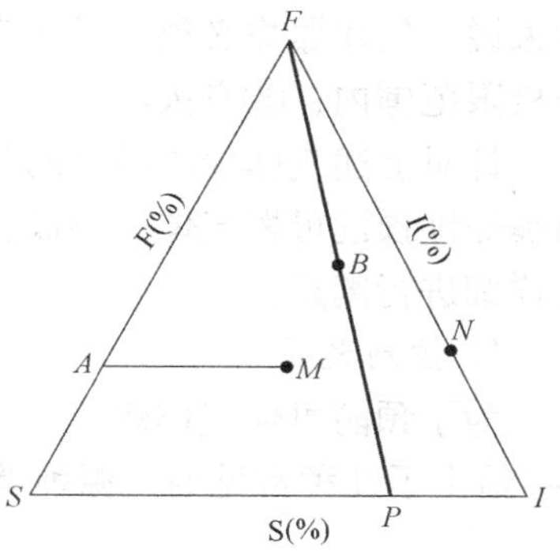

图5-29 爆炸极限图三角坐标系

(2) 爆炸极限图。在图5-29中，当组分S、I的比例确定时，如比例为 $I\%/S\% = \overline{PS}/\overline{IP}$ 时，则可燃气体F的爆炸上下限，都会落在 *FP* 上。据此，可以利用实验测试，对爆炸极限图进行绘制，通过改变I组分和S组分之比，可以获得可燃气体F在不用组分比例的爆炸上、下限，将所测得的有I组分和S组分下的爆炸下限和爆炸上限分别对应连接起来，即可得到该可燃气体的三元爆炸极限图，如图5-30和图5-31所示。

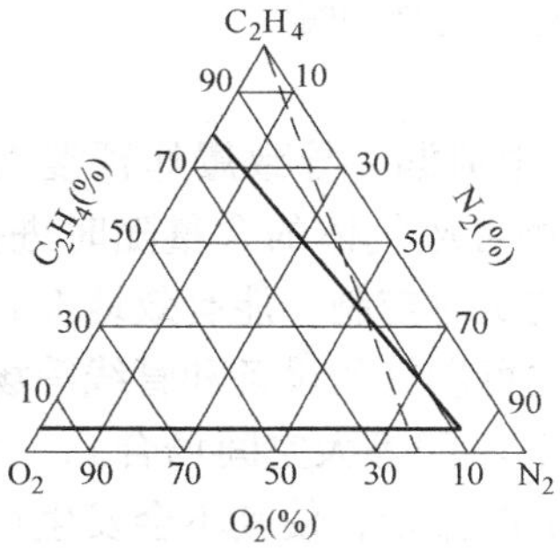

图5-30 乙烯-氮气-氧气爆炸极限图

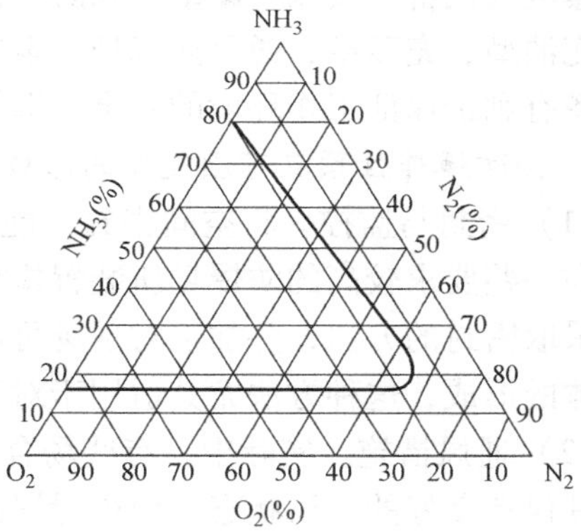

图5-31 氨气-氮气-氧气系统爆炸极限图

根据爆炸极限图可以非常方便地求出可燃气体在其他两组分不同比例下的爆炸极限。如乙烯在空气中的爆炸极限，就可以过乙烯顶点与对边氧气含量与氮气含量比值为21∶79的点连接起来，该线与爆炸极限的交点对应的乙烯含量即为乙烯在空气中的爆炸极限，具体为4%～35%。

5.4.3 可燃气体爆炸的预防

可燃气体与空气形成的预混可燃气，如果遇到火源就会发生爆炸，从而造成重大事故，而气体爆炸是常见的爆炸之一，所以采取有效的措施来达到预防气体爆炸具有重要意义。一般来说，气体爆炸必须满足一定的条件：①有可燃气；②有空气，且与可燃气的配比要在爆炸极限范围内；③有火源。

针对上述气体爆炸满足的条件，可以提出预防可燃气体爆炸的方法：①控制火源；②预防爆炸性预混可燃气体的形成；③惰性气体保护；④安全水封及阻火器；⑤泄压装置。下面将详细进行阐述。

1. 控制火源

为了预防可燃气体爆炸，在存在可燃气的场合下，均需严格控制各种形式的火源。表5-7给出了几种常见的火源种类。

表5-7 常见的可燃气体爆炸的火源

种 类	举 例
明火	气焊、电焊等产生的明火
电火花	电气设备的开关、短路时出现的电火花；静电火花
物理火花	物体的机械撞击、摩擦等产生的火花
其他	高温炽热表面

总体而言，电火花或电弧是常见的引燃气体爆炸的主要火源，在设备的运行过程中线路可能短路，电气设备或线路接触电阻过大，超负荷或者散热不良等均可以造成环境的温度迅速升高，从而引起气体爆炸。根据爆炸的危险程度不同，在具有爆炸可能性的场所，需要采用防爆电气设备。按照防爆结构和防爆性能的不同特点，防爆电气设备可分为增安型、隔爆型、充油型、充砂型、通风充气型、本质安全型、无火花型、特殊型等，选用合适的防爆电器设备有利于保证工作环境的安全，选用是否合理应根据防爆等级确定。

2. 预防爆炸性预混可燃气体的形成

（1）密封与监控。将空间密封，能防止可燃气向大气中泄漏，导致爆炸预混气不能形成。在一些要求较高的防爆场所装置检测仪，可实现对现场可燃气体的含量随时进行监控。因此采取密封的方法，并加强对现场可燃气体含量等参数的实时控制，能有效地抑制可燃预混气体的形成，这种方法尤其适用于对于生产、储存或输送可燃气的设备和管线等场合。

（2）通风措施。实际中，有些场合很难密封（如厂房、车间等大空间场合），这时，就要使其保持良好的通风状态，使得泄漏的少量可燃气可以随时排走，使其不会发生积聚而形成爆炸性的预混气。同时，在进行通风系统设计时，应考虑到所存放可燃气的相对密度，因为气体的相对密度与可能形成的爆炸预混气体的分布部位有关。如图5-32a所示，密度相对于空气轻的可燃气体（如氢气、氨气和甲烷等）泄漏后，应在屋顶应采取排风措施；如图5-32b所示，一些比空气重的可燃气体（如丙烷、苯等）发生泄漏后，应在地沟等低洼地处采取排放措施。当然，所采用的通风设备，必须考虑防爆功能，避免产生火花。

3. 惰性气体保护

惰性气体因其不燃且无助燃作用而作为保护气体，用于限制可燃气体、可燃蒸气及可燃粉尘与空气等助燃性气体形成爆炸性混合物。工业生产中常用的惰性气体有氮气、二氧化碳、水蒸气和烟道气等。用惰性气体进行稀释，使形成的混合气在爆炸极限范围之外。常用于以下几种场合：

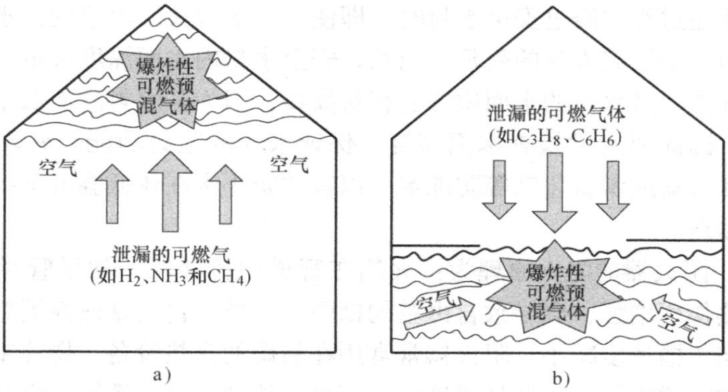

图 5-32　可燃气体泄漏形成爆炸预混气方式

a）可燃气体密度小于空气密度　b）可燃气体密度大于空气密度

（1）生产和处理可燃气体和可燃液体的设备。

（2）可燃固体的粉碎、研磨及可燃粉尘的筛分、混合和输送过程。

（3）使用非防爆电器或仪表的爆炸性危险场所。

（4）可燃液体可用惰性气体如氮气进行压送。

（5）使用气体燃料或液体燃料的反应炉膛。

（6）有爆炸危险的工艺设备在停车检修时的清洗和置换。

（7）有爆炸危险的工艺设备、储罐等。

对系统中充入惰性气体可以有效预防气体的爆炸，也可以用在易燃固体物质在压碎、研磨、筛分、混合以及粉状物质的输送过程中。而惰性气体的需要量则成为我们比较关心的问题，根据保护气的组成形式，需要量的确定有不同的方法。一般可以采用混合气体的三元系爆炸极限图进行分析计算。

4. 安全水封及阻火器

为防止火灾的进一步蔓延。一般通过切断火焰传播途径来实现，例如，在设备、容器与管道中设置安全水封和阻火器。

（1）安全水封。一般气体发生器中，常常用水封进行阻火。而常用的安全水封有敞开式安全水封和闭式安全水封两种，具体见图 5-33 和图 5-34。

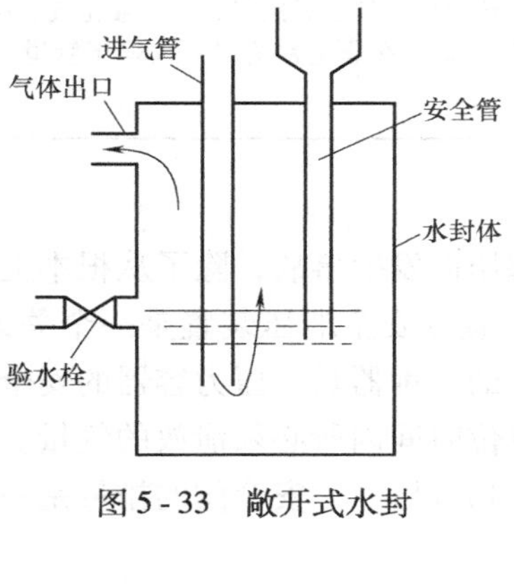

图 5-33　敞开式水封

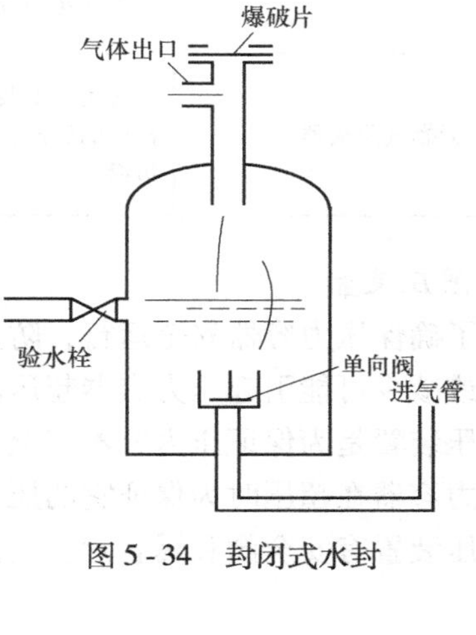

图 5-34　封闭式水封

可燃气体在运输过程中经过安全水封时，即使在一端着火，由于受到水的阻碍，使火焰传播被终止，从而不会引起火灾的蔓延。当然，安全水封内水面深度决定了其可靠性，对于压力较大的可燃气体，其水封的水面位置要相对高些，因为若水封液面低于进气管管口，则达不到阻火作用，因此要经常检查水面高度，保证水封的阻火功能。另外，在采用水封法时，还应在水中加入盐或者氯化钙等防冻剂，以有效防止水在较低温度下的结冰，从而保证可燃气体的正常输送。

(2) 阻火器。阻火器的阻火原理为：火焰在管道中传播时，如果管径变小，管子的比表面积增加，散热作用增强，会导致自由基的销毁，另外，自由基碰撞器壁的概率增大，销毁速度增加，火焰传播速度减小。阻火器常常用在易爆的高热设备、燃烧室、高温反应器等与输送可燃气体的管线之间，以及易燃液体、可燃气体的容器、管道、设备的排气管上。当管径小于一定数值时，火焰不能在管子中传播。不能传播火焰的管子的最大直径，称为消焰径，不同种类的混合气体的燃烧速度不同，因此其消焰径也有所差异。表 5-8 给出了常见的阻火器种类及适用范围。

表 5-8　常见的阻火器种类及适用范围

种　类	适用范围或说明
波纹阻火器	适用于管道、闪点低于 28℃的甲类、油品、氢氧液化类和闪点低于 60℃的煤油、柴油、甲苯、原油等，可与呼吸阀配套使用，又可单独使用，用于内浮顶油罐通气管上和加油站地下油罐通气管上
网型阻火器	适用于储存闪点低于 28℃的甲类和乙类油品，也适用于地储存物料以氮气封顶的拱顶罐上与呼吸阀、呼吸人孔配套使用，亦可单独使用
抽屉式波纹阻火器	用于安装原油、汽油、煤油、柴油、芳烃、硫等各类油品或其他化工物料的固定顶式储罐上，可以与通气管配套或单独使用
阻爆燃型管道阻火器	适用于输送可燃性气体的管道上，火炬系统，油气回收系统、加热炉燃料气的网管上，空气净化通化系统，气体分析系统，煤矿瓦斯排放系统、腐蚀性可燃系统
氧气管道阻火器	是采用特种铜合金和不锈钢焊接而成的，可以有效地防止氧气管道阀门在突然开启时易形成的“绝热压缩”，局部温度骤升，成为着火能源；可以防止在阀门前后压差作用下，高速运动的物质微粒（如铁锈、粉尘、焊渣等）与阀后管道摩擦、撞击产生火花而成为着火能源
天燃气阻火器	适用于安装在输送可燃性气体如加热炉燃料气、天然气、石油液化气、煤矿瓦斯排放的管网，也适用于民用煤气管道，防止在非正常情况下火焰于管道中的逆向传播

5. 泄压装置

为了确保压力容器安全运行，防止设备由于过量超压而发生事故，除了从根本上采取措施消除或减少可能引起压力容器超压的各种因素以外，装设安全泄压装置是一个关键措施。安全泄压装置是为保证压力容器安全运行，防止它超压的一种器具。压力容器的安全泄放量是指压力容器在超压时为保证它的压力不再升高，在单位时间内所必须泄放的气量。常见的防爆泄压装置有安全阀和爆破片。安全阀主要用来防止物理爆炸。安全阀的排量是一个重要的参数，它是指安全阀处于全开状态时在排放压力下单位时间内的排放量。选用安全阀时其排放量必须大于设备的安全泄放量，并根据设备的工艺条件和工作介质特性选用安全阀的结构形式，按最大允许工作压力选用合适的安全阀。爆破片则主要适用于爆炸时要求全量泄放的设备，用来防止化学爆炸。

安全泄压装置按其工作原理和结构形式可以分为阀型、断裂型、熔化型和组合型等几种，其介绍见表5-9。

表5-9 安全泄压阀的种类及适用范围

种类	优 点	适用范围
阀型泄压装置	仅排放压力容器内高于规定的部分压力，而当容器内的压力降至正常操作压力时，它即自动关闭，可重复使用多次，安装调整容易	适用于介质为比较洁净的气体，如空气、水蒸气等的设备，不宜用于介质具有毒性的设备；更不能用于器内有可能产生剧烈化学反应而使压力急剧升高的设备
断裂型泄压装置	密封性能好，在容器正常工作时不会泄露；爆破片的破裂速度高，故卸压反应较快；介质中若含有油污等杂物也不会对装置元件的动作压力产生影响	宜用于器内可能发生压力急剧升高的化学反应，或介质具有剧毒性的容器，不宜用于液化气体储罐。对于压力波动较大，即超压机会较多的容器也不易采用
熔化型泄压装置	结构简单，容易更换；利用合金的熔化温度，对动作压力的控制较为容易	只能用于器内压力完全取决于温度的小型容器，如气瓶等
组合型泄压装置	同时具有阀型和断裂型的优点，它既可防止单独用安全阀的泄漏，又可以在完成排放过高压力的动作后恢复容器的继续使用	一般用于介质为具有腐蚀性的液化气体或剧毒、稀有气体的容器。由于装置中的安全阀有滞后作用，不能用于器内升压速度极高的反应容器

6. 分解爆炸的预防

前面介绍的都是可燃气体与空气或氧气混合发生的爆炸问题，实际上如果条件合适，对于一些气体，由于其分解反应则是放热反应，例如，乙炔、乙炔系列的化合物、乙烯、氧化乙烯、四氟乙烯、丙烯、臭氧、NO和NO_x等，也可能发生分解爆炸，由于不需要氧气的参与，故其爆炸上限为100%，因此也更具有危险性和隐蔽性。

一般地，要发生分解爆炸，气体需要同时满足以下条件：①存在能量足够的火源或热源；②分解爆炸过程是放热反应；③初始压力不小于分解爆炸的临界压力（低于该压力时，系统不会发生分解爆炸）。表5-10给出了几种物质的分解爆炸临界压力。

表5-10 几种物质分解爆炸临界压力

物质名称	分解爆炸临界压力/Pa	爆炸压力/初始压力
乙烯	59.78×10^5	6.3
乙炔	1.4×10^5	20~50
氧化乙烯	0.4×10^5	10
一氧化二氮	$>2.53\times10^5$	-
一氧化氮	$>15.2\times10^5$	>10

针对分解爆炸形成所需要的条件，可以采取加入氮气等惰性气体等方法进行保护。但应注意若火源能量很大时，即使低于临界压力，这些气体也可能会发生爆炸。还应注意的是，以上气体的一些化合物（如乙炔铜、乙炔银等）在微撞击的情况下就会发生爆炸，所以盛乙炔的容器不能用铜或含铜多的合金制造；用乙炔焊接时不能使用银焊料。

5.5 可燃预混气体的爆轰

5.5.1 激波理论

1. *正激波形成的物理过程*

可以考虑在无限长绝热等截面管道中的静止气体，通过活塞的作用向右运动，随着活塞的加速过程，活塞前端气体的速度将逐渐增大。

可以想象当活塞加速还比较慢时，其表面处的气体将受到不断的微弱扰动，这种微弱的扰动将朝着活塞运动的方向传播。初始扰动将形成第一个以当地声速 a_0 向右传播的波（见图 5-35 和图 5-36），并使波后气体产生一个与当时当地活塞速度相等的微小速度 u_1，同时，受到压缩作用的气体的温度、压强和密度也会产生微小的提高，即温度 $T_1 > T_0$，由于声速 $a_i = \sqrt{\dfrac{\gamma R T_i}{M_s}}$，因此温度的微小增量，将导致被压缩后的气体的当地声速 a_1 将大于 a_0。而活塞的继续加速运动，又会使其临近的气体再次受到压缩扰动（因为活塞的加速使得其在各个时刻的速度都大于靠近其表面的气体的运动速度），形成了绝对传播速度为 $a_1 + u_1$ 的第二道扰动波，明显的第二道波的速度是超过了第一道波的速度 a_0，同时由于被压缩，受到压缩的气体的温度将再次存在微小的增量，使得 $T_2 > T_1$，这也使得该气体的当地声速 a_2 将大于 a_1；第二道波过后，流体继续向右加速为 $u_2 > u_1$，因此将产生绝对传播速度为 $a_2 + u_2$ 的第三道波，而 $a_2 + u_2 > a_1 + u_1 > a_0$。依次类推，当活塞不断向右加速时，每道波都会导致温度存在微小的增量 ΔT，将产生一系列向右传播的压缩扰动波，而且由于后面产生的扰动波的速度（即当时当地的气体的声速）都大于之前产生的扰动波的速度。经过一段时间，这些微小扰动波将会叠加在一起，这样便形成一个很强的波振面，即激波，同时激波前后的气体的温度、压强和密度等参数，将会发生突变，并以超音速进行传播。

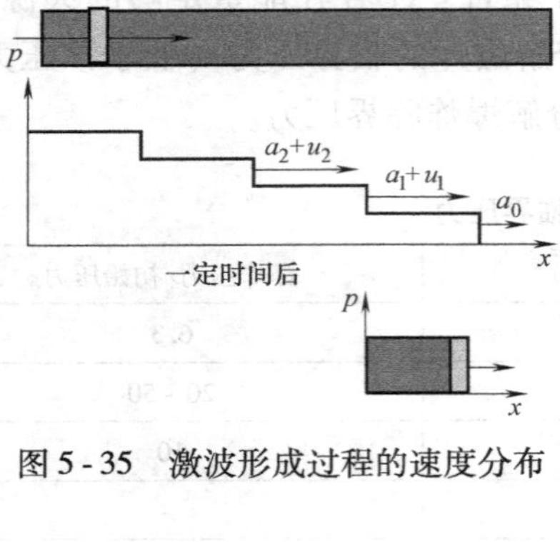

图 5-35 激波形成过程的速度分布

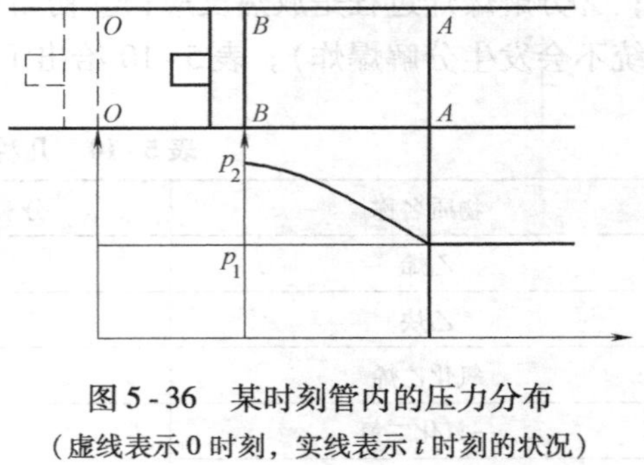

图 5-36 某时刻管内的压力分布

（虚线表示 0 时刻，实线表示 t 时刻的状况）

2. 激波前后物理量间的关系式*

（1）激波的简化模型。激波层实际上是一个很薄的间断面，其数量级与分子自由程相当，在这个很薄的区域内，速度、压强、温度等物理量都发生了突变，因此这些参数的梯度也会很大，这说明激波的简化模型中仍应考虑黏性和热传导的作用。同时由于激波薄层内不会发生离解、电离等物理、化学过程，一般地，可将其简化成数学上绝热的突变面。

（2）激波的控制方程。为了方便分析，可将坐标系始终固定在激波上，即将激波看成是静止的平面（也称为驻激波）。激波面两侧的气流参数发生了间断性跳跃，可取一个很薄的包含激波的长方形控制体（见图5-37）。

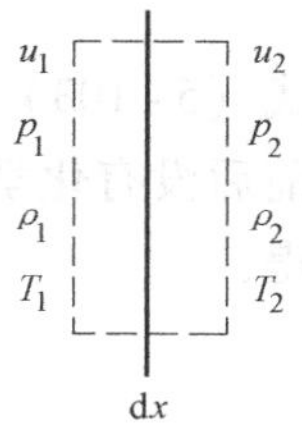

图5-37 研究激波参数所选取的控制体

该长方形控制体可列出以下控制方程。

质量守恒方程
$$\rho_1 u_1 = \rho_2 u_2 \tag{5-93}$$

动量方程
$$p_1 + \rho_1 u_1^2 = p_2 + \rho_2 u_2^2 \tag{5-94}$$

能量守恒方程
$$C_p T_1 + \frac{u_1^2}{2} = C_p T_2 + \frac{u_2^2}{2} \tag{5-95}$$

根据 C_p 与温度 T 的关系，能量方程也可以写成：

$$\frac{\gamma}{\gamma-1}\frac{p_1}{\rho_1} + \frac{u_1^2}{2} = \frac{\gamma}{\gamma-1}\frac{p_2}{\rho_2} + \frac{u_2^2}{2} \tag{5-96}$$

另外，根据理想气体状态方程可给出激波前后压力、温度及密度间的关系：

$$\frac{p_1}{\rho_1 T_1} = \frac{p_2}{\rho_2 T_2} \tag{5-97}$$

以上列出了激波的控制方程，这一方程组主要包含了波前与波后的压强、密度、温度和速度四个参数，只要知道波前这四个参数的值，即可用此四个独立方程求解波后的四个未知数，即方程组是封闭的。接下来我们将利用以上方程组对激波的主要特性进行分析，并导出激波前后气流参数的关系式。

（3）激波过程的兰金–雨果尼特关系式。将式（5-93）的质量守恒方程变化为：

$$\frac{u_1}{u_2} = \frac{\rho_2}{\rho_1} \tag{5-98}$$

代入动量方程可得：

$$p_1 - p_2 = \rho_1 u_1 (u_2 - u_1) \tag{5-99}$$

另外，由质量守恒方程还可以导出：

$$u_1 + u_2 = u_1\left(1 + \frac{u_2}{u_1}\right) = \rho_1 u_1\left(\frac{1}{\rho_1} + \frac{1}{\rho_2}\right) = \rho_2 u_2\left(\frac{1}{\rho_1} + \frac{1}{\rho_2}\right) \tag{5-100}$$

化简得到：

$$\frac{1}{\rho_1} + \frac{1}{\rho_2} = \frac{u_1 + u_2}{\rho_1 u_1} \tag{5-101}$$

将式（5-99）的动量方程与式（5-101）质量守恒方程相乘得：

$$\left(\frac{1}{\rho_1} + \frac{1}{\rho_2}\right)(p_1 - p_2) = u_2^2 - u_1^2 \tag{5-102}$$

再代入能量方程得：

$$\frac{2\gamma}{\gamma-1}\left(\frac{p_1}{\rho_1}-\frac{p_2}{\rho_2}\right)=(p_1-p_2)\left(\frac{1}{\rho_1}+\frac{1}{\rho_2}\right) \tag{5-103}$$

式（5-103）与式（5-19）的唯一区别是后者描述的爆轰波前后发生了化学反应，而激波前后没有化学反应，所以式（5-103）少了式（5-19）中的反应热。对式（5-103）整理可得：

$$\frac{p_2}{p_1}=\frac{(\gamma+1)\frac{\rho_2}{\rho_1}-(\gamma-1)}{(\gamma+1)-(\gamma-1)\frac{\rho_2}{\rho_1}} \tag{5-104}$$

$$\frac{\rho_2}{\rho_1}=\frac{(\gamma+1)\frac{p_2}{p_1}+(\gamma-1)}{(\gamma-1)\frac{p_2}{p_1}(\gamma+1)} \tag{5-105}$$

由状态方程及式（5-96）可导出激波前后的温度比：

$$\frac{T_2}{T_1}=\frac{p_2\rho_1}{p_1\rho_2}=\frac{(\gamma+1)\frac{p_2}{p_1}+(\gamma-1)\left(\frac{p_2}{p_1}\right)^2}{(\gamma+1)\frac{p_2}{p_1}+(\gamma-1)} \tag{5-106}$$

上式称为兰金－雨果尼特关系式，也称为激波绝热曲线（见图5-38），它是描述气体绝热激波的过程方程。它也是适用于描述可燃气体爆轰所形成的激波的状态。

（4）激波压缩与等熵压缩的比较分析。根据兰金－雨果尼特关系式，将激波压缩与等熵压缩（其 $\frac{\rho_2}{\rho_1}=\left(\frac{p_2}{p_1}\right)^{1/\gamma}$），进行比较讨论。图5-38给出了气体激波绝热压缩与等熵绝热压缩后参数的对比。表5-11给出了激波压缩与等熵压缩过程在压缩前后气体的压强比相同、密度比相同以及压强比无限大等不同情况下的比较结果。

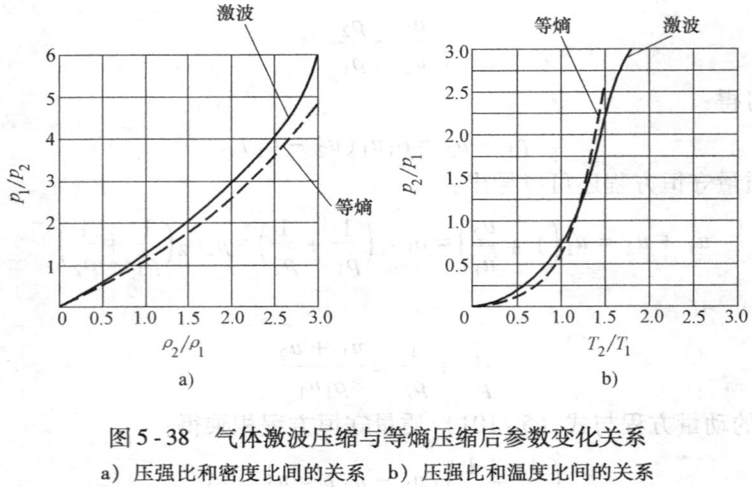

图5-38 气体激波压缩与等熵压缩后参数变化关系

a）压强比和密度比间的关系 b）压强比和温度比间的关系

表 5-11　气体激波压缩与等熵压缩的对比

<table>
<tr><th colspan="2">比较条件</th><th>比较结果</th></tr>
<tr><td colspan="2">压缩前后压强比无限大时 $\frac{p_2}{p_1}\to\infty$</td><td>$\frac{\rho_2}{\rho_1}$（激波压缩）$\to 6$ 为有限压缩；$\frac{\rho_2}{\rho_1}$（等熵压缩）$\to\infty$ 为无限压缩</td></tr>
<tr><td colspan="2">压缩前后压强比相同时 $\frac{p_2}{p_1}>1$</td><td>$\frac{T_2}{T_1}$（激波压缩）大于 $\frac{T_2}{T_1}$（等熵压缩）</td></tr>
<tr><td rowspan="2">压缩前后密度比 $\frac{\rho_2}{\rho_1}$ 相同时</td><td>$\frac{\rho_2}{\rho_1}>1$</td><td>$\frac{p_2}{p_1}$（激波压缩）大于 $\frac{p_2}{p_1}$（等熵压缩）</td></tr>
<tr><td>$\frac{\rho_2}{\rho_1}<1$</td><td>$\frac{p_2}{p_1}$（激波压缩）小于 $\frac{p_2}{p_1}$（等熵压缩）</td></tr>
</table>

注：空气的比热容比 γ 取 1.4。

另外，激波还具有以下几个显著特点：

1）微弱的激波压缩接近等熵压缩波（激波绝热曲线与等熵曲线在 $\frac{\rho_2}{\rho_1}=1$ 点处相切）。

2）激波压缩为绝热不可逆过程，熵增大于零。

3）激波只能是压缩波，不存在膨胀激波。

4）激波前气流的速度为超音速，激波后气流的速度为亚音速，即气流穿过激波后将被减速。

5.5.2　爆轰的发生

爆轰的发生可以分为三个阶段：激波形成、爆轰发生和爆轰稳定。

1. 激波形成

在一端封闭长管中装有可燃预混气，并在封闭的一端点燃混合气，点燃后的混合气体由于化学反应放热膨胀，将产生一道燃烧波。刚开始的火焰为以导热为主的缓燃燃烧，而后由于燃烧产物温度升高，体积膨胀。体积膨胀的燃烧产物类似于一个活塞，对其后的未燃气体具有一个压缩作用，这样就产生了一系列的压缩波，这些压缩波在未燃混合气中传播，各自使波前未燃混合气的压力 p 和温度 T 发生一个微小的增量，并使其前端的未燃混合气体获得一个微小的向前运动的速度，由于后面的压缩波的波速比前面的大。当管子足够长时，后面的压缩波由于速度快就有可能一个赶上其前面的压缩波，最后如果这些压缩波重叠在一起，就会形成激波。

2. 爆轰发生

当开始形成的火焰前面产生激波后，由于激波所产生的压力非常高，它对未燃混合气体的产生的剧烈压缩将使混合气体的温度急剧增加而着火。经过一段时间以后，正常火焰传播与激波所点燃的火焰将合二为一，于是燃烧在管子开口至激波面的整个前段进行，同时又将对其后段未燃的气体形成更大的压缩作用，燃烧以超音速传播。

3. 爆轰稳定

激波经过的地方未燃气体都将被点燃，火焰传播速度也就等于激波的波动速度。激波后的已燃气体又连续产生一系列的压缩波，继续向前传递，并不断提供能量维持这种激波的传递，这样便形成了稳定的爆轰波，图5-39为爆轰形成过程的示意图。

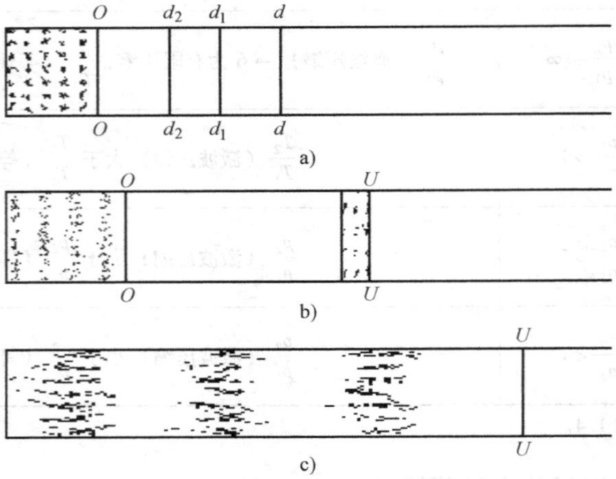

图5-39 爆轰的形成过程

a）正常火焰传播 $O-O$ 前面形成一系列压缩波 $d-d$、d_1-d_1、d_2-d_2

b）正常火焰传播 $O-O$ 前面爆轰波 $U-U$ 已形成，并使未燃气着火

c）正常火焰传播与爆轰波引起的燃烧合二为一

5.5.3 爆轰形成的条件

1. 初始正常火焰传播能形成压缩扰动

从本质上讲，爆轰波就是一个激波，而这种激波形成的直接原因是燃烧所产生的压缩扰动。所以，初始正常火焰传播能否产生压缩扰动，是能否最终导致爆轰形成的关键。因为要形成激波，就必须要使产生的一系列波在某个时刻能够叠加在一起，而只有压缩扰动才具有这样的特点。

2. 预混气体容器或管子的尺寸必须足够大

因为，从压缩波的形成到最后的叠加，需要一定的过程，因此，预混气体容器或管子的尺寸必须足够大，才能保证这些波能够在碰到容器壁或管的端部前叠加在一起，而形成重叠波，这是发生爆轰的基本条件，一般来说初始的正常火焰传播不能形成激波的原因可能是管子较短，或者自由空间的预混气体积太小。一般将正常火焰锋面与爆轰形成位置之间的距离称为爆轰前期间距。爆轰前期间距与管子的内径和粗糙度有关，一般对于表面较为粗糙的管子，其爆轰前期间距为管径的2~4倍，而如果管内壁比较光滑，其爆轰前期间距将可到达到管径的几十倍。

3. 管子直径大于爆轰临界直径

因为如果管子直径太小，其导致的火焰的热损失就很大，同时，火焰中自由基也越容易碰撞到管的内壁而失去活性。所以要形成爆轰，管径必须要大于某一临界值，可称为爆轰临界直径。一般可燃气体的爆轰临界直径为12~15mm。

4. 可燃气含量要在爆轰极限范围内

只有可燃混合气体的含量达到一定条件时，爆轰才能够形成，如果含量太高或太低，都不利于爆轰的发生。一般的，爆轰极限范围会比爆炸极限范围要窄，见表5-12。

表5-12　预混可燃气的爆炸极限与爆轰极限

可燃混合气体	爆炸极限（体积百分数,%）		爆轰极限（体积百分数,%）	
	下限	上限	下限	上限
乙炔+空气	1.5	82.0	4.2	50.0
乙炔+氧	2.5	—	3.5	92
乙醚+空气	1.7	36.0	2.8	4.5
乙醚+氧	2.1	82.0	2.6	24.0
丙烷+氧	2.3	55.0	3.2	37.0
氢气+空气	4.0	75.6	18.3	59.0
氢气+氧	4.7	93.9	15.0	90.0
氨+氧	13.5	79.0	25.4	75.0
一氧化碳+氧	15.7	94.0	38.0	90.0

5.5.4　爆轰波的破坏特点

而从爆轰波的形成过程看，相对于波前气体是超音速的，爆轰波造成了巨大的破坏，在其形成和传播过程中具有以下破坏特点：

（1）爆轰波波速快。较快的波速将会导致设备中的常用的泄压装置失效。

（2）爆轰波压力大。尤其是碰到器壁反射时，会产生更大的压力，其对建筑物具有很强的破坏性，表5-13给出了爆轰波对建筑的破坏情况。

表5-13　爆轰波对建筑物的破坏

超压值/($\times 10^5$Pa)	建筑的损坏情况
<0.02	基本上没有破坏
0.02~0.12	玻璃窗部分或全部破坏
0.12~0.3	门窗部分破坏，砖墙出现小裂纹
0.3~0.5	门窗大部分破坏，砖墙出现严重裂纹
0.5~0.76	门窗全部破坏，砖墙部分倒塌
>0.76	墙倒屋塌

（3）爆轰波实际上就是一种激波，因此，它产生的冲击波对人具有杀伤作用，见表5-14。

表 5-14　爆轰波对生物的杀伤破坏力

超压值/($\times 10^5$Pa)	建筑的损坏情况
<0.1	无损伤
0.1~0.25	轻伤，出现1/4的肺气肿，2~3个内脏出血点
0.25~45	中伤，出现1/3的肺气肿，1~3片内脏出血，一个大片内脏出血
0.45~0.75	重伤，出现1/2的肺气肿，3个以上片状出血，2个以上大片内脏出血
>0.75	伤势严重，无法挽救，死亡

为了防止爆轰波的产生，就必须在爆轰波之生成前，阻止火焰向其转变。为此，可采用以下措施：①在管径中安装阻火器，降低孔径；②在爆轰波刚生成时，急剧增大管径，减少压缩作用，阻断爆轰。

5.5.5 爆炸波的相关计算模型

爆轰波波速可以通过测量或5.5.1节所述的相关理论进行计算。也可采用一些经验公式或模型进行计算，下面将介绍与爆炸波相关的凝聚相爆炸冲击波超压计算模型和蒸气爆炸冲击波超压计算模型。

1. 凝聚相爆炸冲击波超压计算

$$E_0 = Q_c W \tag{5-107}$$

$$R_0 = \left(\frac{E_0}{p_0}\right)^{\frac{1}{3}} \tag{5-108}$$

$$Z = \frac{R}{R_0} \tag{5-109}$$

$$p_s = (0.137Z^{-3}+0.119Z^{-2}+0.269Z^{-1}-0.091)\ p_0\quad (1<\frac{p_s}{p_0}<10\ 时) \tag{5-110}$$

或

$$p_s = (1+0.1567\times Z^{-3})p_0\ (\frac{p_s}{p_0}>5\ 时) \tag{5-111}$$

式中　Q_c——爆炸物的爆炸热；

W——爆炸物的质量；

p_0——当地大气压力；

R——计算超压处距离爆源的距离；

p_s——冲击波正相最大超压。

2. 蒸气爆炸冲击波超压计算

$$E = 1.8\alpha Q_c W \tag{5-112}$$

$$Z = \frac{R}{(1000E/p_0)^{1/3}} \tag{5-113}$$

$$A = -0.9126 - 1.5058\ln Z + 0.1675(\ln Z)^2 - 0.032(\ln Z)^3 \tag{5-114}$$

$$p_s = \exp(A)p_0 \tag{5-115}$$

式中　Q_c——燃料的燃烧热；

W——蒸气云中对爆炸冲击波有实际贡献的质量；

p_0——当地大气压力；

R——计算超压处距离爆源的距离；

α——蒸气云当量系数，一般为0.04；

p_s——冲击波正相最大超压。

此外，应用较广泛的蒸气云爆炸计算方法还有TNT当量法和TNO（multi-energy）模型法，具体可参阅相关文献。

复　习　题

1. 可燃气体的燃烧有哪些类型？各有什么特点？

2. 用燃烧反应所需的氧原子摩尔数和化学计量浓度两种方法计算丙烷（C_3H_8）在空气中的爆炸极限，并比较计算结果。

3. 已知乙烷爆炸下限为3%，摩尔燃烧热为1426.6kJ，丙烷的摩尔燃烧热为2041.9kJ，求丙烷的爆炸下限。

4. 已知某天然气组成为甲烷：80%，$x_下=3\%$；乙烷：15%，$x_下=3\%$；丙烷：4%，$x_下=2.1\%$；丁烷：1%，$x_下=1.5\%$。试求该天然气的爆炸下限为多少？

5. 容器中装有甲烷和空气预混气，体积9L，甲烷的体积为9.5%，爆炸前温度$T_1=298K$，初始压力$p_1=1.01325\times10^5Pa$，爆炸时温度为$T_2=2300K$，压力$p_2=8.0756\times10^5Pa$，甲烷的火焰传播速度$S_L=34.7cm/s$，取比热容比γ为1.4，求甲烷爆炸时平均升压速度。

6. 已知乙醇的爆炸下限为3.3%，大气压力为1.01325×10^5Pa，试用三种不同的方法估算乙醇的闪点。

7. 什么叫做火焰前沿？火焰前沿有什么特点？预混可燃气中火焰传播的机理是什么？其基本点分别是什么？

8. 形成爆轰要具备哪些条件？爆轰对设备的破坏有些什么特点？

9. 某可燃气体与氧气按化学当量比在298K标准状态下进入长管中混合，并燃烧，考虑不同的初始速度$u_\infty=0.1m/s$、1.0m/s、10m/s、50m/s、100m/s，分别画出不同初始速度下的瑞利曲线和雨果尼特曲线，并对结果进行分析。比热容比设为1.4。

（1）可燃气体为甲烷的情况。

（2）可燃气体为氢气的情况。

10. 与层流预混火焰相比，湍流预混火焰有什么特点？

11. 湍流预混火焰可分为哪3种传播模式，如何判定，各具有什么特点？

12. 空气-燃气混合物以平均流速50m/s，从边长为80mm的方形管道中流出燃烧。根据曝光照片估计的楔形火焰内角为12°。试计算在此条件下的湍流燃烧速度。可燃混合气体初温：$T=293K$，$p=1atm$，平均分子质量MW=30kg/kmol。

13. 层流火焰传播速度有哪些测量方法，各有何优缺点？

14. 某容器中装有丙烷和氧气的预混气，体积为$2.24m^3$，C_3H_8的体积分数为3%，爆炸前初温$T_1=298K$，初始压力$p_1=1.01325\times10^5Pa$（即1atm）。丙烷的低热值为$83470kJ/m^3$，火焰燃烧速度为45.7cm/s。

（1）计算该预混气体的爆炸温度与爆炸压力，其爆炸压力能否导致人员的直接死亡？

（2）计算该预混气体爆炸过程的平均升压速度及爆炸威力指数（π取3.14）。

（3）如该容器为圆柱形容器，直径为2.0m，湍流度为0.5，计算该预混气体最大升压速度及爆炸指数。

15. 某企业罐区有一个储罐发生破损造成泄漏，形成蒸气云爆炸。汽油的燃烧热为43510kJ/kg，蒸气云中对爆炸冲击波有实际贡献的质量为1.5×10^4kg。已知当地的大气压$p_0=1.01325\times10^5Pa$。

（1）计算R（与爆源的距离）分别为50m，100m和150m时，冲击波的最大超压，并判断其对该位置的人会造成什么影响。

（2）计算将造成人员死亡的临界半径以及对人无损伤的临界半径。

第 6 章

可燃气体扩散燃烧

6.1 可燃气体扩散燃烧的特点

燃料燃烧所需的全部时间是由两部分组成：即燃料与空气混合所需时间（t_{mix}）以及燃料氧化的化学反应时间（t_{che}）。如果 $t_{mix} \gg t_{che}$，那么化学反应所需的时间就可以忽略，燃烧所需的全部反应时间就主要决定于扩散混合过程，这种条件下的燃烧就称为扩散控制下的燃烧，或扩散燃烧。例如固体、液体的燃烧，氧气与燃料混合需要的时间相对较长，反应相对较快，因此就属于扩散燃烧。相反，如果 $t_{mix} \ll t_{che}$，那么混合过程所需的时间就可以忽略，燃烧所需的全部反应时间就主要决定于化学反应动力学过程，这种条件下的就称为化学动力学控制下的燃烧，或动力燃烧。例如在预混燃烧中，气体燃料与空气在前期已经混合好，燃烧时不再需要时间进行混合，因此这就属于动力燃烧。如果 $t_{mix} \approx t_{che}$，燃烧中燃料混合时间与反应时间相当，则称为动力－扩散控制下的燃烧，或动力－扩散燃烧。例如燃料在低温下的点燃过程就属于动力－扩散燃烧。

扩散燃烧在反应前燃料和氧化剂是相互分开的，它们间有着明显的边界，燃烧时边混合边反应。扩散燃烧是人类最早使用火的一种燃烧方式。直到今天，扩散燃烧仍是我们最常见的一种燃烧。篝火、火把，家庭中使用的蜡烛和煤油灯等，家用灶具的燃烧以及各种发动机和工业窑炉中的液滴、固体颗粒燃烧等的燃烧都属于扩散燃烧。常见的威胁和破坏人类生命财产的各种火灾也基本是由扩散燃烧构成的。

扩散燃烧可以是单相的，亦可以是多相的。液体和固体在空气中的燃烧属于多相扩散燃烧，而气体燃料的射流燃烧属于单相扩散燃烧。

由于扩散燃烧火焰面的内侧没有氧气存在，而且火焰面的温度很高，因此燃料在靠近火焰面的地方会发生热分解反应。此时可燃气体中的碳氢化合物就会分解出碳粒子。温度越高，分解越剧烈。与此同时还可能形成复杂的、难燃烧的重碳氢化合物。这些碳粒子与重碳氢化合物在移向反应区的过程中也会被氧化、消耗。但由于燃料和火焰停留时间的不同，尤其是在燃料流量增加的情况下，这些碳粒子与重碳氢化合物往往来不及被反应就被带出燃烧区，造成化学不完全燃烧损失。这就是扩散火焰中烟的形成。产生不完全燃烧损失也是扩散燃烧的一个显著特点，这是预混火焰所没有的。

在燃烧领域内，虽然气体燃料的扩散燃烧较之预混气体的燃烧有着更广泛的实际应用，但是其所受到重视与研究的程度却相对少得多。其原因在于它不像预混气体燃烧那样有着如火焰传播速度等易于测定的基本特性参数，因而到目前对它的研究仍大多局限于测定与计算扩散火焰的外形和长度。

火焰是气体燃料在空间中燃烧所形成的现象，因此固体、液体的火焰实质是热解气和蒸气燃烧所形成的火焰。扩散火焰就是扩散燃烧中气体燃料和氧化剂在交界面处的反应所形成的现象。燃料与氧化剂分别从火焰两侧扩散到交界面，而燃烧所产生的产物则向火焰两侧扩散开去。所以对扩散火焰而言，就不存在火焰的传播。

气体燃料进入空间中与氧化剂反应，都会有一个初速度。因此射流扩散火焰就是基本的扩散火焰类型。按照燃料与空气分别供入的方式，射流扩散火焰可以有：

（1）自由射流扩散火焰，气体燃料从喷口向大空间的静止空气中喷出后燃烧所形成的射流火焰，如图6-1a所示。

（2）同轴射流扩散火焰，气体燃料与空气流从同一轴线的内外喷管中喷出后燃烧所形成的射流火焰，如图6-1b所示。

（3）逆向射流扩散火焰，气体燃料喷出方向与空气来流方向相反时燃烧所形成的射流火焰，如图6-1c所示。

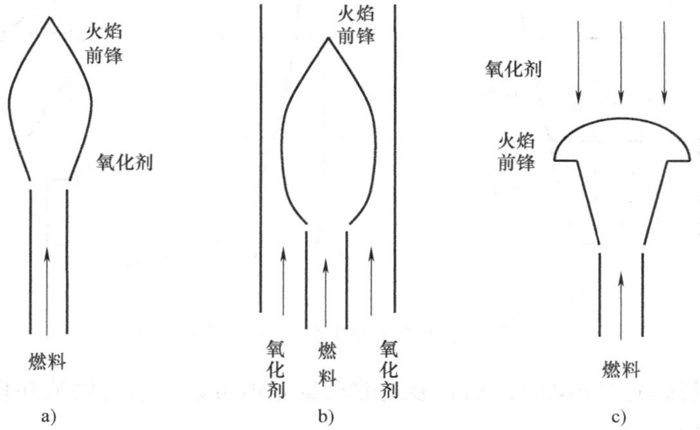

图6-1　射流火焰方式

a）自由射流　b）同轴射流　c）逆向射流

射流扩散火焰根据射流流动的状况还可分为层流射流扩散火焰和湍流射流扩散火焰。湍流射流的扩散混合要比层流的扩散混合快，因此湍流射流比层流射流的燃烧速度要快，火焰长度要短。

因为射流扩散火焰不会发生回火现象，稳定性较好，在燃烧前又无需把燃料与氧化剂进行预先混合，比较方便，所以在工业上广泛被应用。此外，在工业燃烧设备中为了获得高的燃烧速度和空间加热速度，一般都采用湍流射流扩散火焰。但是，需要注意的是，射流火焰随着喷出速度的升高会产生吹脱熄灭的情况。

6.2　无反应层流自由射流

6.2.1　层流射流模型

在讨论射流火焰之前，先考虑一种较为简单的情况，就是无化学反应的层流射流，以理解层流射流中基本的流动和扩散过程。

图 6-2 显示了气体燃料从半径为 R 的喷嘴中喷入静止空气中形成层流射流的基本特性。为简化起见，假设喷嘴出口处的速度是均匀的，为 v_c。在靠近喷嘴的地方存在一个叫气流核心的区域。在这个区域内，由于粘性力和扩散还不起作用，因而流体速度和质量分数仍保持不变、均匀且等于喷嘴出口处的数值。在气流核心和射流边界之间，气体燃料的速度和浓度（质量分数）都单调减小，并在边界处减小到等于 0。在射流中通常会认为在离开喷口一定距离（$x=x_1$）后，各射流截面上的速度分布具有自相似的特点，则称从喷口到该距离 x_1 部分为初始段，该距离 x_1 以外部分为自相似段。

图 6-2 中，中间的图表示轴向无量纲速度和燃料质量分数在中心轴线（$r=0$）上的变化分布；右边的图表示轴向无量纲速度和燃料质量分数在各 x 值（$x=0$；$x=x_1$；$x=x_2$）截面上的变化分布。无量纲速度和燃烧质量分数的分布具有相似性，下面会进行分析。

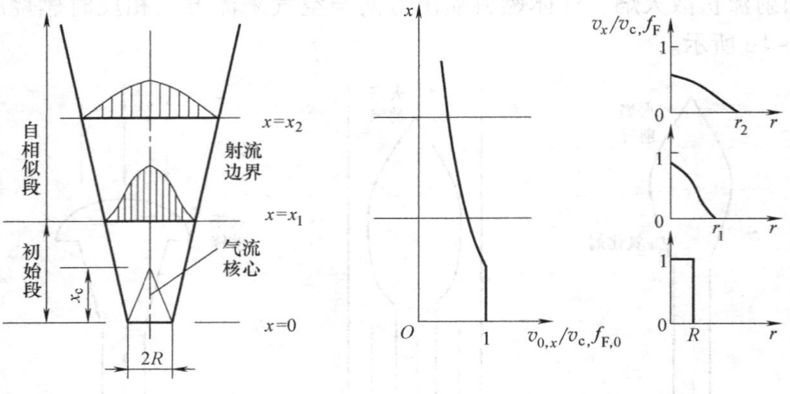

图 6-2　气体喷入静止空气中的层流射流

在射流中动量流量是守恒的，积分形式的动量守恒可以表示为射流在任意 x 处的动量流量 = 喷嘴出口处动量流量 $\dot{m}_c v_c$ 。

或：

$$2\pi\int_0^{\infty}\rho(r,x)v_x(r,x)^2 r\mathrm{d}r = \rho_c v_c^2 \pi R^2 v_c \tag{6-1}$$

另外，对于喷射的气体燃料而言，其质量是守恒的，有：

$$2\pi\int_0^{\infty}\rho(r,x)v_x(r,x)f_F(r,x)r\mathrm{d}r = \rho_c v_c \pi R^2 f_{F,c} \tag{6-2}$$

式中 ρ——流体密度；

v——速度；

r——径向坐标；

x——轴向坐标；

$f_{F,c}$——质量分数，下标 F 表示燃料，c 表示气流出口状态；$f_{F,c}=1$。

气体喷入静止空气中后，粘性力和质量扩散的作用使得射流边界越来越宽，空气不断进入到射流区域内，这就是射流对空气的卷吸作用。射流对空气的卷吸量 $\dot{m}_j$ 应该是逐渐增加的。沿着轴线在位置 x 的截面上，射流对空气的卷吸量等于该位置射流的质量流量减去喷嘴

出口处的质量流量 $\dot{m}_c$，即：

$$\dot{m}_j(x) = 2\pi\int_0^{\infty}\rho(r,x)v_x(r,x)r\mathrm{d}r - \dot{m}_c \tag{6-3}$$

在流场中，影响速度场的是动量的对流和扩散，影响燃料浓度场的是组分的对流和扩散，两者具有相似性。在层流射流中，气体燃料的质量分数 f_F（r，x）和无量纲速度 $v_x(r,x)/v_c$ 也相应具有相似的分布规律。

为便于求解无反应层流射流中速度场和燃烧质量分数的分布，作下列假设：

（1）整个流场中的密度 ρ 为常数。

（2）组分的分子输运符合费克定律的二元扩散。

（3）运动粘度 ν 和组分扩散系数 D 都是常数，且相等，从而保证速度场和质量分数场的相似。

（4）只考虑径向的扩散，忽略轴向的扩散。因此下述分析只适用于离开喷嘴出口一定距离外的下游区域，因为在喷嘴出口处轴向扩散起着很重要的作用。

层流射流是轴对称的。由上述假定，经过简化后的质量、动量和组分守恒方程如下。

质量守恒：

$$\frac{\partial v_x}{\partial x} + \frac{1}{r}\frac{\partial(v_r r)}{\partial r} = 0 \tag{6-4}$$

轴向动量守恒：

$$v_x\frac{\partial v_x}{\partial x} + v_r\frac{\partial v_x}{\partial r} = v\frac{1}{r}\frac{\partial}{\partial_r}\left(r\frac{\partial v_x}{\partial r}\right) \tag{6-5}$$

燃料组分守恒：

$$v_x\frac{\partial f_F}{\partial x} + v_r\frac{\partial f_F}{\partial r} = D\frac{1}{r}\frac{\partial}{\partial r}\left(r\frac{\partial f_F}{\partial r}\right) \tag{6-6}$$

且有

$$v = D$$

式中 v——运动粘度（m^2/s）；

D——组分扩散系数（m^2/s）；

v_x——轴向速度（m/s）；

v_r——径向速度（m/s）。

求解方程组式（6-4）~式（6-6）共需要7个边界条件，包括：给定 r 下 v_r 对 x 的函数一个；给定 r 下 v_x 对 x 的函数两个，给定 x 下 v_x 对 r 的函数一个；f_F 的条件与 v_x 的相同。边界条件如下。

$r=0$ 在射流中心线上，流体只沿着中心线运动没有径向速度，且轴向速度场和组分场是中心对称的，有：

$$v_r\big|_{r=0} = 0 \tag{6-7a}$$

$$\left.\frac{\partial v_x}{\partial r}\right|_{r=0} = 0 \tag{6-7b}$$

$$\left.\frac{\partial f_F}{\partial r}\right|_{r=0} = 0 \tag{6-7c}$$

$r=\infty$ 在径向无穷远处，流体静止和没有燃料，有：

$$v_x\big|_{r=\infty}=0 \tag{6-7d}$$

$$f_F\big|_{r=\infty}=0 \tag{6-7e}$$

$x=0$ 在喷嘴出口处，是纯燃料运动，轴向速度和燃料质量分数均匀分布且相等，有：

$$\begin{cases} v_x\big|_{x=0,r\leqslant R}=v_c \quad 或 \quad \dfrac{v_x}{v_c}\bigg|_{x=0,r\leqslant R}=1 \\ v_x\big|_{x=0,r>R}=0 \quad 或 \quad \dfrac{v_x}{v_c}\bigg|_{x=0,r>R}=0 \end{cases} \tag{6-7f}$$

$$\begin{cases} f_F\big|_{x=0,r\leqslant R}=f_{F,c}=1 \\ f_F\big|_{x=0,r>R}=0 \end{cases} \tag{6-7g}$$

可以看出，射流的轴向无量纲速度 v_x/v_c 和燃料质量分数 Y_F 在控制方程、边界条件以及方程中的物性参数都完全相似的，因此它们的解也必然相似。求解得到速度场也就同时得到了燃料浓度场。

6.2.2 层流射流求解

对射流速度场控制方程组式（6-4）、式（6-5）的求解需要用到自相似假设条件。即认为沿着射流发展的各个 x 值截面上，速度分布都是相似的。在本问题中，各 x 值上的射流截面都是同轴心圆，将径向坐标 r 折合成相似径向坐标 r/x，那么在相似径向坐标 r/x 下各射流截面的大小也都是相同的了。相应假设，各射流截面上的速度值用该面上中心轴向速度 $v_{0,x}$ 无量纲化后它们的分布也是相同的，仅是 r/x 的函数。

按照自相似假设后速度分布如6-3图所示。

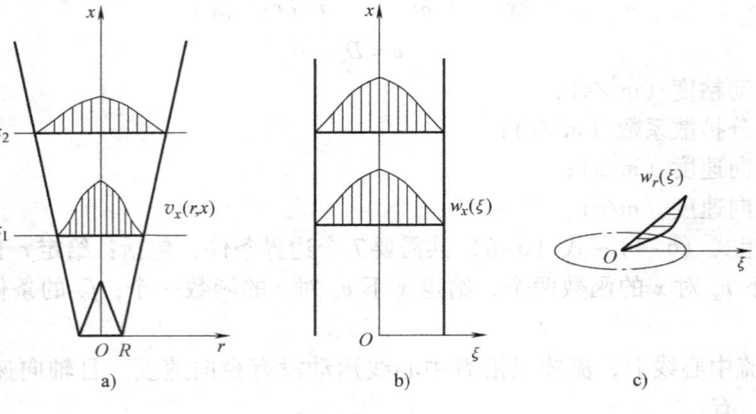

图6-3 层流射流

a）原始轴向速度分布 b）自相似轴向速度分布 c）自相似径向速度分布

在图中自相似径向变量 ξ，自相似轴向速度 $w_x(\xi)$，自相似径向速度 $w_r(\xi)$ 分别为

$$\xi=\frac{r}{x} \tag{6-8a}$$

$$w_x = \frac{v_x}{v_{0,x}} = f(\xi) \tag{6-8b}$$

$$w_r = \frac{v_r}{v_{0,x}} = g(\xi) \tag{6-8c}$$

轴向中心速度 $v_{0,x}$ 随轴向 x 而变化，与径向 r 无关，即：

$$\begin{cases} \dfrac{\partial v_{0,x}}{\partial x} = h(x) \neq 0 \\ \dfrac{\partial v_{0,x}}{\partial r} = 0 \end{cases} \tag{6-9}$$

式（6-4）、式（6-5）中的坐标变量就用 x，ξ 代替，将式（6-8）中新变量代替原变量代入式（6-4），并利用式（6-9），得：

$$w_x\left(\frac{x}{v_{0,x}}\frac{\partial v_{0,x}}{\partial x}\right) = \xi\frac{\partial w_x}{\partial \xi} - \frac{w_r}{\xi} - \frac{\partial w_r}{\partial \xi} \tag{6-10}$$

在式（6-10）中等式右边仅是 ξ 的函数，等式左边的 w_x 也仅是 ξ 的函数，因此等式左边括号中量必须仅是 ξ 的函数或常数。但由式（6-9）知道括号中量不可能是 ξ 的函数（因为 v_0，x 与 r 无关），只能是常数。因此：

$$\frac{x}{v_{0,x}}\frac{\partial v_{0,x}}{\partial x} = k_1 \tag{6-11}$$

再将式（6-8）中新变量代入式（6-5），并利用式（6-11）的关系，得：

$$xv_{0,x}\left(k_1 w_x^2 - w_x\xi\frac{\partial w_x}{\partial \xi} + w_r\frac{\partial w_x}{\partial \xi}\right) = \frac{v}{\xi}\frac{\partial}{\partial \xi}\left(\xi\frac{\partial w_x}{\partial \xi}\right) \tag{6-12}$$

同样，由于上式等号右边仅是 ξ 的函数，左边括号中也仅是 ξ 的函数，因此 $xv_{0,x}$ 必须是常数，即

$$xv_{0,x} = k_2 \tag{6-13}$$

由式（6-11）、式（6-13）求得：

$$k_1 = -1 \tag{6-14}$$

式（6-10）、式（6-12）分别变为：

$$\xi\frac{\partial \xi w_x}{\partial \xi} = \frac{\partial \xi w_r}{\partial \xi} \tag{6-15}$$

$$-w_x\frac{\partial \xi w_x}{\partial \xi} + w_r\frac{\partial w_x}{\partial \xi} = \frac{v}{k_2}\frac{1}{\xi}\frac{\partial}{\partial \xi}\left(\xi\frac{\partial w_x}{\partial \xi}\right) \tag{6-16}$$

将式（6-15）代入式（6-16），化简得：

$$-\frac{\partial(\xi w_x)^2}{\partial \xi} + \frac{\partial(\xi w_x w_r)}{\partial \xi} = \frac{v}{k_2}\frac{\partial}{\partial \xi}\left(\xi\frac{\partial w_x}{\partial \xi}\right) \tag{6-17}$$

积分，得：

$$\xi w_x w_r - (\xi w_x)^2 = \frac{v}{k_2}\xi\frac{\partial w_x}{\partial \xi} + k_3 \tag{6-18}$$

其中，在中心轴线上 $\xi=0$，代入式（6-18）得积分常数 $k_3=0$。式（6-18）两边除以 w_x，对 ξ 微分，并利用式（6-15）消去 w_r，得：

$$\xi \frac{\partial \xi w_x}{\partial \xi} - \frac{\partial \xi^2 w_x}{\partial \xi} = \frac{v}{k_2} \frac{\partial}{\partial \xi}\left(\frac{\xi}{w_x} \frac{\partial w_x}{\partial \xi}\right) \tag{6-19}$$

即

$$-\xi w_x = \frac{v}{k_2} \frac{\partial}{\partial \xi}\left(\frac{\xi}{w_x} \frac{\partial w_x}{\partial \xi}\right) \tag{6-20}$$

对式（6-20）再做变化得：

$$-w_x = \frac{4v}{k_2} \frac{\partial}{\partial(\xi^2)}\left[\frac{1}{w_x} \frac{\partial(\xi^2 w_x)}{\partial(\xi^2)}\right] \tag{6-21}$$

令 $\beta = \xi^2$，式（6-21）中 w_x 仅是 β 的函数，将式中的偏微分改写为全微分，有：

$$-\frac{k_2}{4\nu} = \frac{(\beta w_x)'}{w_x} \frac{\mathrm{d}\left[\frac{(\beta w_x)'}{w_x}\right]}{\mathrm{d}(\beta w_x)} \tag{6-22}$$

积分，得：

$$\left[\frac{(\beta w_x)'}{w_x}\right]^2 = -\frac{k_2}{2\nu}\beta w_x + k_4 \tag{6-23}$$

依据边界条件，在中心轴线上 $\beta = 0$ 时有，$w_x = 1$，$\frac{\mathrm{d}w_x}{\mathrm{d}_\beta} = 0$。得到：

$$k_4 = 1 \tag{6-24}$$

令

$$y = \sqrt{1 - \frac{k_2}{2\nu}\beta w_x} \tag{6-25}$$

则式（6-23）变为：

$$\frac{-2\mathrm{d}y}{1 - y^2} = \frac{1}{\beta}\mathrm{d}\beta \tag{6-26}$$

求解上式，得：

$$\frac{1 + y}{1 - y} = k_5 \beta \tag{6-27}$$

根据式（6-25），即：

$$w_x = \frac{8\nu}{k_2} \frac{k_5}{(1 + k_5\beta)^2} \tag{6-28}$$

由射流动量守恒的积分式（6-1）和中心线轴向速度式（6-13），可求出积分常数 k_5，即：

$$2\pi\int_0^\infty \rho(w_x v_{0,x})^2 r\mathrm{d}r = 2\pi\int_0^\infty \rho \frac{64\nu^2 k_f^2}{x^2\left(1 + k_f \frac{r^2}{x^2}\right)^4} \cdot \frac{1}{2}\mathrm{d}r^2 = \rho v_c^2 \pi R^2 \tag{6-29}$$

因此：

$$k_5 = \frac{3v_c^2 R^2}{64\nu^2} = \frac{3}{64\nu^2 \rho\pi}(\dot{m}_c v_c) \tag{6-30}$$

在中心线上 $r = 0$（$\xi = 0$，$\beta = 0$），有 $w_x = 1$。利用式（6-28）可得到积分常数 k_2：

$$k_2 = \frac{3v_c^2 R^2}{8\nu} \tag{6-31}$$

最终得到速度分布的解为：

$$v_x = 8\nu k_5 \frac{1}{x} \frac{1}{(1 + k_5 \xi^2)^2} \tag{6-32}$$

$$v_r = 4\nu k_5 \frac{1}{x} \frac{\xi - k_5 \xi^3}{(1 + k_5 \xi^2)^2} \tag{6-33}$$

其中 k_5 的值见式（6-30），$\xi = r/x$。

从式（6-32）、式（6-33）可以看出射流的速度场分布最主要决定于射流的初始动量流量。对于相同流体（ρ，ν 不变）的射流，如果初始动量流量相同，那么它们的速度场就是相似的。速度场分布的具体影响参数包括初始速度、喷嘴直径、密度、运动粘度等。

6.2.3　射流参数

1. 中心轴线速度

依据式（6-32），令 $r=0$（$\xi=0$）即可得到中心轴线上的速度：

$$v_{0,x} = \frac{3\dot{m}_c v_c}{8\rho\pi\nu} \frac{1}{x} \tag{6-34}$$

式（6-34）表明，中心轴线速度与射流出口动量流量成正比，与轴向距离成反比。对不同流体，中心轴线速度还与密度、运动粘度有关。将式（6-34）表达成无量纲速度形式，即：

$$\frac{v_{0,x}}{v_c} = \frac{3v_c R^2}{8\nu} \frac{1}{x} = \frac{3Re_c}{8} \frac{1}{x/R} \tag{6-35}$$

式中　Re_c——射流出口雷诺数 $Re_c = \dfrac{v_c R}{\nu}$。

式（6-35）表明，射流的无量纲中心轴线速度与雷诺数成正比。在雷诺数小时，需要很小的 x 值就能使速度减小；而在雷诺数大时，则需要很大的 x 值才能使速度减小。即雷诺数越小中心轴线速度衰减越快，雷诺数越大中心轴线速度衰减越慢。

注意上述的速度解要在离开喷口一定距离外才适用，因为 $v_{0,x}/v_c$ 不可能大于1。因此要求

$$\frac{x}{R} > \frac{3}{8} Re_c \tag{6-36a}$$

或

$$x > \frac{3}{8\nu} v_c R^2 \tag{6-36b}$$

式（6-36b）也就是射流自相似模型适用的条件。即在射流中，只有离开喷口的距离达到满足式（6-36）以外的地方，射流速度场才会是自相似的。因此自相似射流模型及相关结论都要受到式（6-36）的限制。

2. 扩张率和扩张角

扩张率和扩张角反映了射流的张开幅度。首先需要定义射流半宽 $r_{1/2}$，即在射流的某一轴向距离 x 面上，当射流速度减小到中心线速度一半时，对应的径向距离为此轴向距离

处的射流半宽，如图 6-4 所示。根据式（6-32），令 $v_x/v_{0,x}=0.5$ 就可以求出射流半宽 $r_{1/2}$，即：

$$\frac{v_x\big|_{r=r_{1/2}}}{v_{0,x}}=\frac{1}{\left(1+k_5\left(\frac{r_{1/2}}{x}\right)^2\right)^2}=\frac{1}{2} \tag{6-37}$$

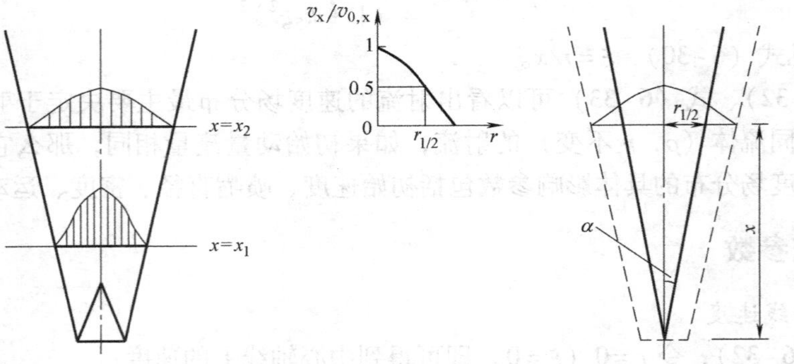

图 6-4　射流半宽 $r_{1/2}$ 和射流扩张角 α 的定义

扩张率：射流半宽 $r_{1/2}$ 与轴向距离 x 的比值。将式（6-30）中的表达式 $k_5=3v_c^2R^2/(64\nu^2)$ 代入式（6-37）得：

$$r_{1/2}/x=\frac{8\sqrt{(\sqrt{2}-1)}}{\sqrt{3}}\frac{\nu}{v_cR}=\frac{2.97}{Re_c} \tag{6-38}$$

扩张角：正切值等于扩张率的角度。由式（6-38），得：

$$\alpha\equiv\arctan(r_{1/2}/x)=\arctan\left(\frac{2.97}{Re_c}\right) \tag{6-39}$$

从这两个式子可以知道，射流出口雷诺数越大，扩张率和扩张角就越小。即射流越窄，其速度也就越不容易损失。这与前面中心轴线速度衰减与雷诺数的关系是一致的。

3. 卷吸量

气体燃料喷入静止空气后，它的一部分动量会传递给空气，因此射流的速度会减小。由于进入射流区域的空气量不断增加，因此射流的总质量流量是增加的。将式（6-31）代入式（6-32），得卷吸量 $\dot{m}_j$ 为：

$$\begin{aligned}\dot{m}_j(x)&=2\pi\int_0^\infty\rho(r,x)v_x(r,x)r\mathrm{d}r-\dot{m}_c\\&=\frac{\rho\pi8\nu k_5}{x}\int_0^\infty\frac{1}{\left(1+k_5\frac{r^2}{x^2}\right)^2}\mathrm{d}r^2-\dot{m}_c\end{aligned} \tag{6-40}$$

即：

$$\dot{m}_j=8\pi\rho\nu x-\dot{m}_c \tag{6-41}$$

或射流的总质量流量 $\dot{m}_{tot}$ 为：

$$\dot{m}_{tot}=8\pi\rho\nu x \tag{6-42}$$

上式表明，在自相似阶段，射流对空气的卷吸量随距离 x 线性增加，并且与射流初始速度、喷口直径都无关，仅受到流体密度、运动粘度的影响。但是，距离 x 同样应满足式(6-36)，在自相似段距离取下限值时 $x_{min} = 3v_c R^2/(8\nu)$，卷吸量有：

$$\dot{m}_j\big|_{x=x_{min}} = 8\pi\rho\nu\frac{3}{8\nu}v_c R^2 - \rho v_c \pi R^2 = 2\dot{m}_c \tag{6-43}$$

这说明，射流发展到自相似阶段时，已经卷吸入了2倍于初始质量流量的空气量。

6.2.4 燃料浓度场

依据前面的假设、简化，浓度场 Y_F 和无量纲速度场 v_x/ν_c 完全相似，它们解的形式也就完全相同。根据速度场表达式（6-32），得：

$$f_F = \frac{3v_c R^2}{8D}\frac{1}{x}\frac{1}{(1+k_5\xi^2)^2} \tag{6-44}$$

由于燃料的质量分数不可能大于1，即 $f_F<1$，因此式（6-44）同样有适用范围，要求离开喷口一定的距离以外。

$$x > \frac{3v_c R^2}{8D} \tag{6-45}$$

由于已经假定 $\nu = D$，因此式（6-45）与式（6-36）是完全一致的。

在中心轴线上有 $r=0$（$\xi=0$），得到中心轴线质量分数，表达成雷诺数的形式：

$$f_{F,0} = \frac{3Re_c}{8}\frac{1}{x/R} \tag{6-46}$$

与前面定义的一样 $Re_c = \dfrac{v_c R}{\nu}$ 为射流出口雷诺数。式（6-46）与式（6-35）的形式完全相同，因此它们的衰减规律也完全相同。即中心轴线质量分数在高雷诺数下衰减慢，而在低雷诺数下衰减快。

【例6-1】 初速度为0.4m/s的空气流从直径为1cm的喷嘴中喷入静止大气中。已知空气密度为1.16kg/m³，运动粘度为 1.5×10^{-5} m²/s。求离开喷嘴40cm处的射流半宽和射流卷吸量。

【解】 在射流的40cm处，有：

$$\frac{x}{R} = \frac{40}{0.5} = 80 \qquad \frac{3}{8}\frac{v_c R}{\nu} = \frac{3\times0.4\times0.5\times10^{-2}}{8\times1.5\times10^{-5}} = 50$$

因此自由射流的自相似解条件 $\dfrac{x}{R} > \dfrac{3}{8}Re_c$ 是满足的。

离喷嘴40cm处的射流半宽为：

$$r_{1/2} = 2.97x\frac{\nu}{v_c R} = \left(2.97\times0.4\times\frac{1.5\times10^{-5}}{0.4\times0.5\times10^{-2}}\right)\text{m} = 8.91\times10^{-3}\text{m}$$

离喷嘴40cm处的卷吸量为：

$$\begin{aligned}\dot{m}_j &= 8\pi\rho\nu x - \dot{m}_c \\ &= [8\times3.14\times1.16\times1.5\times10^{-5}\times0.4 - 1.16\times0.4\times3.14\times(0.5\times10^{-2})^2]\text{kg/s} \\ &= 1.384\times10^{-4}\text{kg/s}\end{aligned}$$

【例 6-2】 两股乙烯（C_2H_4）射流分别喷入静止空气中，其密度为 $1.14kg/m^3$，运动粘度为 $0.897\times10^{-5}m^2/s$。(1) 一股以 0.4m/s 的初速度从直径为 1cm 的喷口喷出；(2) 另一股以 0.1m/s 的初速度从直径为 2cm 的喷口喷出。分别计算这两股射流当中心线上的燃料质量分数下降到化学当量比时的轴向位置，并比较。

【解】 乙烯与空气的摩尔质量基本相同（分别是 28kg/kmol、28.85kg/kmol），射流理论中的常密度假设是适用的。中心线上的质量分数为：

$$f_{F,0} = \frac{3Re_c}{8}\frac{1}{x/R}$$

乙烯在空气中反应的反应方程式和化学当量比：

$$C_2H_4 + 3O_2 + 3\times\frac{79}{21}N_2 \rightarrow 2CO_2 + 2H_2O + 3\times\frac{79}{21}N_2$$

质量比：　28:96:316

化学当量比时的燃料质量分数为：$Y_{F,0} = 28/(28+96+316) = 0.0636$

因此，对应的轴向距离为：

$$(1)\ x = \frac{3v_cR^2}{8\nu f_{F,0}} = \left(\frac{3\times0.4\times(0.5\times10^{-2})^2}{8\times0.897\times10^{-5}\times0.0636}\right)\text{m} = 6.573\text{m}$$

$$(2)\ x = \frac{3v_cR^2}{8\nu f_{F,0}} = \left(\frac{3\times0.1\times(1\times10^{-2})^2}{8\times0.897\times10^{-5}\times0.0636}\right)\text{m} = 6.573\text{m}$$

可以看到两股射流对应的距离是一样的，轴向距离正比于体积流量 $x \propto v_cR^2$。

6.3 层流射流扩散火焰

6.3.1 层流射流扩散火焰的特点

层流射流火焰扩散速度在很大程度上与无反应射流的速度相同。在周围存在大量空气，即在富氧燃烧的情况下，可以认为火焰面就是燃料质量分数等于化学当量比时围成的面。为什么说火焰面上混合物的组成正好是化学当量比？这是因为，在火焰燃烧区不可能有过剩的氧气，亦不可能有过剩的燃料，否则燃烧区的位置将不能稳定。假设燃烧区有过剩的可燃气体，这时未燃尽的可燃气体将扩散到火焰外面的空间去，遇到氧气而着火燃烧，使进入燃烧区的氧量减少，这样燃烧区内可燃气体将更过剩。因此，在这种情况下火焰面的位置就势必不可能维持稳定而要向外移，反之亦然。由此可知，扩散火焰只有在可燃气体和氧气的组成比符合化学当量比的表面上才可能稳定。

火焰长度 L_f 就定义为中心轴线上从喷嘴出口到燃料质量分数下降到当量比 $\Phi=1$ 处的距离。

$$L_f = x\big|_{r=0,f_F=f_{F,\text{stoic}}} \tag{6-47}$$

根据式 (6-46)、式 (6-47) 就可以得到火焰的大体长度：

$$L_f \approx \frac{3R}{8f_{F,\text{stoic}}}Re_c \tag{6-48}$$

式 (6-48) 表明对于确定的喷嘴（R 不变），层流射流火焰长度与雷诺数成正比。这个结论已被众多实验所证实。根据燃料体积流量的表达式 $Q_F = v_c R^2$ ，火焰长度又可表达为：

$$L_f \approx \frac{3v_c R^2}{8Df_{F,stoic}} = \frac{3}{8\pi}\frac{Q_F}{Df_{F,stoic}} \tag{6-49}$$

式（6-49）表明，层流射流火焰长度与燃料的体积流量成正比。在燃料体积流量确定的情况下，火焰长度与喷嘴直径、初始速度无关。这个结论同样已经被实验所证明。

层流射流扩散火焰的结构和有关参数 T、f_F、f_O、f_P 的分布如图6-5所示。在此假定空间中只有三种组分，燃料、氧化剂、产物，三者的质量分数和为1。

$$f_F + f_O + f_P = 1 \tag{6-50}$$

参数 T、f_F、f_O、f_P 的分布都是轴对称的。火焰温度在火焰面上达到最大值 T_f，在火焰面的两侧逐渐下降，在火焰面内部温度较高，在外部无穷远处温度降为 T_∞。产物质量分数的分布 f_P 与温度类似，在火焰面上达到最大值1，在火焰面的两侧逐渐下降，在火焰面内部有一定的数值，在外部无穷远处则降为0。燃料质量分数 f_F，在中心线上有最大值，在四周逐渐下降，在火焰面及其外部为0。在火焰面的内部有关系 $f_F + f_P = 1$。氧化剂质量分数 f_O，在无穷远处有最大值1，靠近火焰面而逐渐下降，在火焰面及其内部为0。在火焰面的外部有关系 $f_O + f_P = 1$ 。

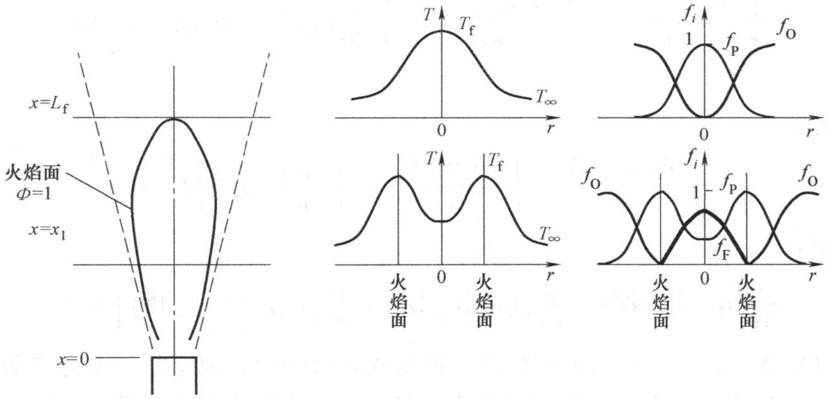

图6-5 射流扩散火焰和参数分布

6.3.2 层流射流火焰模型

尽管无反应射流模型的结论能够解释射流火焰的很多现象和规律。但无反应层流射流和射流火焰还是有着很大的区别，表现在以下几点：

（1）射流燃烧存在反应火焰面。通常假定化学反应速度非常快，反应仅发生在非常薄的面上。在火焰面上就会有热量、组分的产生或消耗。若以火焰面为边界条件，那么源项就仅体现在边界条件上，而控制方程中则没有源项。这样无反应射流和射流火焰在边界条件上就是不一样的。

（2）密度的变化。在射流火焰中温度升高必然导致密度的减小，常用到的理想气体状态方程反映了这一点，这就导致了控制方程求解的复杂性。而在无反应射流中，通常假定密度是保持不变的。

（3）能量方程。射流火焰中反应的存在使得热量产生和温度升高，这就需要增加能量控制方程。而在无反应射流中，认为是恒温过程，不需要能量方程。射流火焰中温度的变化还会影响组分的产生和消耗速率，也使其他参数的数值发生变化，这样能量方程和组分方程就是相互耦合的。在无反应射流中都不需要考虑这些因素。

(4) 浮力的影响。浮力的存在使得无反应射流中积分形式的轴向动量守恒方程不适用，微分轴向动量控制方程中需要增加浮力项，使得方程变得复杂。但浮力对火焰长度的影响是两方面的，一方面使轴向速度加快，火焰变窄而有加长的趋势；另一方面燃料的浓度梯度会增加，使得扩散作用加强，浓度减小需要的距离缩短，也就是有使火焰长度减小的趋势。这两方面的作用可以相互抵消。因此在理论分析中也会作出忽略浮力的假定。

依据层流射流火焰的上述特点，再进行类似于无反应层流射流模型的假定，可以得到下述描述方程。

质量守恒：

$$\frac{\partial(\rho v_x)}{\partial x}+\frac{1}{r}\frac{\partial(\rho v_r r)}{\partial r}=0 \tag{6-51}$$

由于在燃烧中气体密度是变化的，因此在方程中要将密度作为变量对待。

轴向动量守恒：

$$\frac{1}{r}\frac{\partial(r\rho v_x v_x)}{\partial x}+\frac{1}{r}\frac{\partial(r\rho v_x v_r)}{\partial x}-\frac{1}{r}\frac{\partial}{\partial r}\left(r\mu\frac{\partial v_x}{\partial r}\right)=(\rho_\infty-\rho)g \tag{6-52}$$

组分守恒：

$$\frac{1}{r}\frac{\partial(r\rho v_x f_i)}{\partial x}+\frac{1}{r}\frac{\partial(r\rho v_r f_i)}{\partial x}-\frac{1}{r}\frac{\partial}{\partial r}\left(r\rho D\frac{\partial f_i}{\partial r}\right)=0 \tag{6-53}$$

能量守恒：

$$\frac{\partial}{\partial x}\left(r\rho v_x\int C_p\mathrm{d}T\right)+\frac{\partial}{\partial x}\left(r\rho v_r\int C_p\mathrm{d}T\right)-\frac{\partial}{\partial r}\left[r\rho\alpha\frac{\partial}{\partial r}\left(\int C_p\mathrm{d}T\right)\right]=0 \tag{6-54}$$

对于式 (6-52)，在分析处理时往往会把上式右边的浮力项忽略。因为前面已经介绍了浮力对火焰长度有拉长和缩短两方面的作用，且这两方面作用相互抵消。忽略浮力有利于方程的简化，以及有利于与下面组分方程、能量方程的相似。这个方程适用于整个空间，即火焰面内外都适用，并且在火焰面处保持连续。边界条件分别是中心轴线 $r=0$，无穷远 $r=\infty$，及喷嘴出口 $x=0$ 处的取值。

对于式 (6-53)，式中的 f_i 表示火焰面之内的燃料（或之外的氧化剂）的质量分数，燃料和氧化剂两者具有相同的组分方程形式。在此假定空间中只有三种组分，即燃料、氧化剂、产物。由于火焰面是一个边界，对燃料而言在火焰面上存在着质量汇，使燃料质量分数突然下降到0。这样尽管轴向动量守恒方程和组分守恒方程仍然相似，但燃料的质量分数场和无量纲速度场就不会再相似。而理论分析求解的一个重要思路就是让动量方程、组分方程、能量方程所对应的物理量都能够相似。在此引入一个新的参数——混合物分数 g_m（称为守恒标量）：

$$g_m=\frac{\rho_F+\rho_{PF}}{(\rho_F+\rho_{PF})+(\rho_O+\rho_{PO})}=\frac{\rho_F+\rho_{PF}}{\rho_F+\rho_O+\rho_P} \tag{6-55}$$

式中　ρ_F——燃料的密度；

ρ_O——氧化剂的密度；

ρ_{PF}——产物来源于燃料部分的密度；

ρ_{PO}——产物来源于氧化剂部分的密度。

因此，基本思想就是将产物的质量流量 $\dot{m}_P$ 分拆为来自燃料部分 $\dot{m}_{PF}$ 和来自氧化剂部分 $\dot{m}_{PO}$，那么燃料质量流量与产物中来自燃料部分质量流量之和（$\dot{m}_F+\dot{m}_{PF}$）在整个流动空间上就是守恒的，火焰面上的反应对它没有影响，这就与动量守恒相一致。混合物分数 f 在火焰面处也是连续的，它的分布与无量纲速度分布相似。边界条件同样是在中心轴线 $r=0$，无穷远 $r=\infty$，及喷嘴出口 $x=0$ 处取值。

式（6-54）中的 $\int C_p \mathrm{d}T$ 是热显焓 h_r，即温度升高所表现出的焓增。同样火焰面对温度场来说是一个边界，由于存在热源而使温度在该位置突然升高。而轴向速度在火焰面处是连续的，因此在有反应的情况下温度场和速度场就不可能相似。为了实现动量方程和能量方程的相似，在此同样引入一个新的参数——绝对焓 h（守恒标量），于是有：

$$h = h_r + h_h \tag{6-56}$$

式中　h_r——当前温度下系统物质的总热显焓；

h_h——当前温度下系统物质的总化学焓。

其思想是，在燃料、氧化剂、产物组成的总物质中，反应的放热量（三种物质的总热显焓增加量 Δh_r）就等于燃料和氧化剂相对于产物的化学焓的总减少量 Δh_h，即 $(\Delta h_r+\Delta h_h)_{total}=0$。因此，绝对焓 h 在整个流动空间上就是守恒的，火焰面上的反应对它没有影响，这与流动空间上的动量守恒相对应。从而绝对焓分布与轴向速度分布也能够相似。边界条件同样是在中心轴线 $r=0$，无穷远 $r=\infty$，及喷嘴出口 $x=0$ 处取值。

6.3.3　层流射流火焰的解

罗帕在研究层流射流火焰时，给出了下述圆口和方口喷嘴的分析解和经过修正后的实验解。该解对动量控制和浮力控制的燃烧都适用，对自由射流和同轴射流也都适用。但该解只适用于氧气过量，即富氧燃烧的情况。

对于圆口，给出火焰长度的解为：

$$L_{f,thy} = \frac{Q_F(T_\infty/T_F)}{4\pi D_\infty \ln(1+1/S)}\left(\frac{T_\infty}{T_f}\right)^{0.67} \tag{6-57}$$

$$L_{f,exp} = 1330\frac{Q_F(T_\infty/T_F)}{\ln(1+1/S)} \tag{6-58}$$

对于方口，给出的火焰长度解为：

$$L_{f,thy} = \frac{Q_F(T_\infty/T_F)}{16D_\infty[\mathrm{inverf}(1+S)^{-0.5}]^2}\left(\frac{T_\infty}{T_f}\right)^{0.67} \tag{6-59}$$

$$L_{f,exp} = 1045\frac{Q_F(T_\infty/T_F)}{[\mathrm{inverf}(1+S)^{-0.5}]^2} \tag{6-60}$$

式中　Q_F——为燃料的体积流量；

T_∞——初始冷态的氧化剂温度；

T_F——初始冷态的燃料温度；

T_f——初始冷态下的火焰温度；

D_∞——冷态下氧化剂的扩散系数；

S——氧化剂－燃料化学当量时的摩尔比。式中所有量均使用SI单位（国际标准化基本单位，如长度m、密度kg/m^3等）。

inverf是反误差函数。表6-1列出了误差函数erf的取值。从表中查取反误差函数和查反三角函数的方法是一样的，即B = inverf（erf$B$）。

表6-1　高斯误差函数①

B	erf$B$	B	erf$B$	B	erf$B$
0.00	0.00000	0.36	0.38933	1.04	0.85865
0.02	0.02256	0.38	0.40901	1.08	0.87333
0.04	0.04511	0.40	0.42839	1.12	0.88679
0.06	0.06762	0.44	0.46622	1.16	0.89910
0.08	0.09008	0.48	0.50275	1.20	0.91031
0.10	0.11246	0.52	0.53790	1.30	0.93401
0.12	0.13476	0.56	0.57162	1.40	0.95228
0.14	0.15695	0.60	0.60386	1.50	0.96611
0.16	0.17901	0.64	0.63459	1.60	0.97635
0.18	0.20094	0.68	0.66378	1.70	0.98379
0.20	0.22270	0.72	0.69143	1.80	0.98909
0.22	0.24430	0.76	0.71754	1.90	0.99279
0.24	0.26570	0.80	0.74210	2.00	0.99532
0.26	0.28690	0.84	0.76514	2.20	0.99814
0.28	0.30788	0.88	0.78669	2.40	0.99931
0.30	0.32863	0.92	0.80677	2.60	0.99976
0.32	0.34913	0.96	0.82542	2.80	0.99992
0.34	0.36936	1.00	0.84270	3.00	0.99998

① 高斯误差函数定义为 $\mathrm{erf}B \equiv \frac{2}{\sqrt{\pi}}\int_0^B e^{-x^2}dx$，其误差余函数定义为 $\mathrm{erfc}B = 1 - \mathrm{erf}B$。

从理论解式（6-57）、式（6-59）可以看出层流火焰长度同样是正比于燃料的体积流量Q_F。若施密特数$S_C \equiv \nu/D = 1$，则火焰长度也正比于雷诺数

$$L_{f,thy} \propto Red \tag{6-61}$$

式中　d——喷嘴的特征尺寸，对圆口为直径，对方口为宽度。

【例6-3】 两股乙烷射流分别从圆形和方形的喷口中喷出燃烧，已知流量都是5cm^3，冷态空气和燃料温度都是25℃。分别求这两股射流火焰的长度。

【解】 对圆口和方口分别用实验修正公式求火焰长度

$$L_{f,exp,circle} = 1330\frac{Q_F(T_\infty/T_F)}{\ln(1+1/S)} \qquad L_{f,exp,rect} = 1045\frac{Q_F(T_\infty/T_F)}{[\text{inverf}(1+S)^{-0.5}]^2}$$

乙烷在空气中燃烧的反应方程式

$$C_2H_6 + 3.5O_2 + 3.5\times\frac{79}{21}N_2 \rightarrow 2CO_2 + 3H_2O + 3.5\times\frac{79}{21}N_2$$

因此化学当量时的空－燃摩尔比为：

$$S = 3.5 + 3.5\times\frac{79}{21} = 16.67$$

（1）圆口射流火焰长度为：

$$L_{f,exp,circle} = \left(1330\times\frac{5\times10^{-6}\times(298/298)}{\ln(1+1/16.67)}\right)\text{m} = 0.114\text{m}$$

（2）方口射流火焰长度：

由误差函数表，$\text{erf}B = (1+S)^{-0.5} = 0.238 \quad\Rightarrow\quad B = \text{inverf}(0.238) = 0.235$。因此：

$$L_{f,exp,rect} = 1045\times\frac{5\times10^{-6}\times(298/298)}{0.235^2}\text{m} = 0.095\text{m}$$

6.4 同轴射流扩散火焰

6.4.1 同轴射流扩散火焰的特点

最早研究同轴射流扩散火焰的是伯克（Burke）和舒曼（Schumann）（1928年），他们利用如图6-6所示两同心圆管，在内管通以气态燃料，外管通以空气，以相同速度在管内流动。这时观察到的扩散火焰外形可以有两种类型。一种是当外管中所供给的空气量足够多，超过内管燃料完全燃烧所需的空气量，或者是当燃料射流喷向大空间的静止空气中（亦就是说此时d'/d的比值相当大），这时扩散火焰呈封闭收敛状的圆锥形火焰（称为空气过量扩散火焰），另一种是外管中所提供的空气量不足以供应内管中燃料射流完全燃烧所需，则此时火焰形状呈扩散的倒喇叭形（称为空气不足扩散火焰）。由此可见，层流扩散火焰的外形取决于燃料与空气的混合浓度。扩散火焰的特征通常都是以化学反应瞬间发生的那个表面来描述的，而这个表面一般都假定与发光的燃烧表面相重合，即上述扩散火焰的外形。

在燃料与空气的扩散燃烧中，可认为组成系统的物质由N_2、O_2、燃料气和燃烧产物所构成。在空气过量的情况下，空间中各物质的径向浓度分布如图6-7所示。燃料气只存在于火焰面的内侧，在中心线上浓度最高；O_2只存在于火焰面的外侧，在火焰面上它们的浓度都为0。燃烧产物和N_2都跨越火焰面而在整个空间中存在，燃烧产物的浓度在火焰面上达到最大值；N_2的浓度是在中心线上达到最小值。

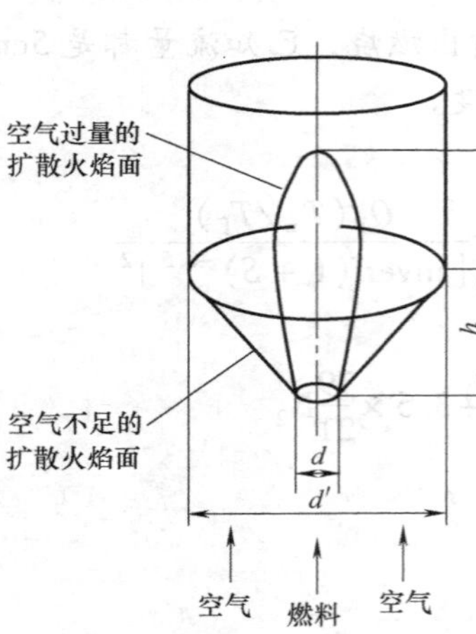

图 6-6 同轴射流扩散火焰

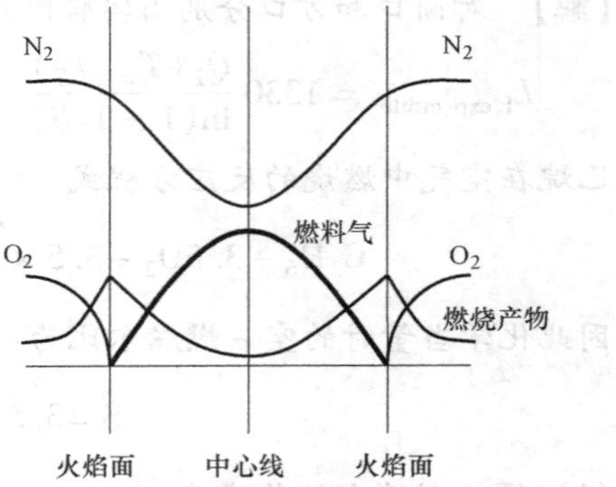

图 6-7 空气过量条件下各物质径向浓度分布

对于燃烧区变密度的情况，使控制方程组式（6-51）~式（6-54）的求解变得很复杂。对于空气过量的同轴射流火焰，可以进行如下假定：

（1）没有径向速度，$v_r=0$。

（2）密度与组分扩散系数的乘积保持不变，$\rho D = \rho_c D_0 = \text{const}$。

则依据式（6-51）有：

$$\rho v_x = \rho_c v_c = \text{const} \tag{6-62}$$

式中 ρ_c——气体燃料的初始密度；

v_c——气体燃料的初始速度；

D_0——气体燃料初始低温下的扩散系数。

从而气体燃料的组分守恒方程式（6-53）变为：

$$v_c \frac{\partial f_F}{\partial x} = D_0 \frac{1}{r} \frac{\partial}{\partial r}\left(r \frac{\partial f_F}{\partial r}\right) \tag{6-63}$$

求解上述偏微分方程得到 $f_F(r,x)$ 的表达式比较复杂，含有贝塞尔函数。$r=0$，$f_F(r,x)=0$ 时的 x 值即为火焰长度 L_f。L_f 要通过下述超越方程的求解得到：

$$\sum_{n=1}^{\infty} \frac{1}{\varphi_n} \frac{J_1(\varphi_n d/2)}{[J_0(\varphi_n d'/2)]^2} \exp\left(-\frac{\varphi_n^2 D_0}{v_c} L_f\right) = \frac{d'^2}{4d}\left(1+\frac{1}{S}\right) - \frac{d}{4} \tag{6-64}$$

式中 J_0——0 阶贝塞尔函数；

J_1——1 阶贝塞尔函数；

φ_n——方程 $J_1(\varphi_n d'/2)=0$ 的所有正根；

d——同轴射流的内部直径；

d'——同轴射流的外部直径；

S——同轴射流中空气-燃料的化学当量摩尔比。

伯克和舒曼理论得到的火焰长度与前面自由射流火焰理论得到的结果基本是一致的，即大致正比于气体燃料的体积流量，反比于组分扩散系数。

$$L_f \propto \frac{v_c d^2}{D} \tag{6-65}$$

6.4.2　扩散火焰与动力火焰

在同轴射流中，如果内管气流由空气过量的预混气逐渐变为纯燃料气，那么燃烧火焰也就由纯粹的动力火焰逐渐向纯粹的扩散火焰过渡，如图 6-8 所示。

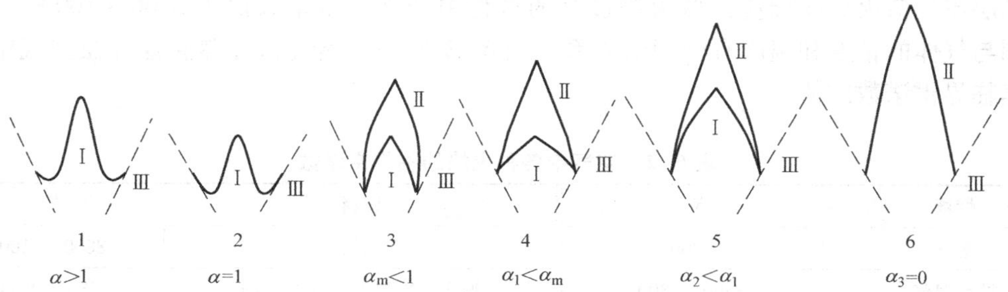

图 6-8　动力火焰逐渐转化为扩散火焰的过程

图 6-8 中的工况 1 表示内管中过量空气系数 $\alpha>1$ 时均匀可燃混合气的动力燃烧情况。Ⅰ表示动力火焰面，Ⅱ表示扩散火焰面，Ⅲ表示与纯空气流的分界面。工况 2 中内管中过量空气系数 $\alpha=1$ 时，动力燃烧速度最快，火焰面Ⅰ最短。工况 3 中内管过剩空气量减少到 $\alpha_m<1$，即空气不足时，则动力火焰面Ⅰ只能够把可燃混合物中相当于化学当量比的那部分燃料烧掉，其余没有烧掉的燃料就和完全燃烧后所生成的燃烧产物混合起来，成为一种相当于掺杂有不可燃气体的气体燃料。这种气体燃料与周围空间中空气混合后又可以燃烧，形成扩散火焰面Ⅱ，它的位置决定于扩散燃烧规律，扩散火焰面和动力火焰面把空间分为三个区域：在喷口与动力火焰面之间是尚未燃烧的可燃混合气体；在两个火焰面之间是动力燃烧未燃尽的可燃气体与燃烧产物的混合物，而在扩散火焰面之外则是燃烧产物与空气的混合物。

动力火焰与扩散火焰的长度与内管中的可燃混合气中的空气含量有关。当空气含量减小时，由前述讨论可知，层流动力火焰传播速度 S_l 会变小，则此时动力火焰长度就将变长。随着空气含量的继续减少（在工况 4、5、6 中 $\alpha_1>\alpha_2>\alpha_3=0$），经过动力火焰后未燃尽的燃料量逐渐增多，要使这些燃料完全燃烧，就需要增加从周围空气中扩散来的氧气量，所以扩散火焰长度必然随之伸长。这样，动力火焰面Ⅰ和扩散火焰面Ⅱ就相互慢慢地接近。在工况 6 中当 $\alpha_3=0$ 时，这时燃烧就成为纯扩散燃烧。

6.5　湍流扩散火焰

目前工业上广泛采用湍流扩散燃烧，而火灾过程中也主要是湍流扩散燃烧。与层流扩散类似，按射流形式的不同，湍流扩散火焰也可分为自由射流湍流扩散火焰、旋流射流湍流扩散火焰、同轴射流湍流扩散火焰逆向流射流扩散火焰以及受限射流与非受限射流湍流扩散火焰等。

图 6-9 中给出扩散火焰由层流状态转变为湍流状态的发展过程。从图中可以看出，层流扩散火焰面的边缘光滑、形状稳定，随着流速（或雷诺数）的增加，火焰面高度也成线性增高，一直达到最大值；此后，流速的增加将使火焰面顶端变得不稳定，并开始颤动。随着流速进一步的提高，从火焰顶端的某一确定点开始发生层流破裂并转变为湍流射流，从而使层流火焰转化为带有噪声的湍流火焰。在湍流状态下，扩散加强，燃烧加快，使得火焰高

度迅速缩短，同时也使由层流火焰破裂转为湍流火焰的那个破裂点向喷口方向移动。当射流速度升高使破裂点十分靠近喷口，亦即达到充分发展的湍流火焰条件后，速度若再进一步提高，火焰的高度以及破裂点高度都不再改变而保持一个定值，但火焰的噪声却会继续增大。最后在某一速度下（该速度取决于可燃气的种类和喷燃器尺寸），火焰会被吹离喷管而熄灭。

在层流扩散火焰向湍流扩散火焰过渡的过程中的临界雷诺数值为 2000 ~ 10000，而 Re 的范围与气体的粘度和温度有密切的关系。表 6-2 为一些燃气和可燃混合气在空气中的湍流火焰临界雷诺数的值。

表 6-2　空气中各种火焰的临界雷诺数

燃料	Re_e	燃料	Re_e
氢气	2000	乙炔	8800 ~ 11000
城市煤气	3300 ~ 3800	混入一次风的氢气混合物	5500 ~ 8500
一氧化碳	4800 ~ 5000	混入一次风的城市煤气混合物	6400 ~ 9200
丙烷	8800 ~ 11000		

扩散火焰的燃烧速度取决于燃料与空气的混合速度，湍流扩散要比层流扩散速度快，因此湍流扩散火焰的长度要比层流扩散火焰长度短。湍流扩散火焰的长度也可以按式（6-48）来确定，不过此时扩散系数是湍流扩散系数 D_T。因为湍流扩散系数 D_T 是与湍流强度 ε 与湍流尺度 l 的乘积成正比的，即 $D_T = \varepsilon l$，而湍流强度 ε 是与流速 v_c 成比例，湍流尺度 l 与喷管直径 d 成正比，因此根据式（6-65）得到湍流扩散火焰长度为：

$$L_{f,t} \propto d \tag{6-66}$$

式（6-66）表明，湍流扩散火焰的长度与喷管的直径成正比，而与流速无关。这个结论已被实验所证实。

图 6-9 也给出了火焰形状与高度随射流速度增加而变化的实验结果。从图 6-9 中可以看出，在流速比较低时，亦即处于层流状态时，火焰高度随流速的增加大致成正比提高，而在流速比较高时，亦即处于湍流状态时，火焰高度几乎与流速无关。

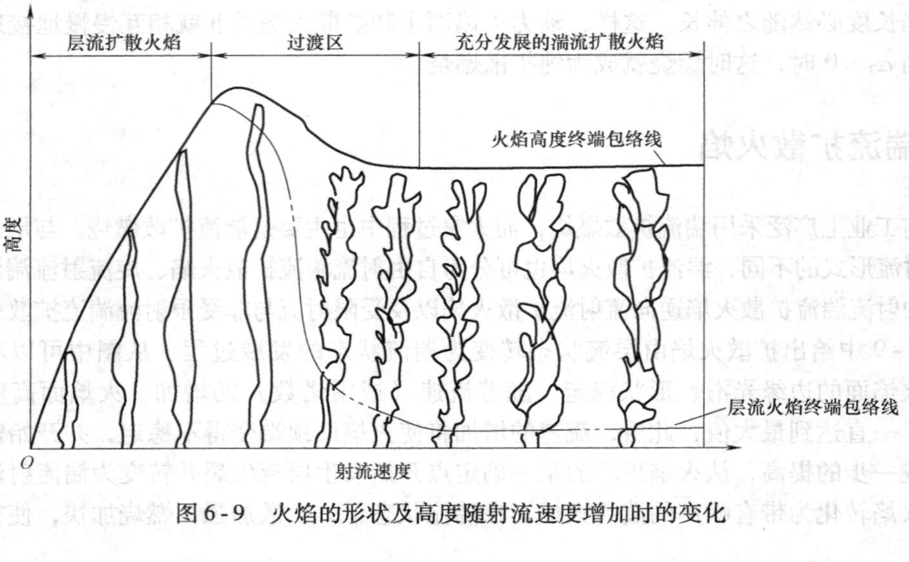

图 6-9　火焰的形状及高度随射流速度增加时的变化

湍流扩散火焰比层流扩散火焰要复杂得多，基本无法用分析的方法进行求解，而主要通过数值方法求解。下面是一些用于估算火焰长度和半径的经验公式。

决定向上自由射流火焰的垂直长度的主要因素有：

（1）初始射流动量通量与作用在火焰上方的力之比，即火焰的傅鲁特（Froude）数。

（2）喷管内流体密度与环境气体密度之比。

（3）初始射流直径。

（4）成分组成为化学当量比时，燃料的质量分数。

火焰的傅鲁特数定义如下：

$$F_{rf} = \frac{v_e f_s^{\frac{3}{2}}}{\left(\dfrac{\rho_e}{\rho_\infty}\right)^{\frac{1}{4}}\left[\dfrac{\Delta T_f}{T_\infty} g d_j\right]^{\frac{1}{2}}} \tag{6-67}$$

式中　ΔT_f——燃烧特征温度（K）；

v_e——出口流速；

f_s——化学当量比时燃料的质量分数比；

ρ_e——喷管内流体密度（kg/m^3）；

ρ_∞——环境气体密度（kg/m^3）；

g——重力加速度（m/s^2）；

d_j——喷管直径，即初始射流直径（m）。

将初始射流直径 d_j 与喷管内流体密度与环境气体密度之比$\dfrac{\rho_e}{\rho_\infty}$综合为一个参数，用 d_j^* 表示，称为动量直径：

$$d_j^* = d_j\left(\frac{\rho_e}{\rho_\infty}\right)^{\frac{1}{2}} \tag{6-68}$$

在浮力起主要作用区，无因次火焰长度 l^* 的经验公式为：

$F_{rf} < 5$ 时：

$$L^* = \frac{13.5 F_{rf}^{\frac{2}{5}}}{(1 + 0.07 F_{rf}^2)^{\frac{1}{5}}} \tag{6-69}$$

在动量起主要作用的区域，无因次火焰长度 L^* 的经验公式为：

$F_{rf} \geqslant 5$ 时：

$$L^* = 23 \tag{6-70}$$

火焰长度与无因次火焰长度的关系为：

$$L^* = \frac{L_f f_s}{d_j^*} \text{ 或 } L_f = \frac{L^* d_j^*}{f_s} \tag{6-71}$$

复　习　题

1. 根据层流自由射流的自相似理论，证明射流中心线上的质量分数 $f_{F,0}$ 只与体积流量 Q 和运动粘度 ν 有关。

2. 两股等温空气层流射流喷入静止空气中，喷口的直径不同，但体积流量相同。

（1）求两股射流雷诺数比的表达式，用 R 表示。

（2）已知 $Q = 5cm^3/s$，$R_1 = 3mm$，$R_2 = 5mm$，计算并比较两股射流的 $r_{1/2}/x$ 和 α。

(3) 分别求中心线处速度衰减到出口速度1/10时的轴向位置。

3. 计算射流半宽 $r_{1/2}$ 内的质量流量。

4. 对于喷口直径和体积流量相同的乙烯和乙烷射流，用无反射层流自由射流理论比较它们的火焰长度。已知在1atm、300K下乙烯的运动粘度为 $0.102\times10^{-5}m^2/s$，乙烷的为 $0.11\times10^{-5}m^2/s$。

5. 对于喷口直径和体积流量相同的乙烯和乙烷射流，用层流射流火焰的罗帕实验修正解比较它们的火焰长度。

6. 某丙烷射流火焰的出口直径为6.0mm，丙烷的质量流量为 $3.60\times10^{-3}kg/s$，射流出口处的丙烷密度为 $1.854kg/m^3$，环境温度为298k，压力为1atm。估算该射流火焰的长度。

第 7 章

可燃液体燃烧

7.1 可燃液体燃烧的特点

一般来说，可燃液体的燃烧首先需经过蒸发这一过程，根据图 7-1 所示，可燃液体蒸发变成可燃性气体后，有两种燃烧方式，一种是和空气预先混合，形成预混燃烧，另一种是可燃气体与空气边扩散边燃烧，形成扩散燃烧。因此，可燃液体的燃烧实际上是可燃蒸气的燃烧，而液体能否发生燃烧，燃烧速率的高低与液体的蒸气压、闪点、沸点和蒸发速率等性质密切相关。由于液体的燃烧受蒸发过程控制，所以液体的燃烧一般都比较稳定，同时也由于受到蒸发速度与燃烧速度相对大小的影响，而出现了闪燃现象。

另外，在不同类型油类的敞口贮罐的火灾中也容易出现沸溢、喷溅等现象，这主要是由于液体在燃烧过程中，不断由液面向液层内传热，使含有水分、粘度大、沸点在 100℃以上的重油、原油产生沸溢、喷溅，进而造成大面积火灾。

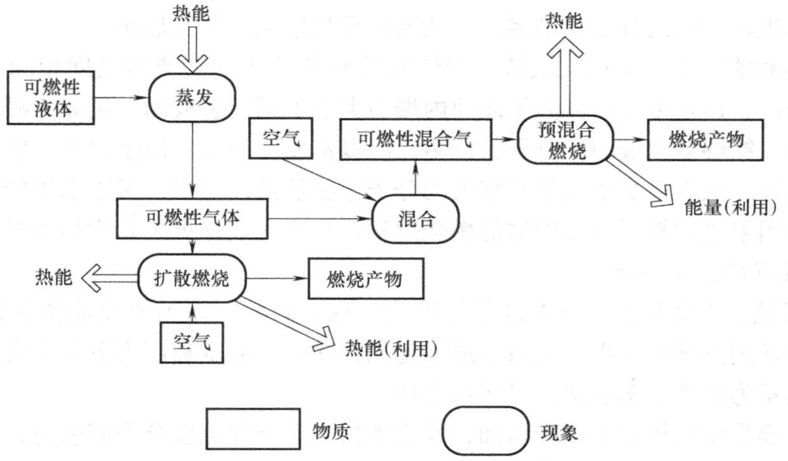

图 7-1 可燃液体燃烧的一般过程

本章将主要介绍液体的蒸发、液体的闪燃和爆炸、液体着火、油罐火灾、原油和重油的沸溢和喷溅、液滴的燃烧等内容。

7.2 可燃液体的蒸发及蒸气浓度计算

蒸发，就是物质从液态转化为气态的相变过程。从微观上看，蒸发就是液体分子从液体表面脱离而进入空间的过程。液体中的分子一直在不停地作无规则运动，它们的平均动能的大小跟液体的温度有关。由于分子不断的无规则热运动和相互碰撞，在任何时刻总有一些分子的动能达到了克服液体分子间引力所需的功，这些具有较大动能的分子如果处于液面附近，就可能脱离液面而进入空间，变成该液体的蒸气，这就是蒸发现象。蒸气分子在与其他气态物质的分子碰撞后，又有一些可能再回到液面上或进入液体内部。如果进入空间的分子多于飞回液面的，液体就在蒸发，相反，如果进入空间的分子少于飞回液面的，那么蒸气就在凝结。当蒸发速度等于凝结速度时，液体和它的蒸气达到了一种动态的平衡状态。

7.2.1 蒸发过程的影响因素及主要参数

1. 蒸发过程的影响因素

（1）空气流动。当进入空气里的蒸气分子与空气分子或其他蒸气分子发生碰撞时，有可能被碰回到液体中来。如果液面空气流动快，通风好，蒸气分子很快被吹走，重新返回液体的几率变小，也就意味着蒸发越快。

（2）液体温度。温度越高，蒸发越快，反之，蒸发越慢。无论在什么温度下，液体中总有一些具有较大速度很大的分子能够脱离液面而成为蒸气分子，因此在任何温度下液体都会蒸发。而随着液体温度的升高，分子的平均动能将进一步增大，这样就有更多分子具有克服液面束缚所需的最低动能，也就是说从液面飞出去的分子数量就会增多，所以液体的温度越高，蒸发就越快。

（3）液面面积。如果液体表面面积增大，则处于液体表面附近的分子数目将会增加，这使得从液面进入空间的分子数增多，因此液面面积增大，蒸发加快。

（4）液体种类。对于不同的液体，即使其外界条件相同，液体温度相同，液体的蒸发速度也不尽相同，这是由于液体分子之间内聚力大小不同而造成的。例如乙醚，其分子之间的内聚力很小，能够溢出液面的分子数较多，所以蒸发就较快，但是对于一些内聚力很大的液体，例如水银，只有极少数动能足够大的分子才能从液面溢出，所以水银的蒸发就很慢。

以上这些因素也间接影响着液体的燃烧过程，是决定液体火灾行为的重要因素。

2. 蒸发过程的主要参数

（1）蒸发热。上文提到，蒸发过程是吸热过程，因此，如果要使液体在恒温恒压情况下蒸发，必须从周围环境中吸收热量。通常定义，在一定温度和压力下单位质量液体完全蒸发所吸收的热量为液体的蒸发热，又叫汽化热。

蒸发热主要是使液体分子动能增加，速度加快，而能够克服分子间引力，逸出液面，因此，分子间引力或者分子间色散力越大的液体，其蒸发热越高。此外，蒸发热还用于汽化时体积膨胀对外所做的功。所以蒸发热越高，越不利于液体的蒸发和燃烧。

（2）沸点。当液体的蒸气压与外界压力相等时，蒸发在整个液体中进行，这种现象称为液体沸腾；当蒸发气压低于环境压力时，蒸发仅限于在液面部分进行。换句话说，沸腾是指在一定温度下液体内部和表面同时发生的剧烈汽化现象。而所谓液体的沸点，是指液体的饱和蒸发压与外界压力相等时液体的温度。很显然，液体沸点除了与液体种类有关，还与外界气压密切相关。表7-1是一些常见液体在常压下的沸点。

表7-1 常见液体的沸点

物质名称	沸点/℃	物质名称	沸点℃	物质名称	沸点℃	物质名称	沸点℃
甲烷	-161	苯	80.1	异戊烷	27.8	碘化氢	-37
乙烷	-89	甲苯	110.6	癸烷	160	硫化氢	-61
丙烷	-30	乙醇	78.4	氨	-33	磷化氢	-88
丁烷	0	乙醚	34.6	水	100	溴化氢	-70
正戊烷	36.1	硅烷	-112	氟化氢	17	氯化氢	-84
丙酮	56.1	甲醇	64.8	甲醛	-19.5	乙酸	117.9

（3）蒸气压。一定外界条件下，液体中的液态分子会蒸发为气态分子，同时气态分子也会撞击液面回归液态。这是单组分系统发生的气液两相变化，一定时间后，即可达到平衡。平衡时，气态分子含量达到最大值，这些气态分子对液体产生的压强称为饱和蒸气压，简称蒸气压。蒸气压是液体的重要性质，它与液体的数量及液面上方空间的大小无关，而仅与液体的物理化学性质和液体温度有关。

在相同温度下，液体分子之间的引力弱，则液体分子就很容易克服引力跑到空间中去，蒸气压就高；反之，蒸气压就低。分子间的引力称为分子间力，又称范德华力，其中最重要是色散力。色散力是由于分子在运动过程中，原子核和电子云发生瞬时相对运动，产生瞬时偶极而出现的分子间的吸引力。分子量越大的液体，分子就越容易变形，色散力就越大。所以同类液体中，分子量越大，蒸发越难，蒸气压越低。但在水分子（H_2O）、氨（NH_3）、氟化氢（HF）分子中，以及很多有机化合物中，由于存在氢键，使得分子间力大大增强，蒸发也不容易，所以蒸气压较低。可见，液体性质是影响蒸气压的重要因素。

另外，同一物质在不同温度下有不同的饱和蒸气压，并随着温度的升高而增大。例如，在30℃时，水的饱和蒸气压为4132.982Pa，乙醇为10532.438Pa。而在100℃时，水的饱和蒸气压达到101324.72Pa，乙醇的饱和蒸气压达到222647.74Pa，增幅超过一倍。不同液体饱和蒸气压不同，一般地，溶质的饱和蒸气压总是大于其溶液的饱和蒸气压。

一般讨论的蒸气压都为大量液体的蒸气压，但是当液体变为很小的液滴时，且液滴尺寸越小，由于表面张力而产生附加压力越大，而使蒸气压变高，导致形成过热液体、过饱和溶液等亚稳态体系。这也影响了液滴或喷雾的燃烧性质。

饱和蒸气压是液体的一个重要物理性质，如液体的沸点、液体混合物的相对挥发度等都与之有关，这也决定了液体的闪点、燃点等也与饱和蒸气压有关。

7.2.2 克劳修斯-克拉佩龙方程式

液体的蒸气压与温度之间的关系服从克劳修斯-克拉佩龙方程，下面将对该方程进行介绍。

为了确定不同平衡系统描述时所需的独立参数，1875年美国科学家吉布斯导出的著名的相律，即对于一个平衡系统，独立强度参数的数目与系统包含的相数和组元数有一定的关系。对于无化学反应的系统，吉布斯相律为：

$$I = C - P + 2 \tag{7-1}$$

式中 I——系统中独立强度参数的数目，或称为自由度；

C——系统包含的组元数；

P——系统包含的相数。

根据吉布斯相律，纯物质处于饱和状态，即两相平衡共存时，饱和压力与饱和温度之间存在着一定的关系，彼此并不独立。克劳修斯-克拉佩龙方程就是按照平衡条件导出的饱和压力和饱和温度之间的一般关系式，其可以表示为：

$$\frac{\mathrm{d}p_s}{\mathrm{d}T_s} = \frac{L_v'}{(\nu^\beta - \nu^\alpha)T_s} \tag{7-2}$$

式中 p_s——饱和压力；

T_s——饱和温度；

L_v'——单位质量物质的相变潜热；

ν^α 与 ν^β——两相的比体积。

式（7-2）是一种普遍适用的微分形式的方程式，结合物质的特性条件，对其进行积分，便可获得饱和曲线的具体函数形式。为了简化，此处只讨论低压下的情况，此时认为蒸气的比容（单位质量物质所占有的体积）ν^β 比液体的 ν^α 大得多，即 $\nu^\beta > \nu^\alpha$，那么在计算过程中，ν^α 就可以被忽略；同时对于蒸气应用理想气体的状态方程式 $\nu^\beta = RT_s/(M_s p_s)$，代入式（7-2）有：

$$\frac{dp_s}{dT_s} = \frac{M_s p_s L_v'}{RT_s^2} = \frac{p_s L_v}{RT_s^2} \tag{7-3}$$

式中 L_v——单位摩尔物质的相变潜热。

R——摩尔气体常数，又称通用气体常数，$R=8.314\mathrm{J/(mol\cdot K)}=1.987\mathrm{cal/(mol\cdot K)}$

式（7-3）可写成：

$$\frac{\mathrm{d}p_s}{p_s} = \frac{L_v}{R}\frac{\mathrm{d}T_s}{T_s^2} \tag{7-4}$$

如果温度变化范围较小，则相变潜热可视为常数，对式（7-4）进行积分，可得：

$$\ln p_s = -\frac{L_v}{R}\frac{1}{T_s} + C \tag{7-5}$$

$$\ln\frac{p_{s,2}}{p_{s,1}} = -\frac{L_v}{R}\left(\frac{1}{T_{s,2}} - \frac{1}{T_{s,1}}\right) \tag{7-6}$$

取 $R=1.987\mathrm{cal/(mol\cdot K)}$时，式（7-5）变成：

$$\lg p^0 = \left(-0.2185 \times \frac{L_v}{T}\right) + C' \tag{7-7}$$

式中 p^0——平衡压力（Pa）；

T——温度（K）；

L_v——蒸发热（cal/mol）；

C、C'——常数，表7-2给出了常见有机化合物的C'和L_v的值。

特别注意的是，当时$R=1.987\text{cal}/(\text{mol}\cdot\text{K})$，蒸发潜热$L_v$的单位也应取cal/mol。

表7-2 常见有机化合物的C'和L_v的值

化合物	分子式	C'	L_v/(cal/mol)	化合物	分子式	C'	L_v/(cal/mol)
正-戊烷	$n-C_5H_{12}$	9.6146	6595.1	乙醇	C_2H_5OH	10.9523	9673.9
正-己烷	$n-C_6H_{14}$	9.8420	7627.2	正-丙醇	$n-C_3H_7OH$	11.0622	10421.1
环己烷	$c-C_6H_{12}$	9.7870	7830.9	丙酮	$(CH_3)_2CO$	10.0289	7641.5
正-辛烷	$n-C_8H_{18}$	10.0189	9221.0	丁酮	$CH_3CO\cdot CH_2CH_3$	10.0842	8149.5
异辛烷	（2、2、4三甲基戊烷）	10.0598	8548.0	苯	C_6H_6	9.9586	8146.5
正-癸烷	$n-C_{10}H_{22}$	10.3730	10912.0	甲苯	$C_6H_5CH_3$	9.8443	8580.5
正十二烷	$n-C_{12}H_{26}$	10.2759	11857.7	苯乙烯	$C_6H_5OH=CH_2$	10.0469	9634.7
甲醇	CH_3OH	10.7647	8978.8				

7.2.3 拉乌尔定律

克劳修斯-克拉佩龙方程虽然可以求解液体的饱和蒸气压，但是它仅适用于单一组分的纯液体。对于稀释溶液，则需要用拉乌尔定律求解。对于任一组分在全部浓度范围内都符合拉乌尔定律的溶液称为理想溶液。理想溶液溶剂的蒸气压p_A等于纯溶剂的蒸气压p_A^0乘以溶液中溶剂的摩尔分数x_A，即：

$$p_A = p_A^0 x_A \tag{7-8}$$

对非理想溶液，拉乌尔定律应修正为：

$$\begin{cases} p_i = p_i^0 a_i \\ a_i = r_i x_i \end{cases} \tag{7-9}$$

式中 p_i——溶液中i组分的蒸气压；

p_i^0——i组分纯物质的蒸气压；

a_i——i组分的活度；

r_i——i组分的活度系数。

需要注意的是，当$r_i=1$，$a_i=x_i$时，式（7-9）也就是式（7-8）的形式，即式（7-9）是一个通用公式。

【例7-1】 含有40%（体积）乙醇和60%（体积）环己烷的混合物，可近似地看成理想溶液。试计算在30℃和60℃的条件下，液体表面的饱和蒸气压$p_{乙醇}$与$p_{环己烷}$。已知$\rho_{乙醇}=$

790kg/m^3，$\rho_{环己烷}$ =660kg/m^3。

【解】 (1) $$x_{乙醇} = \frac{40 \times \frac{790}{46}}{\frac{40 \times 790}{46} + \frac{60 \times 660}{84}} = 0.593$$

$$x_{环己烷} = 1 - x_{乙醇} = 0.407$$

(2) 根据表 7-2，有 $L_{v乙醇} = 9673.9\text{cal/mol}$，$L_{v环己烷} = 7830.9\text{cal/mol}$，$C'_{乙醇} = 10.9523$，$C'_{环己烷} = 9.7870$，将有关数值代入克劳修斯-克拉佩龙方程得：

$$\lg p^0_{乙醇} = -\frac{0.2185 \times 9673.9}{T} + 10.9523$$

$$\lg p^0_{环己烷} = -\frac{0.2185 \times 7830.9}{T} + 9.7870$$

将 $T=303\text{K}$、$T=333\text{K}$ 代入得：

$$(p^0_{乙醇})_{303\text{K}} = 9550\text{Pa}$$
$$(p^0_{环己烷})_{303\text{K}} = 13803\text{Pa}$$
$$(p^0_{乙醇})_{333\text{K}} = 40244\text{Pa}$$
$$(p^0_{环己烷})_{333\text{K}} = 44543\text{Pa}$$

根据拉乌尔定律计算液面上的蒸气压：

$$(p^0_{乙醇})_{303\text{K}} = (9550 \times 0.593)\text{Pa} = 5663\text{Pa}$$
$$(p^0_{环己烷})_{303\text{K}} = (13803 \times 0.407)\text{Pa} = 5618\text{Pa}$$
$$(p^0_{乙醇})_{333\text{K}} = (40244 \times 0.593)\text{Pa} = 23865\text{Pa}$$
$$(p^0_{环己烷})_{333\text{K}} = (44543 \times 0.407)\text{Pa} = 18192\text{Pa}$$

7.3 可燃液体的闪燃与爆炸温度极限

7.3.1 液体的闪燃与闪点

1. 可燃液体的闪燃

可燃液体挥发的蒸气与空气混合，可燃蒸气达到一定浓度遇明火发生一闪即逝的燃烧，或者将可燃固体加热到一定温度后，遇明火会发生一闪即灭的燃烧现象，叫闪燃。液体发生闪燃，是因为其表面温度不高，虽然初始时液面上的蒸气浓度已达到爆炸下限，但由于蒸发速度小于燃烧速度，所产生的蒸气来不及补充因燃烧而被消耗掉的蒸气，而仅能维持一瞬间的燃烧，这样便出现了一闪即灭的瞬间燃烧。可燃液体发生闪燃，是其可能发生火灾的一个预警，人员可以通过降低液体温度或其他防火措施来避免火灾的发生。

2. 可燃液体的闪点

所谓液体的闪点是指在规定的实验条件下，液体表面能够产生闪燃的最低温度。

测定闪点的方法有两种：开口闪点和闭口闪点，或者称开杯闪点和闭杯闪点。一般闪点在150℃以下的轻质油品用闭杯法测闪点，而重质润滑油和深色石油产品则用开杯法测闪点。同一个油品，其开杯闪点较闭杯闪点高20~30℃。

（1）开口闪点。用规定的开口闪点测定仪（见图7-2a）所测得的结果叫做开口闪点，以℃表示。

测开口闪点时，把试样装入内坩埚内并达到规定的刻度线后，首先通过电炉加热使试样温度迅速升高，然后再减缓升温速度，在接近闪点时，恒速升温，在规定的温度间隔，用一个小的点火器火焰按规定速度通过试样表面，以点火器的火焰使试样表面上的蒸气发生闪火时试样的最低温度，作为开杯闪点。为了测准闪点，必须严格控制操作条件，特别是升温速度。该方法重复性结果之差不得大于8℃，而再现性结果之差不得大于16℃，其中重复性是指同一操作者用同一台仪器重复试验，而再现性是指两个实验室对同一个样品进行检测。

（2）闭口闪点。用规定的闭口闪点测定仪（见图7-2b）所测得的结果叫做闭口闪点，以℃表示，常用于测定煤油、柴油、变压器油等油品的闪点。

测闭口闪点时，首先将样品倒入试验杯中，在规定的速率下连续搅拌，并以恒定速率加热样品。以规定的温度间隔，在中断搅拌的情况下，将火源引入试验杯开口处，使样品蒸气发生瞬间闪燃，此时试样的最低温度即为环境大气压下的闪点，还需再用公式修正，进而可得到标准大气压下的闪点。对于闪点小于104℃的液体，该方法重复性结果之差不得大于2℃，再现性结果之差不得大于3.5℃；而对于闪点大于104℃的液体，该方法的重复性结果之差不得大于5.5℃，再现性结果之差不得大于8.5℃。相对而言，闭口闪点较开口闪点精度要更高些。

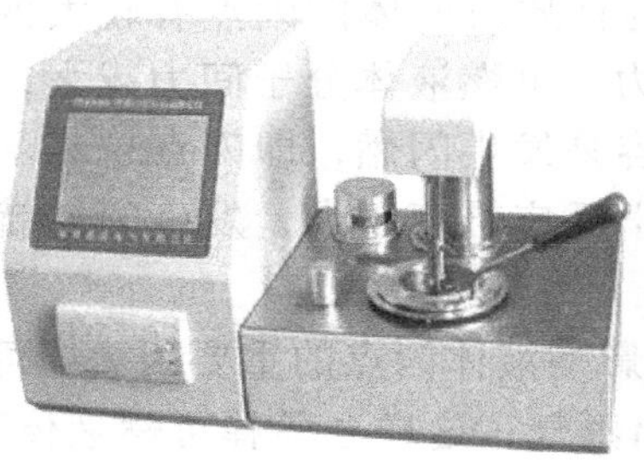

a)

b)

图7-2 闪点测定仪

a）开口闪点测定仪 b）闭口闪点测定仪

3. 闪点的实用意义

（1）用于评定可燃液体火险性的大小。可燃液体生产、储存厂房和库房的耐火等级、层数、占地面积、安全疏散设施、防火间距、防爆设施等的确定和选择要根据闪点来确定；液体储罐、堆场的布置、防火间距，液化石油气储罐的布置、防火间距等也要以闪点为依据。

闪点越低的液体，其火灾危险性就越大。有的液体在常温下甚至在冬季，只要遇到明火就可能发生闪燃。例如苯的闪点为-14℃，酒精的闪点为11℃，苯的火灾危险性就比酒精大。又如煤油的闪点是40℃，它在室温下与明火接近是不能立即燃烧的，因为此时蒸发出来的煤油蒸气量很少，不能闪燃，更不能燃烧。只有把煤油加热到40℃时才能闪燃，继续加热到燃点温度时，才能燃烧。

（2）作为可燃液体的分类、分级标准。在消防工程设计及应用中，根据闪点的不同将可燃液体为了三大种类，见表7-3。

表7-3 可燃液体分类

类别		条件	举例
甲类液体		闪点<28℃	乙醇、汽油等
乙类液体	A类	28℃≤闪点≤45℃	喷气燃料、灯用煤油等
	B类	45℃<闪点<60℃	
丙类液体	A类	60℃≤闪点≤120℃	重油、润滑油等
	B类	闪点>120℃	

（3）据此确定安全生产措施。闪点是表示物质蒸发倾向和安全性质的物理量，闪点越高表示越安全。在储存使用中禁止将油品加热到它的闪点，加热的最高温度，一般应低于闪点20~30℃，这样可以有效避免液体闪燃的发生，降低火灾发生的概率。

（4）成为选择灭火剂供给强度的依据。灭火剂的供给强度，是指单位面积上、单位时间内，供给灭火剂的数量。闪点越低的液体，其灭火剂供给强度就越大。

4. 闪点的主要影响因素

（1）可燃液体的性质。可燃液体的种类与性质对液体的闪点有较大的影响，这种影响主要来自可燃液体的分子间力和化学键力。可燃液体分子间力越大，蒸发就越困难，那么液体上方蒸气浓度就越低，就越不容易发生闪燃，即闪点越高。可燃液体化学键力也类似，化学键力越强，分子发生化学反应难度越大，发生闪燃就越难，闪点也随之升高。

（2）混合情况。可燃液体的混合情况也是影响液体闪点的重要因素。可燃液体与非可燃液体互溶时，由于非可燃液体也会蒸发出蒸气，这样会稀释可燃液体蒸气的浓度，造成可燃液体闪点的增加。两种可燃液体的混合物，其闪点也不等于两种物质闪点的算术平均值。

1）完全互溶的可燃混合液体的闪点。

完全互溶的可燃混和液体的闪点一般比其各组分闪点的算术平均值要低，且接近于含量大的组分的闪点。例如，纯乙酸戊酯的闪点为28℃，纯甲醇闪点为7℃。当20%的乙酸戊酯和80%的甲醇混合时，其闪点并不等于（28×20%+7×80%）℃=11.2℃，而是约等于9℃，如图7-3所示。

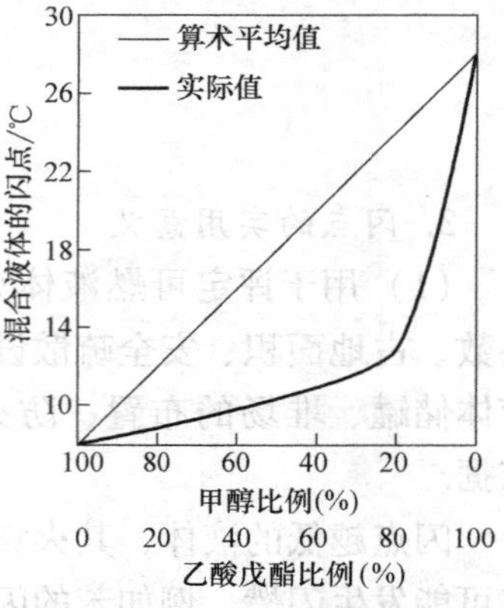

图7-3 乙酸戊酯与甲醇混合液的闪点

2）可燃液体与不可燃液体混合时的闪点。

如将不燃液体加入互溶的可燃液体中，则混合液体的闪点将随着不燃液体比例的增加而增大，当不燃组分含量超过某一临界值时，混合液体将无法发生闪燃。表7-4给出了醇水溶液的闪点。

表7-4　醇水溶液的闪点

溶液中醇的含量（%）	闪点/℃		溶液中醇的含量（%）	闪点/℃	
	甲醇	乙醇		甲醇	乙醇
100	11	12	20	44.25	36.75
80	16.75	19	10	58.57	49
60	22.75	22.75	5	—	62
40	30	26.75	3	—	—

（3）压力。总压力升高，根据分压定律，为了使蒸气浓度达到爆炸极限，其饱和蒸气压就要相应提高，而对应的温度也要增高。所以，压力越高，液体闪点越高。例如，压力为74078Pa时，甲苯闭杯闪点仅为0.1℃，而当压力为197368Pa时，甲苯闭杯闪点则升高到16.3℃，见表7-5。

表7-5　压力对甲苯闪点的影响

压力/Pa	甲苯饱和蒸气压/Pa	甲苯闭杯闪点/℃
74078	889	0.1
100000	1200	4.9
197368	2368	16.3

（4）点火时间和火源强度。在其他条件相同的情况下，点火时间越长，液面上的火源强度越高，液体的闪点则越低。这主要是因为液体接收的热量越多，其表层温度将有所升高，液面上方蒸气浓度就越高。例如，在电焊电弧作用于液面时，由于电弧的能量很高，液体在初温低于正常实验条件下的闪点时也能够发生闪燃。

7.3.2　同系物闪点变化规律

化学上，我们把结构相似、组成上相差1个或者若干个某种原子团的化合物互称为同系物。如烷类、烃类、醇类、芳香烃类等。

表7-6　部分醇的物理性能

物质	分子式	分子量	沸点/℃	密度比/(20℃/4℃)	20℃的蒸气压力/kPa	闪点/℃
甲醇	CH_3OH	32	64.56	0.792	11.82	11
乙醇	C_2H_6OH	46	78.4	0.789	5.87	12
正丙醇	C_3H_7OH	60	97.2	0.804	1.93	22.5
正丁醇	C_4H_9OH	74	117.8	0.810	0.63	34
正戊醇	$C_5H_{11}OH$	88	137.8	0.817	0.37	46
正己醇	$C_6H_{13}OH$	102	156.5	0.819	0.13	60
正庚醇	$C_7H_{15}OH$	116	176	0.822	0.13	76
正辛醇	$C_8H_{17}OH$	130	195	0.827	0.13	81

表 7-7　部分芳烃的物理性能

物质	分子式	分子量	沸点/℃	密度比/(20℃/4℃)	20℃的蒸气压力/kPa	闪点/℃
苯	C_6H_6	78	80.36	0.873	9.97	-12
甲苯	$C_6H_6CH_3$	92	110.8	0.866	2.97	5
二甲苯	$C_6H_4(CH_3)_2$	106	146.0	0.879	2.18	23
均三甲苯	$C_6H_3(CH_3)_3$	120	164	0.865	1.33	44

同系物虽然结构相似，但分子量却并不相同。分子量小的分子结构变形小，分子间力小，蒸发容易，蒸发浓度就高，闪点就较低，见表 7-6 和表 7-7。另外，碳原子数相同的同分异构体中，支链数增多，造成空间障碍增大，使分子间距离变远，从而使分子间力变小，闪点下降，见表 7-8。因此，同系物的闪点具有以下规律：

（1）同系物闪点随分子量的增加而升高。

（2）同系物闪点随蒸气压的降低而升高。

（3）同系物闪点随密度的增大而升高。

（4）同系物闪点随沸点的升高而升高。

（5）同系物中正构体比异构体闪点高。

表 7-8　正构体与异构体的闪点比较

物质名称	沸点/℃	闪点/℃	物质名称	沸点/℃	闪点/℃	物质名称	沸点/℃	闪点/℃
正己酮	127.5	35	正丙醚	91	-11.5	甲酸正戊酯	132	33
异己酮	119	17	异丙醚	69	-13	甲酸异戊酯	123.5	25.5
正戊烷	36	-40	氯代正丁烷	79	-11.5	正丙胺	46	-7
异戊烷	28	-52	氯代异丁烷	70	-24	异丙胺	32.4	-18
正辛烷	125.6	16.5	氯代正戊烷	110	16.5	正二丙胺	105	7.2
异辛烷	99	-12.5	氯代异戊烷	100	1	异二丙胺	84	-6.7

7.3.3　液体闪点计算

1. *直接计算液体闪点*

直接计算液体闪点有两种方法，分别为利用液体分子中的碳原子数计算和利用波道查公式计算。

（1）利用液体分子中的碳原子数。对可燃液体，可按下式计算其闪点：

$$t_f = \sqrt{10410 n_c} - 277.3 \tag{7-10}$$

式中　t_f——可燃液体闪点（℃）；

n_c——可燃液体分子中碳原子数。

（2）利用波道查公式。对烃类可燃液体，其闪点服从波道查公式：

$$t_f = 0.6946t_b - 73.7 \tag{7-11}$$

式中　t_b——可燃液体的沸点（℃）。

2. 间接计算液体闪点

除了直接计算闪点，也可以首先计算可燃液体饱和蒸气压，例如道尔顿公式、布里诺夫公式等，然后利用插值法或克劳修斯－克拉佩龙方程计算可燃液体的闪点。

（1）利用道尔顿公式计算。道尔顿公式为：

$$p_f = \frac{p}{1 + 4.76(N - 1)} \tag{7-12}$$

式中　p_f——闪点温度下可燃液体饱和蒸气压（Pa）；

N——燃烧1mol可燃液体所需氧原子摩尔数；

p——可燃液体蒸气和空气混合气体的总压，通常等于1.01325×10^5Pa。

（2）利用布里诺夫公式计算。布里诺夫公式为：

$$p_f = \frac{2Ap}{D_0 N} \tag{7-13}$$

式中　A——仪器常数；

D_0——可燃液体蒸气在空气中标准状态下的扩散系数，见表7-9。

表7-9　常见液体蒸气在空气中的扩散系数 D_0

液体名称	在标准状况下的扩散系数 D_0	液体名称	在标准状况下的扩散系数 D_0	液体名称	在标准状况下的扩散系数 D_0
甲醇	0.1325	间二甲苯	0.059	丁醇	0.0703
乙醇	0.102	对二甲苯	0.056	戊醇	0.0589
丙醇	0.085	乙苯	0.065	丙酮	0.086
苯	0.077	乙酸乙酯	0.0715	乙醚	0.0778
甲苯	0.0709	乙酸丁酯	0.058	乙酸	0.1064
邻二甲苯	0.062	二硫化碳	0.0892		

（3）利用可燃液体爆炸下限计算。处于闪点温度时液体的蒸气浓度就是该液体蒸气的爆炸下限，因此可以利用可燃液体爆炸下限来计算液体的闪点。液体的饱和蒸气浓度和蒸气压的关系为：

$$p_f = \frac{Lp}{100} \tag{7-14}$$

式中　L——蒸气爆炸下限。

在实际应用中，可以先利用上述道尔顿公式、布里诺夫公式或者可燃液体爆炸下限计算出可燃气体的蒸气压，然后可以根据表7-10中的数据，利用插值法求出可燃液体的闪点；也可在算出饱和蒸气压后，根据式（7-7）的克劳修斯－克拉佩龙方程来计算可燃液体的闪点。

表 7-10 常见的易燃与可燃液体的饱和蒸气压力/Pa

液体名称	温度/℃								
	-20	-10	0	+10	+20	+30	+40	+50	+60
甲醇	835.93	1795.85	3575.70	6690.10	11821.66	19998.3	32463.91	50889.01	83326.25
甲苯	231.98	455.96	889.26	1693.19	2973.08	4959.58	7905.99	12398.95	18531.76
乙醇	333.31	746.60	1626.53	3137.06	5866.17	10412.45	17785.15	29304.18	46862.08
乙酸甲酯	2533.12	4686.27	8279.29	13972.15	22638.08	35330.33	—	—	—
乙酸乙酯	866.59	1719.85	3226.39	5839.50	9705.84	15825.32	24491.25	37636.8	55368.63
乙酸丙酯	—	—	933.25	2173.25	3413.04	6432.79	9452.53	16185.29	22918.05
乙酸丁酯	—	479.96	933.25	1853.18	3333.05	5826.17	9452.53		—
乙醚	8932.57	14972.06	24583.24	38236.75	57688.43	84632.81	120923.05	168625.66	216408.27
丙醇	—	—	435.96	951.92	1933.17	3706.35	6772.76	11798.99	19598.33
丙酮	—	5159.56	8443.28	14708.08	24531.25	37330.16	55901.91	81167.77	115510.18
丁醇	—	—	—	270.64	627.95	1226.56	2386.46	4412.96	7892.66
戊醇	—	—	79.99	177.32	369.30	738.60	1409.21	2581.11	4546.28
苯	990.58	1950.50	3546.37	5966.16	9972.49	15785.32	24197.94	35823.62	52328.89
二硫化碳	6463.45	10799.08	17595.84	27064.37	40236.58	58261.71	82259.67	114216.95	156040.06
车用汽油	—	—	5332.88	6666.1	9332.54	13065.56	18131.79	23997.96	—
航空汽油	—	—	11732.34	15198.71	20531.59	27997.62	37730.13	50262.39	—
松节油	—	—	275.98	391.97	593.28	915.92	1439.88	2263.81	—

【例 7-2】 已知大气压力为 101325Pa，试用道尔顿公式求甲苯的闪点。

【解】 甲苯的燃烧反应式：

$$C_7H_8 + 9O_2 \rightarrow 7CO_2 + 4H_2O$$

所以 $N = 18$。

代入道尔顿公式得：

$$p_f = \left(\frac{1.01325 \times 10^5}{1 + 4.76(18 - 1)}\right)\text{Pa} = 1236.88\text{Pa}$$

根据表 7-10，甲苯在 0℃和 10℃时，其蒸气压分别为 889.26Pa 和 1693.19Pa。

用插值法求得甲苯的闪点为：

$$t_f = \left(0 + \frac{1236.8 - 889.26}{1693.19 - 889.26} \times 10\right)℃ = 4.6℃$$

【例 7-3】 已知甲醇的闪点为 7℃，大气压为 101325Pa，试用布里诺夫公式求乙醇的闪点。

【解】 (1) 因为甲醇的闪点为 7℃，根据表 7-10，温度 0~10℃时甲醇的饱和蒸气压范围为 3575.7~6690.1Pa，所以甲醇闪点时的蒸气压为：

$$p_f = \left(3575.7 + \frac{6690.1 - 3575.7}{10} \times 7\right)\text{Pa} = 5755.78\text{Pa}$$

(2) 因为 $CH_3OH + 1.5O_2 \rightarrow CO_2 + 2H_2O$，所以甲醇的 $N=3$。根据表7-9，甲醇的 $D_0 = 0.1325$，所以仪器常数 A 为：

$$A = \frac{p_f D_0 N}{2P} = \frac{5755.78 \times 0.1325 \times 3}{2 \times 1.01325 \times 10^5} = 0.0113$$

(3) 因为 $C_2H_5OH + 3O_2 \rightarrow 2CO_2 + 3H_2O$

所以乙醇的 $N=6$。根据表7-9，乙醇的 $D_0 = 0.102$。

(4) 故乙醇的饱和蒸气压为：

$$p_f = \frac{2Ap}{D_0 N} = \left(\frac{2 \times 0.0113 \times 1.01325 \times 10^5}{0.102 \times 6}\right)\text{Pa} = 3741.74\text{Pa}$$

(5) 根据表7-10，温度10~20℃时，乙醇的饱和蒸气压为3137.06~5866.17Pa，所以用插值法得到乙醇的闪点：

$$t_f = \left[10 + \frac{20-10}{5866.17-3137.06} \times (3741.74 - 3137.06)\right]℃ = 12.2℃$$

【例7-4】 已知苯蒸气的爆炸下限为1.5%，大气压为101325Pa，试用克劳修斯-克拉佩龙方程求苯的闪点。

【解】 (1) 利用可燃气体爆炸下限计算闪点时的蒸气压：

$$p_f = \left(\frac{1.5 \times 1.01325 \times 10^5}{100}\right)\text{Pa} = 1520\text{Pa}$$

(2) 利用克劳修斯-克拉佩龙方程求苯的闪点：

查表7-2，对于苯，$L_v = 8146.5\text{cal/mol}$，$C' = 9.9586$。

所以

$$t_f = \frac{0.2185 L_v}{C' - \lg P_f} = \left(\frac{0.2185 \times 8146.5}{9.9586 - \lg 1520}\right)\text{K} = 263\text{K}(约\ -11℃)$$

即苯的闪点约为-11℃。

7.3.4 液体爆炸温度极限

1. 液体爆炸温度极限

我们知道，可燃液体能否发生爆炸与其蒸气在空气中的浓度有关，如果可燃液体蒸气浓度位于爆炸浓度极限范围内，那么是可能发生爆炸的，如果蒸气浓度不在爆炸浓度极限范围内，就不会发生爆炸。但是，现实生活中，浓度不易测量，根据蒸气压理论，对于给定的液体，任一饱和蒸气压对应着唯一的液体温度，这启示我们，用爆炸温度来表示爆炸浓度，这样人们就可以很直观地了解到该液体的爆炸危险性了。

对应于爆炸浓度上限和下限，有爆炸温度上限和下限，分别用 $T_上$、$T_下$ 表示。

利用爆炸温度极限来判断可燃液体的蒸气爆炸危险性比利用爆炸浓度极限更方便，更直观。在室温条件下，对于爆炸温度下限小于最高室温且爆炸温度上限大于最低室温的可燃液体，其蒸气与空气的混合物遇火源时均能发生爆炸；对于爆炸温度下限大于最高室温的可燃液体，其蒸气与空气的混合物遇火源时均不能发生爆炸；对于爆炸温度上限小于最低室温的可燃液体，其饱和蒸气与空气的混合物遇火源时不会发生爆炸，但是其非饱和蒸气与空气的混合物遇火源时能发生爆炸。

例如，表7-11中，苯的爆炸温度下限、上限分别为-14℃、19℃，在常温下是可能发生爆炸的；而煤油的爆炸温度下限、上限分别为40℃、86℃，一般情况下室温不会超过40℃，所以一般情况下煤油蒸气不会发生爆炸；汽油的爆炸温度下限、上限分别为-38℃、-8℃，虽然一般情况下室温已经超过汽油的饱和蒸气浓度爆炸上限，它与空气的混合气体遇火源不会发生爆炸，但在实际仓库的储存条件下，由于库房的通风条件，汽油蒸气往往达不到饱和状态而处在非饱和状态。另外，汽油蒸气在空间的分布，其浓度也是由液面到远处由饱和逐渐趋于0；因此总存在处于爆炸极限范围内的区域。所以汽油蒸气与空气混合气遇火源是可能发生爆炸的。

表7-11 常见液体的爆炸温度上限和下限

液体名称	爆炸温度极限/℃		液体名称	爆炸温度极限/℃	
	下限	上限		下限	上限
苯	-12	19	甲苯	5	31
酒精	12	40	松节油	33.5	53
灯用煤油	40	86	乙醚	-45	13
车用汽油	-38	-8			

2. 爆炸温度极限的计算

爆炸温度极限包括爆炸温度下限和爆炸温度上限，其中，爆炸温度下限为液体的闪点，其计算与液体的闪点计算相同，具体方法参见上节的闪点计算方法。计算爆炸温度上限时，可根据已知的爆炸浓度上限值计算相应的饱和蒸气压，然后用克劳修斯-克拉佩龙方程或插值法等计算出饱和蒸气压所对应的温度。

【例7-5】 已知苯的爆炸极限范围为1.5%~9.5%，试用插值法求在101325Pa下苯的爆炸温度极限范围。

【解】 爆炸下限和上线分别对应的饱和蒸气压为：

$$p_{饱下} = (101325 \times 1.5\%)\text{Pa} = 1519.875\text{Pa}$$

$$p_{饱上} = (101325 \times 9.5\%)\text{Pa} = 9625.875\text{Pa}$$

查表7-10，-20~-10℃对应的饱和蒸气压为990.58~1950.5Pa，10~20℃对应的饱和蒸气压5966.16~9972.49Pa。

所以苯的爆炸温度下限为：

$$t_{下} = \left\{-20 + \frac{1519.875 - 990.58}{1950.5 - 990.58} \times [-10 - (-20)]\right\}℃ = -14.5℃$$

苯的爆炸温度上限为：

$$t_{上} = \left[10 + \frac{9625.875 - 5966.16}{9972.49 - 5966.16} \times (20 - 10)\right]℃ = 19.1℃$$

【例7-6】 环境压力为1atm，乙醚的蒸发热为25.9kJ/mol，爆炸上、下极限分别为1.8%与40%，在293K时其蒸气压为0.582atm。(1) 计算其在温度为308K时的蒸气压是多少？液面上方蒸气的摩尔分数是多少？(e取2.72)；(2) 计算其爆炸温度的上、下限。

【解】 (1) 由克劳修斯-克拉佩龙方程有：

$$\ln p = -\frac{L_v}{RT} + C$$

在293K时：
$$\ln 0.582 = -\frac{25.9 \times 10^3}{8.314 \times 293} + C$$

在302K时：
$$\ln p = -\frac{25.9 \times 10^3}{8.314 \times 308} + C$$

以上两式相减有：
$$\ln \frac{p}{0.582} = \frac{25.9 \times 10^3}{8.314 \times 293} - \frac{25.9 \times 10^3}{8.314 \times 308} = 0.5178$$

$$\frac{p}{0.582\text{atm}} = e^{0.5178} = 1.678$$

$$p = 0.977\text{atm}$$

摩尔分数为：
$$X = 0.977$$

(2) 爆炸温度下限 $T_下$ 所对应的饱和蒸气压为 $X_下 p_0 = 0.018\text{atm}$，爆炸温度上限 $T_上$ 所对应的饱和蒸气压为 $X_上 p_0 = 0.4\text{atm}$。

$$\ln \frac{0.018}{0.582} = \frac{25.9 \times 10^3}{8.314 \times 293} - \frac{25.9 \times 10^3}{8.314 T_下} = -3.476$$

$$T_下 = \left[\frac{1}{\left(\frac{25.9 \times 10^3}{8.314 \times 293} + 3.476\right) \times \frac{8.314}{25.9 \times 10^3}}\right]\text{K} = 220.8\text{K}$$

$$\ln \frac{0.4}{0.582} = \frac{25.9 \times 10^3}{8.314 \times 293} - \frac{25.9 \times 10^3}{8.314 T_上} = -0.375$$

$$T_上 = \left(\frac{1}{\frac{1}{293} + 0.375 \times \frac{8.314}{25.9 \times 10^3}}\right)\text{K} = 283\text{K}$$

7.4 可燃液体的稳定燃烧

可燃液体着火后将形成稳定的火焰，其稳定燃烧一般呈水平平面的“池状”燃烧形式，也有一些呈“流动”燃烧的形式。可燃液体着火主要有引燃（或点燃）和自燃两种形式。

7.4.1 液体的引燃

可燃液体的引燃着火，是指一定温度的可燃液体所产生的蒸气和空气混合组成的可燃混气与火源接触后而发生连续燃烧的现象。液体发生引燃着火时的最低温度称为该液体的燃点或着火点。

可燃液体被引燃后，要形成稳定火焰，液体的蒸发速度必须足够快才能够保证燃烧的持续，具体来说，液体的蒸发速度需满足如下条件：

$$G_l \leqslant \frac{\varphi \Delta H_c G_l + \dot{Q}_E - \dot{Q}_l}{L_v} \tag{7-15}$$

式中　G_l——燃烧速度或蒸发速度 [g/(m²·s)]；

ΔH_c——燃烧热（kJ/mol）；

φ——液体燃烧所放热量反馈回液体表面的百分数；

$\dot{Q}_E$——单位面积的液面上，外界热源的加热速率（kW/m^2）；

$\dot{Q}_1$——单位面积液面的热损失速率（kW/m^2）；

L_v——液体的蒸发潜热（kJ/g）。

根据式（7-15）可知液体能否被引燃，除了与液体本身的性质（燃烧热、蒸发潜热等）有关，还受到外界条件的影响，如外界加热源和自身热损失。换句话说，液体的燃点不是一个物性常数。

当液体的燃点低于环境温度时，由于液面上的蒸气浓度已经达到着火浓度，因此，更易被火源引燃，其后，火焰将迅速通过混合气体传播到整个液面，形成稳定火焰。

当液体燃点温度高于环境温度时，此时无法用点火源快速引燃液面。对于这类可燃液体，常用的引燃方法有两种，一种是利用灯芯点火。具体说来，灯芯点火是利用灯芯的毛细现象，将可燃液体吸附到灯芯中，由于灯芯上液体的热对流运动受到限制，同时灯芯的比热容小，附在其上的液体很容易被较小火焰加热至燃点以上，进而被点燃。另一种方法是对液体进行整体加热，使其温度大于燃点，然后进行点燃。

7.4.2 液体的自燃

与引燃和闪燃不同的是，液体的自燃着火是一种未用外界点火源作用，而靠自热或外热达到一定温度后而发生自发燃烧形成稳定火焰的燃烧现象。根据热源的不同，自燃可以分为自热自燃和受热自燃。前者是指物质在空气中发生缓慢氧化造成热量积累而发生的自燃，后者是指由于外界的加热作用而发生的自燃。发生自燃着火的最低温度称为自燃点或自发着火点。

1. 自燃点的影响因素

液体的自燃点不是物性参数，它不仅与液体本身有关，而且还受其他因素的影响，如空气中的氧含量、外界压力、容器特征等。

（1）氧含量。提高空气中的氧含量将增加氧化还原化学反应的速度，进而降低可燃液体的自燃点；反之，减少氧含量则会导致液体的自燃点升高。

（2）外界压力。可燃液体的自燃点与外界压力呈负相关。外界压力越小，自燃点越高；相反，外界压力越大，自燃点越低（见表7-12）。这是因为随着外界压力的增加，可燃蒸气和氧气的密度和浓度会增加，进而加快化学反应，降低自燃点。

表7-12 不同压力作用下的自燃点的变化

物质名称	自燃点/℃					
	1×10^5 Pa	5×10^5 Pa	10×10^5 Pa	15×10^5 Pa	20×10^5 Pa	25×10^5 Pa
汽油	480	350	310	290	280	250
煤油	460	330	250	220	210	200
苯	680	620	590	520	500	490

（3）容器特性。容器的尺寸不同，可燃液体的自燃点也不同。在容积比较大的容器中，由于其表体比相对较低，所造成的热损失也较少，因此，自燃点也相对较低。另外，容器材

料的导热等性能也对可燃液体的自燃点具有一定的影响。

（4）催化剂。有些催化剂可加速氧化还原反应，进而降低可燃液体的自燃点，这些催化剂称为活性催化剂，如钸、钴、铁、镍等的氧化物；而有些催化剂能抑制氧化还原反应的进行，使可燃液体的自燃点升高，如油品抗震剂——四乙基铅等钝化催化剂。

2. 同类液体自燃点变化规律

表7-13给出了常见同类液体自燃点变化规律，从表中可以看到，饱和烃比相应的非饱和烃的自燃点高。这是因为非饱和烃中含有比较活跃的π键，易于氧化而自燃。有机物中的同分异构体物质，正构体的自燃点比异构体的自燃点低，这是电子效应与空间效应造成的。异构体中C原子上的H原子被烷基R取代以后，R基的电负性小，与分子中电荷中心产生共振，使分子稳定化，故异构体的自燃点高。空间效应就是指分子中C原子上H被取代基取代以后，使得空间拥挤，造成分子中的反应中心难以和另一个反应分子接近，反应不易进行，自燃点升高。同系物的自燃点随分子量的增加而降低。同系物内化学键键能随分子量增大而变小，因而随着分子量的增加，反应速度加快，自燃点降低。烃的含氧衍生物（如醇类、醚类、醛类等）的自燃点要比相对应的含有相同碳原子数的烷烃低，这主要是因为含氧衍生物析出的氧将使化学反应速度加快。另外，烃的含氧衍生物中，醇类自燃点高于醛类自燃点。

表7-13 同类液体自燃点变化规律

编号	自燃点变化变化规律	原　因
1	烃类：饱和烃 > 相应的非饱和烃	非饱和烃中含有比较活跃的π键
2	同分异构体：异构体 > 正构体	由电子效应和空间效应造成的
3	环烷类 > 相应的烷类	相比烷类，环烷类分子结构稳定
4	同系物：分子量小的液体 > 分子量大的液体	同系物内化学键键能随分子量增大而变小
5	相同碳原子数的烷烃 > 烃的含氧衍生物	含氧衍生物析出的氧将使化学反应速度加快

从上面总结的规律中可以看到，同类液体的自燃点变化规律与其闪点的变化规律几乎相反。这是因为自燃点主要取决于活化能的大小，而闪点的大小主要受分子间力的大小影响。

7.4.3 液体燃烧速度的表示方法

液体燃烧速度有两种表示方式：燃烧线速度和燃烧质量速度。

1. 燃烧线速度

燃烧线速度表示单位时间内烧掉的液层厚度，可以表示为：

$$V_L = \frac{H}{t} \tag{7-16}$$

式中 V_L——液体燃烧线速度（mm/h）；

H——液体燃烧掉的厚度（mm）；

t——液体燃烧所需时间（h）。

2. 燃烧质量速度

在单位时间内、单位面积上烧掉的液体质量即为燃烧质量速度，其表达式为：

$$G_L = \frac{m_b}{A_L t} \tag{7-17}$$

式中 G_L——液体燃烧质量速度[kg/(m²·h)];

m_b——液体燃烧质量损失量(kg);

A_L——液体燃烧的面积(m²)。

3. 液体燃烧质量速度与线速度关系

因为对于液体燃烧的质量损失量 m_b 有:

$$m_b = \frac{H\rho_L A_L}{1000} = \frac{V_L t \rho_L A_L}{1000} \tag{7-18}$$

式中 ρ_L——可燃液体的密度(kg/m³)。

将式(7-18)带入式(7-17),得到:

$$G_L = \frac{\rho_L V_L}{1000} \tag{7-19}$$

式(7-19)就是液体燃烧质量速度与线速度关系式。

4. 液体燃烧速度的计算与影响

液体燃烧的质量速度 G_L 可表示为

$$G_L = \frac{\dot{Q}''}{L_v + \overline{C}_p(T_2 - T_0)} \tag{7-20}$$

式中 $\dot{Q}''$——液面接收的热量[kg/(m²·h)];

L_v——液体的蒸发热(kJ/kg);

$\overline{C}_p$——液体的平均比热容[kJ/(kg·K)];

T_2——燃烧时的液面温度(K);

T_0——液体的初温(K)。

从式(7-21)可以看出,初温 T_0 升高,液体预热到 T_2 所需的热量就少,从而使更多的热量用于液体的蒸发,这样就会使燃烧速度加快。

另外,容器中液位较低时,液面到火焰底部的距离加大,火焰向液面的传热速度降低,这导致燃烧速度的降低。

液体中含水时,由于从火焰传递出的热量有一部分消耗于水分蒸发,因此液体的燃烧速度下降,而且含水量越多燃烧速度越慢。

同系物液体的密度的高低可以表示液体的挥发性的大小,而挥发性大小又可以说明燃烧速度的快慢。一般的,液体的密度越小,其燃烧速度越快。

7.4.4 液体稳定燃烧的火焰特征

对于液体稳定燃烧,许多学者根据实验研究和理论分析,提出了很多关于火焰高度、温度、发烟量、速度等参数的计算模型,比较著名的有 Heskestad 模型、McCaffrey 模型、Thomas 模型以及 Zukoski 模型等。这些模型很好地给出了液体或气体稳定燃烧的计算方法,但均有一定的适用范围和条件。

1. 火焰的倾斜度

液池中的火焰大多呈现锥形,且具有一定的倾斜角。当风速大于或等于 4m/s 时,火焰会向下风方向倾斜60°~70°，即使在无风条件下，火焰也会在不定的方向倾斜0°~5°。

2. 火焰的高度

根据Heskestad的研究结果，火焰高度H满足如下方程：

$$H = 0.23\dot{Q}^{2/5} - 1.02D \tag{7-21}$$

式中　$\dot{Q}$——整个液池火焰的热释放速率（kW）；

D——液池直径（m）。

需要注意的是，式（7-21）仅在$7<\dot{Q}_c^{2/5}/D<700\text{kW/m}$的范围内与实验吻合较好，对于其他情况则不一定适用了。

3. 火焰温度

McCaffrey应用数学模型理论对实验结果进行整理，获得了如下的火焰温度计算公式：

$$\frac{2g\Delta T_{C-0}}{T_0} = \left(\frac{K}{C}\right)^2\left(\frac{h}{\dot{Q}^{2/5}}\right)^{2\eta-1} \tag{7-22}$$

式中　ΔT_{C-0}——火焰中心线与环境温度差（K）；

T_0——环境温度（K）；

$\dot{Q}_c$——整个火焰的热释放速率（kW）；

h——火焰中心线上的点与液面的距离（m）；

K、C、η——常数，见表7-14。

表7-14　K、C、η的取值

区域	K	C	η	$h/\dot{Q}^{2/5}/(\text{m/kW}^{2/5})$
火焰	$6.8\text{m}^{1/2}/\text{s}$	0.9	1/2	<0.08
火焰间断区	$1.9\text{m}/(\text{kW}^{1/5}\cdot\text{s})$	0.9	0	0.08~0.2
烟羽	$1.1\text{m}^{4/3}/(\text{kW}^{1/3}\cdot\text{s})$	0.9	−1/3	>0.2

4. 火焰的气流流速

McCaffrey总结了火焰中心线上的气流速度公式，表示如下：

$$\frac{u_0}{\dot{Q}^{1/5}} = K\left(\frac{h}{\dot{Q}^{2/5}}\right)^{\eta} \tag{7-23}$$

式中　u_0——中心线上的气流速度（m/s）。

7.5　可燃液体的液面或固面燃烧

7.5.1　油池燃烧

随着经济的发展，石油及石油相关产品在人们的生产、生活中的应用越来越广泛，也越来越不可缺少，各类加油站、油库日益增多，而油罐是当前储存散装油料最普遍的一种储油方式，也是最为重要的设备。油罐内储存的各种油品通常都具有易挥发、易流失、易燃烧、易爆炸的性质，一旦引发火灾，必将造成大量的人员伤亡和经济损失，因此油罐火灾预防特别重要。我们将盛装于圆柱形立式容器中的液体燃烧，统称为“油池燃烧”。

1. 油池燃烧时液层温度分布特点

对于油池燃烧时液层温度分布特点，下面主要考虑单组分液体的情况。对于多组分液体，由于可能存在热波的传递，相对比较复杂，将在后面进行专门介绍。单组分液体（如甲醇、乙醇、丙酮、苯等）在自由表面燃烧时，会在很短时间内达到稳定状态，此后燃烧速度基本不变。单组分液体燃烧时，液面温度总是稍低于沸点。液体燃烧时，火焰将热量传递到液面，使液面温度升高，当温度达到沸点时就不再升高。液体在敞开空间燃烧时，其蒸发属于非平衡状态，热量不断地由液面向液体内部传递，因此液面温度不可能达到或高于沸点，而必然是稍低于沸点。

一般地，单组分油品在池状稳定燃烧时，热量只在较浅的油层中传递，也就是说液面加热层很薄。图 7-4 给出了丁醇燃烧时液面下温度分布情况，从图中可以看到液面加热层很薄，温度较高的区域只有几厘米厚。

液体稳定燃烧时，蒸发速度、火焰的形状和热释放速率是一定的，这使得液面下的温度分布将遵循一定的分布规律。因为，如加热厚度发生变化，那么通过液面传向液体的热量也将发生相应的变化，用于蒸发液体的热量也会相应地减少或增加，这将使得火焰燃烧就会减弱或加剧，显然这与稳定燃烧的前提相矛盾。

下面将对液层的温度分布进行理论分析，设 y 是离开液面的深度，T 是 y 处的温度，可以建立如图 7-5 所示的坐标系，则根据热扩散方程：

$$\lambda_L \frac{d^2 T}{dy^2} = -V_L \rho_L C_{pL} \frac{dT}{dy} \tag{7-24}$$

式中 V_L——液体燃烧线速度；

λ_L——可燃液体的导热系数；

ρ_L——可燃液体的密度；

C_{pL}——可燃液体的比定压热容。

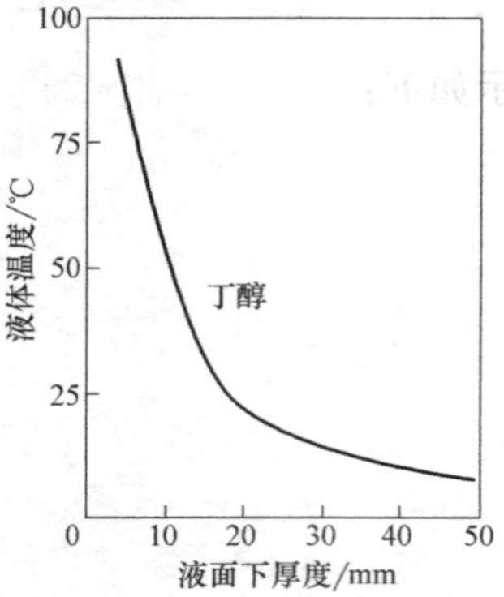

图 7-4 丁醇燃烧时液面下温度分布

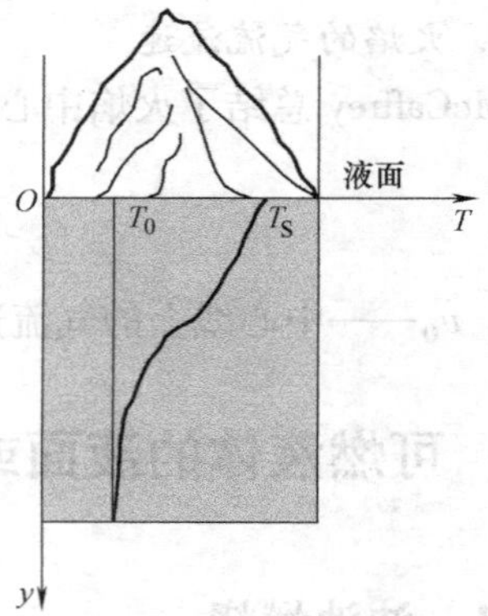

图 7-5 液面下温度分布

图 7-5 液面温度传导的边界条件为：

$$y = 0, T = T_s \tag{7-25}$$

$$y = \infty, T = T_\infty, dT/dy = 0 \tag{7-26}$$

式中　T_s——液面温度；

T_∞——液面初温。

联立式（7-24）、式（7-25）和式（7-26）求解，可得：

$$\frac{T - T_\infty}{T_s - T_\infty} = \exp\left[-\frac{\rho_L C_{pL} V_L}{\lambda_L} y\right] \tag{7-27}$$

从式（7-27）中可以看出，$\frac{\rho_L C_{pL} V_L}{\lambda_L}$越大，沸点越高，$T_s$越大，则加热层厚度就越大，热量就更容易向内传播。

以上分析了单组分液体燃烧时热量在液层中的传播。对于沸程较窄的混合液体（如煤油、汽油等），我们也可以将之简化为单组分液体，并将其作为单组分液体来分析。需要说明的是，如果液池的直径很小，液池壁将导致很大一部分热量的损失，式（7-27）所算出的结果将会出现较大的误差。

2. 油池燃烧的发生及发展过程

一般来说，实际的油池火灾中油面蒸发速度较大，火焰燃烧剧烈，属于湍流火焰。由于湍流燃烧中火焰的浮力作用，火焰底部与液面之间就形成了负压区，这导致火灾过程中，大量空气被卷入，并形成上下剧烈翻卷的气流团，产生蘑菇状的卷吸运动。

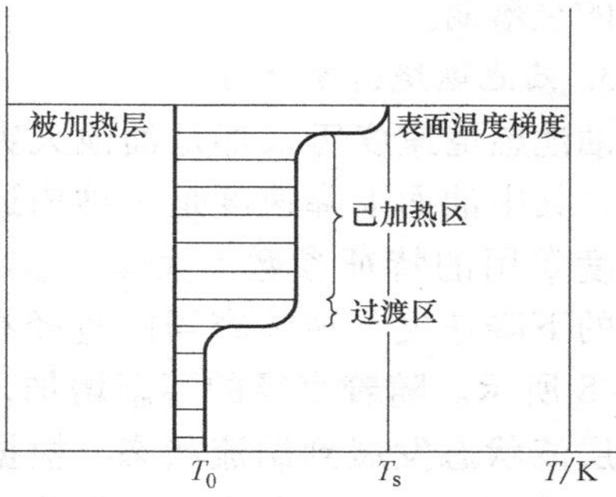

图7-6　油池火灾热量传播示意图

油池火灾中，可燃液体中的温度分布如图7-6所示，最上层液面温度最高，最下层由于热量还没传播到，温度为液体的初温T_0，而中间部分则为已加热区，温度也介于两者中间。虽然在油池燃烧过程中火焰波及范围很大，但是实际上油池的燃烧主要发生在中间层位置。所谓中间层，是指油池火灾火焰底部与油面之间的中间区域。

按照火灾蔓延过程中，中间层厚度的变化，可以将油池的燃烧划分为三个阶段，如图7-7所示。

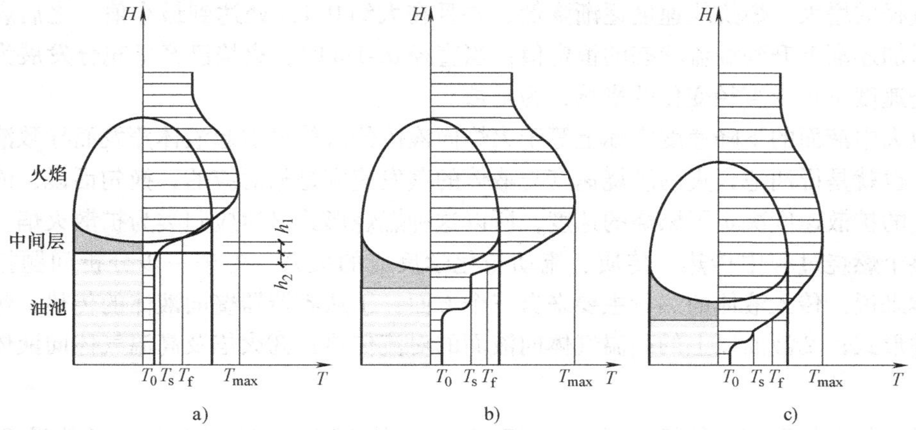

图7-7　油池火灾三个阶段

(1) 油池燃烧的初期。在这个阶段，油表面被加热层厚度 h_2 很薄，油的蒸发速度增加，燃烧速度随之增加，油的被加热层也逐步向深部扩展。由于仍然处于燃烧的初期，中间层厚度 h_1 较薄且接近“透明体”，热屏蔽作用很小，所以火势发展迅速。

(2) 油池燃烧的中期。燃烧经过一段时间后即过渡到油池火灾中期，此时燃烧速率要比初期大，但已逐渐趋于稳定；油面蒸发速度较大，蒸气流速也较大，中间层内负压也很大，大量空气被吸入油罐中而形成激烈的犬牙交错的上下气流团，并且常会产生火焰脉动及蘑菇状烟柱；被加热层也以接近恒定速度向深部缓慢扩展；另外，随着燃烧中间层厚度增加，烟和其他燃烧产物进入中间层越来越多，使得中间层变为灰色气体层，并对油面有明显的热屏蔽作用。油池燃烧中期是油池火灾中燃烧的相对稳定期。

(3) 油池燃烧的晚期。随着燃烧的进行，中间层的厚度及“灰度”逐渐增大，对油面的热屏蔽作用也逐渐增强；当热屏蔽作用强烈到一定程度上，油面所接受的辐射热不仅不能使油面内被加热层厚度进一步增大，反而不足以维持一定的油蒸发速率，燃烧速度明显下降，进而导致火焰温度及火焰高度下降，相应地，辐射热反馈也减小，这一阶段被称作油罐火灾的衰落期。

3. 油池燃烧速度分析

油池燃烧速度历来都是油池火灾研究的重点，其中油面下降速度是一种描述油池燃烧速度常用的特征参数。大量的实验表明，液面的下降速度与液池容器的直径有关，如图 7-8 所示。随着直径的逐渐增加，燃烧逐渐从层流状态发展到湍流状态。根据油池的直径变化，油池火灾存在三种燃烧状态：当液池直径 $d<0.03\text{m}$ 时，火焰为层流状态，这种情况下油池直径越大，燃烧线速度越低；当 $0.03\text{m}<d<1.0\text{m}$ 时，随着直径的增加，燃烧状态逐渐从层流状态过渡到湍流状态，随着油池直径的增大，燃烧线速度逐渐降低，并且在大约 0.1m 处达到最小值，之后燃烧速度随直径增加逐渐上升到湍流状态的恒定值；当直径 $d>1\text{m}$ 时，火焰已经呈充分发展为湍流状态，燃烧速度不再受直径变化的影响，为常数。

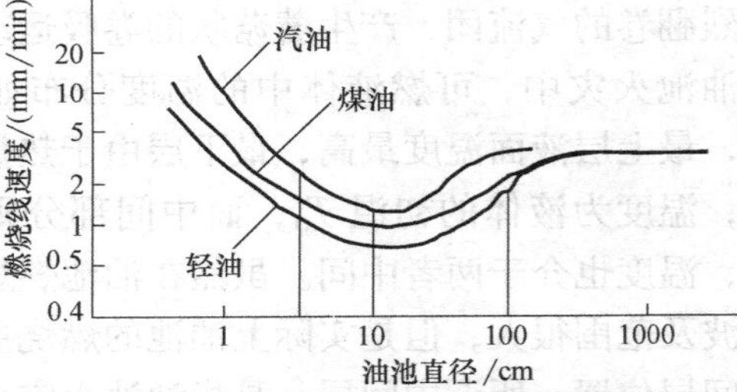

图 7-8 油池火灾中液面下降速度与容器直径的关系

油池火中液面的下降速度实际上等于火焰向液体传入热量引起液体蒸发而导致液面下降的速度，也就是说油池火灾的燃烧速度与液体的蒸发速度是相对应的，换句话说，液面上方液体蒸气的扩散速度决定了燃烧的速度，所以这种燃烧形式显然应归类为扩散火焰。这样就明确了整个燃烧过程中传热、传质、流动与化学反应的关系，为进一步分析问题打下了基础。具体来说，传入液体的热量主要来自三个方面：①从容器器壁向液体的传热，包括热传导等多种形式；②液面以上的高温气体向液面的对流传热；③火焰及高温气体向液体的辐射传热。

在没有外界热源存在的情况下，式 (7-20) 中的 $\dot{Q}''$ 为火焰传递给液面的热量 $\dot{Q}''_F$。整个液面接受火焰的热通量 $\dot{Q}_F$ 可表示为热传导、热对流、热辐射三项之和，即：

$$\dot{Q}_F = \dot{Q}_{cond} + \dot{Q}_{conv} + \dot{Q}_{rad} \tag{7-28}$$

油池壁与火焰根部距离很近，故器壁温度可取为火焰温度 T_F。所以器壁附近气体的温差为 $T_F - T_L$，这里 T_L 为液体温度。因此，从器壁向液体的传热量可以表示为：

$$Q_{cond} = \pi D K_1(T_F - T_L) \tag{7-29}$$

式中　D——油池直径（m）；

K_1——考虑火焰向器壁传热，器壁内传热和器壁向液面传热三项的综合导热系数（W/(m·K)）。

油池上方高温气体对油池中液体的对流传热量可以表示为：

$$Q_{conv} = \frac{\pi D^2}{4} K_2(T_F - T_L) \tag{7-30}$$

式中　K_2——表面传热系数［$W/(m^2 \cdot K)$］。

油池上方火焰及高温气体向液体的辐射传热量表示为：

$$Q_{rad} = K_3 \frac{\pi D^2}{4}[1 - \exp(-K_4 D)](T_F^4 - T_L^4) \tag{7-31}$$

式中　K_3——常数，包含了斯忒藩－玻耳兹曼常数 σ 和火焰向液面辐射的角系数等因素；

$[1 - \exp(-K_4 D)]$——火焰的辐射率；

K_4——考虑火焰向液面辐射的平均射线行程或火焰内的辐射粒子浓度和辐射率的一个常数。

传入到液体的热量除了使液体温度升高外，还会导致使液体蒸发。其中，使液体温度升高的热量为 Q_c，表达式如下：

$$Q_c = \frac{\pi D^2}{4} V_L C_{pL} \rho_L (T_L - T_0) \tag{7-32}$$

式中　C_{pL}——液体的比热容［J/(kg·K)］；

ρ_L——液体的密度（kg/m^3）；

V_L——液面下降速度（m/s）；

T_0——液体的初温（K）。

使液体蒸发的热量可表示为：

$$Q_V = \frac{\pi D^2}{4} V_L \rho_L L_v \tag{7-33}$$

式中　L_v——室温条件下液体的蒸发潜热（J/kg）。

根据能量守恒，有：

$$Q_{cond} + Q_{conv} + Q_{rad} = Q_v + Q_c \tag{7-34}$$

将式（7-29）~式（7-33）代入式（7-34），得：

$$V_L = \frac{1}{\rho_L L_v + C_{pl}\rho_L(T_L - T_0)}\left\{\frac{4K_1}{D}(T_F - T_L) + K_2(T_F - T_L) + K_3[1 - \exp(-K_4 D)](T_F^4 - T_L^4)\right\} \tag{7-35}$$

当油池直径 D 很小时，上式右端第一项较大，忽略其他各项后得到 V_L 与 D 成反比的近似关系，即 D 越大，V_L 越小，这与图 7-8 中 D 较小时的燃烧速度变化规律相吻合。当 D 很大时，式（7-35）右端第一项相对就很小了，可以忽略不计，此时，V_L 与 D 成正相关，即 D 越大，V_L 越大，并且随着 D 的增大，式（7-35）右端第三项趋于常数，那么 V_L 也趋于常数。在过渡阶段，导热、对流和辐射共同起作用，又因为燃烧从层流向湍流过渡，加强了火焰向液面的传热，因此，燃烧速度随直径增加迅速减小到最小值，随后随直径增加而上升，直至达到最大值。

如果发生火灾的油池中有积水，由于水的密度大于油类，因此水一般沉在油池的底部，但水的沸点（标准大气压下为 100℃）远低于油的沸点（一般在 200℃ 以上）。我们知道，火灾过程中被加热的油还会向沉积在油池底部的水传热，导致底部的水也会逐渐被加热，甚至沸腾。由于水面以上有一层油，这层油的最上方又处于蒸发、燃烧的状态，所以沸腾的水蒸气将带着蒸发、燃烧的油一起沸腾，这种沸腾的水蒸气带着燃烧的油向空中飞溅的现象叫做扬沸。飞溅出油池的液滴在飞溅过程中和散落后将继续燃烧，这将导致火灾蔓延到周围区域。研究表明，液体飞溅的高度和散落的面积与油层厚度、油池直径有关，一般来说，散落面积的直径 D_S 与油池直径 D 满足关系 $D_S/D>10$。由于扬沸带出的燃油呈原来池火燃烧状态，喷出后燃烧条件得到改善，燃烧强度大大提高，危险性随着增加。如果油池周围还有从事灭火工作的人员和设备，必然造成很大的人员伤亡和财产损失；如果油池周围还有其他可燃物，这些可燃物将被点燃。

所以对油池火灾而言，一定要避免扬沸现象的发生。关于油池火灾的扬沸与喷溅现象的发生机理的分析将在后面进行详细介绍。

7.5.2 油面燃烧

如果在大面积的水面上有一层较薄的浮油，那么这层浮油燃烧时引起的火称为油面火。油面火与油池火的区别在于，前者有一个不断扩大的过程，一旦着火，很快在整个油面上形成火焰，而后者主要集中于油池有限的范围内。由于油面火燃烧与蔓延规律与油池火不同，所以很有必要再对油面火的蔓延进行介绍。

在静止环境中，油的初始温度对火焰蔓延速度有显著影响。当油面初始温度较低时，油面火蔓延速度随油面初温升高而逐渐变大，且蔓延速度几乎呈线性增长；当初温达到某个临界值之后，油面火蔓延速度几乎停止上升，趋于某个常数。例如，对于图 7-9 所示的甲醇油面火来说，上述临界值大约为 20℃。甲醇的闪点为 11℃，当温度达到 20℃ 之后，在甲醇液面上方便形成了一定浓度的甲醇蒸气，该蒸气与空气混合后形成具有一定混合比的预混可燃气。由于预混可燃气的火焰传播速度是一定的，所以甲醇油面火的蔓延速度不会无限增大，而是趋于某个常数。显然，这个常数就是最大甲醇蒸气浓度与空气混合后的预混可燃气体的层流火焰传播速度，从图 7-9 中可以看到，该常数的值大约为 200cm/s。

图 7-10 给出了甲醇油面火的纹影照片。由该图可看出，油面火的火焰形状和结构特点，火焰传播速度越快，其火焰面的倾斜角越大，而纹影条纹的密度也不一样。

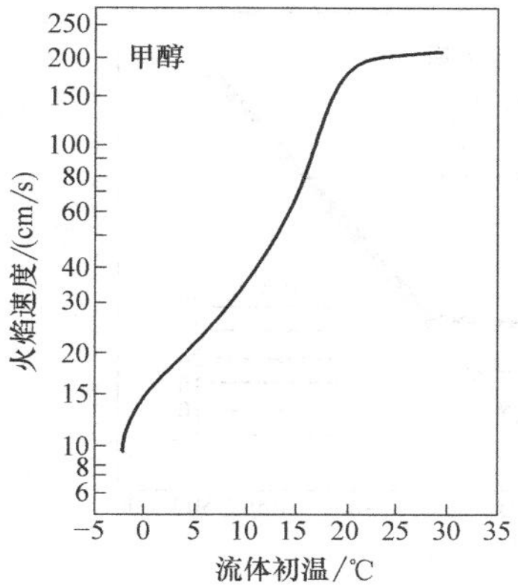

图7-9　油面火蔓延与初始温度的关系

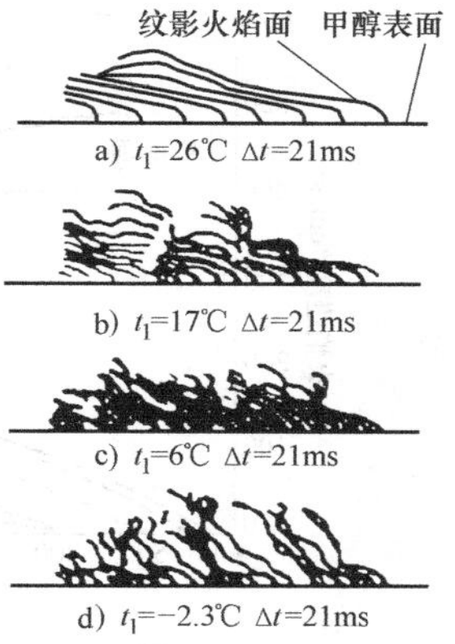

图7-10　甲醇油面火的纹影照片

油面的初温不同，所形成的燃烧类型也不一样。具体来说，当油的初温低于闪点温度时，形成的燃烧形式主要为扩散火焰；当油的初温高于闪点温度时，形成的燃烧形式主要为预混燃烧（见图7-11）。当油面初温小于闪点时，液面上方蒸气浓度较低，为了维持燃烧，就要提高液体的蒸发速度，换句话说，火焰必须向火焰面前方的液体传递足够的热量，使该部分液体升温，这样在火焰前方的液体与火焰面正下方的液体之间才能产生足够大的温差，进而产生足够大的表面张力差，这样才能使得温度较高的液体不断流向火焰面的前方，以保证液体的蒸发速度与火焰蔓延速度的平衡。当油面初温大于闪点时，液面上方蒸气浓度足够大，蒸气与空气预先混合，这样就会形成预混燃烧。

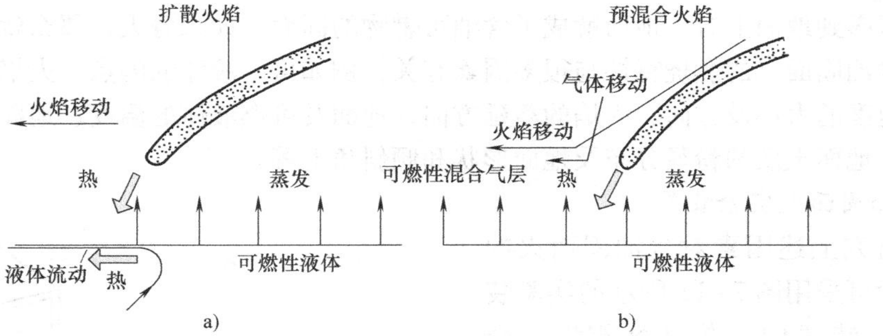

图7-11　油面火中初温对传热过程的影响

在存在外界环境风的情况下，顺风条件时，液体的初温几乎对火焰蔓延速度没有影响，火焰蔓延速度主要受风速的影响，而逆风条件下液体的初温对火焰蔓延速度有显著影响（见图7-12）。顺风时，火焰向未燃烧的油面方向倾斜，倾斜角增大，强化了火焰对液面的辐射传热和对流传热，所以其作用较为显著，甚至起到主导作用，即风速越大，火焰蔓延速度越快；而逆风条件下，火焰向已燃烧的区域倾斜，受到逆向风的影响，辐射传热和对流传热的强化作用不明显，风速对火焰蔓延速度的影响也就微乎其微了，相对而言，液体的初温对火焰蔓延速度影响显著。这个结果提示我们：在灭油面火时，采用逆向灭火方式效果要好于采用顺风灭火方式。

油面火和油池火（含水）一样，都是油面之下有水分，但是不同的是，油池中一般仅

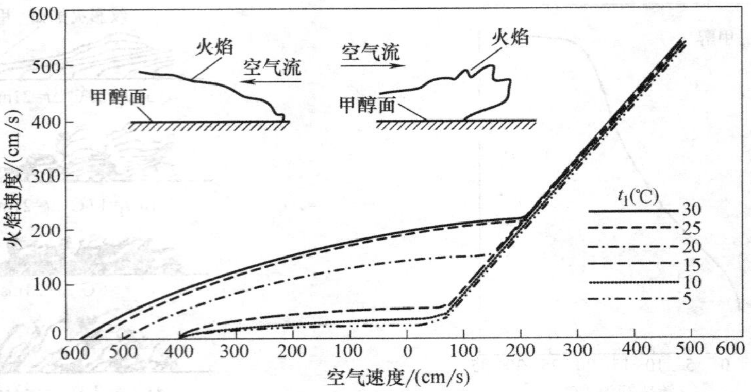

图 7-12 有相对风速的环境中油面火的蔓延情况

含有少量的水分，而油面火中仅仅是表面有一层油，下部有大量的水，所以水分对油池火与油面火的影响是不同的。上节提到，油池火灾中要防止扬沸现象，但是在油面火灾中，由于油层薄，面积大，一般不会产生扬沸现象。相反，需要注意的是，因长时间燃烧，油层下面的水也可能会升高到沸点，水的沸腾导致油的飞散，促进了从油层向水层的传热，反而使得油面火容易熄灭，而油面火的熄灭对清除漏油又十分不利，这点与油池火是完全不同的。

在液面火中由于水与油的互相掺混，再加上液面的波动，可能产生油的乳化现象，乳化程度的不同，对火焰蔓延速度的影响也不同，这里就不再具体阐述了。

7.5.3 含油固面火

当油泄露到地面上时，地面就成了含油可燃物的固面，如果着火，那么就会形成含油的固面火。含油固面火的燃烧特性与很多因素有关，例如可燃液体的闪点、火焰引起的对流情况、相对速度的大小及方向、火焰的蔓延方向、地面及可燃液体的温度、地面土质材料的热物理性能、地面土质的粉径分布及地面形状和倾斜角度等。

1. 含油固面火实验装置

为了研究上述因素对含油固面火的影响，一般可采用图 7-13 所示的实验装置。该实验装置中，燃料容器为一个长×宽×高为 60cm×12cm×1cm 的长方形容器，容器整体置于恒温槽中，保持一定的温度。为了模拟不同的土质状态，燃烧容器中可以加入不同粒径的砂子，例如当平均粒径为 220μm 时，砂子的平均密度为 2.68g/cm^3，砂子之间的空隙为 0.32cm^3/g。为了研究风速对含油固面火的影响，将恒温槽放置在风洞中，该风洞的截面为 60cm×45cm，风洞的风速可根据实验研究需要进行调节。加入闪点为 50℃ 的煤油之后，就可以点火燃烧。

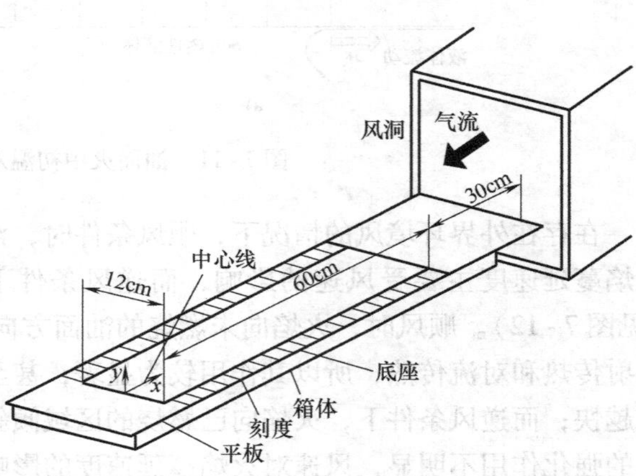

图 7-13 研究含油固面火用的实验装置

点火之前，要标定冷态条件下燃料容器上方的流场状态，如图7-14所示。图中，x方向的平均速度为u，x方向脉动速度为u'，而主气流速度为300cm/s。

在砂层中埋入热电偶，记录火焰蔓延过程中燃烧容器中央$x=30$cm处的砂层的温度变化，砂层中热电偶的安放位置如图7-15所示。点火燃烧之后，用摄像机拍摄整个燃烧过程。

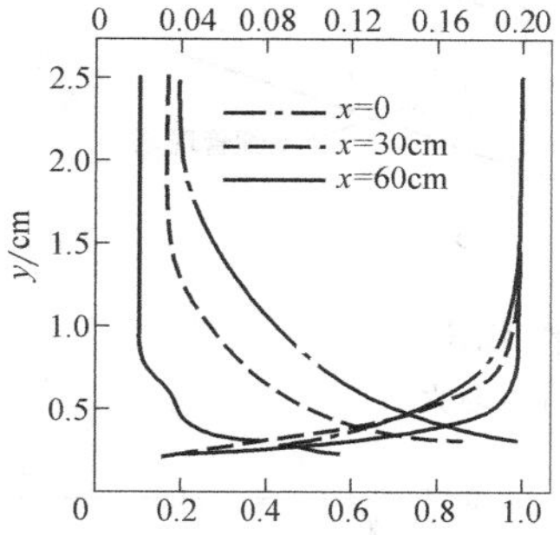

图7-14　冷态时燃料容器上方的流场状态

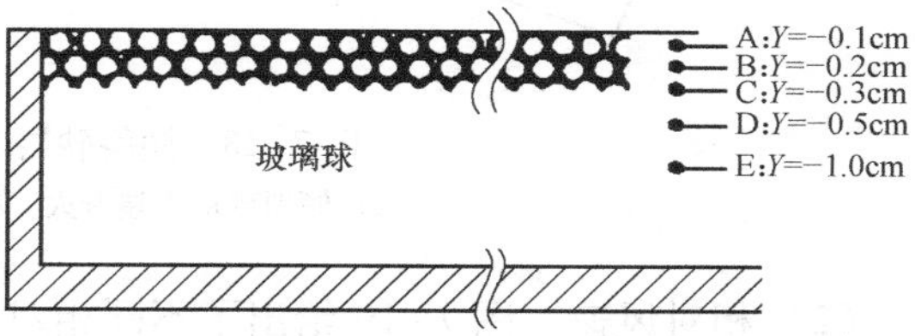

图7-15　砂层中热电偶的安放位置图

2. 含油固面火蔓延速度影响因素

（1）固面倾斜角。当固面倾斜角发生变化时，火焰蔓延速度将有很大的变化，如图7-16所示。当倾角为负时，倾角值越大，火灾蔓延速度越慢，但是当倾角为正时，倾角值越大，火灾蔓延速度越快，且随着正值倾角越来越大，蔓延速度增加速度也越来越快。

固面倾斜角影响含油固面火蔓延速度可以用砂层表面附近的毛细管作用来解释。图7-17和图7-18分别是水平砂层和倾斜砂层表面毛细管作用示意图。从图7-17和图7-18，可以看到，两者的差别是明显的。如果在倾斜砂层的上端着火，火焰就会向倾斜砂层的下端蔓延（见图7-18a），由于液体总是尽可能地流向低处，所以倾斜砂层下端的含油量一定较多，且越往下越多，另外，通过毛细管作用渗透到砂层表面的距离越往下越短，这样火焰就很容易向下蔓延，不利于火灾的扑救。如果是下端着火（见图7-18b），由于倾斜上端含油量很少，且通过毛细管作用渗透到砂层表面的液体较少，所以火焰蔓延速度越往上越慢，到一定程度就会熄灭。

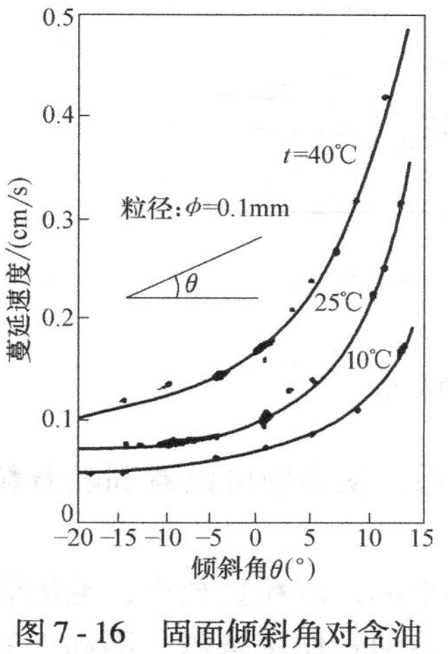

图7-16　固面倾斜角对含油固面火蔓延速度的影响

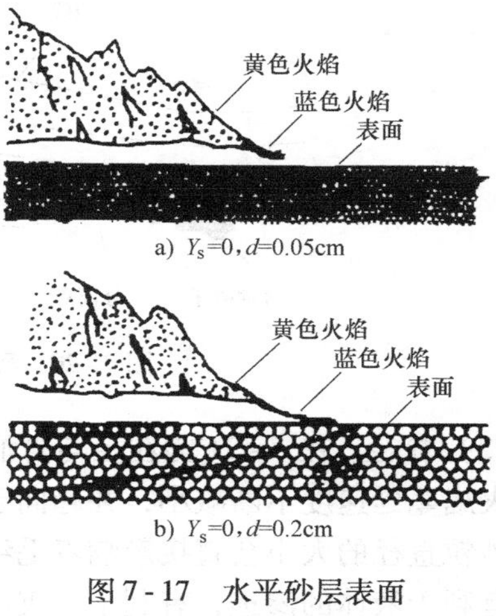

图7-17　水平砂层表面毛细管作用图

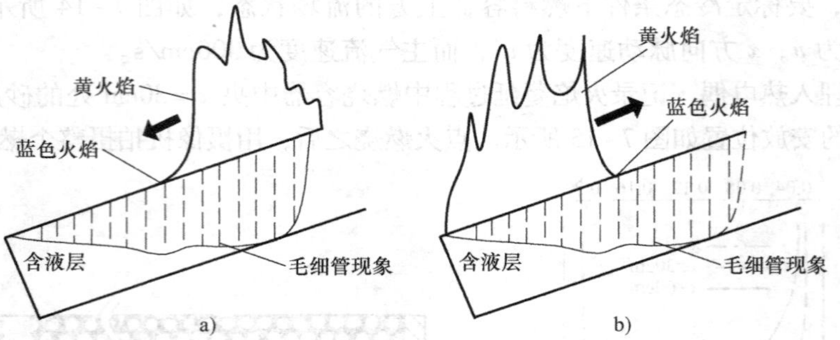

图 7-18 倾斜砂层表面毛细管作用图

a）倾斜砂层上端着火 b）倾斜砂层下端着火

（2）相对风速。图 7-19 给出了不同相对风速下，含油固面火蔓延速度变化。具体来说，当相对风速较小时，随着相对风速的增大，含油固面火蔓延速度迅速减小，之后缓慢减小，而当相对风速达到一定值后，含油固面火蔓延速度又急速下降，趋向于0，这说明灭火现象即将发生。

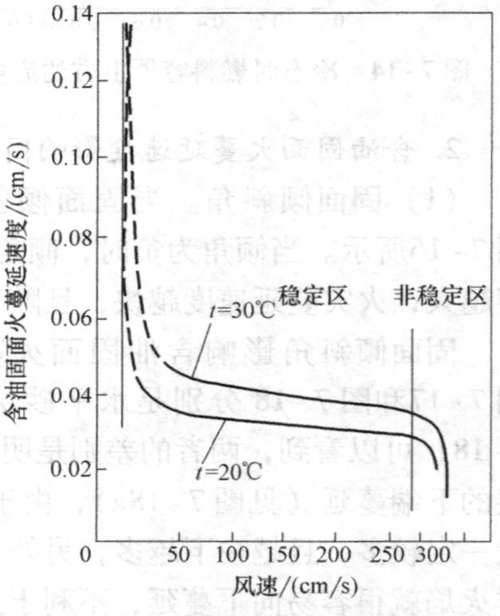

图 7-19 相对风速对含油固面火蔓延速度的影响

在无风情况下，火焰主要通过辐射向砂层传热，但是在有相对风速的条件下，除辐射传热外，热气流向砂层的对流传热就不可忽略了。图 7-20 为砂层表面附近流场与火焰的相互关系图。火焰通过对流向砂层传热与相对风速的大小及方向有关，例如逆风时，热量和燃料蒸气等均吹向火焰面，对燃烧有利，火焰的稳定性好。

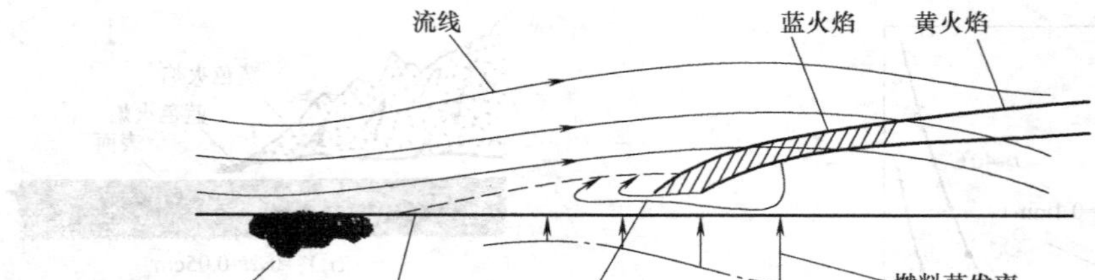

图 7-20 砂层表面附近流场与火焰的关系

（3）粒径。图 7-21 为粒径与含油固面火蔓延速度的关系，从图中可以看到随着粒径的增大火焰蔓延速度不断减小，并趋向于稳定。

砂粒直径的大小会直接影响着毛细管作用的强弱。具体来说，砂粒直径小，毛细管作用强，有利于液体的渗透，有利于火灾蔓延；砂粒直径越大，毛细管作用越弱，不利于液体的渗透，有利于灭火。

总之，含油固面表面附近的毛细管作用是分析含油固面火蔓延规律的最重要因素，只要增强毛细管作用，均可使火焰稳定，加快火蔓延速度。

（4）初温。初温对含油固面火蔓延速度也有显著影响，从图7-22可以看到，初温越高，含油固面火蔓延速度越快。

（5）砂层导热系数。改变砂层的导热系数，例如在砂子里添加适量的铜粉，含油固面火蔓延速度将有很大的变化。图7-23分别给出了添加8.810g铜粉、添加0.014g铜粉、未加铜粉情况下，含油固面火蔓延速度。从图中看到，铜粉添加量越多，火灾蔓延速度越低，也就是说砂层导热系数越高，含油固面火蔓延速度越低。

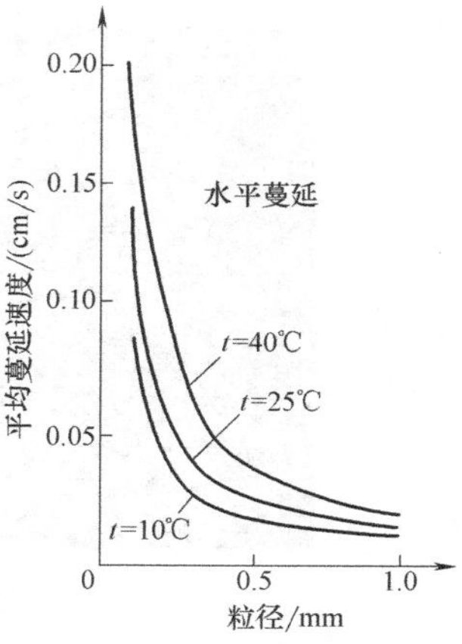

图7-21　粒径对含油固面火蔓延速度的影响

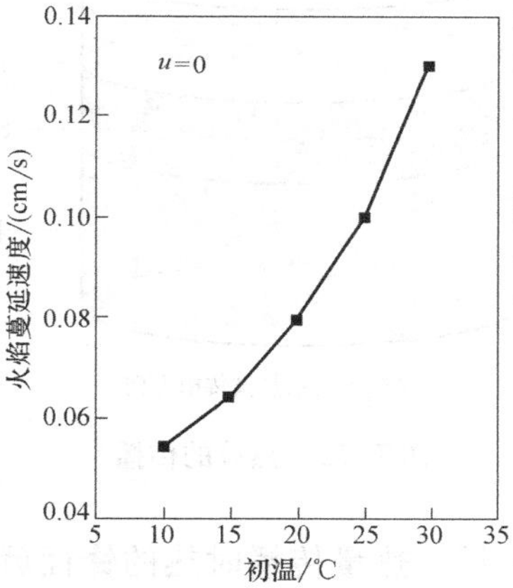

图7-22　初温对含油固面火蔓延速度的影响

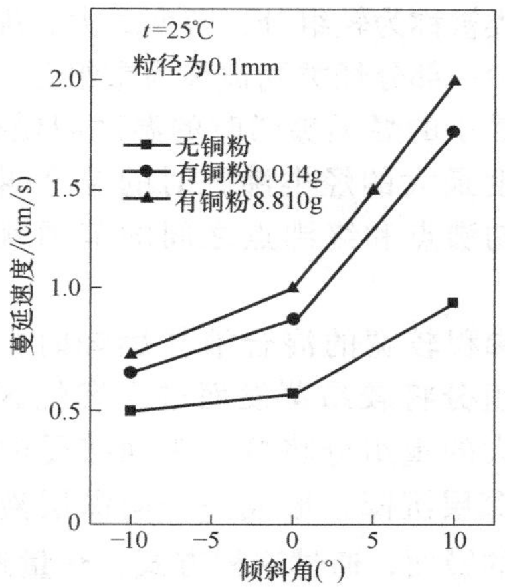

图7-23　砂层导热系数对含油固面火蔓延速度的影响

7.6 原油和重质石油产品燃烧时的沸溢和喷溅

原油燃烧时，蒸气在液面上方与空气边混合边燃烧，燃烧放出大量热量会向液体内部传播，由于原油都是由多种组分构成的，不同的组分受热后的蒸发与沉降性能也不同，这就在特定的条件下，使油中会形成向深层液体传递热量的热波，从而引起液体的沸溢和喷溅。这将危及现场人员的生命安全，而且会导致火灾进一步蔓延。例如，1989年12月19日，委内瑞拉一个发电厂的储油罐发生沸溢火灾，导致153人死亡；1989年8月12日，我国的青岛黄岛油库油罐受到雷击爆炸后起火，火灾过程中共发生3次沸溢或喷溅，造成了14名消防干警、5名油库职工牺牲，65人受伤。图7-24所示为原油和重质石油产品油罐火灾。

图 7-24 原油和重质石油产品油罐火灾

7.6.1 原油燃烧时热波传播速度

原油中密度最小、沸点最低的很少一部分烃类被称为轻组分，密度最大、沸点最高的很少一部分烃类则被称为重组分。原油中密度最小的烃类沸腾时的温度叫做初沸点，而密度最大的烃类沸腾时的温度叫做终沸点。初沸点和终沸点之间的范围就被称为沸程。

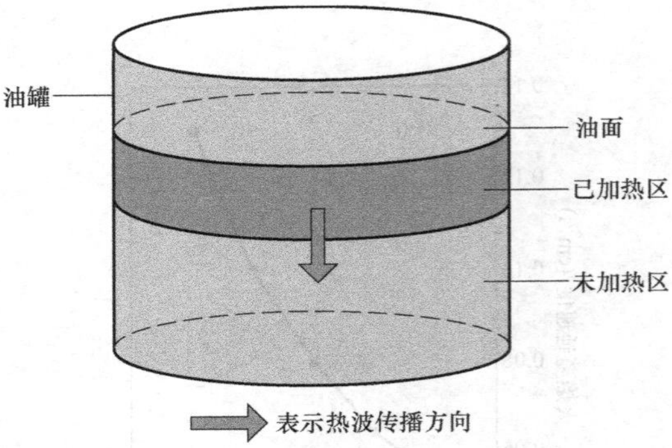

图 7-25 热波的传播

沸程较宽的混合液体燃烧时，沸点较小的组分将较易蒸发而进入燃烧区，而沸点较大的重组分将携带表面接受的热量向液体深层沉降，形成一个向深层液体移动的热的锋面，通过这种方式，热量逐渐向液体深层传播，热量传播时热的锋面就称为热波（见图 7-25）。热波在液层中向下移动的速度称为热波的传播速度，它是一个十分复杂的技术参数，受到多种因素的影响。

首先，原油燃烧时热波的传播速度会受到原油本身的影响，如原油中的含水量和油品的组成。

油品的含水量在一定的数值范围内时，增大含水量，热波传播速度随之加快。原因是油品中含水量大就意味着油品的粘度小，油品中的高温层易沉降，即热波的传播速度越快。但当含水量超过 6% 时，点燃很困难，即使着火了，燃烧也不稳定，热波的传播速度也会受到影响。

对于原油，当含水量小于 2% 时，热波的传播速度 v_t（mm/min）可以表示为：

$$v_t = 4.69\left(\lg[CH] - \frac{1}{2}\right) + 1.62\lg[H_2O] + 5.12 \qquad (7\text{-}36)$$

式中 $[H_2O]$ ——含水量；

$[CH]$ ——190℃以下馏分的体积百分数。

当含水量为 2% ~4% 时，热波的传播速度 v_t 可以表示为：

$$v_t = 4.69\left(\lg[CH] - \frac{1}{2}\right) + 0.5\lg[H_2O] + 5.45 \tag{7-37}$$

另外，油品中重组分越多，液面蒸发气化速度也就越慢，燃烧越不容易进行，液面蒸发气化速度也就越慢，火焰向油品传递的热量越少。重组分含量越大，油品的粘性越大，高温重组分沉降速度越小，热波传播速度越小。

对于含水量≤0.1%，190℃以下馏分含量为5%～6%的原油，热波传播速度有以下近似关系：

$$v_t = 4.69\lg[CH] + 1.65 \tag{7-38}$$

另外，原油的储存条件也会影响原油燃烧时热波的传播速度，比如储罐内的油品液位、油品贮罐的直径。

储罐内油品发生液面燃烧时，油品液面越低，空气越难进入火焰区，燃烧速度越慢，火焰向液面传递的热量越少，热波传播速度也就越慢；反之，液位越高，热波传播速度就越快。例如，对于含水量为2%的原油，当储罐中油面距离罐口高度为710mm时，热波的传播速度为5.00mm/min；当储罐中油面距离罐口高度为145mm时，热波的传播速度为5.94mm/min。

在一定的直径范围内，随着储罐直径的增大，油品的热波传播速度加快。但当直径大于2.5m后，热波传播速度基本上与储罐直径无关了。

除了以上所述因素外，还有一些外界条件也会影响热波传播速度，甚至影响热波的形成。例如，裂化汽油、煤油、二号燃料油和六号燃料油的混合物几乎无法形成热波，可见油品中的杂质、游离碳等对热波的形成具有很大的影响。

7.6.2 重质油品的沸溢和喷溅

重质石油产品（如原油、重油、沥青油等）燃烧时，由于含有水分且其粘度大，有可能产生沸溢现象和喷溅现象（见图7-26）。沸溢和喷溅是原油火灾中的两个极为严重的现象，为了避免原油火灾中的伤亡事故发生，有必要了解火灾中的沸溢和喷溅的形成条件及特点。

图7-26 重质油品的沸溢和喷溅

1. 沸溢

一般来说，原油中都含有水分，主要以乳化水和水垫两种形式存在。乳化水是指在开采运输过程中，原油中的水由于强力搅拌而形成细小的、悬浮于油中的水珠。水垫是指原油放置较长时间后，水和油分离，水因密度大而沉降在原油底部形成水层。

因为热波温度远高于水的沸点，它向液体深层运动时会使油品中的乳化水汽化，大量的蒸汽穿过油层向液面向上移动过程中形成油包汽的气泡，即油的一部分形成含有大量水蒸气的气泡泡沫。液体体积膨胀，向外溢出，同时部分未形成泡沫的油品也因为蒸汽膨胀力被抛出罐外，使得液面猛烈沸腾，燃烧更剧烈，火焰通过溢出的油向四周蔓延这种现象叫沸溢。沸溢可分为水沸溢和油沸溢。

水沸溢定义为：含水垫层的油品火灾过程中，经过了长时间的准稳态燃烧会形成某种特殊的临界燃烧状态，使得油品的燃烧特性发生突变，大量油品溢出或溅出容器呈现出的一种极为剧烈的灾害性燃烧现象。通常所称的沸溢或扬沸（如无特别说明）均指此情况。

油沸溢定义为：向正在燃烧着的热油表面施放水流而引起的沸溢现象。其发生条件必须是油的粘度较大且温度超过水的沸点。油沸溢只涉及表面油，这种现象相对来说不那么严重。

沸溢的形成必须具备三个条件：

（1）原油具有较宽的沸程，各组分的密度相差较大，即具有能够形成热波的特性。

（2）原油中含有乳化水或自由水，水遇热波变成蒸汽。

（3）原油的粘度较大，使水蒸气不容易从下向上穿过油层。

发生沸溢的时间与原油的种类、含水量有关。例如，实验表明，含有1%水分的石油，经45～60min燃烧就可能发生沸溢。原油发生沸溢不是毫无征兆的，因此可由一些表观现象来预测沸溢现象，如火焰由红变白变亮，高度突然增加；烟气由浓黑变稀白；油面蠕动，有轻微呼隆和嘶嘶声响。

2. 喷溅

喷溅是指因热波下降到水垫层，使其中的水大量蒸发，蒸汽压迅速升高，把上部的油品抛出罐外的现象。一般情况下，发生喷溅要比发生沸溢的时间晚得多。与沸溢类似，喷溅也需要具备一定的条件才能发生，有以下几个条件：①原油底部存在水垫层；②高温层与水垫层接触；③原油具有热波特性。

喷溅发生的时间与油层厚度、热波移动速度以及油的燃烧线速度有关。可近似用下式表示：

$$t = \frac{H - h}{v_t + v_1} - KH \tag{7-39}$$

式中 t——预计发生喷溅的时间（h）；

H——储罐中油面高度（m）；

h——储罐中水垫层的高度（m）；

v_t——原油燃烧速度（m/h）；

v_1——原油的热波传播速度（m/h）；

K——提前系数，储油温度低于燃点取0，温度高于燃点取0.1（h/m）。

【例7-7】 已知某油罐储存原油10000t，油温30℃，发生了火灾。罐内有40根立柱，每根立柱横截面积0.25m²；罐长48m宽48m，原油密度0.9t/m³，含水量1%，原油燃烧线速度0.1m/h，热波传播速度0.78m/h。试预计该油罐着火后可能发生喷溅的时间。

【解】（1）油面高度为：

$$H=\left(\frac{10000}{0.9\times(48\times48-40\times0.25)}\right)\text{m}=4.36\text{m}$$

（2）水垫层的高度为：

$$h=\left(\frac{10000\times1\%}{1\times(48\times48-40\times0.25)}\right)\text{m}=0.0436\text{m}$$

（3）预计发生喷溅的时间为：

$$t=\left(\frac{4.36-0.0436}{0.78+0.1}\right)\text{h}=4.905\text{h}$$

喷溅的发生也有一定的征兆：如油面出现蠕动、涌涨现象；出现油沫2~4次；烟色由浓变淡；火焰由红变白变亮，高度突然增加；罐体发生轻微的振动沸溢。

沸溢和喷溅虽然都是原油燃烧过程中由于热波的存在而发生的，但是它们之间具有一定的区别。如：①发生的时间不同，一般是先沸溢后喷溅；②水的来源不同，发生沸溢是原油中的乳化水、自由水，而发生喷溅则多是水垫层的水；③危害不同，沸溢的危害较大，而喷溅来势凶猛，危害更大。

预防沸溢和喷溅，要减少油品中的含水量或者减小油品的粘度。另外，设置冷却系统降温也是行之有效的方法。

3. 重质油品油罐火灾的扑救

由于重质油品具有易挥发、易流失、易燃烧、易爆炸等性质，一旦发生火灾，必将造成重大的损失。扑救重质油品油罐火灾要掌握以下内容。

（1）查明火灾相关情况。为了采取有效措施扑救重质油品油罐火灾，首先要查明发生火灾的油品的种类、数量及液面高度；还要查明罐体是否变形，对邻近设施的威胁程度以及是否出现流淌火、是否会发生喷溅等。最后还要查明罐区平面布局，周围道路、水源情况。

（2）扑救重质油品油罐火灾的原则。由于重质油品油罐火灾的特殊性，扑救重质油品油罐火灾需要遵循一定的原则。从空间上，扑救时，应先外围，后中间；先地面，后油罐；先上风，后下风。从扑救措施上来说，应先冷却，后灭火；或者边冷却，边灭火；也可只灭火，不冷却。

（3）重质油品油罐火灾扑救措施的时机。对于重质油品油罐火灾初期阶段，液体表面还未形成高温层，热油向下传递不深，温度也不高，此时不会发生沸溢，更不会出现喷溅现象，是灭火的最佳时期。这个时期要及时投入大量泡沫灭火设施进行灭火。

如果火灾已经发展到猛烈阶段，但进入了液面形成结焦层的燃烧低潮期，此时也是组织实施灭火的有利时机。因为这时轻质油受到结焦层的限制，挥发较慢，使燃烧强度减弱。但这个时期灭火时应当充分考虑热油层的问题，否则施放泡沫时会产生燃烧着的油沫而使施放的泡沫遭到破坏或者越过罐边缘溢出。

7.7 液滴的蒸发和燃烧

液滴的燃烧过程中最为关键的环节是液滴蒸发，大量的试验研究表明，液滴的燃烧通常是扩散燃烧，其蒸发速率对燃烧过程及相关设备的性能都有重要影响，因此，掌握液滴的蒸发特性对液滴燃烧的研究具有十分重要的意义。本节主要介绍了单液滴的蒸发和燃烧、液滴群的燃烧以及喷雾火灾。

7.7.1 单液滴的蒸发和燃烧

可燃液滴出现蒸发与燃烧现象时，同时在其液面上都会产生强烈的斯忒藩流，并会对液滴周围的流场以及流场内的传热、传质等规律产生极大的影响。下面在确定基本假设和物理模型的基础上，对单液滴蒸发和单液滴燃烧的一些规律进行详细阐述。

1. 基本假设和物理模型

（1）不考虑热解离和热辐射。

（2）不考虑液面的内移效应，也就是说该过程是准定常过程。

（3）假设只有斯忒藩流引起的球对称径向一维流动，并且液滴与环境无相对速度。

（4）假设液滴燃烧的火焰面为一几何面，在此基础上确定几个扩散方向：

1）氧和惰性气体：环境→火焰面扩散。

2）燃料气：液滴→火焰面。

3）燃烧产物：火焰面→液滴表面和环境。

在以上基本假设的前提下，可以给出单液滴在静止条件下蒸发和燃烧的物理模型，分别如图7-27和图7-28所示。图中T_0为液滴的表面温度，T_f为火焰面上的燃烧温度，T_∞为环境温度；f_F、f_{ox}和f_c分别为液体蒸气、氧气和燃烧产物的质量分数；r_f为火焰面半径，r_0为液滴半径。

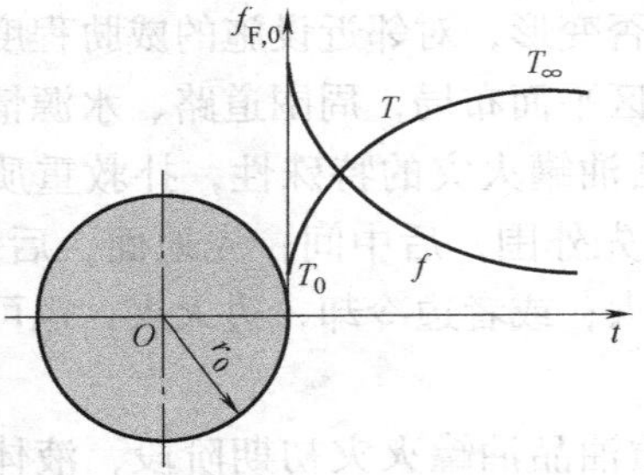

图7-27 液滴蒸发物理模型

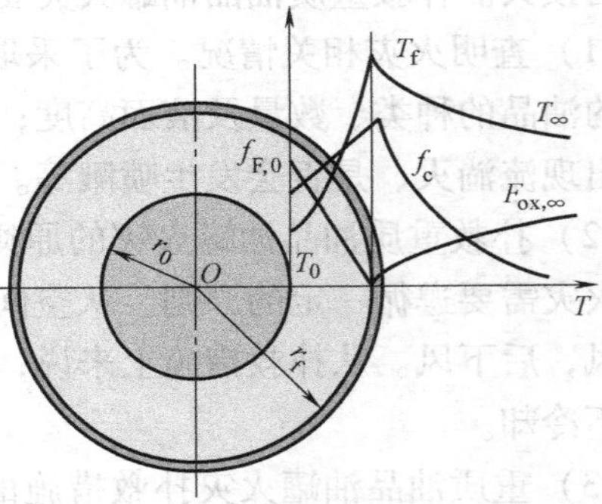

图7-28 液滴燃烧物理模型

2. 数学模型与理论分析

（1）液滴蒸发或燃烧速率的热分析。在单液滴蒸发或燃烧模型中，对于任意一个半径为r（蒸发模型中$r>r_0$，燃烧模型中$r_0<r<r_f$）的球面，液体在液滴表面汽化后流到球面，液滴表面的蒸发及所产生的气流温度升高并引起温度升高需要吸收一定的热量，而这个热量应来自由该球面向内传导的热量：

$$4\pi r^2\lambda\frac{dT}{dr}=G[C_p(T-T_0)+L_v] \tag{7-40}$$

式中 λ——导热系数；

T——半径r处的温度；

T_0——液滴表面的温度；

G——液滴蒸发速率；

C_p——比定压热容；

L_v——蒸发潜热。

对球面半径从 $r=r_0$ 到 $r=r$ 对式（7-40）积分，并通过变换得到：

$$\frac{\mathrm{d}T}{(T-T_0)+\frac{L_v}{C_p}}=\frac{GC_p}{4\pi\lambda}\frac{\mathrm{d}r}{r^2}$$

$$\ln\left[(T-T_0)+\frac{L_v}{C_p}\right]\Bigg|_{r_0}^{r}=-\frac{GC_p}{4\pi\lambda}\frac{1}{r}\Bigg|_{r_0}^{r}$$

$$\ln\left[(T-T_0)+\frac{L_v}{C_p}\right]-\ln\frac{L_v}{C_p}=-\frac{GC_p}{4\pi\lambda}\left(\frac{1}{r}-\frac{1}{r_0}\right)$$

$$G=\frac{4\pi\lambda}{C_p\left(\frac{1}{r_0}-\frac{1}{r}\right)}\ln\left[1+\frac{C_p}{L_v}(T-T_0)\right] \tag{7-41}$$

1）液滴的蒸发问题。

对于蒸发问题有边界条件：

$$r=r_0:T|_{r=r_0}=T_0$$

$$r=\infty:T|_{r=\infty}=T_\infty$$

如果从 $r=r_0$ 到 $r=\infty$ 积分，则式（7-40）可变换得：

$$G=\frac{4\pi\lambda r_0}{C_p}\ln\left[1+\frac{C_p}{L_v}(T_\infty-T_0)\right] \tag{7-42}$$

2）液滴的燃烧问题。

对于火焰面内侧半径为 r 的球面，球面上的温度仍应满足式（7-40）及式（7-41），而与液滴的蒸发的区别是边界条件的差异，燃烧问题的边界条件为：

$$r=r_0:T|_{r=r_0}=T_0$$

$$r=r_f:T|_{r=r_F}=T_f$$

同理，从 $r=r_0$ 到 $r=r_f$ 积分，可得：

$$G=\frac{4\pi\lambda}{C_p\left(\frac{1}{r_0}-\frac{1}{r_f}\right)}\ln\left[1+\frac{C_p}{L_v}(T_f-T_0)\right] \tag{7-43}$$

令 $X=\frac{4\pi\lambda}{C_p}\ln\left[1+\frac{C_p}{L_v}(T_f-T_0)\right]$

则有：

$$G=\frac{X}{\frac{1}{r_0}-\frac{1}{r_f}} \tag{7-44}$$

（2）液滴蒸发或燃烧速率的浓度分析。具体如下：

1）液滴的蒸发问题。

在准定常条件下，通过半径为 r 的球面上的液体蒸气流量等于液滴蒸发的速度，也就是式（7-42）中提到的 G，并认为 G 是由扩散流量和斯忒藩流的携带流量两部分组成的，其

中扩散流量为 $-4\pi r^2 D_F \rho \dfrac{df_F}{dr}$，而斯忒藩流的携带流量则为 Gf_F，可表示为下式：

$$G = -4\pi r^2 D_F \rho \frac{df_F}{dr} + Gf_F \tag{7-45}$$

式中 D_F——液体蒸气的质量扩散系数。

从液面到无穷远处积分，可将式（7-45）整理得：

$$G = 4\pi r_0 D_F \rho \ln\left(1 + \frac{f_{F,0}}{1 - f_{F,0}}\right) \tag{7-46}$$

式中 $f_{F,0}$——液滴表面处蒸气的质量分数。

2）液滴的燃烧问题。

在火焰面外侧，对于半径为 r 的球面，火焰锋面上消耗的氧量，必然等于氧从远处通过球面向内扩散的数量。如果假设化学反应方程式中氧气与燃料的化学计量比为 β，则 βG 为氧的消耗速率，和液滴蒸发类似，单液体燃烧中氧的消耗速率也包含了扩散速率和斯忒藩流携带速率两个部分，它们的表达式分别为 $4\pi r^2 D_{ox} \rho \dfrac{df_{ox}}{dr}$ 和 Gf_{ox}，则可得以下表达式：

$$\beta G = 4\pi r^2 D_{ox} \rho \frac{df_{ox}}{dr} - Gf_{ox} \tag{7-47}$$

从火焰面 $r=r_f$ 到 $r=\infty$ 处积分得：

$$-\frac{1}{r}G\bigg|_{r_f}^{\infty} = 4\pi D_{ox}\rho \ln(\beta + f_{ox})\big|_{r_f}^{\infty}$$

$$G = 4\pi D_{ox} r_f \rho \ln\left(\frac{\beta + f_{ox,\infty}}{\beta}\right) \tag{7-48}$$

式中 D_{ox}——氧的扩散系数。

（3）液滴蒸发或燃烧速率的几何分析。显而易见的是，液滴的直径 δ 在蒸发或燃烧过程中都在不断减小，直径的减少速度 $\dfrac{d\delta}{dt}$ 和蒸发率 G 也存在一定的数学关系，如下式：

$$G = -\rho_l \frac{d}{dt}\left(\frac{\pi}{6}\delta^3\right) = -\frac{\pi\rho_l\delta^2}{2}\frac{d\delta}{dt} \tag{7-49}$$

式中 ρ_l——液体的密度。

3. 液滴蒸发或燃烧速率间的参数关系分析

（1）液滴的蒸发问题。结合式（7-42）和式（7-46）可得：

$$\alpha \ln\left[1 + \frac{C_p}{L_v}(T_\infty - T_0)\right] = D_F \ln\left(1 + \frac{f_{F,0}}{1 - f_{F,0}}\right) \tag{7-50}$$

式中 α——热扩散系数，$\alpha = \dfrac{\lambda}{\rho C_p}$。

在以上基础上，可以定义路易氏数（Le）：热扩散系数 α 与质量扩散系数 D_F 的比值，即为 $Le = \dfrac{\alpha}{D_F}$；在气体混合物燃烧问题中，通常可近似地认为 $Le \approx 1$，所以式（7-50）可表示为：

$$\frac{C_p}{L_v}(T_\infty - T_0) \approx \frac{f_{F,0}}{1-f_{F,0}} = 1 - \frac{1}{1-f_{F,0}} \tag{7-51}$$

从上式可知，液面蒸气的质量分数 $f_{F,0}$ 可用液面温度 T_0 的函数来表示，并且 $f_{F,0}$ 会随着 T_0 的升高而增大。

根据图7-29可以看出 $\frac{C_p}{L_v}(T_\infty - T_0)$ 和 $\frac{f_{F,0}}{1-f_{F,0}}$ 随 T 变化的曲线，两曲线的交点所对应的温度值就是液体蒸发时的表面温度 T_0。$f_{F,T}$ 为液滴表面温度为 T 时，液滴表面处蒸气的质量分数。

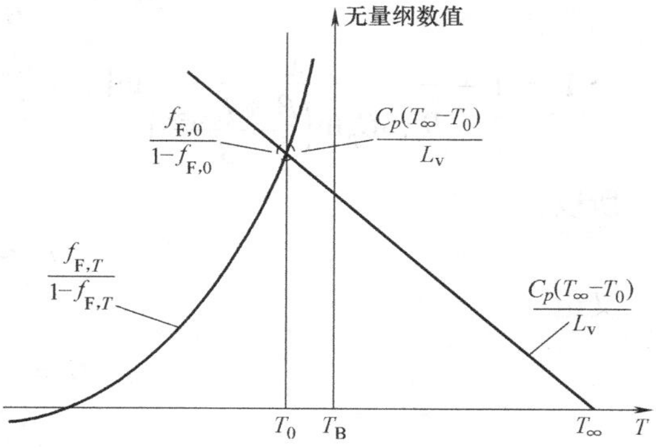

图7-29　壁面温度 T_0 的确定

同时还能从图7-29中可以看出，$T_0 = T_B$（液体沸点）是 $\frac{f_{F,0}}{1-f_{F,0}}$ 随 T_0 变化的曲线的渐近线，这是因为液体的蒸气压与总压在 $T_0 = T_B$ 时相等，即 $f_{F,0} = 1$，则 $\frac{f_{F,0}}{1-f_{F,0}}$ 趋近于无穷大。

图7-29还显示出，液体的沸点总是大于液面的实际温度 T_0，但当 T_∞ 比沸点 T_B 大很多时，$T_\infty \approx T_B$。因此有：

$$G = \frac{4\pi\lambda r_0}{C_p}\ln\left[1 + \frac{C_p}{L_v}(T_\infty - T_B)\right] \tag{7-52}$$

从初始时刻到 t 时刻进行积分可得：

$$\frac{4\pi\lambda r_0}{C_p}\ln\left[1 + \frac{C_p}{L_v}(T_\infty - T_B)\right] = -\frac{\pi\rho_1\delta^2}{2}\frac{d\delta}{dt}$$

$$\frac{8\lambda}{\rho_1 C_p}\ln\left[1 + \frac{C_p}{L_v}(T_\infty - T_B)\right] = -\frac{d\delta^2}{dt}$$

并令 $K_v = \frac{8\lambda}{\rho_1 C_p}\ln\left[1 + \frac{C_p}{L_v}(T_\infty - T_B)\right]$，称为蒸发常数。

$$\delta^2 = \delta_0^2 - K_v t \tag{7-53}$$

可见液滴的蒸发服从直径平方直线规律，下式为液滴的蒸发时间 t_v 计算表达式：

$$t_v = \frac{\delta_0^2}{K_v} \tag{7-54}$$

式中　δ_0——液滴初始直径；

K_v——蒸发常数。

（2）液滴的燃烧问题。

$$G = \frac{4\pi\lambda}{C_p\left(\frac{1}{r_0} - \frac{1}{r_f}\right)}\ln\left[1 + \frac{C_p}{L_v}(T_f - T_0)\right] = 4\pi D_{ox} r_f \rho \ln\left(\frac{\beta + f_{ox,\infty}}{\beta}\right)$$

$$r_f\left(\frac{1}{r_0} - \frac{1}{r_f}\right) = \frac{\lambda}{D_{ox}\rho C_p \ln\left(\frac{\beta + f_{ox,\infty}}{\beta}\right)}\ln\left[1 + \frac{C_p}{L_v}(T_f - T_0)\right]$$

$$\frac{r_f}{r_0} = 1 + \frac{\lambda}{D_{ox}\rho C_p \ln\left(\frac{\beta + f_{ox,\infty}}{\beta}\right)} \ln\left[1 + \frac{C_p}{L_v}(T_f - T_0)\right] \tag{7-55}$$

令 $Y = 1 + \frac{\lambda}{D_{ox}\rho C_p \ln\left(\frac{\beta + f_{ox,\infty}}{\beta}\right)} \ln\left[1 + \frac{C_p}{L_v}(T_f - T_0)\right]$

所以

$$r_f = Yr_0$$

又由

$$G = \frac{X}{\frac{1}{r_0} - \frac{1}{r_f}}$$

所以

$$G = \frac{XY}{Y-1} r_0 \tag{7-56}$$

又因为

$$G = -\rho_1 \frac{d}{dt}\left(\frac{\pi}{6}\delta^3\right) = -\frac{\pi\rho_1\delta^2}{2}\frac{d\delta}{dt} = \frac{XY}{Y-1} r_0$$

故

$$-\frac{\pi\rho_1}{2}\frac{d\delta^2}{dt} = \frac{XY}{Y-1}$$

$$\delta^2 = \delta_0^2 - K_f t \tag{7-57}$$

$$K_f = \frac{2XY}{\pi\rho_1(Y-1)} \tag{7-58}$$

式中 K_f——燃烧常数，由液体性质决定，表 7-15 给出了常见液体的燃烧常数。

表 7-15 常见液体的燃烧常数 K_f

液体名称	$K_f/(cm^2/s)$	液体名称	$K_f/(cm^2/s)$
苯	0.0097	正辛烷	0.0092
甲苯	0.0066	环己苯	0.0091
甲醇	0.0086	1-丁醇	0.0072
乙苯	0.0086	乙醚	0.0108
乙醇	0.0070	二硫化碳	0.0095
邻二甲苯	0.0079	石油醚	0.0099
正己烷	0.010	煤油	0.0096
正庚烷	0.0089		

根据式（7-58）知道，理论上液滴燃烧速度也服从液滴直径平方－直线定律。即液滴燃烧时间为：

$$t_f = \frac{\delta_0^2}{K_f} \tag{7-59}$$

需要说明的是，并不是整个液滴燃烧过程都符合直径平方－直线定律。一般情况下，可将液滴燃烧过程划分为两个阶段：

第一阶段为液滴开始燃烧到火焰完全包围液滴时结束。在这个阶段中，由于受液滴内部温度变化的影响，液滴燃烧并不严格按照直径平方－直线定律，如图7-30所示。这一阶段大约会持续到液滴的直径燃烧到初始直径的85%左右。

第二阶段为火焰完全包围液滴燃烧阶段，该阶段的燃烧比较稳定，符合直径平方－直线定律的。

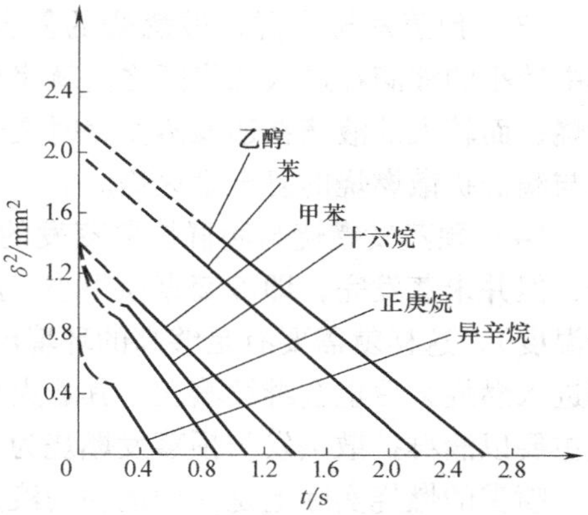

图7-30 几种液滴燃烧时直径的平方随时间的变化关系（周围气体温度为80℃）

上文的讨论是针对液滴静止进行的，而实际燃烧时，液滴与其周围空气之间有较大的相对速度，这会对液滴的燃烧造成很大的影响。

7.7.2 液滴群（喷雾）的燃烧

1. 概述

相对于油池燃烧，喷射雾化使液体燃料破碎成细小的液滴群，这大大增加了燃料与空气的接触表面，进而极大加速了液体的蒸发速率，提高了可燃蒸气的浓度，而使燃烧更为容易。因此，在现代的生活中，很多动力装置都使用了油雾的燃烧（如喷气发动机燃烧室、内燃机气缸、油炉等），图7-31给出了不同热机利用喷雾燃烧的典型例子。

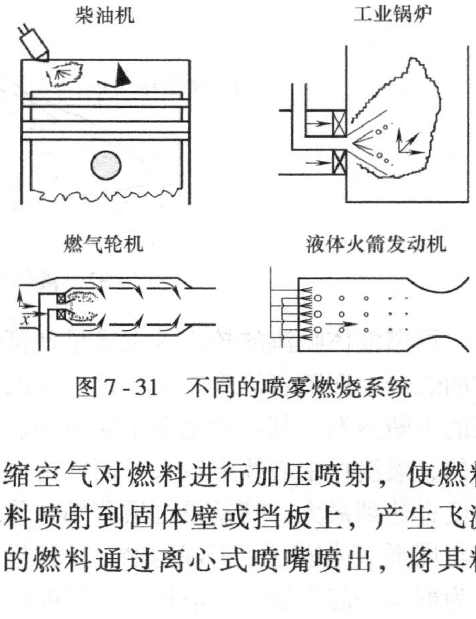

图7-31 不同的喷雾燃烧系统

实际工程中，可以通过很多方法来完成燃料的喷射雾化，这些方法基本上都是把液体经过特殊的高压处理后，再进行喷射。例如可以使用机械方法先使燃料增压，而后，采用喷油器将高压燃料喷入燃烧室，达到雾化燃烧的目的；也可采用压缩空气对燃料进行加压喷射，使燃料随高压空气一起喷入燃烧室燃烧；还可以将高压燃料喷射到固体壁或挡板上，产生飞溅破碎，从而形成可燃液雾；此外，还可以把增压后的燃料通过离心式喷嘴喷出，将其粉碎和分散等。

2. 液滴群燃烧的特点

液滴群是由大量液滴所构成的，在研究其蒸发和燃烧的过程时，除了要考虑单个液滴的作用和特性之外，液滴与液滴之间的互相影响也不能忽视。液滴群燃烧的火焰特点主要由液滴的雾化情况所决定，一般分为四种：

（1）液滴群扩散燃烧火焰。这种火焰具有扩散火焰燃烧的特点。当雾化质量不好时，可燃液滴的直径较大，距离喷嘴较近，而环境温度又比较低时，多形成该类型火焰。

（2）预蒸发型的气相燃烧火焰。这种火焰具有预混气体燃烧的特点。当雾化质量好，所形成的可燃液滴非常细小，距离喷嘴较远，环境温度又比较高时，多形成这种火焰。

（3）预蒸发与滴群扩散燃烧的复合型火焰。如果雾化时，可燃液滴的滴径分布较广，其中较小的液滴在进入燃烧区之前就完全蒸发，形成了一定浓度的预混可燃气，将发生预混燃烧；而较大的液滴在还没蒸发完时便进入了燃烧区，将发生扩散燃烧。这样就形成了预蒸发与滴群扩散燃烧的复合型火焰。

（4）预蒸发燃烧与滴群扩散蒸发的复合型火焰。当小液滴进入燃烧区时，已蒸发大部分，但并未蒸发完，即液滴直径很小，此时液滴温度必定也很小（低于可使其蒸发完的最低温度），这样就需要有足够高的环境温度才能使其着火，稍低则不能达到着火条件。而大滴进入燃烧区后也会继续蒸发，其着火形成液滴扩散燃烧的可能性相对较低。因此，这种情况主要以滴群扩散蒸发与预蒸发燃烧为主。

喷雾的燃烧实际上是一种运动的液滴群的燃烧，其燃烧特点与液体的雾化程度、液滴在空间的运动及分布情况、液雾与空气的混合过程等有关。图 7 - 32 给出了喷雾的液滴群燃烧区域划分示意图，克罗克（Croke）和邱氏（Chiu）把喷射火焰分成势核区、汽化液滴区及它的外部液滴群燃烧区、喷流边界上的湍流扩散火焰区、内部多液滴燃烧区以及湍流火焰区等几个区域。

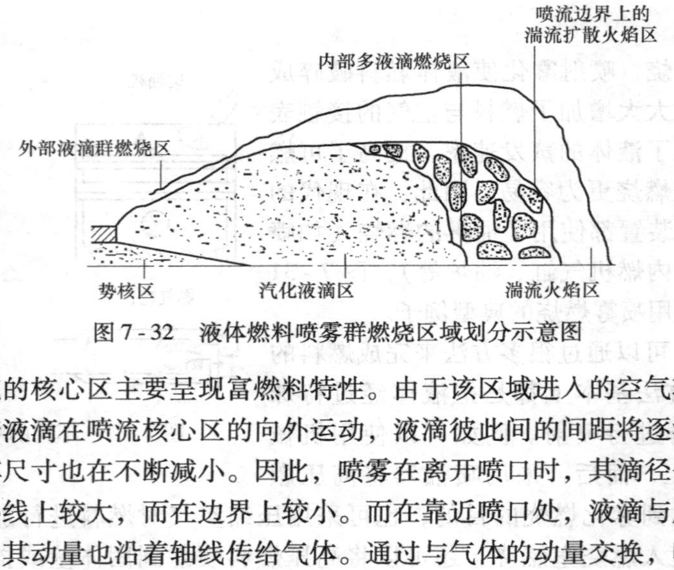

图 7 - 32　液体燃料喷雾群燃烧区域划分示意图

可燃液体喷流的核心区主要呈现富燃料特性。由于该区域进入的空气较少，不会发生正常的燃烧。而随着液滴在喷流核心区的向外运动，液滴彼此间的间距将逐渐增大，而随着液滴的不断蒸发，其尺寸也在不断减小。因此，喷雾在离开喷口时，其滴径一般分布得十分不均匀，液滴在中心线上较大，而在边界上较小。而在靠近喷口处，液滴与周围气体间的相对速度也达到最大，其动量也沿着轴线传给气体。通过与气体的动量交换，喷雾边界上的小液滴与周围气体进行了很好地融合。这样，部分液滴在喷流边界内独立燃烧，而另一些液滴却作为群体一起燃烧。一般地，处于喷流外部区域的液滴主要呈多液滴火焰燃烧特性，而处于核心区附近的液滴主要表现为在贫氧条件下发生汽化。同时，液雾中的小液滴较易汽化，而具有较大惯性作用的大液滴，在汽化和燃烧前则要通过较长的运动距离。

喷雾燃烧区域的温度与浓度分布规律与扩散气体燃烧类似，越靠近喷雾中心线，其温度就越低，而液滴浓度则越高，且在尚未受热的中心区域，液滴只是发生汽化现象，并未发生燃烧。而因为在喷雾的外部区域，液滴参与了燃烧过程，放出了大量的热，具有较高的温度。一般地，沿燃烧喷雾的中心，温度和距喷口的距离呈正比关系，距离越长，温度越高。较高的温度使得中心线附近的大液滴汽化得更快。试验表明，无论在径向或轴向，靠近高温区的液滴都会更快地汽化。

3. *液滴群燃烧理论*

在液滴群燃烧中，不同状态下外层火焰与喷流边界的相对位置是不同的，为了判别外层火焰与喷流边界的相对位置，可引入两个重要的参数，第二类群燃数 G 和燃料空气密度比 β。

(1) 第二类群燃数。两相间的总传热率对伴有扩散燃料蒸发的汽化热速率的比值就是第二类群燃数 G 的定义，表达式如下式，喷射燃烧模型是按照群燃数分界的。

$$G \equiv \frac{\text{两相之间的总传热率}}{\text{汽化热速率}} \tag{7-60}$$

上述定义也可用两相之间的总传热率与对流能量转移率的比值来定义，表达式如下：

$$G \equiv \frac{\text{两相之间的总传热率}}{\text{对流能量转移率}} \tag{7-61}$$

对于第二类群燃数 G，可以用第一类群燃数 G_1 来表示，表达式如下：

$$G = \frac{D_\infty}{R_\infty u_\infty} G_1 \tag{7-62}$$

式中 D_∞——未受扰动处的扩散系数；

u_∞——液滴群的喷射速度；

R_∞——液雾团半径。

根据上述第二群燃数的第一个定义，即式（7-60），第一燃群数 G_1 可用下式计算：

$$G_1 = \frac{3}{2} N\left(\frac{r}{R_\infty}\right) \frac{\lambda_1 T_\infty}{\rho_\infty D_\infty H} (2 + 0.6 Re^{1/2} Pr^{1/3}) \tag{7-63}$$

式中 N——液雾团中液滴总数；

H——汽化潜热；

r——液滴的平均半径（瞬时的，即会随时间而变化）；

Re——雷诺数；

Pr——普朗特数；

ρ_∞——未受扰动处气体的密度，即空气的密度。

而根据上述第二群燃数的第二个定义，即式（7-61），第一燃群数 G_1 则可用下式计算：

$$G_1 = 3(1 + 0.276 Re^{1/2} Sc^{1/3}) Le N^{2/3} \left(\frac{r}{d_i}\right) \tag{7-64}$$

式中 Le——路易斯数；

Sc——施密特数；

d_i——液滴之间的平均距离。

液滴云的四种液滴群燃烧的模型如图7-33所示。

当第二类群燃数 $G > 10^2$ 时（见图7-33a），在液滴群的外层发生燃烧，而内部未汽化的液滴群被已汽化液滴包围着，这些液滴群距离喷流边界上的火焰尚远，这时可认为它们并未受到燃烧的影响。此时，虽然燃烧速率快，喷流核心区温度却很低。

当 $1 < G < 10^2$ 时（见图7-33b），射流有利于外部液滴群的燃烧。射流区域内的情况是，内部区域主要是液滴群在发生汽化，而外部区域则主要是形成的扩散燃烧火焰。

当 $10^{-2} < G < 1$ 时（见图7-33c），所有液滴群都参与燃烧，主火焰出现在射流边界上，

但在喷流区域外，液滴各自独立燃烧，基本上互不影响。

当 $G<10^{-2}$ 时（见图 7-33d），所有液滴基本独立，不产生相互作用，其燃烧形式主要表现为单液滴燃烧，产生的是相对分散的液滴火焰。

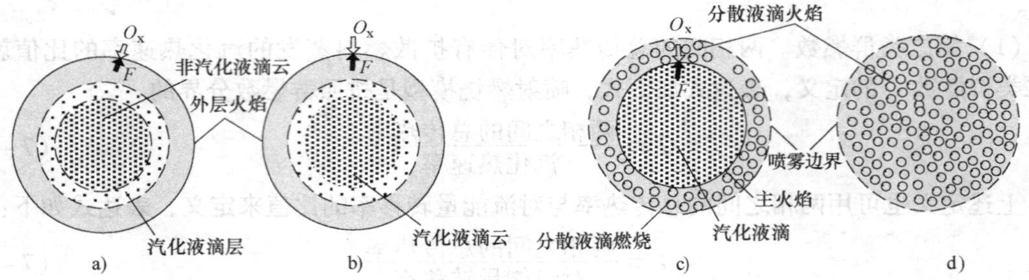

图 7-33 液滴云的四种群燃模型

a）高 G 值时具有汽化保护层的外层群燃 b）具有滞止火焰的外部群燃

c）喷雾边界内部主火焰的内部群燃 d）低 G 值时单个液滴燃烧

（2）燃料与空气的密度比。燃料与空气的密度比 β 是除第二类群燃数 G 以外另一个重要参数，外层火焰对喷流边界的相对位置可以用这个参数来确定。燃料－空气密度比 β 可用下式表示：

$$\beta = \frac{\frac{4}{3}\pi r^3 n\rho_1}{\rho_\infty} \tag{7-65}$$

式中 n——液雾团内平均单位体积所含的液滴数量，$n=\dfrac{N}{\frac{4}{3}\pi R^2}$；

ρ_1——液滴的密度。

当 G 一定时，可以增大 β 值，使液滴群平均燃烧速度减小，火焰将向喷流边界移动。克罗克和邱氏通过计算表明：喷流边界处的火焰在 $G\approx10^{-2}$，$\beta=0.1$ 的情况下是稳定的；而对于 $G\approx0.5$ 的情况，β 值必须增至 100 才能使火焰接近喷流边界。同时存在一个临界值 G_c，只有当 G 超过该值时，外部燃烧才能得以很好地维持，表 7-16 给出了 G_c 与 β 值的对应关系。

表 7-16 G_c 与 β 值的对应关系

β	G_c
1	9×10^{-3}
10	6×10^{-2}
100	7×10^{-1}

7.7.3 喷雾火灾分析

当燃油从破裂的输油管道或燃油容器中喷出时，极易形成油雾，此时，如遇到火源，将可能在油雾中造成火势的蔓延，形成火灾。与其他动力装置中的油雾燃烧存在很大差异，由于输油管道破裂或燃油容器破裂形成喷雾，雾化质量不高，液滴尺寸较大，密度也较高。同时，在发生喷雾火灾时，初始的环境温度一般多为室温，温度较低，对液滴本身的蒸发不利，所以着火燃烧后主要形成液滴群的扩散火焰。

同时，油雾火灾中存在的大液滴在燃烧过程中将不断滴落下降，如果没有燃烧完就落到地面上，将使地面成为含油可燃性固面；这些落地的可燃液滴集合在某一处，则可能形成一个新的临时油池；如果可燃液滴落到水面上，将会形成含油的液面。这些都可能进一步导致其他类型火灾的发生，加剧燃烧的蔓延。为此，研究油雾火灾的特点与蔓延规律具有重要的意义。

油雾火灾实际上是一个典型的两相反应流的问题，下面将其传播过程进行简化分析。由于喷雾的燃烧都是燃料从液滴表面经汽化后再与周围的氧化剂混合，最后再发生燃烧反应的过程，因此，大部分的喷雾燃烧问题都可用扩散燃烧理论来解释。图7-34给出了一维油雾扩散燃烧的简化模型，可以看出，油雾火灾区主要可分为冷液雾区、预热蒸发区、燃烧区以及已燃区。由于高温燃气一侧对液雾的预热作用，在燃烧区相邻位置形成了滴群的预热蒸发区，在该区域油雾受热蒸发而形成可燃蒸气与热空气的可燃混合气体，当达到着火温度时，所形成的可燃混合气体将被点燃，形成预混火焰，接着液滴也受热着火，形成扩散火焰。这使得火焰进一步向预热区蔓延，进而向未燃区推进。影响预蒸发区的因素主要有可燃液滴本身的蒸发特性、环境温度等。

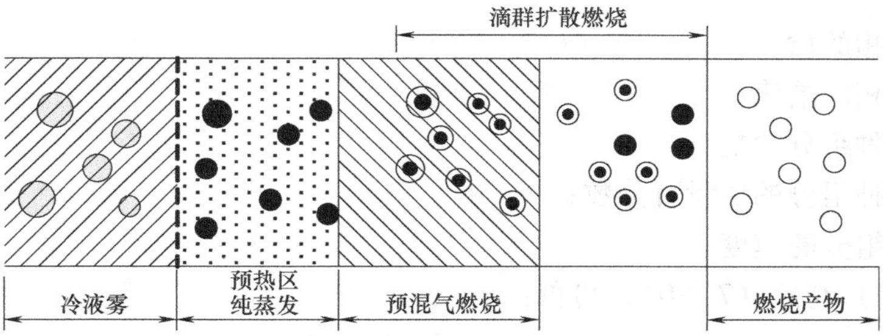

图7-34　滴群扩散燃烧的简化模型

在火焰蔓延过程中，对于喷雾的某一特定区域，预混燃烧主要发生在初期的高温着火阶段，而随后的燃烧过程则主要以液滴群的扩散燃烧为主，因此下面的分析不考虑预混燃烧。为了利于分析，可对复杂的燃烧过程进行合理简化，简化假设如下：

1）油雾的初始滴径均匀。

2）不考虑液滴与气流的相对运动。

3）油雾扩散燃烧是一维的。

4）初始时，气流温度不是很高，但高于液滴温度，因此，需考虑气流对液雾的预热作用。

根据物理模型和简化假设，可建立如下控制方程。

1. 总体连续方程

$$(\rho_l + \rho_g)u = g_m \tag{7-66}$$

式中　ρ_l——液相的总密度；

ρ_g——气相的总密度；

u——火焰沿 x 方向的传播速度；

g_m——常数，表示滴群扩散燃烧火焰的质量蔓延速度。

2. 气相连续方程

$$\frac{\mathrm{d}(\rho_g u)}{\mathrm{d}x} = \overline{\rho_1}\frac{\pi\delta^2}{4}K_v N_1 \tag{7-67}$$

式中 $\overline{\rho_1}$——液滴的平均密度；

K_v——液滴的蒸发常数；

δ——液滴的直径；

N_1——液滴的总数。

气相的质量变化实际上就是沿 x 方向上液滴的蒸发量变化。令：

$$f_g = \frac{\rho_g}{(\rho_1 + \rho_g)} \tag{7-68}$$

带入式中得：

$$\frac{\mathrm{d}f_g}{\mathrm{d}x} = \overline{\rho_1}\frac{\pi\delta^2}{4g_m}K_v N_1 \tag{7-69}$$

3. 两相流动的能量方程

$$\frac{\mathrm{d}}{\mathrm{d}x}[\rho_g u h_g + \rho_1 u h_1] = \frac{\mathrm{d}}{\mathrm{d}x}\left(\lambda\frac{\mathrm{d}T}{\mathrm{d}x} - \sum_i h_i\rho_g Y_i v_i\right) \tag{7-70}$$

式中 h_g——气相的焓；

h_1——液相的焓值；

h_i——某种组分的焓；

Y_i——某种组分的质量百分数；

v_i——某组分的速度。

由式（7-66）与式（7-70），可得：

$$\frac{\mathrm{d}}{\mathrm{d}x}[f_g h_g + (1-f_g)h_1] = \frac{1}{g_m}\frac{\mathrm{d}}{\mathrm{d}x}\left(\lambda\frac{\mathrm{d}T}{\mathrm{d}x} - \sum_i h_i\rho_g Y_i v_i\right) \tag{7-71}$$

积分可得：

$$[f_g h_g + (1-f_g)h_1] + \frac{1}{g_m}\left(-\lambda\frac{\mathrm{d}T}{\mathrm{d}x} + \sum_i h_i\rho_g Y_i v_i\right) = \text{常数} \tag{7-72}$$

其中

$$h_g = \Sigma Y_i h_i$$
$$h_i = h_{i,0} + C_p(T - T_{g,0})$$
$$h_1 = h_{1,0} + C_{p,1}(T_i - T_{1,0})$$
$$T_{g,0} = T_{1,0} = \text{标准温度}$$

代入式（7-72），可得：

$$\frac{\lambda}{g_m}\left(\frac{\mathrm{d}T}{\mathrm{d}x}\right) = f_g(C_pT - Q_c + L_v) - f_{g0}(C_pT_{g,0} - Q_{c,0} + L_{v,0}) \tag{7-73}$$

式中 Q_c——燃烧热；

L_v——蒸发潜热。

下标“0”表示标准温度下的值。

式（7-69）与式（7-73）给出了f_g与T为变量的油雾扩散燃烧的主要控制方程，通过无量纲化，可确定滴群扩散燃烧火焰的质量蔓延速度g_m与各参数之间的关系。虽然以上分析只给出了推导的模型方程，并未进一步给出较为复杂的参数间的关系式（可参考相关专著）。同时，也考虑了一些简化假设，例如考虑的是均匀滴径分布的液滴，而在真实情况中，液滴直径存在一定的分布规律，而这种非均匀滴径分布也大大增加了问题的复杂程度。

但以上分析的重要意义在于，其提供了一种油雾火灾研究的重要建模方法，它表明应用基础理论分析实际问题的思路是可行的，可根据实际情况采用相应的模型，进而获得相应现象的发生发展的机理规律及相关参数的内在关联性。

复　习　题

1. 何谓闪燃？可燃液体为什么会发生闪燃现象？研究闪燃在消防工作有什么重要意义？

2. 已知乙醇的爆炸下限为3.3%，大气压力为1atm，试用三种不同的方法估算乙醇的闪点。

3. 在相同条件下将下列各组物质按自燃点从大到小排序，并说明理由。

（1）丙烷、丙烯。

（2）异丁烷、正丁烷。

（3）甲烷、丙烷、丁烷、乙烷、戊烷、庚烷。

（4）甲醛、甲烷、甲醇。

4. 何谓液体的爆炸温度极限？分析说明可燃液体存在爆炸温度极限的原因。

5. 用两种不同的方法估算乙醚在大气中的爆炸温度极限范围（乙醚的爆炸极限范围为1.7%～2.7%）。

6. 有机液体的自燃点遵循什么规律？它和闪点的变化规律有什么不同，为什么？

7. 已知环境压力为1atm。丙酮的正常沸点为56.5℃，蒸发热是30.3kJ/mol，爆炸上、下限分别为2.5%与13%。

（1）计算其在温度为302K时的蒸气压是多少？此时液面上方蒸气的摩尔分数为多少？

（2）计算其爆炸温度的上、下限。

8. 容器直径对油品的燃烧速度有何影响？结合火焰向液面传播的机理说明出现这种变化的原因。

9. 比较分析油池火、油面火和固面火的特点及影响其燃烧的主要因素。

10. 关于油罐火灾的原油喷溅现象，回答以下问题：

（1）什么是原油喷溅现象？其发生有何征兆？

（2）原油喷溅发生有什么条件？如何避免其发生？

（3）某油罐罐长70m、宽50m，储存原油14000t。油温39℃，原油密度为$0.89\times10^3kg/m^3$，含水量为0.5%，原油燃烧线速度为0.1025m/h，热波传播速度为0.785m/h。试预计该油罐着火后可能发生喷溅的时间。

11. 某一液滴直径为2mm时燃尽所需要的时间为0.1s，则其直径为1mm时，燃烧完毕需要的时间约为多少？

12. 总结可燃液体火灾有什么特点，在消防灭火时应注意哪些问题，并说明在扑救油罐火灾时，为什么要对着火油罐进行冷却？

第 8 章

可燃固体燃烧

8.1 可燃固体的燃烧特点、重要参数及主要影响因素

8.1.1 可燃固体的燃烧过程及特点

固体是火灾中最普遍、最主要的可燃物，相对于可燃气体和液体，可燃固体燃烧比较复杂，其燃烧过程与特点如图 8-1 所示。一般来说，可燃固体在加热条件下，会通过熔融过程生成可燃液体，或通过升华、热解等过程，生成可燃气体。因此，可燃固体的燃烧一般可以看成是可燃气体和可燃液体的综合作用，当然也存在固体直接与空气发生氧化-还原反应的表面燃烧现象。可以看出，固体燃烧过程中也会出现预混燃烧和扩散燃烧两种形式，不同的是，固体燃烧剩余物中还有灰分等。

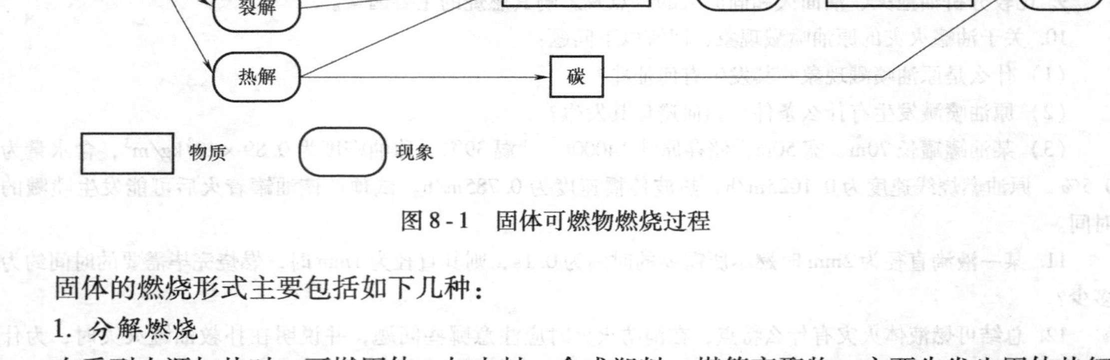

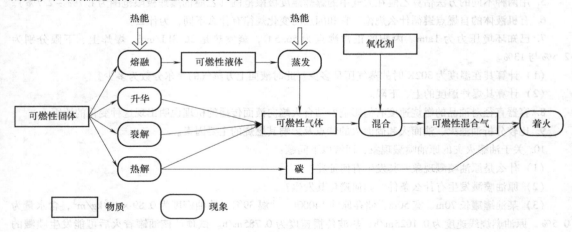

图 8-1 固体可燃物燃烧过程

固体的燃烧形式主要包括如下几种：

1. 分解燃烧

在受到火源加热时，可燃固体，如木材、合成塑料、煤等高聚物，主要先发生固体热解反应（固体氧化反应不是主要反应），随后热解析出的可燃挥发分与氧在空间中接触燃烧而形成火焰，这也就是热解燃烧，它是固体主要的燃烧方式，其过程可以描述为：火源加热→热解→着火燃烧。

2. 蒸发式燃烧

熔点比较低的固体燃料容易发生蒸发式燃烧。在燃烧之前先熔融成液体状态，而后液体在受热条件下产生的可燃蒸气与空气中的氧发生气相反应（也称均相反应），在空间中形成燃烧火焰，如蜡烛燃烧就是一种典型的蒸发式燃烧。此类型燃烧一般有两种途径：①火源加热→熔融蒸发→着火燃烧；②火源加热→升华→着火燃烧。

3. 表面燃烧

木炭、焦炭、铁、铜等可燃固体的燃烧是由氧和固体材料直接反应而发生的，而且反应仅在材料的表面进行，称为表面燃烧。表面燃烧是一种无火焰燃烧，有时也称为异相燃烧，即可燃物与氧化剂处于固、气两种不同状态时的燃烧现象。如木材、煤等固体燃料在挥发分全部析出并燃烧完全以后，剩余的碳就会发生表面燃烧。

4. 阴燃

阴燃是指在堆积空气不足的环境下，某些物质发生只冒烟而无火焰的燃烧现象。特别地，一些存在空隙的固体（通常是丝状、颗粒状），可在较低温度下发生阴燃，在这些固体的外表面和内部大范围区域内，固体与氧气直接发生反应。广义上讲，阴燃也是表面燃烧的形式之一，但需要强调的是，燃烧过程析出的可燃挥发分并没能达到燃烧条件，所以也就没有火焰产生。同时，阴燃也不同于有焰燃烧和无焰燃烧。阴燃与有焰燃烧的区别在于没有火焰，与无焰燃烧的区别在于其产物中存在大量可燃气体。从本质上分析，阴燃是在受热条件下可燃热解气的产生速度低于燃烧速度造成的。例如，香烟的燃烧就是一种典型的阴燃。

以上对燃烧形式的划分主要是为了更好地认识燃烧和分析燃烧现象。在实际燃烧与火灾现象中，往往同时存在多种形式的燃烧。例如，在一定的外界条件下，木材、麻、棉、纸张等的燃烧会明显地同时存在热解燃烧、表面燃烧和阴燃等多种形式。

8.1.2 评定固体火灾危险性的参数

1. 熔点、闪点、燃点、自燃点

固体发生熔化变为液体的初始温度被称为固体的熔点。某些低熔点的可燃固体发生闪燃时固体的最低温度就是其闪点；而可燃固体加热到一定温度后，遇明火发生连续燃烧时的固体最低温度为固体燃点或着火点；固体物质在没有外部火花或火焰引燃下，当加热到一定程度时能自动燃烧时的固体的最低温度，被称为可燃固体的自燃点。可见，固体的熔点、闪点、燃点和自燃点等参数均为固体发生熔化、闪燃、引燃和自燃时相应的固体本身的温度值。

熔点、闪点、燃点是评定固体火灾危险性的重要参数。一般地，熔点越低的可燃固体，其闪点和燃点也越低，就越容易被引燃，其火灾危险性也越大；而自燃点越低的固体，越容易燃烧，因而火灾危险性也越大。表8-1给出了一些常见高分子物质的自燃点。

表8-1 常见高分子物质的自燃点

物质名称	自燃点/℃	物质名称	自燃点/℃	物质名称	自燃点/℃
报纸	230	聚乙烯	349	硝酸纤维素	141
棉花	255	聚氯乙烯	454	聚酰胺	424
白松	260	有机玻璃	450～462	醋酸纤维素	475
涤纶纤维	440	松香	240	布匹	270～300

2. 热分解温度

热分解温度是指可燃固体发生热分解时固体的初始温度，通常也称为热解温度，它可以用来评定受热时能够发生分解的固体的火灾危险性。一般地，可燃固体的热解温度越低，则越容易发生可燃的热解气，因此燃点也越低，也容易发生火灾，因此，火灾危险性也越大。

表 8-2 给出了几种可燃固体的热分解温度及相应的燃点。

表 8-2　几种可燃固体的热分解温度及相应的燃点

固体名称	热分解温度/℃	燃点/℃	固体名称	热分解温度/℃	燃点/℃
硝化棉	40	180	棉花	120	210
赛璐珞	90～100	150～180	木材	150	250～295
麻	107	150～200	蚕丝	235	250～300

3. 氧指数

氧指数是指在规定的条件下，刚好维持物质燃烧时的氧氮混合气中的最低氧含量的体积百分数。氧指数是评价各种物质相对燃烧性能的一个重要参数，也是评价可燃固体（尤其是高聚物）火灾危险性的重要指标。可以根据氧气指数的大小将燃料分为易燃材料、难燃材料和高难燃材料。如表 8-3 所示。

表 8-3　根据氧指数可燃固体的分类

氧指数范围	可燃物种类
<22	易燃材料
22～27	可燃材料
>27	难燃材料

4. 比表面积

比表面积是指单位体积固体的表面积。对于相同的可燃固体，比表面积越大，火灾危险性越大。特别地，比表面积对可燃粉尘的燃烧与爆炸性能具有极其重要的影响，它直接关系着爆炸下限、最小引爆能、最大爆炸压力等参数的变化。一般地，随着粉尘的比表面积的增大，其爆炸下限将降低，最小引爆能变小，而最大爆炸压力增大，爆炸危险性就越高。

以上参数还与物质的粉碎程度、受热时间和环境中氧含量等因素相关，例如，固体物质粉碎的越碎，自燃点越低；环境中氧含量增加，闪点、燃点和自燃点都会下降。

8.1.3　固体燃烧的主要影响因素

影响固体燃烧的因素很多，也非常复杂，归纳起来，主要有外界火源（外加热源）、固体材料性质、固体材料的形状尺寸及表面位置和外界环境（包括氧含量、环境温度、环境压力和空气流动等）等因素。下面具体分析这几个因素对固体燃烧的影响。

1. 外界火源或外加热源

一般地，外界引火源必须处于固体产生的可燃挥发分的气流之内才能引燃固体，而外界加热速率（Q_E）越大，则固体就越易着火。由于外加热源在预热火焰锋前的材料未燃部分的同时，还加快了火焰锋后的燃烧速度，使整个燃烧过程得以强化。

2. 固体材料的性质

一般来说，固体材料的熔点、热分解温度、汽化热、热惯性和热释放速率等热工参数对其燃烧也有一定的影响。下面给出了各个参数的与材料燃烧速度的关系。

（1）熔点、热分解温度、热解潜热或蒸发潜热（L_v）越低，而燃烧热越高的可燃固体，受热时释放可燃气体的速度就越快，在固体表面形成的可燃热解气的浓度就越高，因此，往往越容易被引燃，且引燃后的稳定燃烧速度也越快。

（2）固体材料的热惯性对其着火燃烧性能有重要影响，尤其对于厚固体材料，这种影响更为突出，甚至起着主导的作用。固体热惯性的影响结论为：材料的热惯性越低，越容易被引燃，且燃烧就越迅速。

（3）燃烧释热速率（q_r）也是影响可燃固体稳定燃烧的另一个重要性质，一般来说，固体的热释放速率与燃料的质量燃烧速率及表面积有关，质量燃烧速率越高，燃烧表面积越大，则热释放就越大，固体的燃烧释热速度可按照下式进行计算。

$$q_r = G_S \Delta H_C A_F \mu \tag{8-1}$$

式中　G_S——固体的质量燃烧速率；

ΔH_C——固体的燃烧热；

A_F——固体的燃烧表面积；

μ——固体的燃烧效率。

3. 固体材料的形状尺寸及表面位置

（1）正如前面所提到的，在材料相同的情况下，固体燃烧的容易程度由比表面积来决定。比表面积越大，材料与空气较容易接触，氧化作用既普遍又容易，因此往往容易被引燃烧。

（2）显而易见的是，厚物体比薄物体更难着火燃烧。这是因为热量从厚物体表面向内部传导的能力较弱，受热时未着火部分的预先加热过程受到阻碍，同时，其产生的热解气溢出固体表面的能力也低于薄的物体，因此，其燃烧速度也相对较慢。

（3）燃烧方向也会影响到燃烧速度。在材料和外界条件相同的条件下，固体表面位置、火焰和热产物的预加热作用都会对燃烧速度有影响。在燃烧速度上，倒着向上要大于顺着向下的；而沿竖直表面向上燃烧的蔓延速度也比水平表面的火焰蔓延要快。图 8-2 说明了不同方位的火焰传播固体之间的相互作用关系。

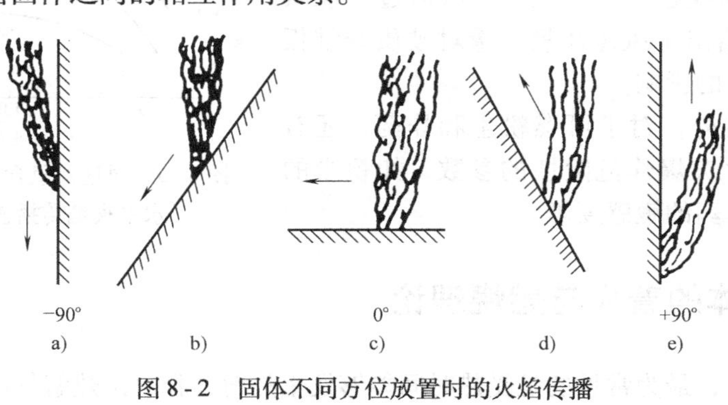

图 8-2　固体不同方位放置时的火焰传播

4. 外界环境因素

固体燃烧的外界环境一般包括氧气浓度、外来空气的流动、环境压力和温度，这些因素对固体燃烧速度的影响程度也各不相同。

(1) 外界氧浓度。当外界氧浓度增大时，物质的着火燃烧能力也将显著提高。火焰温度也会随着氧浓度增大而升高，而火焰温度的升高，向可燃物表面反馈的热量也将增多，进而可加速燃烧的发展。

(2) 环境温度。随着环境温度（即物质的初始温度）的升高，火焰锋前物质的未燃部分达到燃点所需要的热量较少，结果提供了一个附加的向前的传热，使整个燃烧过程得以强化，如图 8-3 所示。

(3) 环境压力。由于环境压力的提高，火焰将更容易稳定地附着在材料的表面上，燃烧程度也随之加强。因此，增加环境压力，可以得到较快的燃烧速度。图 8-4 给出了压力及氧含量对硬质纤维板水平火焰传播速度的影响。

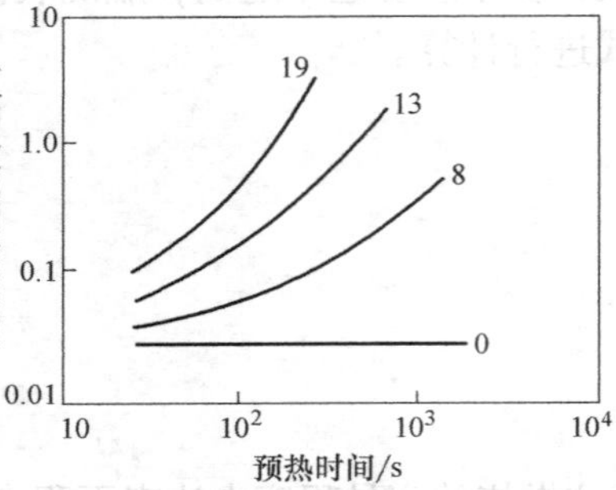

图 8-3　辐射热对竖直有机玻璃由下向上火焰传播的影响

（图中数字为外加辐射热通量，单位为 kW/m^2）

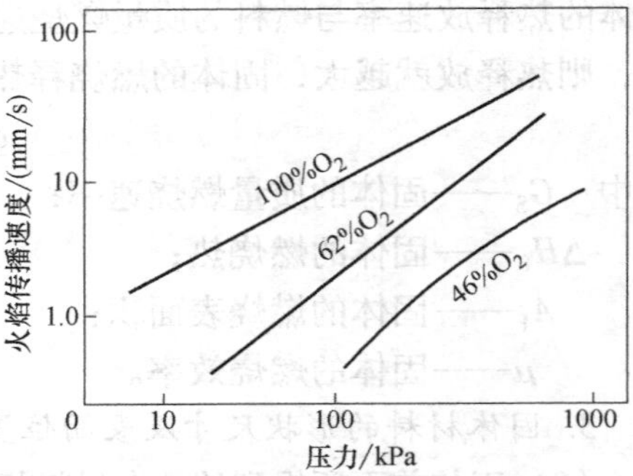

图 8-4　压力及氧含量对硬质纤维板水平火焰传播速度的影响

(4) 外来的空气流动。火焰锋处的外来空气流动可加快可燃挥发分与空气的混合速度，同时风也导致火焰倾斜，从而增加了向前传热的速率，这种倾斜有助于物质燃烧。但并不是风速越大，燃烧也越大，当风速达到或超过一定值后，风速过大能吹熄火焰。图 8-5 给出了风速及氧含量对硬质纤维板水平火焰传播速度的影响。

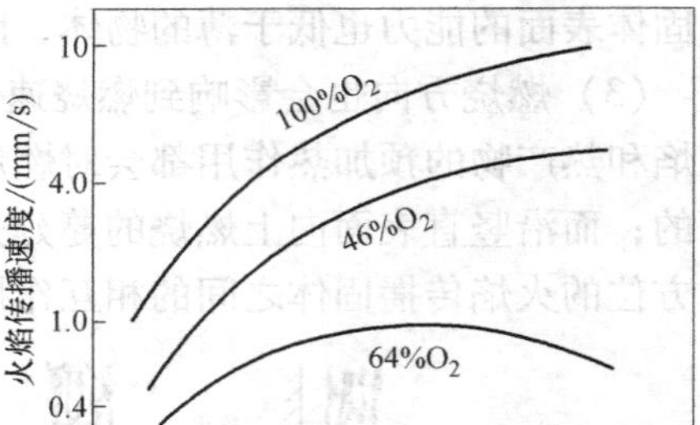

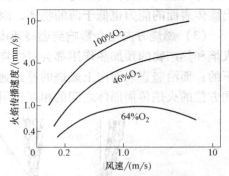

图 8-5　风速及氧含量对硬质纤维板水平火焰传播速度的影响

除了上述参数外，对于可燃粉尘和炸药，还有其他重要的评定火灾爆炸危险性的参数，如粉尘的爆炸下限浓度、炸药的敏感度等。

8.2　可燃固体的着火与燃烧理论

在实际火灾中，最为常见的是受热时间能够发生热解并释放出热解气的可燃固体，为此本部分主要讨论这类固体的着火燃烧问题，研究其着火燃烧理论。

8.2.1　固体引燃条件

受热时释放出可燃气的固体能否被引燃，取决于其释放出的可燃气体能否达到并保持一定的浓度，因此，可以根据单位固体刚能燃烧时表面上净获热速率是否大于 0 进行判断，即可采用下式进行计算确定。

$$(\varphi\Delta H_C - L_v)G_{cr} + Q_E - Q_l = S \tag{8-2}$$

式中　φ——反馈到固体表面的热比例；

ΔH_C——固体在燃点时的燃烧热；

L_v——固体蒸发或热解所需要的潜热；

G_{cr}——固体释放的可燃气在点燃时的临界质量流量；

Q_E——作用在固体表面上的外加热流率；

Q_l——固体表面上火源的热损失速率；

S——固体表面上所获得的净热速率。

以上参数可以根据实际情况进行确定，或在有关文献中查得，表 8-4 给出了一些高聚物的 G_{cr} 与 φ 的值。计算得到 S 的值后，可以 S 的大小来判断固体可燃物是否被引燃。$S=0$ 是确定固体能否被引燃的临界条件；当 $S<0$ 时，固体不能被引燃或只能发生闪燃；当 $S>0$ 时，固体将被引燃，并产生有多余热量，维持稳定燃烧。

表 8-4　一些高聚物的 G_{cr} 与 φ 的值

物质名称	G_{cr}/[g/(m^2·s)]	φ	物质名称	G_{cr}/[g/(m^2·s)]	φ
聚乙烯	1.9	0.27	酚醛泡沫（GM—57）	4.4	0.17
聚丙烯	2.2	0.26	聚氨酯泡沫	5.6	0.11
聚苯乙烯	3.0	0.21	聚异氰酸酯泡沫	5.4	0.11
聚甲基丙烯酸甲酯	3.2	0.27	聚乙烯 -25% CL	6.0	0.19
聚甲醛	3.9	0.45	聚乙烯 -42% CL	6.5	0.12

8.2.2　固体点火时间理论分析

1. 厚固体点火时间的理论分析

固体的点火是一个比较复杂的物理化学过程，为了使分析变得更加方便，首先需要对固体点火初始时的各边界进行合理的假设：①点火初期，固体下表面不受外加热影响，即温度为 $T_L=T_0$；②沿固体竖直方向上，存在一维导热；③物性参数是常数；④表面传热系数是均匀一致的。图 8-6 给出了试样在点燃前的传热过程分析。

固体的热扩散公式：

$$\frac{\partial T}{\partial t} = \alpha\frac{\partial^2 T}{\partial y^2} \tag{8-3}$$

式中　T——温度；

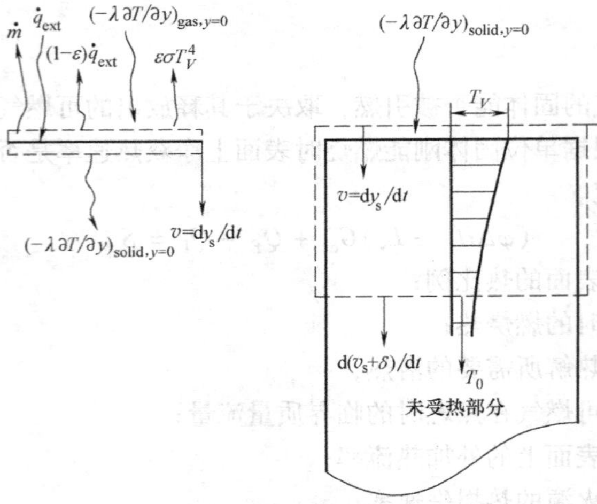

图 8-6　厚试样传热过程分析

t——时间；

α——热扩散系数；

y——距表面处的距离。

用上述公式分析 y 从 $0\sim\delta$ 的表面薄层，边界条件如下：

当 $y=\delta$ 时　$T=T_0$　$\dfrac{\partial T}{\partial y}=0$

当 $y=0$ 时　$-\lambda\dfrac{\partial T}{\partial y}=q_{in}=\varepsilon q_{ext}-h_c\ (T-T_0)\ -\varepsilon\sigma T^4$

式中　q_{in}——固体从外部吸收的净热量；

λ——固体的导热系数；

ε——试样的辐射率和吸收率；

h_c——表面传热系数；

σ——斯忒藩-玻耳兹曼常数。

假定一二次剖面方程，使它满足以上的三个边界条件。

$$T-T_0=\frac{q_{in}\delta}{2\lambda}\left(1-\frac{y}{\delta}\right)^2 \tag{8-4}$$

将式（8-4）代入式（8-3）可得：

$$\frac{d}{dt}\left[\frac{q_{in}\delta}{2\lambda}\left(1-\frac{y}{\delta}\right)^2\right]=\frac{\alpha q_{in}}{\lambda\delta} \tag{8-5}$$

当 y 趋于0时，式（8-5）可表示为：

$$\frac{d}{dt}\left(\frac{q_{in}\delta}{2}\right)=\frac{\alpha q_{in}}{\delta} \tag{8-6}$$

当外加辐射热 q_{ext} 很大时，即 $q_{in}\approx\varepsilon q_{ext}$ 等于常数。则式（8-6）可表示为：

$$\frac{d}{dt}\left(\frac{\delta^2}{4}\right)=\alpha \tag{8-7}$$

于是积分，并由 $t=0$ 时，$\delta=0$ 可得：

$$\delta \approx 2\sqrt{\alpha t} \tag{8-8}$$

将式（8-8）代入式（8-6）中，在 y 趋于 0 时，有：

$$T - T_0 = \frac{q_{\text{in}}\delta}{2\lambda} = \frac{q_{\text{in}}(\sqrt{\alpha t})}{\lambda} \tag{8-9}$$

当 $t = t_{\text{ig}}$ 时，式（8-9）可表示为：

$$T_{\text{ig}} - T_0 = \frac{q_{\text{in}}\delta}{2\lambda} = \frac{q_{\text{in}}(\sqrt{\alpha t_{\text{ig}}})}{\lambda} \tag{8-9a}$$

或者

$$t_{\text{ig}} = \frac{1}{\alpha}\left(\frac{\lambda(T_{\text{ig}} - T_0)}{q_{\text{in}}}\right)^2 = \lambda\rho C_p\left(\frac{T_{\text{ig}} - T_0}{\varepsilon q_{\text{ext}}}\right)^2 \tag{8-9b}$$

令 $K_0 = \varepsilon/[\sqrt{\rho C_p \lambda}(T_{\text{ig}} - T_0)]$，考虑到式（8-5）中散热因素的影响，引入 ν、C 对式（8-9）进行修正，令 $K = \nu K_0$ 则有：

$$t_{\text{ig}}^{-\frac{1}{2}} = K q_{\text{ext}} + C \tag{8-10}$$

通过分析说明，对于厚的可燃固体，着火时间的 −0.5 次方与外加热源成正比。这也在实验中得到了验证（见图 8-7）。当然，应用该式时应该注意其适用范围是外加辐射热 q_{ext} 较大的情况。

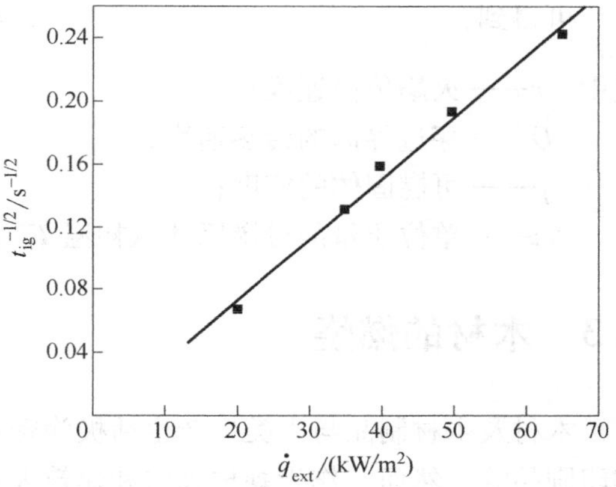

图 8-7　试样 PMMA 的点燃时间与外加辐射热之间的关系

2. 薄物体点火时间分析

对于薄的固体物体，例如纸张、幕布、窗帘等，由于其 Bi 数很小，内部温度可认为是均匀一致的，因此可采用集总热容法分析，从而确定薄物体的点火时间。

【例 8-1】 对于薄物体两边同时受温度为 T_∞ 的热气流加热时，在时间间隔 dt 内，能量平衡方程为：

$$2Ah_{\text{c}}(T_\infty - T)\text{d}t = (\tau A)\rho C\text{d}T$$

$$\text{d}t = \frac{\tau\rho C\text{d}T}{2h_{\text{c}}(T_\infty - T)}$$

从 $T_0 \sim T_{\text{i}}$ 积分可得到引燃时间 t_{ig} 为：

$$t_{\text{ig}} = \frac{\tau\rho C}{2h_{\text{c}}}\ln\left(\frac{T_\infty - T_0}{T_\infty - T_{\text{i}}}\right)$$

8.2.3　固体燃烧传播理论

理解固体的燃烧传播理论，首先需要了解固体燃烧速度和传播速度的区别。固体的燃烧速度指单位时间内由于化学反应而被消耗的质量，其单位通常是 kg/s；而传播速度指单位时间内燃烧反应从已发生部分蔓延传递到未发生部分的长度或广度，其单位通常是 m/s。比如一根水平的长木条，燃烧从左端开始不断向右端传播。单位时间内燃烧区域增加的距离就是传播速度。随着燃烧区域的增加，单位时间内木材总的消耗质量（即总燃烧速度）也随之增加。但燃烧从左端向右端传播，并不会使左端的燃烧停止或立即被消耗完，而是继续在燃烧，而且其燃烧受自身规律影响，与传播的速度和范围没有必然关系。因此单位长度固体的燃烧速度受燃烧规律作用，并不一定随传播区域增大而增大，与传播速度的快慢也并不直接相关。在稳定燃烧时，可认为单位长度（或单位质量）固体的燃烧速度是稳定的。

在分析固体火焰传播理论之前，需要定义“燃烧起始面积”，所谓“燃烧起始面积”是指固体火焰传播时正在燃烧的火焰和未燃烧物质之间的界面。固体燃烧的火焰传播或火灾蔓延速度，主要取决于通过“燃烧起始面积”的传热速率。因此，根据能量守恒方程，可以建立火焰传播的基本公式：

$$\rho v \Delta h = Q \tag{8-11}$$

可得到：

$$v = \frac{Q}{\rho \Delta h} \tag{8-12}$$

式中 v——火焰传播速度；
Q——穿过界面的传热速率；
ρ——可燃固体的密度；
Δh——单位质量的可燃固体从初温 T_0 上升到燃点 T_i 时的焓变。

8.3 木材的燃烧

木材及木材制品与人类生产生活极为密切，目前，广泛应用于家具、板材、装饰、包装和印刷品等。然而，作为森林火灾和建筑火灾燃烧的主体，木材是固体燃烧中较为典型的一种材料，因此，接下来将重点介绍木材的燃烧过程。

8.3.1 木材的成分

木材的化学成分通常分为主要成分与浸提成分。主要成分是构成木材细胞壁和细胞层的化学成分，包括纤维素、半纤维素和木质素，总量达到木材的90%以上。其中纤维素又是其最主要的成分，约占50%（在棉花中占95%），分子式为（$C_6H_{10}O_5$）$_n$。浸提成分为次要成分，不是构成木材细胞壁的主要物质，多存在于细胞腔内或特殊组织中，偶尔也沉积在细胞壁内。有的浸提成分只存在于特殊的树种中。浸提成分因树种的不同而有很大的变化，一般占木材的10%以下。木材的化学成分可以如图8-8所示。

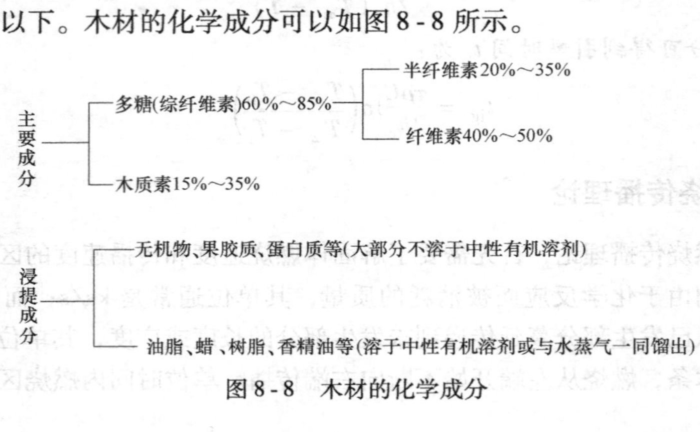

图8-8 木材的化学成分

木材中还含有水分（木材的各化学成分中都包括有水分），其含水量与木材的干燥程度相关。在一定温度和相对湿度下，木材与周围环境含水量达到平衡时，冬天的含水量略低于 10%，夏天约为 12%。建筑所用的木材经干燥后含水量为 9%，而家俱用木材含水量要干燥至 6% 以下。木材的含水量在很大程度上也影响着其着火难易程度、燃烧速度、导热性和导电性等性质。一般来说，木材含水量越大，越不易燃烧，燃烧速度小，导电性、导热性都较高。

8.3.2　木材的热学性质

木材的热学性质主要包括木材的比热容、导热系数、导温系数、发热量、闪点和燃点等。由于木材的多孔性、吸湿性和木材构造上的各向异性等原因，在不同条件下，木材的热学性质存在着较大的差异。

1. 木材的比热容

了解和分析在各种条件下木材比热容的值，有利于研究火灾火焰对木材的影响，下面介绍绝干木材和湿木材的比热容值。

（1）绝干木材的比热容。绝干木材的比热容基本上因树种的不同而变化，但对于树脂含量高的木材，比热容值常较大。有学者对 20 种绝干木材在 0 ~ 106℃ 温度范围内的平均比热容进行了测定，结果表明，各种木材在此温度范围内平均比热容的平均值为 1.367kJ/(kg · K)。最大平均比热容为 1.409kJ/(kg · K)，最小平均比热容为 1.325kJ/(kg · K)，两者与平均值相差都不到 3%。

（2）湿木材的比热容。实际木材都具有一定的含水率，所以研究湿木材的比热容更有实际意义。由于水的比热容大于木材的比热容，导致木材的比热容随着含水率的增加而增加。湿木材的比热容 c_w，单位为 kJ/(kg · K)，可用下式近似计算：

$$c_w = (cW + c_0)/(1 + W) \tag{8-13}$$

式中　W——木材含水率（%）；

c——水的比热容[kJ/(kg · K)]；

c_0——绝干木材的比热容[kJ/(kg · K)]。

中国林业科学研究院木材工业研究所采用热脉冲法测定了 33 种国产木材（6 种针叶树材，27 种阔叶树材）在室温（13.9 ~ 26℃）和气干（含水率 10% ~ 16%）状态下的比热容，它们的平均值为 1.714 kJ/(kg · K)，最低为 1.63，最高为 1.881。

2. 木材的导热系数

通常在一个大气压和 0℃ 环境里，木材的导热系数在 0.29 ~ 0.395W/(m · K) 之间，空气为 0.0243W/(m · K)，水为 0.574W/(m · K)。木材的多孔性，导致了干木材的导热系数要远小于湿木材的导热系数。由于木材、空气和水的导热系数不同，加上木材本身构造的特点，木材的导热系数不是一个常数，会因热流方向、密度、含水率、温度，以及木材中浸提物的种类和含量、木材缺陷等因子的影响而有不同程度的波动。其中含水率和密度的影响较显著，其次为顺纹与横纹方向差别的影响。下面依据影响程度的大小分别加以具体的介绍。

（1）含水率的影响。水的导热系数约为空气导热系数的 25 倍，木材含有的水分导致了木材的导热系数的增大，所以一般含水率较高的木材的导热系数较大。

（2）木材密度的影响。木材具有多孔性，热流通过木材物质和空隙两部分传递。而孔隙中空气的导热系数比木材的导热系数小得多。所以，木材的孔隙度越大或密度越小，导热系数越小。

（3）热流方向的影响。同种木材顺纹方向的导热系数远远大于横纹方向的导热系数。根据中国林业科学院木材工业研究所的测定数据，顺纹方向与横纹方向导热系数的比值分别为：红松 2.5，川泡桐 2.9，糠椴 3.1，柞木 2.7。

（4）温度的影响。当温度大于 0℃时，木材导热系数随温度升高而增大。在大多数情况下，木材导热系数随温度 T 的变化情况可用下式描述。

$$\lambda = \lambda_0(1 + \beta T) \tag{8-14}$$

式中 λ_0——0℃时木材的导热系数；

β——考虑到树种（即木材密度和构造特性）的比例系数。

3. 木材的闪点和着火点

固体由于热解而析出的气体发生闪燃（一闪即灭的现象）的最低温度就是固体的闪点；固体加热到一定温度，遇明火能发生持续燃烧时的最低温度称为固体着火点。

木材受热之后，首先水蒸发析出，接着发生的是热解、汽化反应析出挥发分。当温度达到 260℃时，挥发分的析出量急剧增加，此时若用明火可将挥发分点燃，但因量还不够多，仍不能维持稳定燃烧。所以 260℃相当于它的闪点。木材种类繁多，闪点温度在 260℃附近上下波动。当温度继续上升到达 400℃以上时，木材就会稳定地燃烧。表 8-5 给出了一些树种的闪点温度和着火点温度值。

表 8-5 某些木材闪点温度、着火温度

树种	闪点温度/℃	着火温度/℃
杨树	253	445
武夷松	262	437
红松	263	430
白桦	263	438
榉树	264	426
桂树	270	455

4. 木材的燃烧热

不同木材的燃烧热值不同，大致为 20000kJ/kg。表 8-6 是某些木质品的燃烧热。

表 8-6 木材、木制品和某些比较物的燃烧热

物质名称	热值/（kJ/kg）	物质名称	热值/（kJ/kg）
瓦楞纤维纸箱	13866	石油焦	36751
包装纸	16529	沥青	36910
白报纸	18336	棉籽油	39775
碎木片	19185	石蜡	41031
栎木锯末	19755	松树树皮	21483
松木锯末	22506	标准煤	29271

8.3.3　木材的热解与燃烧过程

木材的燃烧主要有热解燃烧和表面燃烧，而热解燃烧是木材燃烧的主要方式。其包括两个独立的过程：①在热源作用下，固相材料发生热解反应，在产生可燃和不可燃的挥发性产物的同时也产生可燃的非挥发性物质，即木炭；②气相火焰燃烧，就是固体表面附近的挥发性产物发生燃烧，从而形成了火焰。在木材的有焰燃烧阶段，木材热解产物的燃烧过程阻断了氧气扩散，所以，木材表面上生成的炭，虽然处在灼热的状态，但并不会发生燃烧。只有当有焰燃烧接近结束时，析出的气体产物变少，氧才能扩散到炭的表面而形成表面燃烧。

在木材燃烧中，一般会有80%以上的重量被热解形成气态产物，而热解生成的挥发性气体产物的燃烧速度快于木材的热解速度，也就是说，气相燃烧是木材燃烧的主要形式。本部分重点讨论木材的热解过程，气相燃烧有关理论和热解后剩余炭的燃烧理论则可以分别参考扩散燃烧与煤和碳粒的燃烧等相关章节。

1. 木材的热解过程

木材在有焰燃烧的情况下，热解生成的可燃挥发性产物以火焰形式被氧化消耗。形成的火焰区域与可燃挥发性产物生成速率有关。当可燃挥发性产物的生成速率大时，形成的火焰区域大；生成速率小，则形成的火焰区域就小。气相反应速度要远快于热解反应速度，因此燃烧速度主要取决于木材的热解过程。

木材被加热到130℃时，水首先蒸发，接着开始微弱的热解。加热到150℃时木材开始显著热解，热解产物主要是水和二氧化碳。温度升高到200℃以上，构成木材主要成分的纤维素被热解，生成一氧化碳、氢碳氢化合物。木材加热到270～380℃时，木材发生剧烈的热解过程，热解后还剩余10%～38%的碳。木材在不同温度下的热解产物组成见表8-7。

表8-7　木材在各种温度下热解产生的气体组成

气体组成（%）	木材的热解温度/℃					
	200	300	400	500	600	700
每100kg木材的气体产量/m^3	0.4	5.6	9.5	12.8	14.3	16.0
CO_2	75.00	56.7	49.36	43.20	40.98	38.55
CO	25.00	40.17	34.00	29.01	27.20	25.19
CH_4	—	3.76	14.31	21.72	23.42	24.94
C_2H_2	—	—	0.86	3.68	5.74	8.50
H_2	—	—	1.47	2.34	2.66	2.81

2. 木材的燃烧过程

下面以松木燃烧为例对木材的燃烧过程进行说明。

图8-9给出了试样松木在35kW/m^2的外加热通量的辐射热的作用下，且气流量为24L/s的工况下的燃烧热释放速率曲线。松木试样的释热速率曲线存在着两个明显的峰值，呈马鞍

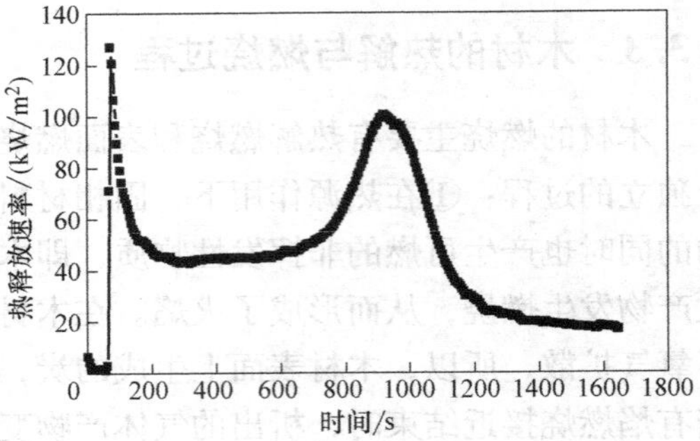

图 8-9　试样松木的燃烧热释放速率

（外加热为 $35kW/m^2$，气流量为 24L/s）

形状，这与松木的燃烧特点紧密相关。由图8-9可以看出，松木的燃烧也分为三个阶段，即点燃阶段、燃烧阶段、熄灭阶段。

在燃烧的点燃阶段，松木由于受到外加热量的作用发生热解，释放出大量的可燃性气体，随着可燃气浓度和温度的增大，当达到着火条件时被点燃，点燃的瞬间可燃混合气发生剧烈的化学反应，释热速率曲线出现了第一个峰值。由于剧烈的化学反应，空间的可燃气的浓度急剧减小，使反应速度减慢，释热速率曲线开始下降。同时松木固体热解加快，并且其表面也发生燃烧。由于松木的燃烧生成炭渣，炭渣积存在木材表面使其内部不受火焰的影响，这样在燃烧表面上就形成了一层焦壳，这层焦壳对内部的材料起了一定的保护作用，即使其表面已经达到了较高的温度。这样就出现了一段较长时间的鞍底稳定燃烧，此时既有热解气燃烧，又有炭燃烧。随着温度的升高，炭渣上出现了小的垂直于条纹方向的裂纹，它允许从受加热影响的内层中析出的挥发分比较容易经过表面逸出，使燃烧加剧，释热曲线开始出现升高的趋势，这样就出现了释热曲线的第二个峰值。随着炭渣的增厚，裂纹逐渐变宽，形成较宽的裂缝。

正是由于松木燃烧渣层的存在，使其燃烧过程变得复杂了。少量的氧气扩散到炭层表面，炭渣仍可进行氧化，这也是放热过程，可将一定的热量供给正在发生热分解的木材，它可减少由外界加入的使木材汽化的显热。其实，在燃烧过程中，可燃物发生热解的部分与未受影响的部分存在一分界面，此界面不断向未受影响的部分推进，而受到加热影响的仅是该界面下方的薄层。如图 8-10 所示。

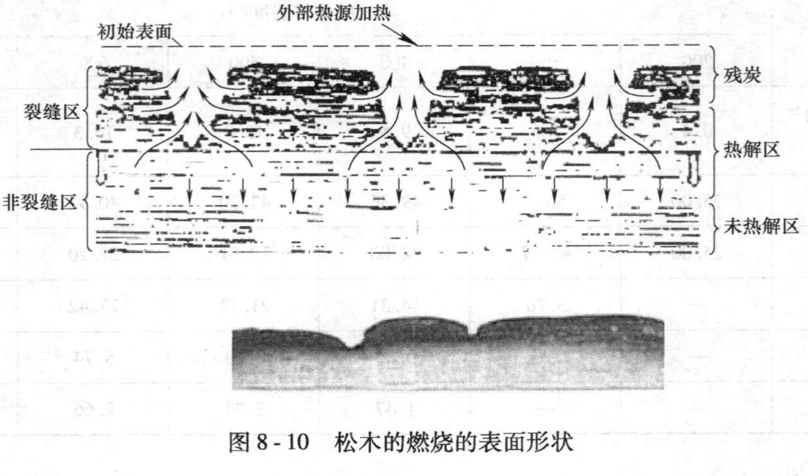

图 8-10　松木的燃烧的表面形状

在熄灭阶段，当松木中的热解气燃烧完了以后，就只剩下碳的表面和孔隙燃烧，释热速率基本固定在一较低值上，直到碳燃烧完毕。

3. 木材的燃烧速度

木材的燃烧速度常用质量燃烧速度和线燃烧速度表示。前者指在单位质量木材在单位时间内燃烧所消耗的质量，它适合于可以对试样进行整体称重的场合。后者指的是单位时间木材表面的炭化厚度。在某些文献中，常把木材的燃烧速度引述为 0.6mm/min 左右。

8.3.4　木材的热解模型

所谓热解模型，就是在进行热解失重实验的基础上建立的热解反应动力学模型。模型中利用热分析方法，不考虑木材的热解细节问题，仅仅从宏观角度建立表观动力学方程，进而给出反应速度的表达式。木材的热解模型包括单方程模型和双方程模型，不管哪一种模型都可以大致计算木材的热解过程，双方程模型的基础也是单方程模型，因此本书主要介绍单方程模型，对于双方程模型感兴趣的读者，可进一步阅读相关文献。

在木材失重过程中，可以把热解反应写为以下形式：

$$A(\text{木材}) \longrightarrow R_i(\text{残留的炭}) + V(\text{气体挥发分}) \tag{8-15}$$

式中　A——固体木材；

R_i——木材热解过程的固体残留物；

V——热解气体产物。

假定上述热解反应符合阿累尼乌斯（Arrhenius）定律，则反应速度常数可以表示为：

$$K = K_0 \exp\left(-\frac{E}{RT}\right) \tag{8-16}$$

式中　K_0——频率因子（min^{-1}）；

E——木材热解反应的表观活化能（J/mol）；

R——通用气体常数，为 8.314J/(K·mol)。

定义特定温度条件下材料的失重率 α 为：

$$\alpha = \frac{W_0 - W}{W_0 - W_\infty} = \frac{\Delta W}{\Delta W_\infty} \tag{8-17}$$

式中　W_0——热解过程开始时木材的质量；

W——温度为 T（K）时，固相木材的质量；

W_∞——木材热解结束后（时间 $t=\infty$）最终残留物质质量；

ΔW——温度为 T（K）时热解过程中木材失去的质量；

ΔW_∞——木材的最大失质量；

α——失重率，即表征反应程度，在开始时反应还没有进行 $\alpha=0$，最终热解反应结束后 $\alpha=1$。

则木材的热解速率可以表示为：

$$\frac{d\alpha}{dt} = kf(\alpha) \tag{8-18}$$

式中　$f(\alpha)$——热解反应的机理函数，应用较广的是反应级数模型 $f(\alpha)=(1-\alpha)^n$，其中 n 是反应级数。

在恒定的程序升温速率条件下，如果 $dT/dt=\varphi$ 是常数，则：

$$\frac{d\alpha}{dT}=\frac{K_0}{\varphi}\exp\left(-\frac{E}{RT}\right)f(\alpha) \tag{8-19}$$

这就是木材热解过程的单方程模型。方程中的活化能 E、频率因子 K_0、机理函数 $f(\alpha)$ 常被称为动力学三因子。

如果定义：$g(\alpha)=\int_0^\alpha \frac{d\alpha}{f(\alpha)}$，则：

$$g(\alpha)=\frac{K_0}{\varphi}\int_0^T \exp\left(-\frac{E}{RT}\right)dT \tag{8-20}$$

对于简单的 n 级反应，科特斯（Coats）和雷德芬（Redfern）推导出：

$$\ln\left[\frac{g(\alpha)}{T^2}\right]=\ln\left[\frac{K_0R}{\varphi E}\left(1-\frac{2RT}{E}\right)\right]-\frac{E}{RT} \tag{8-21}$$

这里

$$g(\alpha)=\begin{cases}-\ln(1-\alpha) & n=1\\ \dfrac{1-(1-\alpha)^{1-n}}{1-n} & n\neq 1\end{cases} \tag{8-22}$$

用杉木树叶（LF）和树干（WF）样品在空气气氛下，以10℃/min 升温速率进行热重实验，得到的热重和微分热重曲线如图 8-11 所示。

对于正确的反应级数 n，依据实验数据获得的 $-\ln[g(a)/T^2]$ 对 $1/T$ 的图线应该是一条直线，如图 8-12 所示，其斜率为 E/R，而截矩中包含频率因子 A。因此也就是通过计算数据的线性符合程度来确定反应级数 n。

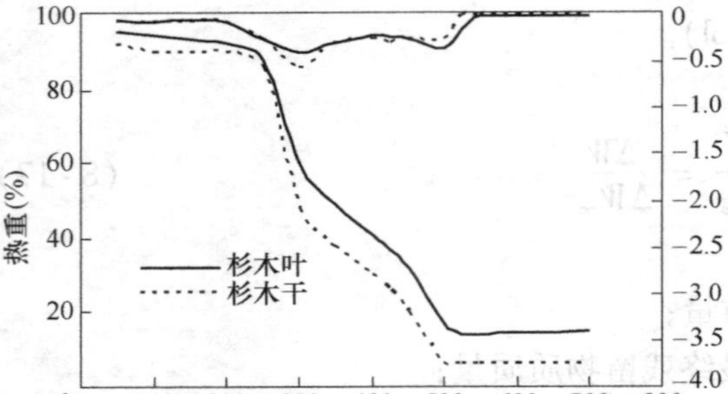

图 8-11 杉木试样的热分析曲线

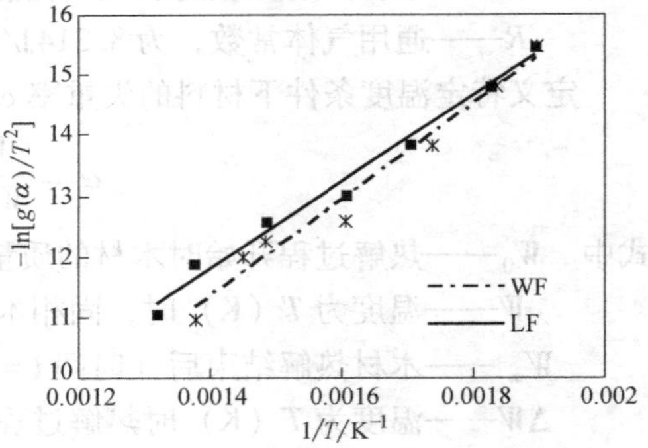

图 8-12 杉木叶和干热解的 $-\ln[g(a)/T^2]\sim 1/T$ 单方程模型图

通过实验和分析证明，当反应级数为 2 时，模型与实验结果的符合程度较好。因此有：

$$f(\alpha)=(1-\alpha)^2 \tag{8-23}$$

当反应级数为 2 时，由 $g(\alpha)$ 的定义可以得出：

$$g(\alpha)=\alpha/(1-\alpha) \tag{8-24}$$

由此得到热解过程杉木树叶（LF）和树干（WF）的化学动力学参数 E 和 K_0，具体数值见表 8-8 所示。

表8-8　杉木树叶、树干的单方程模型热解反应动力学参数

试样	反应动力学参数		相关系数	温度区间	
	E/(kJ/mol)	K_0/min^{-1}	R	起始温度/℃	结束温度/℃
杉木叶（LF）	58.27	8.797×10^3	0.9818	172	516
杉木干（WF）	67.42	8.509×10^4	0.9874	184	496

在得到动力学参数和确定机理函数后，就可以得到木材热解的反应速度表达式，即：

$$\frac{d\alpha}{dt} = K_0\exp\left(-\frac{E}{RT}\right)(1-\alpha)^2 \tag{8-25}$$

【例8-2】　杉木树叶和杉木树干初始质量都是 $W_0 = 100$g，在空气中充分热解后剩余的最终残留物都是 $W_\infty = 5$g。用单方程模型求在300℃下杉木树叶和杉木树干的热解速度。

【解】　300℃处在表8-8所规定的温度区间内，因此表中的参数值可用于热解速度式（8-25）中。令

$$k = K_0\exp\left(-\frac{E}{RT}\right)$$

对杉木树叶：　$k_{LF} = 8.797\times10^3\times\exp\left(-\frac{582700}{8.314\times573}\right)\text{min}^{-1} = 0.0428\text{min}^{-1}$

杉木树干：　$k_{WF} = 8.509\times10^4\times\exp\left(-\frac{674200}{8.314\times573}\right)\text{min}^{-1} = 0.0607\text{min}^{-1}$

将式（8-25）积分，得转化率为：　$\frac{W_0 - W}{W_0 - W_\infty} = \alpha = 1 - \frac{1}{1+kt}$

即质量变化为：　$W = W_0 - (W_0 - W_\infty)\left(1 - \frac{1}{1+kt}\right)$

热解速度，即质量损失率为：　$-\frac{dW}{dt} = (W_0 - W_\infty)\frac{d\alpha}{dt} = (W_0 - W_\infty)\frac{k}{(1+kt)^2}$

在300℃下，杉木树叶和杉木树干的质量和热解速度随时间的变化如图8-13与图8-14所示。

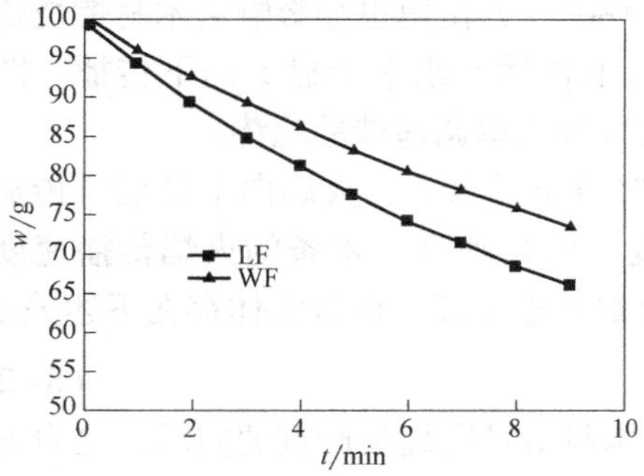

图8-13　单方程模型的质量随时间变化

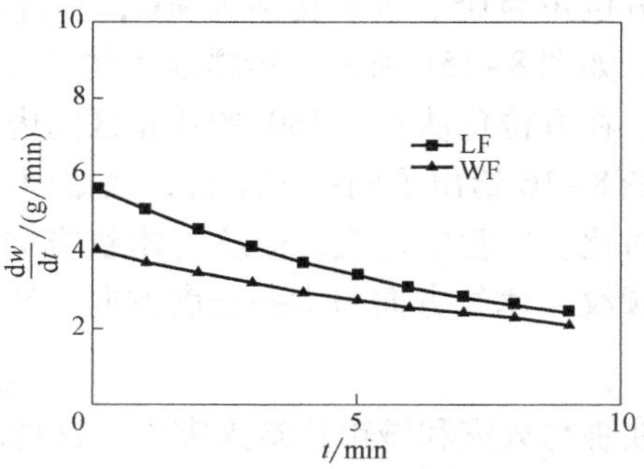

图8-14　单方程模型的热解速度随时间变化

有时候用单方程模型描述木材的热解过程会不够准确，相关系数偏离1也较大，特别在较宽的木材热解温度范围内，精度会下降。为更好地拟合出热解速度，可应用双方程模型。

双方程模型的基础是单方程模型，但它在木材热解的不同阶段，利用两个方程来描述木材的热解过程。在图 8-11 所示微分热重曲线中有两个失重峰，可认为是两个独立的反应。双方程模型的基本思想是：认为在木材的热解过程中，有两个同时存在的、互相竞争的平行反应，每一个反应分别在一定的温度范围内占主导地位。从而在这两个温度范围内分别建一个动力学方程，然后应用与单方程模型中相同的方法，求出这两个方程中的动力学参数。

8.3.5 木材燃烧的主要影响因素

木材的燃烧速度主要通过实验测量得到，木材的密度、木材的水分含量、比表面积和温度等因素都会影响到燃烧速度的大小。这些影响因素在 8.1.3 节已有相关介绍，下面主要结合木材的特点作进一步的说明。

1. 木材密度的影响

一般来说，木材的密度越大，其燃烧速度就越小，这是因为密度大的木材导热性能好，这种情况下，大量热量被导入了木材深处，从而造成表面温度上升较慢，热解速度降低，而不容易着火或难以维持燃烧，也就是燃烧速度慢。

2. 含水量的影响

木材含水量越大，木材越不易着火，着火后燃烧速度也慢，这是因为木材中的水分因受热而蒸发时需吸收部分热量；而燃烧区域内充满了由蒸发形成的水蒸气，也使氧与可燃气浓度降低；同时，水分的存在还会使木材导热率增加。例如干燥木材是热的不良导体，其导热率是钢的 1/350；是铝的 1/100，且纵向导热率是横向导热率的 2 ~3 倍，而含水量高于 30% 的木材，任何方向的导热率都比干燥木材大 1/3 左右。综上，木材中的含水率导致了木材局部温度很难升高，燃烧速度也随之降低。

3. 木材比表面及方位角的影响

比表面积是木材的表面积和其体积之比。比表面积大，燃烧时单位体积的木材承受的热量就大，与氧气接触面积也大，所以易着火，而且燃烧速度快。

木材燃烧所释放出的热量为燃烧的传播提供了条件。木材燃烧的传播速度与传播方向、木材自身结构及外部环境条件都有关系。木条燃烧沿轴线（长度方向）传播，这个传播方向与垂直方向的交角定义为方位角，如图 8-15a 所示。根据这个定义，可以确定，竖直向上传播方位角为 0°，水平传播为 90°，竖直向下传播为 180°。方位角也会影响到木材燃烧传播速度，如图 8-15b 所示。传播速度的大小排序为：向上传播 > 水平传播 > 向下传播。图中显示，在方位角从 0° ~180°的变化区间内，传播速度呈现出单调递减的趋势。

图 8-16 给出了同一种木材，横截面尺寸相同，竖直下端点火，火焰向上蔓延时传播速度的对比。实验中发现，横纹（木纹方向与木条长度方向相垂直）木条的火焰传播速度均大于顺纹（木纹方向与木条长度方向一致）木条的火焰传播速度，而且大体存在下述关系：

$$\bar{v}_{横} \approx 1.3\bar{v}_{顺} \tag{8-26}$$

在森林火灾和城市建筑火灾中，这种现象揭示了木材沿径向烧损严重的实质，也为火灾防治提供了依据。

图 8-16 和图 8-17 中显示了木条厚度对燃烧传播速度的影响。图 8-16 看出，从下端点燃时，横纹和顺纹木条的燃烧传播速度都随着厚度 δ 的增加而下降的。图 8-17 则显示，按照各个不同的方位角燃烧，厚度 δ 大的木条的传播速度总是小于厚度小的。

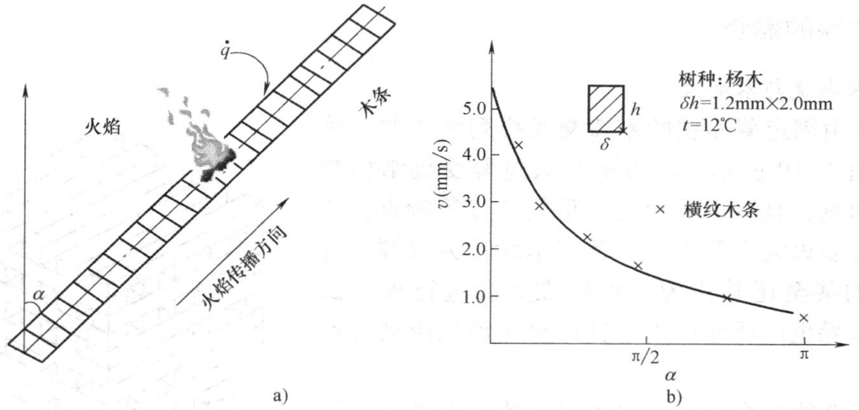

图 8-15　木条燃烧传播的方位角示意图及其对燃烧传播速度的影响

a）方位角示意图　b）方位角对燃烧传播速度的影响

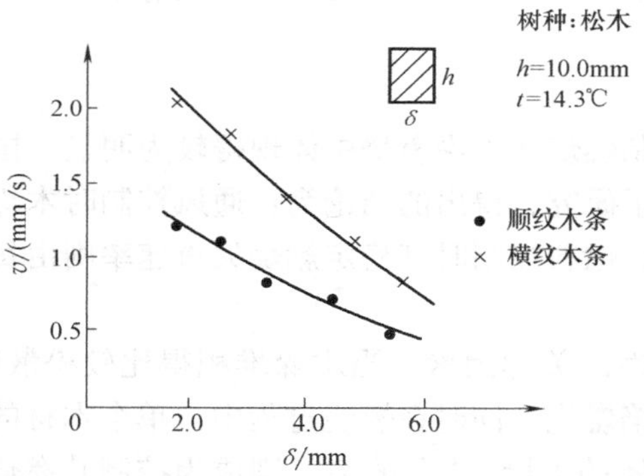

图 8-16　木条横纹和顺纹的燃烧传播速度对比

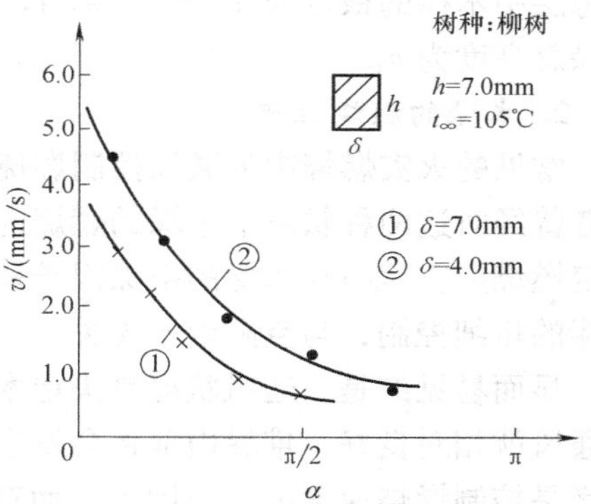

图 8-17　木条厚度对燃烧传播速度影响

同时，环境温度对木材燃烧传播速度也有显著的影响，如图 8-18 所示。由于木材的闪火点温度在 270℃左右，故当环境温度接近 270℃时，木材的热解、汽化速度会迅速上升，而使燃烧传播速度也迅速增加，因此，由大面积的火灾形成的高温环境是非常危险的。

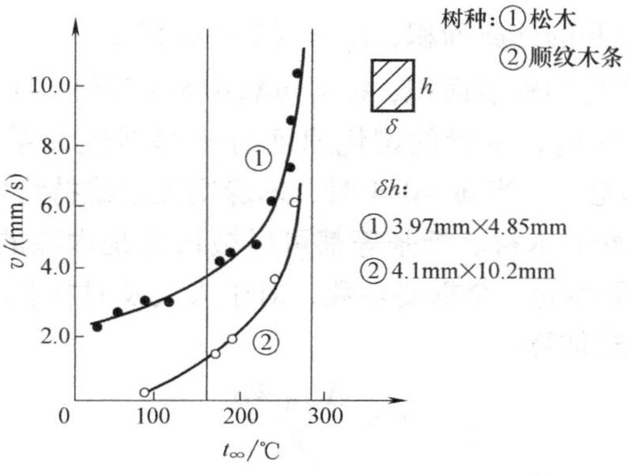

图 8-18　环境温度对燃烧传播速度的影响

8.3.6 木垛的燃烧

1. 木垛燃烧与木垛火

木垛是由固定截面积的木棒交叉排列堆成的垛体结构，如图8-19所示。木垛的起火过程受到结构参数的强烈影响，具有燃烧稳定、重复性好等特点，所以，目前许多火灾实验中，常常将木垛作为火源，有的研究机构甚至还其作为一种标准火源进行火灾试验。另外木垛也广泛地应用于隧道火灾烟气流动特性的模拟研究。

分析木垛的燃烧前需要对木垛的物理参数进行了解。在图8-19中，L为木棒的长度，b为其横截面的边长，一般木棒的横截面为正方形，木垛中有N层，组成每层中木棒的根数为n，同一层相邻木棒的间距为s，木垛总高度为h。

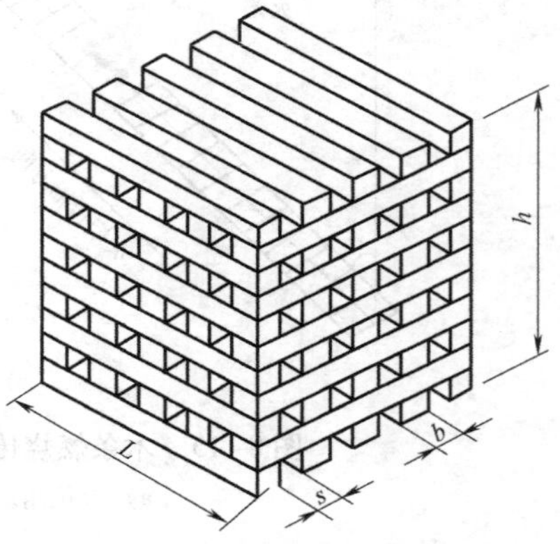

图8-19 木垛结构

2. 木垛的燃烧性质

常见的火灾燃烧中的通风控制燃烧和燃料控制燃烧在木垛燃烧中体现得较为明显。国外学者曾经对这两种状态下木垛的燃烧速率都进行了研究，得出的结论为：通风控制时木垛的稳定燃烧失重速率与木垛的空隙因子呈线性关系；燃料控制时其稳定燃烧失重速率则由每根木棒的粗细控制，与空隙因子无关。

显而易见的是，通风状况是决定木垛燃烧特性的关键因素。当木垛堆积得比较松散时，其通风就相对良好，堆垛内部将会发生明显的有焰燃烧，同时在燃烧过程中，单个木材的粗细度是控制燃烧速度的主要因素。而对于堆积紧密的木垛，"孔隙率"则成为控制其燃烧速度的重要因素。理论上，孔隙率ϕ可采用以下经验公式计算：

$$\phi = N^{0.5} b^{1.1} \frac{A_V}{A_S} \tag{8-27}$$

式中 b——木垛中单个木棒的截面边长（认为木棒的截面为正方形）；

N——木垛层数；

A_V——木垛竖直通风井的外露面积，$A_V = (L - nb)^2$；

A_S——木垛中所有木材的外表面积，$A_S = nN(4Lb + 2b^2) - (N-1)n^2b^2$。

一般来说，当$\phi < 0.08$时，木垛的燃烧速度与ϕ呈线性关系；而当$\phi = 0.1 \sim 0.4$时，木垛的燃烧速度与ϕ基本无关；当$\phi > 0.4$时，木垛则无法维持稳定燃烧。

对于成卷、成捆或成垛的木材、纸张等都可以被认为是木垛的燃烧。这种木垛燃烧中，燃烧时间t是衡量火灾严重性的一个重要参数，对于火灾及时扑救有着重要意义。燃烧的时间一般可按下面的经验公式估算：

$$t = \frac{\Delta H_W W \alpha}{K_1} \tag{8-28}$$

式中 ΔH_W——可燃物的燃烧热（kJ/kg）；

W——单位面积上可燃物的重量（kg/m^2）；

K_1——常数，对于木材类可燃物取值为 837200kJ/(m^2 · h)；

α——系数，主要取决于 W，具体取值见表 8-9。

表 8-9　系数 α 的数值

W/(kg/m^2)	α	W/(kg/m^2)	α
≥2000	0.10	≥500	0.25
≥1000	0.15	≥300	0.40
≥700	0.20	≤100	1.0

8.4　高聚物的燃烧

8.4.1　高聚物种类及燃烧特点

塑料、纤维和橡胶是应用比较广泛的三大有机高分子化合物（简称高聚物）。这些高聚物都容易燃烧，因此，对其燃烧进行研究具有的重要意义。

高聚物与木材等天然可燃固体相比，在宏观反应表现、燃烧传播方面有相似的地方，但在燃烧过程中也有自己的特点。

根据燃烧过程的特性，高聚物可以分为热塑性物质（如聚乙烯、聚三氯乙烯、聚丙烯、聚苯乙烯、PMMA 等）和热固性或交联型高聚物（如酚醛树脂、环氧树脂等）两种类型。前者受热后容易发生软化熔融；而后者在热分解温度下不软化熔融，但热量被蓄积起来，这些热量一部分用于聚合物温度的提高，另一部分用于诱发产生自由基的新链反应，并加速分解的自催化作用，而这使得随后的热分解速度得以进一步加速。表 8-10 给出了不同高聚物燃烧特性说明。

表 8-10　不同高聚物燃烧特性

高聚物名称	燃烧难易	离火后是否自熄	火焰状态	塑料变化状态	气味
聚苯乙烯（PS）	容易	继续燃烧	橙黄色，浓黑烟碳束	软化，起泡	特殊，苯乙烯单体味
苯乙烯丙烯腈共聚物（SAN）	容易	继续燃烧	黄色，浓黑烟	软化，起泡，比聚苯乙烯易焦	特殊，苯丙烯腈味
丙烯腈-丁二烯-苯乙烯共聚物（ABS）	容易	继续燃烧	黄色，黑烟	软化，烧焦	特殊，苯乙烯单体味，橡胶气味
聚乙烯（PE）	容易	继续燃烧	上端黄色，下端蓝色	熔融滴落	石蜡燃烧的气味
聚丙烯（PP）	容易	继续燃烧	上端黄色，下端蓝色	熔融滴落	石油味

（续）

高聚物名称	燃烧难易	离火后是否自熄	火焰状态	塑料变化状态	气味
聚甲基丙烯酸甲酯（PMMA）	容易	继续燃烧	浅蓝色，顶端白色	融化，起泡	强烈花果臭，腐烂蔬菜臭
聚甲醛（POM）	容易	继续燃烧	上端黄色，下端蓝色	熔融滴落	强烈刺激的甲醛味，鱼腥味
乙酸纤维素（CA）	容易	继续燃烧	暗黄色，少量黑烟	熔融滴落	醋酸味
乙酸丁酸纤维素（CAB）	容易	继续燃烧	暗黄色，少量黑烟	熔融滴落	丁酸味
乙酸丙酸纤维素（CAP）	容易	继续燃烧	暗黄色，少量黑烟	熔融滴落，燃烧	丙酸味
硝酸纤维素（CN）	容易	继续燃烧	黄色	迅速，安全	—
乙基纤维素（EC）	容易	继续燃烧	黄色，上端蓝色	熔融滴落	特殊气味
聚乙酸乙烯酯（PVAC）	容易	继续燃烧	暗黄色，黑烟	软化	醋酸味
聚乙烯醇缩丁（PVB）	容易	继续燃烧	黑烟	熔融滴落	特殊气味
聚酯树脂	容易	燃烧	黄色，黑烟	微微膨胀，有时开裂	苯乙烯气味
聚酰胺（尼龙）（PA）	慢慢燃烧	慢慢熄灭	蓝色，上端黄色	熔融滴落，起泡	特殊，羊毛和指甲烧焦气味
聚碳酸酯（PC）	慢慢燃烧	慢慢熄灭	黄色，黑烟碳束	熔融，起泡	特殊气味，花果臭
酚醛树脂（木粉）	慢慢燃烧	自熄	黄色	膨胀，开裂	木材和苯酚味
酸醛树脂（布基）	慢慢燃烧	继续燃烧	黄色，少量黑烟	膨胀，开裂	布和苯酚味
酚醛树脂（纸基）	慢慢燃烧	继续燃烧	黄色，少量黑烟	膨胀，开裂	纸和苯酚味
氯化聚醚（CPS）	难	熄灭	飞溅，上端黄色，底蓝色，浓黑烟	熔融，不增长	特殊
聚苯醚（PPO）	难	熄灭	浓黑烟	熔融	花果臭
聚砜（PSU）	难	熄灭	浓黑烟	熔融	略有橡胶燃烧味
聚氯乙烯（PVC）	难	离火即灭	黄色、下端绿色、白烟	软化	刺激性酸味
酚醛树脂（PF）	难	自熄	黄色火花	开裂，色加深	浓甲醛味
脲甲醛树脂（UF）	难	自熄	黄色，顶端淡蓝色	膨胀，开裂，燃烧处变白色	特殊气味，甲醛味
三聚氰胺树脂	难	自熄	淡黄色	膨胀，开裂，变白	特殊气味，甲醛味
氯乙烯-乙酸乙烯酯共聚物（VC/VAC）	难	离火即灭	暗黄色	软化	特殊气味
聚偏氯乙烯（PVDC）	很难	离火即灭	黄色，端部绿色	软化	特殊气味
聚三氟氯乙烯（PCTFE）	不燃	—	火焰中不燃烧	直接融化分解成焦炭状	—
聚四氟乙烯（PTFE）	不燃	—	—	熔融	—

8.4.2　热塑性高聚物的燃烧

热塑性高聚物的燃烧过程主要分为受热软化熔融、热分解、着火燃烧阶段，其中包括一系列的物理和化学变化。表 8-11 给出了几种常见的热塑性高聚物的软化、熔融温度。

表 8-11　常见热塑性高聚物的软化、熔融温度　（单位：℃）

塑料名称	软化温度	熔融温度	塑料名称	软化温度	熔融温度
聚氨酯	121	155	聚己内酰胺	209	228
聚乙烯	123	220	聚碳酸酯	213	305
聚丙烯	157	214	硬质聚氯乙烯	219	—

下面以 PMMA（聚甲基丙烯酸甲酯，俗称有机玻璃）为例，对热塑性高聚物的燃烧特点进行说明。PMMA 是一种无定形玻璃态高分子聚合物，结构单一均匀，受热后发生熔胀，形成黏稠液体燃烧，其热解燃烧过程将在近表面产生大量的气泡，这些气泡的形成对于稳定 PMMA 的燃烧具有重要作用。

PMMA 在受热之后燃烧的具体过程如下：首先表面发生热解、汽化反应，释放出可燃性气体，当浓度达到一定的阈值时，就会被电火花点燃，形成扩散火焰，反应空间瞬时达到高温反应状态。由于温度升高，PMMA 将熔胀为粘稠液体，热解、汽化反应也逐渐强化。因为高温和过热，随着表面张力的降低及液体受热膨胀等因素，内部会产生大量的气泡，这些气泡对 PMMA 的热解与燃烧具有很强的影响。图 8-20 为 OLSON 给出的 PMMA 燃烧实验中的气泡图像，此时，PMMA 热解产物的成分及传到表面的输运过程都与这些气泡的结构具有很大的关系。从内部传到聚合物表面受到粘性梯度的影响。另外，气泡也对 PMMA 燃烧的热释放速率有很大的影响，对火焰的稳定与长期的燃烧也起到非常重要的作用，同时，气泡的爆裂现象也增加了火灾的危险程度，气泡。

a)

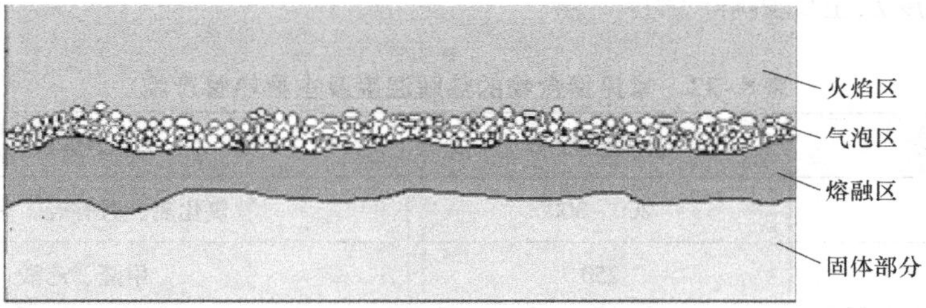

b)

图 8-20　OLSON 在 PMMA 燃烧实验中的气泡的图像

PMMA 受热液化之后就要流动，流动方向总是受重力控制从上向下流动。所以受热部位对其燃烧性能的影响与受热汽化的可燃物不同，受热部位在上，液化的流体向下流动对燃烧有利。

图 8-21 给出了 PMMA 在外加热通量为 $35kW/m^2$、空气流量为 24 L/s 条件下的燃烧热释放速率曲线。可以看出 PMMA 的燃烧过程分为点燃阶段、燃烧阶段和熄灭阶段。外加辐射热在点燃阶段主要起点火源的作用。而在燃烧阶段，外加辐射热主要起着热反馈的作用，相当于受限空间火灾环境中可燃物的燃烧热反馈。

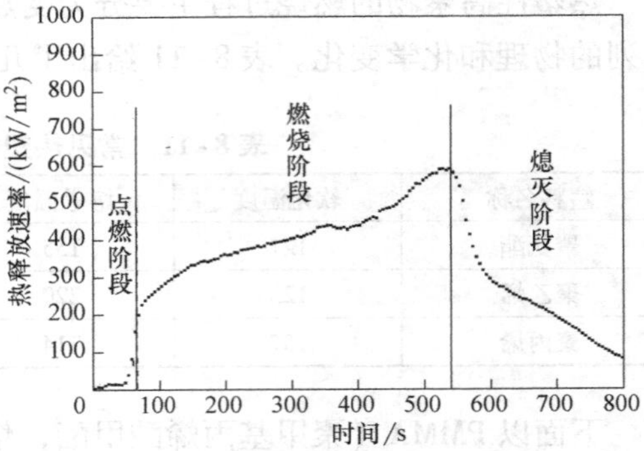

图 8-21 PMMA 试样燃烧热释放速率

（加热锥作用，热通量 $35kW/m^2$，气流量 24L/s）

将图 8-21 与图 8-9 进行比较，说明人工高分子聚合物 PMMA 与天然物质松木的燃烧过程明显不同，松木的热释放速率曲线出现两个明显的峰值，而 PMMA 的燃烧热释放速率稳定增长，PMMA 几乎全部转化为 CO_2、CO、H_2O 等气体产物。

8.4.3 热固性高聚物的燃烧

热固性高聚物的特点是在一定条件下（如加热、加压）下能通过化学反应固化成不熔性的塑料。常用的热固性塑料有酚醛塑料、环氧塑料、聚氨酯塑料、有机硅树脂、不饱和聚酯塑料、丙烯基树脂等及其改性树脂为机体制成的塑料。

热固性高聚物初次加热时可软化流动，加热到一定温度后，将产生交链固化的化学反应而变硬，该硬化是不可逆的。因此，再次加热时，其将不能再变软流动。正是借助这种特性可利用第一次加热时的塑化流动，在压力下充满型腔，对其进行成型加工，进而可固化成确定形状和尺寸的产品。

一般来说，此种类型的高聚物受热时主要发生热解，其可燃热解气与空气混合燃烧，所以在燃烧时往往会产生黑烟，而火焰也有跳火现象，燃烧表面呈黑色炭化。相同高聚物热解产物的成分和数量随着加热温度、加热速度及环境条件等变化也有变化。

8.4.4 高聚物的热解

热解是大部分固体可燃物燃烧的重要环节，只有受热分解产生出气态可燃成分，后续的有焰燃烧才能得以持续。表征聚合物热解难易程度的主要是热解温度，表 8-12 列出了常见聚合物的热解温度及主要热解产物。

表 8-12 常见聚合物的热解温度及主要热解产物

塑料名称	热解温度/℃	主要热解产物
聚氯乙烯	200~300	氯化氢、芳香烃、多环烃
聚乙烯醇	250	甲醛、乙酸
聚丙烯腈	250~280	丙烯腈、氰化氢

（续）

塑料名称	热解温度/℃	主要热解产物
聚苯乙烯	300～400	苯乙烯、二聚体、三聚体
尼龙—6	310～380	己内酰胺
尼龙—66	310～380	胺、一氧化碳、二氧化碳
聚乙烯	335～450	烯烃、链烷烃、环状烃
聚丙烯	328～410	烯烃、链烷烃、环状烃

高聚物热解过程的化学机理非常复杂，所产生气态物质的成分和数量也难以确切知道。因此，在高聚物的燃烧分析中常采用表观反应的研究方法，即不关心具体的反应步骤和产物成分，而只研究总体的反应现象和反应速度。反应过程表示如下：

$$1\text{g 高聚物} \xrightarrow{\text{热解}} \mu\text{g 固态产物} + (1-\mu)\text{g 气体产物} \tag{8-29}$$

对上述反应的分析，可以采用与木材热解模型中相同的热分析动力学方法。例如，对于聚氨酯泡沫材料的动力学分析基本方程同样表示如下：

$$\frac{d\alpha}{dt} = K(1-\alpha)^n \tag{8-30}$$

$$K = A\exp\left(-\frac{E}{RT}\right) \tag{8-31}$$

其中　α——指定温度下材料的转化率；

n——反应级数；

K——化学反应动力学常数；

A——频率因子；

E——活化能；

R——理想气体常数；

T——温度，可以认为每一个温度下反应均为一级反应，即 $n=1$。

在氮气气氛下聚氨酯泡沫有三个热失重阶段，其动力学方程分别如下：

$$200℃ < t \leqslant 240℃ \quad K = 39\exp\left(-\frac{28702}{RT}\right) \tag{8-32}$$

$$240℃ < t \leqslant 282℃ \quad K = 1.07\times10^5\exp\left(-\frac{63036}{RT}\right) \tag{8-33}$$

$$315℃ < t \leqslant 393℃ \quad K = 9.4\times10^{13}\exp\left(-\frac{180205}{RT}\right) \tag{8-34}$$

三个阶段频率因子分别为 39、1.07×10^5、$9.4\times10^{13}\,\text{min}^{-1}$；活化能分别为 28.702、63.036、180.205kJ/mol。

在空气环境中聚氨酯泡沫有两个失重阶段，在 200～230℃之间化学反应动力学常数值非常低，而且不随温度的增加而变化，得到动力学方程如下：

$$200℃ < T \leqslant 230℃ \quad K = 0.035\text{min}^{-1} \tag{8-35}$$

$$230℃ < T \leqslant 300℃ \quad K = 2.76\times10^8\exp\left(-\frac{97361}{RT}\right) \tag{8-36}$$

这两个阶段频率因子分别为 0.035、$2.76\times10^{8}min^{-1}$；活化能分别为 0、97.361kJ/mol。

8.4.5 高聚物的燃烧传播

如果不考虑具体的化学反应机理，则高聚物的燃烧传播规律和木材的大体相同。图 8-22 显示了 PMMA 板燃烧传播速度和厚度的关系，图中表明，随着厚度增加，PMMA 板燃烧传播速度是逐渐下降；并且水平传播的速度要比向下传播速度快。这与木材的燃烧传播过程是一致的。

在外界条件不变时，燃料的传热过程是决定燃烧传播速度的主要因素。图 8-22 中实验结果显示：向下的燃烧传播速度随着板厚的增加而减小，并逐渐趋于某个常数，这个常数值略小于相同厚度的水平传播时的速度。造成上述事实的主要原因就是传热关系变化的结果。图 8-23 表示了几种传热方式的相互关系随板厚度的变化情况。图中 q_t 为气相火焰区向固体传递的全部热流量，包括 q_{su} 为从气相向预热区的热流量，及 q_{sb} 为从气相向热解区的热流量。q_c 为固体内部的热传导热流量。

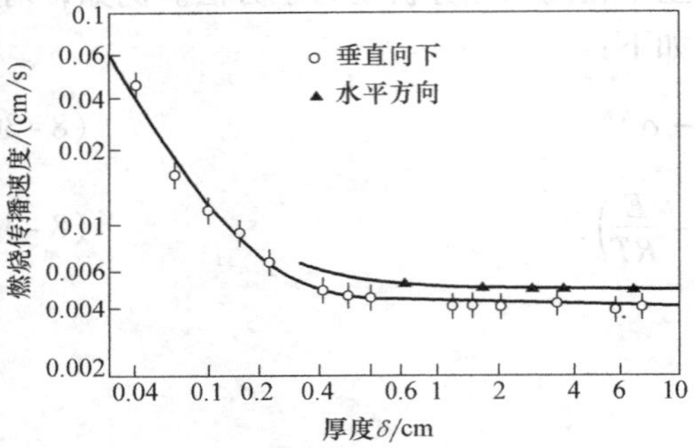

图 8-22　PMMA 板燃烧传播速度与厚度的关系

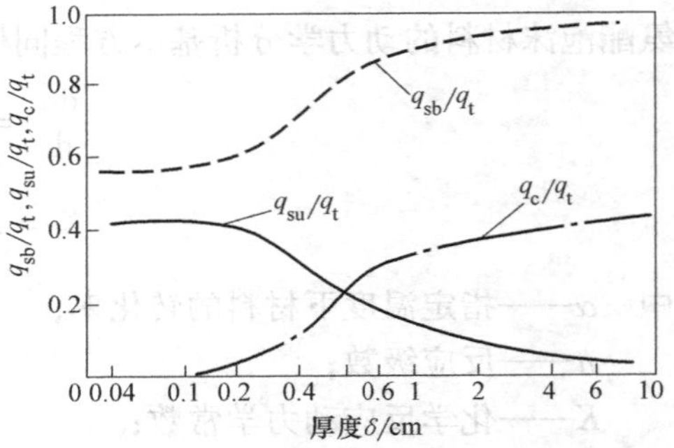

图 8-23　PMMA 板厚度对传热关系的影响

当板的厚度小时，板内部固体的热传导可以忽略，q_c/q_t 趋向 0 时。气体火焰传给固体的热量中，由于火焰是在热解区上方的，因此传给热解区的热流量 q_{sb} 要大。但由于板厚度小，很快就会被热解消耗完，因此很大一部分热流量 q_{su} 也传递给预热区，使得传播速度很快。随着板厚度的增大，材料并不能很快被分解消耗完，因此热解区会随着火焰传播而变长变大。气相火焰区传递的热流量大多数都给予热解区，见图中的 q_{sb}/q_t 曲线。而预热区获得的热量会快速减小，如图中的 q_{su}/q_t 曲线所示，因此燃烧传播速度会不断地下降。另一方面随着厚度的增加，板内部的热传导是逐渐增加的，但由于传导热流量比气相传递热流量小很多，因此不能改变传播速度下降的趋势。但最后当气相火焰传递给预热区的热流量已经趋于 0，而固体内部热传导也已经上升到一个稳定值时，向下的燃烧传播速度也就趋于一个稳定值。

8.4.6 高聚物燃烧的相关特性与参数

高聚物燃烧的相关特性与参数包括热解、熔融等，这已在前面作了介绍。本节主要介绍燃烧难易性的表征方法、聚物燃烧热和燃烧速度及发烟量和毒性等。

1. 燃烧难易性的表征方法

表征木材燃烧难易性时，通常用闪点、燃点、热分解温度等温度参数。而高聚物更常用的一个参数则是氧指数。氧指数越小的高聚物，火灾危险性就越大。部分常见高聚物的氧指数如表 8-13 所示。

表 8-13　部分常见高聚物的氧指数

物质名称	氧指数	物质名称	氧指数	物质名称	氧指数
缩醛共聚物	15	聚碳酸酯	27	酚醛树脂	35
聚苯乙烯	18	聚苯氧	28	聚苯并咪唑	41
环氧树脂	20	聚糖醇	31	聚酰甲胺	41
聚乙烯醇	22	聚砜	32	聚氯乙烯	45
氯丁橡胶	26	硅橡胶	26~39	聚四氟乙烯	>95

除了用实验方法测定外，高聚物的氧指数还可用一些经验公式估算。下面给出了几个重要的经验公式。

不含卤素高聚物的氧指数的经验公式为：

$$OI = 17.5 + 0.4CR \tag{8-37}$$

式中　OI——氧指数；

CR——热剩焦量（物质加热到850℃时的剩焦量，以质量百分数表示）。

C/O 或 C/N 不小于 6 的高聚物的氧指数的经验公式为：

$$OI = \frac{1.84M}{\Delta(O_2)} \tag{8-38}$$

式中　M——高聚物的结构单元的摩尔质量；

$\Delta(O_2)$——该结构单元完全燃烧时所需要的氧气分子的摩尔数。

含卤素的高聚物，氧指数估算经验公式：

$$OI = \begin{cases} 17.5 & (CP \geq 1) \\ 60 - 42.5CP & (CP < 1) \end{cases} \tag{8-39}$$

其中

$$CP = \frac{H}{C} - 0.65\left(\frac{F}{C}\right)^{\frac{1}{3}} - 1.1\left(\frac{Cl}{C}\right)^{\frac{1}{3}} \tag{8-40}$$

式中　H/C、F/C、Cl/C——高聚物组成中 H、F、Cl 元素与 C 元素的原子比。

2. *高聚物燃烧热和燃烧速度*

高聚物的燃烧主要是在热解过程中产生的可燃气体的燃烧。不同高聚物着火燃烧的难易程度也有很大的差别，例如只含碳和氢的高聚物易燃但不猛烈；含有氧的高聚物易燃而且猛烈；而含卤素的高聚物难燃，离开火源后一般不燃。

由前文中对木材燃烧的讨论中得知，木材燃烧速度主要取决于材料的热解速度，而很多高聚物的燃烧速度主要受燃烧释放的热量确定，而较多的高聚物的燃烧热又都比木材的要高，所以高聚物的燃烧速度普遍较快。表 8-14 列出了一些高聚物的燃烧热和燃烧速度。

表 8-14 一些高聚物的燃烧热和燃烧速度

物质名称	燃烧热/(kJ/g)	燃烧速度/(mm/min)	物质名称	燃烧热/(kJ/g)	燃烧速度/(mm/min)
缩醛	16.93	12.7~27.9	聚苯乙烯	40.18	12.7~63.5
聚甲基丙烯酸甲酯	25.21	15.2~40.6	聚丙烯	43.96	17.8~40.6
ABS 树脂	35.25	25.4~50.8	聚乙烯	46.61	7.6~30.5

同时，比热容大的高聚物，燃烧速度较慢。这是因为在燃烧过程的加热阶段需要较多的热量；导热系数较大的高聚物，燃烧速度也较慢，因为导热系数大，热散失速度较快，在燃烧过程中的温度上升所需的时间较长。表 8-15 列出了一些高聚物的比热容和导热系数。可以根据这两个参数，对某些高聚物的燃烧速度进行简单的定量确定。

表 8-15 一些高聚物的比热容和导热系数

物质名称	导热系数 $\lambda/10^{-4}/[W/(m\cdot℃)]$	比热容 $c/(J/g\cdot℃)$	物质名称	导热系数 $\lambda/10^{-4}/[W/(m\cdot℃)]$	比热容 $c/(J/g\cdot℃)$
聚氨酯	6.3~31.0	1.7~2.3	硝酸纤维素	23.0	1.3~1.7
聚苯乙烯	8.0~13.8	1.3	尼龙—6	24.7	1.6
聚氯乙烯	12.6~29.3	0.3~1.2	聚四氟乙烯	25.1	1.09
有机玻璃	16.3~25.1	1.5	聚乙烯	33.5~41.9	2.3
环氧树脂	16.8~21.0	1.0			

3. 高聚物发烟量和毒性

高聚物的分子结构中含碳量普遍较高，在燃烧（包括热解）中发烟量较大。这些烟尘会阻碍光线在空气中的传播，从而影响能见度。

通过对木材在燃烧的产物物理化学性质的分析，通常认为 CO 是其主要的毒性成分，其他的毒性成分较少。而高聚物在燃烧（包括热解）过程中，则会产生大量的一氧化碳（CO）、氮氧化物（N_xO_y）、氯化氢（HCl）、氟化氢（HF）、氰化氢（HCN）、二氧化硫（SO_2）及光气（$COCl_2$）等各种复杂的有害气体，毒性非常大，加上缺氧窒息作用，对火场人员的生命安全构成严重威胁。

高聚物在热解、燃烧过程中涉及的相关化学反应机理非常复杂，对于产生如此多的各种各样的毒性气体的原因以及如何有效地控制其产生等课题，仍有待于更深入的研究。

8.5 煤和碳粒的燃烧

8.5.1 煤的燃烧性能

煤是冶金、化学工业以及动力工程领域的重要能源，在我国一次能源应用中占据 70% 以上的比例。它是古代植物埋藏在地下经历了复杂的生物化学和物理化学变化逐渐形成的固体可燃性矿产，其化学成分主要包括碳、氢、氧、氮、硫等元素。煤主要分为泥煤、褐煤、烟煤、无烟煤、半无烟煤等几种。一般情况下，煤的种类不同，其成分组成与质量不同，发热量也不相同。

1. 煤的形成与分类

下面将简要介绍煤的形成原因及特点。

在地表常温、常压下，由堆积在停滞水体中的植物遗体经泥炭化作用或腐泥化作用，可转化为泥炭或腐泥；泥炭化作用是指高等植物遗体在沼泽中堆积经生物化学变化转变成泥炭的过程。而腐泥化作用是指低等生物遗体在沼泽中经生物化学变化转变成腐泥的过程。腐泥是一种富含水和沥青质的淤泥状物质。泥炭或腐泥被埋后，由于盆地基底下降而沉至地下深处，经成岩作用可转化为褐煤；当温度和压力逐渐增高，再经变质作用可转化为烟煤至无烟煤。冰川过程可能有助于成煤植物遗体汇集和保存。

煤的形成包括三个阶段。

（1）菌解阶段，即泥炭化阶段。在煤炭形成的初期，大量动植物遗体堆积在水下，并不断被泥沙覆盖包裹起来，逐渐与氧气隔绝，覆盖一段时间以后，大量厌氧细菌在没有空气的条件下促使有机质腐烂分解而生成泥炭。该阶段即为煤炭形成的菌解阶段。

（2）煤化阶段，即褐煤阶段。当泥炭被泥沙等沉积物完全覆盖后，泥炭处于完全封闭的环境中，氧气几乎不存在，细菌作用也逐渐停止，温度随着内部压力的不断增大而升高，泥炭也逐渐开始压缩、脱水而胶结，碳的含量随之进一步增加，逐渐固结形成褐煤。而砂页岩则由覆盖在上层的泥沙等固结而成，这种作用就是所谓的煤化作用，实际也就是一种成岩作用。褐煤的条痕和颜色皆为褐色或近于黑色，光泽暗淡，含碳量60%～77%，挥发成分大于40%，基本上不见有机物的残体，质地比泥炭较为密实，可以用火柴引燃，其燃烧是有烟燃烧。褐煤主要用做发电厂的燃料，也可做化工原料、催化剂载体、吸附剂、净化污水和回收金属等。

（3）变质阶段，即烟煤及无烟煤阶段。褐煤是在低温和低压的条件下形成的。如果褐煤埋藏在的位置较深，就会受到高温高压的作用，这导致了褐煤的化学成分发生了变化，主要表现为水分和挥发成分的减少，含碳量的相对增加，密度、硬度、光泽的增加，经过这一系列的作用从而变成烟煤。这种作用就是所谓的煤的变质作用。其中烟煤的条痕和颜色皆为黑色，致密而有光泽，不含游离的腐殖酸，含碳量为75%～90%。大多数具有粘结性；发热量较高。它可以用蜡烛引燃，并且燃烧时火焰长而多烟。这种煤主要用作动力、炼焦、汽化等领域。随着烟煤进一步变质，就形成了无烟煤（英文名称 anthracite)，它是煤化程度最大的煤，俗称白煤或红煤。无烟煤有低挥发分产率、高固定碳含量、大硬度、大密度、高燃点、燃烧时不冒烟等特点。并且其表面黑色坚硬，有金属光泽。如果再进一步变质，无烟煤则会变为天然焦和石墨，它们和无烟煤的性质存在很大的区别。在煤的形成过程中，氮、氢、氧含量会逐渐减少，而碳的成分则逐渐增加。

2. 煤的燃烧成分

煤受热后将首先发生热解。同木材相比，煤热解产生的挥发分要少很多，因此在挥发分析出结束后会剩余大量的碳。在工程上，应用工业分析的方法来测定煤中水分 W、挥发分 V、灰分 A 和固定碳 C 的质量百分含量。按照国家标准，在隔绝空气的条件下，将煤加热到110℃让水分蒸发，以测出水分的质量百分含量；再隔绝空气加热到850℃，测出所有挥发分的百分含量；然后通入空气使固定碳全部燃烧，以测出灰分和固定碳的含量。表8-16给出了一些固体燃料的挥发特性。表中的可燃基挥发分Vr指去掉水分和灰分后，挥发分所占的质量百分含量。各组分有以下关系：

$$W\% + V\% + A\% + C\% = 100\% \tag{8-41}$$

$$Vr\% = V\%/(V\% + C\%) = V\%/(100\% - W\% - A\%) \tag{8-42}$$

表8-16 与煤相关燃料的挥发特性

燃料		开始释放挥发分的温度/℃	可燃基挥发分Vr（%）	余碳特性
木材		160左右	85	粘附，疏松
泥煤		100~110	70	粉状
褐煤		130~170	>37	粉状
烟煤	长焰煤	170左右	>37	粉状或粘状
	肥煤	260左右	26~37	粘结或熔结
	贫煤	390左右	10~20	粉状
无烟煤		380~400	≤10	粉状
油页岩		250左右	80~90	粉状

煤颗粒在挥发分析出后，长时间经历的是碳颗粒的燃烧，下面将对碳粒燃烧过程的理论进行介绍。

8.5.2 煤的低温自燃理论

在储存过程中煤与空气接触发生氧化，并伴随着热量的释放，同时煤层的温度也相应地有所升高，之后氧化作用越来越剧烈，最终产生燃烧，这种现象即为煤的自燃现象。我国每年有多达1000万~2000万吨的煤在不受控制的情况下被烧掉。煤自燃现象的存在已经有很长一段历史，这种现象的产生不仅损失了宝贵的煤炭资源，而且还在世界范围内存在一些值得关注的安全隐患，如自燃过程中排放的有害气体对人类健康的威胁，二氧化碳的生成对人类生存环境的迫害（温室效应）；同时还有可能污染大气和地下水，造成局部土地退化，甚至导致生态系统退化、侵蚀、滑坡和坍塌，还有可能会威胁煤矿安全和引起呼吸系统疾病等。自17世纪开始研究探索煤自燃问题以来，出现了黄铁矿导因学说、细菌导因学说、酚基作用学说和煤氧复合作用学说等多种煤炭自燃学说对煤层自燃理论及特点作了相应的分析与研究。

早在17世纪英国人波罗德（Plolt）和伯齐利厄斯（Berzelius）最早提出煤自燃黄铁矿导因学说，该学说认为由于煤层中的黄铁矿（FeS_2）与空气中的水分和氧相互作用放出热量从而引起煤自燃，到19下半世纪黄铁矿学说甚为流行，但后来通过实践证明，煤的自燃在完全没有或极少有黄铁矿存在的情况下也会发生。1927年英国人帕特尔（Potter. M. C）提出了细菌导因学说，该学说认为煤在细菌的作用下发酵，并放出一定热量，而对煤的自燃起决定性作用就是这些放出的热量。在1934年，又有一些学者认为细菌与黄铁矿共同作用是引起煤自燃的主要原因。但后来英国学者温米尔与格瑞哈姆通过实验证明了在所有细菌死亡的条件下，煤仍然可能发生自燃，这说明了细菌作用学说并不能解释煤的自燃机理。1940年，前苏联学者特龙诺夫提出了酚基作用学说，该学说认为由于煤体内不饱和的酚基化合物强烈地吸附空气中的氧，同时放出一定的热量，从而产生了煤的自燃现象。此学说的实质是研究煤与氧的作用问题，它实际上可以被认为是煤氧复合学说或者说是煤氧复合学说的补充。

煤氧复合作用学说在目前得到大多数学者赞同，该学说认为煤炭具有吸附空气中氧的特性，包括表面吸附和化学吸附，在吸附过程中还伴有煤与氧气的一系列化学反应，产生足够的热量而导致煤炭自燃。具体解说为，由于一切固体的表面都存在表面张力，周围的分子、原子或离子等粒子都可以被吸附，因此空气中的氧气会被煤表面的碳原子和氢原子吸附，生成二氧化碳、水和一氧化碳，并放出热量。又由于分子不停地进行无规则的热运动，使得生成的二氧化碳、水和一氧化碳分子脱附而离开煤的表面，从而新的氧气又扩散到煤的表面，氧气被煤表面吸附后与煤发生氧化－还原反应并放出热量。重复地进行该过程，能量在一定时间内不断积累，煤就可能发生自燃。

因此，从本质上来说，煤的自燃即为煤的氧化过程。以下介绍煤自燃的不同阶段。

（1）水吸附阶段。在这个阶段煤与氧气不会发生反应，只是个物理过程，这也是它与其他阶段的不同之处。煤在吸附水的过程中会放出大量热，也就是所谓的润湿热。煤吸附水虽然不是产生煤自燃的根本原因，但它能使煤自热，特别是对低品级的煤自热有重要影响。因此，多数情况下该阶段对煤的自燃都起着关键作用。

（2）化学吸附阶段。煤自燃过程中首先发生化学反应的就是在这个阶段。该阶段的反应温度在环境温度至70℃之间。在这个过程中煤吸附氧气会产生过氧化物，因此命名为化学吸附阶段。煤的重量在化学吸附阶段略有增加，并伴随有气体的产生，产生的CO可作为标准气体，因此要对煤的自燃进行早期预报可以通过监测CO的浓度来实现，同时化学吸附阶段也需要少量水参加反应。根据煤的类型和品级不同，化学吸附的放热量可以在5.04～6.72J/g之间变化。煤温在达到70℃时会发生分解，煤的重量也会随之下降，甚至会下降到轻于原始煤重。煤中水分的蒸发会带走一些热量。一旦煤氧化进行到化学吸附阶段，就必然会产生煤自燃。

（3）煤氧复合物生成阶段。该阶段会生成一种稳定的化合物，也就是煤氧复合物。此阶段的反应温度范围为150～230℃。煤重在这个阶段会有所增加，一旦进行到这个阶段必然会发生自燃。

（4）燃烧初始阶段。这是煤氧复合物生成阶段过渡到煤快速燃烧阶段的关键时期，一旦煤温到达230℃，煤氧化就可进行到个阶段。此时煤的反应热为42～243.6J/g，并且这些热量能使煤迅速上升并能促进煤的快速燃烧。

（5）快速燃烧阶段。此阶段为煤自燃的最后阶段。此阶段根据氧气供应是否充足，可能发生干馏、不完全燃烧或完全燃烧。如果燃烧充分，那么反应热就等于煤的发热值。

8.5.3 煤的高温燃烧

1. 煤的燃烧过程与特点

在煤颗粒燃烧的初期主要是热解析出挥发分的燃烧，燃烧消耗的氧气来自于周围空气。对于扩散控制的燃烧，氧气到达火焰面时就被消耗完，并不能到达颗粒表面，此时颗粒中心温度不超过700℃，颗粒本身呈暗黑色。这样，可燃性气体一方面阻碍了颗粒本身的燃烧；另一方面可燃性气体在颗粒周围的燃烧对颗粒有强烈的加热作用，所以当可燃性气体燃尽后，颗粒本身能迅速燃烧。

可燃性气体着火后，经过不长的时间，火焰逐渐缩短直至消失，这表明热解产生的可燃性气体已基本燃烧完毕。实验表明，从煤颗粒干燥开始到析出气体直至可燃性气体基本燃尽所需的时间是极短的，仅占煤全部燃烧时间的10%。析出气体结束后煤颗粒变成为碳颗粒(加上部分不可燃灰分)。颗粒表面开始燃烧、发亮，其温度逐渐升高，达到最高值（一般为1100℃或更高）。这时颗粒周围会出现极短的蓝色火焰，它主要是CO燃烧所形成的。

煤受热的具体过程如下：①<105℃：主要析出其中的吸留气和水份；②200～300℃：开始析出气态产物如CO、CO_2等，煤粒变软成为塑性状态；③300～550℃：开始析出焦油和CH_4及同系物、不饱和烃及CO、CO_2等气体；④500～750℃：半焦开始热解，并析出大量含氢较多的气体；⑤760～1000℃：半焦继续热解，析出少量以氢为主的气体，半焦变成高温碳焦。

结合前述煤的燃烧过程，煤燃烧的特点主要有以下：

(1) 煤热解产生挥发分的组分及其含量与煤的碳化程度和温度有关。一般情况下，碳化程度加深，挥发分的析出量减少，但其中可燃组分含量却增多；加热温度越高，挥发分的析出量就越多。

(2) 煤的燃烧包括有焰燃烧和无焰燃烧。煤燃烧过程中这两种方式同时存在，在燃烧初期阶段，焦碳只烧掉15%～20%；而80%～90%的挥发分已经燃尽。

(3) 灰分对煤燃烧过程中会产生影响。

(4) 内在灰分均匀分布于可燃物中，如果燃烧温度低于灰分的软化温度，随着燃烧的进行，焦碳粒外表面会形成一层逐渐增厚的灰壳；如果燃烧温度高于灰的熔化温度，大煤粒的灰层就会熔融坠落，不在焦碳粒表面形成灰壳，但在大煤粒堆积成层燃烧时，灰的熔渣会堵塞煤层间的通风孔隙。

而且随着热解、汽化反应的发生还应考虑逆反应的作用，而热解、汽化过程的化学机理研究相当困难，因此，目前多是从宏观角度建立起热解、汽化过程的表观动力学模型，与实验研究相配合。当前应用最广泛的是利用热分析方法测量煤的失重与温度变化，然后与成分分析相结合，就能准确地测定挥发分的析出量和成分。有关热解过程的分析方法，可以参见前面章节讲述的木材燃烧的热解模型。

2. 剩余碳粒的燃烧过程

煤颗粒在挥发分析出后，长时间经历的是碳粒的燃烧。可以认为，碳粒的固—气相燃烧反应包括以下步骤：

(1) 氧气扩散到固体燃料表面。

(2) 扩散到固体表面的氧气被固体表面所吸附。

（3）吸附的氧气和固体表面进行化学反应，形成生成物。

（4）反应生成物从固体表面上解吸。

（5）解吸后的气体生成物扩散离开固体表面。

上面五个步骤是连续发生的，所以整个多相反应过程进行的快慢，即多相反应的总速度或多相反应的燃烧速度取决于上述各步骤中最慢阶段的速度。当颗粒的粒径小、温度低、围绕它的流动强度大时，与第一或第五个步骤相比，第三个步骤要慢得多，因此燃烧速度主要取决于化学动力学因素。这时的燃烧过程是动力（控制的）燃烧。在动力燃烧的情况下，燃烧速度按照指数规律随温度变化。因为颗粒尺寸和流动仅影响扩散过程，而与固体可燃物的化学反应动力学过程无关，所以燃烧速度也就与颗粒大小以及它的流动无关。此外，反应表面处的氧浓度也与环境氧浓度相差不大。

当颗粒的粒径大、温度高、围绕它的流动微弱时，与第一或第五个步骤相比，第三个步骤要快得多，因此燃烧速度主要取决于扩散速度因素。这时的燃烧过程是扩散（控制的）燃烧。在这种情况下，氧气在反应表面的浓度可以小到忽略不计的程度。

碳粒扩散燃烧的反应机理可包括以下几种可能的情况：

（1）氧气扩散到固体碳粒的表面，发生完全燃烧 $C + O_2 \rightarrow CO_2$，可燃物的 C 与消耗氧气之比为 12:32。下面介绍的单膜模型就基于这种假定。

（2）氧气扩散到碳粒表面，生成物为 CO，可燃物的 C 与氧气之比为 12:16。这时可燃物表面处于缺氧状态下的不完全燃烧。

（3）在温度很高的时候，在碳表面生成 CO。一氧化碳向外扩散，和向碳粒表面扩散的氧气在一个略大于碳粒直径的很薄的球形火焰面上进行燃烧反应。在这一位置上出现 CO_2 和温度的最大值。下面介绍的双膜模型就基于这种假定。

（4）在碳表面生成 CO，但向外扩散的 CO 与 O_2 不是在一个面上发生反应，而是在一个连续空间内发生容积反应，这就是连续膜模型的假定基础。这就变成一个很复杂的反应系统，为了得到碳粒的燃烧速率，必须对反应系统的能量方程、动量方程、组分方程以及边界条件进行合适的泽尔多维奇转换，从而得到这个复杂反应系统的半解析解，或者一些极限情况的解析解。

（5）在高温下，碳可以同 O_2，CO_2 或 H_2O 发生如下的总包反应：

$$C + O_2 \rightarrow CO_2$$

$$2C + O_2 \rightarrow 2CO$$

$$C + CO_2 \rightarrow 2CO$$

$$C + H_2O \rightarrow CO + H_2$$

碳表面的主要产物为 CO，它从表面向外扩散与从外部向内部扩散的 O_2 相结合，发生的气相总包反应为：

$$2CO + O_2 \rightarrow 2CO_2$$

8.5.4 碳粒燃烧的单膜模型

除了煤在燃烧中会转化为碳外，木材等固体材料在挥发分全部析出后也会有碳的生成和剩余。在后期这些固体材料的燃烧就转变为碳的燃烧。碳在空气中燃烧是一个多相燃烧过程。氧气从环境条件下扩散到碳粒的表面，在表面上直接和固体反应释放出大量的热。固体可燃物的燃烧速率取决于反应的化学动力学过程，但同时它也强烈地受氧气扩散到可燃物表面的速率影响。

1. 模型的建立

所谓单膜，就是碳粒燃烧只有一个反应面，即在碳表面上发生化学反应 $C+O_2 \rightarrow CO_2$，其余位置没有反应发生。为建立模型，进行如下假定：

（1）在碳粒表面，碳与化学当量的氧气生成二氧化碳，没有一氧化碳生成，二氧化碳也不与碳反应。

（2）燃烧过程是准静态的。

（3）碳粒在无限大、静止环境中燃烧，与其他颗粒没有相互作用。环境中只有氧气和惰性气体（如氮气），对流的影响可忽略。

（4）气相仅由氧气、二氧化碳和惰性气体组成，氧气向内扩散并在碳表面反应生成二氧化碳，二氧化碳向外扩散。所有组分的扩散都符合费克定律。惰性气体形成不流动边界层，适用斯忒藩流发生条件。

（5）有关物性参数，如气相导热系数 λ、比定压热容 c、密度 ρ 和组分扩散系数 D 等都假定为常数。

（6）碳颗粒具有不透气性，即碳粒内部的扩散和反应可被忽略。

（7）碳粒温度均匀，以灰体形式与外界环境辐射换热，中间没有介质参与。

图 8-24 表示出了基于上述假定的基本模型，即表明了气相组分的质量分数和温度分布随径向的变化。温度在表面处数值 T_s 最大，随径向增大而下降，到足够远处等于环境温度 T_∞。二氧化碳的质量分数 f_{CO_2} 同样是在表面处数值最大，随径向增大而下降，到足够远处 $f_{CO_2,\infty}$ 趋于 0。氧气的质量分数 $f_{O_2,s}$ 在表面处数值最小，随径向增大而增大，到足够远处等于环境氧气的质量分数 $f_{O_2,\infty}$。

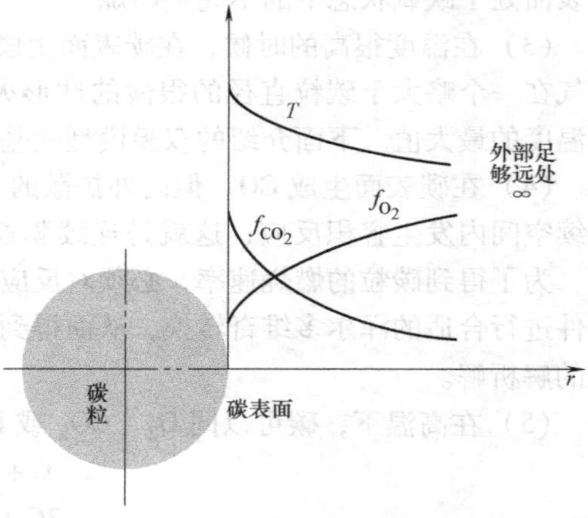

图 8-24 单膜模型的组分和温度分布图

值得注意的是，碳粒表面处的氧气质量分数 $f_{O,s}$ 不一定等于 0。在动力控制的燃烧过程中，碳表面的反应耗氧速度要小于外部氧气扩散达到的速度，此时 $f_{O,s}>0$。只有在扩散控制的燃烧过程中，碳表面的反应耗氧速度要大于外部氧气扩散达到的速度，氧气被全部消耗完，此时 $f_{O,s}=0$。

研究碳粒燃烧，最主要的问题当然是关注碳粒的燃烧速度，或者说是碳粒的质量损失速率。燃烧速度最主要决定于两个因素，一是氧气的供应，氧气主要通过扩散达到碳粒表面，如果氧气供应不足而制约燃烧速度，那么就称为扩散控制下的燃烧（也称扩散燃烧）；二是化学反应速度，如果氧气供应充足而反应速度不够快制约了燃烧速度，那么就称为化学动力学控制下的燃烧，或动力控制下的燃烧（也称动力燃烧）。

因此研究燃烧速度就可以从两个角度出发，一是研究氧气的输运，二是研究化学反应动力学。正是依据这样的思路，下面给出相应的分析。

2. 质量守恒与组分输运

根据化学反应方程式，得到数量上的质量关系：

$$(12\text{kg})\text{C} + (32\text{kg})\text{O}_2 \longrightarrow (44\text{kg})\text{CO}_2 \tag{8-43}$$

$$|\dot{m}_{\text{C}}| = \frac{12}{32}|\dot{m}_{\text{O}_2}| = \frac{12}{44}|\dot{m}_{\text{CO}_2}| \tag{8-44}$$

式中，$\dot{m}$——质量消耗速率（kg/s），下标 C、O_2、CO_2 分别表示碳、氧气、二氧化碳。

首先来分析氧气和二氧化碳的输运。根据前面章节中的斯忒藩流理论，在稳定的流动中，如果在相分界面处存在组分的消耗或生成，仅依靠扩散不能保持组分的稳定时，就会产生一股整体流以维持各组分的稳定分布。在碳粒表面有氧气的消耗和二氧化碳的生成，同时还有惰性气体（认为都是氮气）。它们的质量分数有如下关系：

$$f_{\text{O}_2} + f_{\text{CO}_2} + f_{\text{N}_2} = 1 \tag{8-45}$$

根据化学反应的质量比例关系，二氧化碳离开碳表面的总量比氧气流向碳表面的总量大，因此斯忒藩流的方向是沿着径向远离碳表面，速度为 u，使两者满足相应的质量比例关系。根据坐标方向，以远离碳表面的径向为正。氧气、二氧化碳、氮气三种组分的总质量流量如下所示。对于氮气来说，既没有消耗也没有生成，因此扩散流和斯忒藩流相互抵消。

$$\dot{m}_{\text{O}_2} = \rho u A f_{\text{O}_2} - \rho A D \frac{\mathrm{d}f_{\text{O}_2}}{\mathrm{d}r} \tag{8-46}$$

$$\dot{m}_{\text{CO}_2} = \rho u A f_{\text{CO}_2} - \rho A D \frac{\mathrm{d}f_{\text{CO}_2}}{\mathrm{d}r} \tag{8-47}$$

$$\dot{m}_{\text{N}_2} = \rho u A f_{\text{N}_2} - \rho A D \frac{\mathrm{d}f_{\text{N}_2}}{\mathrm{d}r} = 0 \tag{8-48}$$

$$\frac{\dot{m}_{\text{O}_2}}{\dot{m}_{\text{CO}_2}} = \frac{-32}{44} \tag{8-49}$$

式中　ρ——气相总密度，常数（kg/m^3）；

A——径向坐标 r 处的球面积 $4\pi r^2$（m^2）；

D——组分扩散系数（m^2/s）。

将式（8-46）、式（8-47）、式（8-48）相加，并利用式（8-45），得：

$$\rho\mu A = \dot{m}_{\text{O}_2} + \dot{m}_{\text{CO}_2} \tag{8-50}$$

考虑到氧气和二氧化碳质量流量的方向相反，上式的物理意义很清晰，那就是斯忒藩流的大小就等于二氧化碳和氧气质量流量的数值差。依据反应方程式的量比关系式（8-44）可知，斯忒藩流的大小就等于碳的燃烧速度。将式（8-49）、式（8-50）代入式（8-46），可以得到氧气的流量为：

$$\dot{m}_{\text{O}_2} = \frac{-4\pi r^2 \rho D}{1 + \frac{12}{32} f_{\text{O}_2}} \frac{\mathrm{d}f_{\text{O}_2}}{\mathrm{d}r} \tag{8-51}$$

该方程的边界条件为：

$$f_{O_2}(r = r_s) = f_{O_2,s} \qquad (8-52)$$
$$f_{O_2}(r \to \infty) = f_{O_2,\infty}$$

氧气流量 $\dot{m}_{O_2}$ 沿着径向 r 是不变的，在积分中作为常量处理。对式（8-52）进行分离变量积分求解，并代入边界条件得：

$$\dot{m}_{O_2} = -\frac{32}{12}4\pi r_s \rho D \ln\left(\frac{1+\frac{12}{32}f_{O_2,\infty}}{1+\frac{12}{32}f_{O_2,s}}\right) \qquad (8-53)$$

根据化学反应的比例关系式（8-44），得到绝对值形式碳粒的燃烧速度（用质量流量表示，下同）为：

$$\dot{m}_C = 4\pi r_s \rho D \ln\left(\frac{1+\frac{12}{32}f_{O_2,\infty}}{1+\frac{12}{32}f_{O_2,s}}\right) \qquad (8-54)$$

3. *扩散控制燃烧*

在扩散控制的燃烧中，反应对氧气的消耗速度要快于氧气的输运速度，氧气到达碳粒表面时被全部消耗完，即 $f_{O_2,s}=0$。此时式（8-54）变为：

$$\dot{m}_C = 4\pi r_s \rho D \ln\left(1+\frac{12}{32}f_{O_2,\infty}\right) \qquad (8-55)$$

在式（8-55）中 ρ、D、$f_{O_2,\infty}$ 都是常数，因此碳粒的燃烧速度正比于碳粒的半径。随着燃烧的进行，碳粒半径是单调减少的。为求出碳粒的燃尽时间，将燃烧速度表达成碳粒质量的减少率，且由于式（8-55）中包含半径变量 r_s，将质量 m 也表达成包含有 r_s 的形式。则式（8-55）改写为：

$$\frac{d\left(\rho_s \frac{4}{3}\pi r_s^3\right)}{dt} = -4\pi r_s \rho D \ln\left(1+\frac{12}{32}f_{O_2,\infty}\right) \qquad (8-56)$$

式中　ρ_s——碳的密度（kg/m^3）。

对式（8-56）进行积分求解，并用直径 $D_s=2r_s$ 代替半径，得：

$$D_s^2(t) = D_0^2 - k_{sg}t \qquad (8-57)$$

式中　k_{sg}——斜率，其值为：

$$k_{sg} \equiv \frac{8\rho D}{\rho_s}\ln\left(1+\frac{12}{32}f_{O_2,\infty}\right) \qquad (8-58)$$

这就是单膜模型扩散控制下碳粒燃烧时间的 D^2 定律，即燃尽时间与直径的平方成正比。

4. *动力－扩散控制燃烧*

在动力控制的燃烧下，反应的氧气消耗速度将慢于氧气的输运速度。在动力－扩散共同控制的燃烧下，反应的氧气消耗速度与氧气的输运速度是相当的。在这两种情况下，碳粒表面的氧气含量都不为0。式（8-54）表达的碳粒燃烧速度包含有未知量 $f_{O_2,s}$。

假定反应 $C+O_2 \rightarrow CO_2$ 是一级反应，即反应速度正比于氧气质量分数的1次方，则有：

$$\dot{m}_C = k_c A_s \rho f_{O_2,s} \qquad (8-59)$$

式中　ρ——碳粒表面周围气相总密度（kg/m^3）；

$f_{O_2,s}$——碳粒表面处氧气质量分数；

A_s——碳粒表面面积（m^2），$A_s=4\pi r_s^2$；

k_c——表面反应速度常数（m/s），其值可用下式来估算：

$$k_c = 3.007\times 10^5 \exp\left(\frac{-17966}{T_s}\right) \tag{8-60}$$

式中　T_s——碳粒表面温度（K）。

将式（8-54）和式（8-59）联立消去 $f_{O_2,s}$，就可以求出碳粒的燃烧速度 $\dot{m}_C$。

5. 有关问题的讨论

在求碳粒燃烧速度时的重点是要消去 $f_{O_2,s}$，因此将式（8-59）写成以下简洁形式：

$$\dot{m}_C = N_{kin,sg} f_{O_2,s} \tag{8-61}$$

这样，碳的燃烧速度正比于碳粒表面的氧气质量分数。而在因子 $N_{kin,sg}$ 中包含有化学动力学参数及密度、碳粒表面温度和半径等，在此称为化学动力学作用数。

$$N_{kin,sg} \equiv k_c A_s \rho$$

再回顾依据氧气输运而得到的碳粒燃烧速度公式（8-54），氧气质量分数 $f_{O_2,s}$ 包含在对数中，直接联立式（8-54）和式（8-61）求解是较为困难的，而且物理意义也不明确。因此，可以对方程式（8-54）中的对数形式进行处理：

$$\ln\left(\frac{1+\frac{12}{32}f_{O_2,\infty}}{1+\frac{12}{32}f_{O_2,s}}\right) = -\ln\left(\frac{1+\frac{12}{32}f_{O_2,s}}{1+\frac{12}{32}f_{O_2,\infty}}\right) = -\ln\left(1-\frac{f_{O_2,\infty}-f_{O_2,s}}{\frac{32}{12}+f_{O_2,\infty}}\right)$$

令：

$$B_{sg} \equiv \frac{f_{O_2,\infty}-f_{O_2,s}}{\frac{32}{12}+f_{O_2,\infty}}$$

对 $\ln(1-B_{sg})$ 进行级数展开：

$$\ln(1-B_{sg}) = -B_{sg}+\frac{1}{2}B_{sg}^2-\frac{1}{3}B_{sg}^3+\cdots \tag{8-62}$$

在 B_{sg} 的值较小时，级数可以只取第一项，第二项及后面的可以省略。在此处，$0<f_{O_2,s}<f_{O_2,\infty}$（在空气中，$f_{O_2,\infty}$ 值为 0.233）。因此 $B_{sg}<\frac{0.233}{32/12+0.233}=0.08$。从而级数只取第一项的近似是合理的，即：

$$\ln(1-B_{sg}) \approx -B_{sg} \tag{8-63}$$

式（8-54）变为：

$$\dot{m}_C = \frac{4\pi r_s \rho D}{\frac{32}{12}+f_{O_2,\infty}}(f_{O_2,\infty}-f_{O_2,s}) \tag{8-64}$$

对上式给出一个更简洁的形式：

$$\dot{m}_{C} = N_{dif,sg}(f_{O_2,\infty} - f_{O_2,s}) \tag{8-65}$$

从上式可知，碳粒的燃烧速度正比于环境与碳表面间的氧气质量分数差。因子 $N_{dif,sg}$ 中包括了粒径、扩散与环境的影响因素，在此称为扩散作用数。

$$N_{dif,sg} \equiv \frac{4\pi r_s \rho D}{\frac{32}{12} + f_{O_2,\infty}} \tag{8-66}$$

由式（8-61）和式（8-64）消掉变量 $f_{O_2,s}$，得到碳粒的燃烧速度：

$$\dot{m}_{C} = \frac{f_{O_2,\infty}}{\frac{1}{N_{kin,sg}} + \frac{1}{N_{dif,sg}}} \tag{8-67}$$

（1）扩散控制燃烧。此时 $N_{kin,sg}/N_{dif,sg} \gg 1$，氧气输运不足而化学反应很快，由于式（8-61）和式（8-64）同时表示的燃烧速度大小相同，必然是（$f_{O_2,\infty} - f_{O_2,s}$）的值增大而 $f_{O_2,s}$ 变小。但注意到式（8-43）中燃烧速度是正比于碳粒表面氧气质量分数，因此 $f_{O_2,s}$ 尽管可以趋于 0，但却不可以等于 0。燃烧速度近似为：

$$\dot{m}_{C} = N_{dif,sg} f_{O_2,\infty} \tag{8-68}$$

碳粒燃烧时间符合 D^2 定律：

$$D_s^2(t) = D_0^2 - K_{dif,sg} t \tag{8-69}$$

$$k_{dif,sg} \equiv \frac{8\rho D}{\rho_s} \frac{f_{O_2,\infty}}{\frac{32}{12} + f_{O_2,\infty}} \tag{8-70}$$

这里的斜率 $k_{dif,sg}$ 与式（8-57）中的 k_{sg} 有所不同，但相差不大，这是简化近似的结果。

（2）动力控制的燃烧。此时 $N_{kin,sg}/N_{dif,sg} \ll 1$，氧气输运充足而化学反应很慢，两者要实现一致，必然是（$f_{O_2,\infty} - f_{O_2,s}$）的值减小而 $f_{O_2,s}$ 变大。但注意到式（8-65）中燃烧速度是正比于环境与碳粒表面间的氧气质量分数差，因此 $f_{O_2,s}$ 尽管可以接近 $f_{O_2,\infty}$，但却不可以等于 $f_{O_2,\infty}$。燃烧速度近似为：

$$\dot{m}_{C} = N_{kin,sg} f_{O_2,\infty} \tag{8-71}$$

$$N_{kin,sg} \equiv k_c A_s \rho = k_c 4\pi r_s^2 \rho$$

依据式（8-71），碳粒质量的减少率为

$$\frac{d}{dt}\left(\rho_s \frac{4}{3}\pi r_s^3\right) = -k_c 4\pi r_s^2 \rho f_{O_2,\infty} \tag{8-72}$$

式中　ρ_s、ρ 分别是碳和气体的密度，单位为 kg/m^3；对式（8-72）积分求解得：

$$D_s(t) = D_0 - k_{kin,sg} t \tag{8-73}$$

$$k_{kin,sg} = \frac{2\rho k_c f_{O_2,\infty}}{\rho_s} \tag{8-74}$$

这就是单膜模型动力控制下碳粒燃烧时间的 D 定律，即在化学动力学控制的燃烧中，燃尽时间与碳粒直径成正比，而不再是与直径的平方成正比。

（3）扩散-动力共同控制的燃烧。在过渡区，$N_{kin,sg}/N_{dif,sg}\approx 1$。此时氧气输运与化学反应相当，碳粒表面氧气质量分数 $f_{O_2,s}$ 的值处在 0 和 $f_{O_2,\infty}$ 间的中部区域。此时燃烧速度如下式：

$$\left(\frac{1}{N_{kin,\ sg}}+\frac{1}{N_{dif,\ sg}}\right)\dot{m}_C=f_{O_2,\ \infty} \tag{8-75}$$

要得到碳粒的燃烧时间，则：

$$\left(\frac{\dfrac{32}{12}+f_{O_2,\ \infty}}{4\pi r_s\rho D}+\frac{1}{k_c 4\pi r_s^2\rho}\right)\frac{d}{dt}\left(\rho_s\frac{4}{3}\pi r_s^3\right)=-f_{O_2,\ \infty} \tag{8-76}$$

最终得到：

$$t=\frac{\rho_s\left(\dfrac{32}{12}+f_{O_2,\ \infty}\right)}{8\rho D f_{O_2,\ \infty}}\left[D_0^2-D_s^2(t)\right]+\frac{\rho_s}{2k_c\rho f_{O_2,\ \infty}}\left[D_0-D_s(t)\right] \tag{8-77}$$

【例 8-3】　已知直径为 0.4mm 的碳粒在空气中燃烧，碳粒表面周围压力为 1atm，气体的平均摩尔质量为 30kg/kmol，环境氧气质量分数为 0.233，CO_2 的组分扩散系数在 1atm、25℃下为 $0.16\times10^{-4}m^2/s$。已知碳的密度为 $1100kg/m^3$。用单膜模型求碳粒表面温度 1000℃时，燃烧完所需要的时间。

【解】　比较扩散作用数和动力作用数，以确定是那一种控制下的燃烧，根据公式有：

$$N_{dif,\ sg}\equiv\frac{4\pi r_s\rho D}{\dfrac{32}{12}+f_{O_2,\ \infty}},\quad N_{kin,\ sg}\equiv k_c A_s\rho$$

在 1000℃，密度用理性气体状态方程求得，为：

$$\rho=\frac{pM_{mix}}{RT}=\frac{1.013\times10^5\times30\times10^{-3}}{8314\times1273}kg/m^3=0.287kg/m^3$$

组分扩散系数为：

$$D=D_0\frac{p_0}{p}\left(\frac{T}{T_0}\right)^{\frac{3}{2}}=\left[0.16\times10^{-4}\times\left(\frac{1273}{298}\right)^{\frac{3}{2}}\right]m^2/s=1.413\times10^{-4}m^2/s$$

化学反应速度常数为：

$$k_c=\left[3.007\times10^5\exp\left(\frac{-17966}{T_s}\right)\right]m/s=0.223m/s$$

因此：

$$N_{dif,\ sg}\equiv\frac{4\pi r_s\rho D}{\dfrac{32}{12}+f_{O_2,\ \infty}}=\frac{4\times3.14\times0.2\times10^{-3}\times0.287\times1.413\times10^{-4}}{32/12+0.233}kg/s$$
$$=0.35\times10^{-7}kg/s$$

$$N_{kin,sg}\equiv k_c A_s\rho=0.233\times4\times3.14\times0.04\times10^{-6}\times0.287kg/s=0.34\times10^{-7}kg/s$$

此时 $0.1<N_{kin,sg}/N_{dif,sg}<1$，是扩散-动力控制下的燃烧。燃尽时间为：

$$t = \frac{\rho_s\left(\frac{32}{12}+f_{O_2,\infty}\right)}{8\rho D f_{O_2,\infty}}D_0^2 + \frac{\rho_s}{2k_c\rho f_{O_2,\infty}}D_0$$

$$= \left[\frac{1100\times(32/12+0.233)\times0.16\times10^{-6}}{8\times0.287\times1.413\times10^{-4}\times0.233} + \frac{1100\times0.4\times10^{-3}}{2\times0.223\times0.287\times0.233}\right]\mathrm{s}$$

$$= 6.75 + 14.75 = 21.5(\mathrm{s})$$

8.5.5 碳粒燃烧双膜模型

1. 模型的建立

所谓双膜，就是碳粒燃烧有两个反应面，在碳表面上发生异相反应 $C + CO_2 \rightarrow 2CO$，CO 向外扩散与向内扩散的氧气在径向坐标 r_f 的球面上发生均相（气相）反应 $2CO + O_2 \rightarrow 2CO_2$。与单膜模型相对应，为建立模型，进行如下假定：

（1）在碳粒表面，没有氧气，碳与化学当量的二氧化碳生成一氧化碳；一氧化碳向外扩散与向内扩散的氧气以化学当量比在径向 r_f 的位置完全反应形成火焰面，在火焰面内侧没有氧气，在火焰面外侧没有一氧化碳。此处 r_f 是一个自适应形成的位置。

（2）燃烧过程是准静态的。

（3）碳粒在无限大、静止环境中燃烧，与其他颗粒没有相互作用。环境中只有氧气和惰性气体如氮气，对流的影响可忽略。

（4）在火焰面内侧气相仅由一氧化碳、二氧化碳和惰性气体组成，二氧化碳向内扩散并在碳表面反应生成一氧化碳，一氧化碳向外扩散在火焰面上与氧气反应生成二氧化碳。在火焰面外侧气相仅由氧气、二氧化碳和惰性气体组成，所有组分的扩散都符合费克定律。惰性气体形成不流动边界层，适用斯忒藩流发生条件。

（5）有关物性参数，如气相导热系数 λ，比定压热容 c_p，密度和组分扩散系数 D 等都假定为常数。

（6）碳颗粒具有不透气性，即碳粒内部的扩散和反应可被忽略。

（7）碳粒温度均匀，以灰体形式与外界环境辐射换热，中间没有介质参与。

图 8-25 示出了基于上述假定的基本模型，即表明了气相组分的质量分数和温度随径向的变化。温度在碳粒表面处为 T_s，沿着径向先是增大的，在火焰面上达到最大值 T_f，然后随径向增大而下降，到足够远处等于环境温度 T_∞。二氧化碳的质量分数 f_{CO_2} 与温度具有同样的变化规律，在火焰面处数值最大，其两侧数值逐渐减小；在外侧足够远处 $f_{CO_2,\infty}$ 趋于 0，但在碳粒面上 $f_{CO_2,s}$ 不一定为 0。一氧化碳的质量分数在碳粒面上的数值最大为 $f_{CO,s}$，随径向逐渐减小，在火焰面处变为 0。氧气的质量分数在

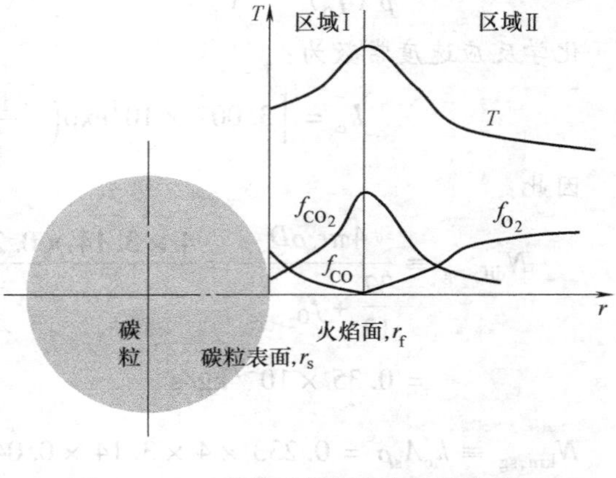

图 8-25 双膜模型的组分和温度分布图

火焰面处为 0，随径向增大而增大，到足够远处等于环境氧气的质量分数 $f_{O_2,\infty}$。

由于存在两个反应面，为了便于描述，将碳粒的外部空间划分为两个区域，碳粒表面与火焰面之间为区域Ⅰ，火焰面到无穷远处为区域Ⅱ，如图 8-25 中所示。

碳粒燃烧的双膜模型，同样主要关注碳粒的燃烧速度，或者说是碳粒的质量损失速率。在本模型中，与碳反应的是二氧化碳。因此，燃烧速度所取决于的两个因素，一是二氧化碳的供应，扩散控制；二是化学反应速度，化学动力学控制（或称动力控制）。基于这两个因素，首先进行二氧化碳的输运分析。

2. 质量守恒与组分输运

根据碳粒表面的化学反应方程式，得到数量上的质量关系：

$$(12\text{kg})\ \text{C} + (44\text{kg})\ \text{CO}_2 \longrightarrow (56\text{kg})\ 2\text{CO} \tag{8-78}$$

$$|\dot{m}_{\text{C}}| = \frac{12}{44}|\dot{m}_{\text{CO}_2,\text{I}}| = \frac{12}{56}|\dot{m}_{\text{CO}}| \tag{8-79}$$

式中　$\dot{m}$——质量消耗速率（kg/s），下标 C、$CO_{2,I}$、CO 分别表示碳、区域Ⅰ的二氧化碳、一氧化碳。

碳粒表面是固－气相分界面，且存在组分 CO_2 的消耗和组分 CO 的生成，因此存在斯忒藩流。此外区域 I 的气相中还有惰性的 N_2 组分。在碳粒表面与火焰面之间的区域，有如下关系：

$$f_{\text{CO}_2,\text{I}} + f_{\text{CO}} + f_{\text{N}_2,\text{I}} = 1 \tag{8-80}$$

根据化学反应的质量比例关系，一氧化碳离开碳表面的总量比二氧化碳流向碳表面的总量大，因此斯忒藩流的方向是沿着径向远离碳表面，速度为 u_{I}，使两者满足相应的质量比例关系。根据坐标方向，以远离碳表面的径向为正。区域Ⅰ中二氧化碳、一氧化碳、氮气这三种组分的总质量流量如下式所示。其中氮气既没有消耗也没有生成，因此扩散流和斯忒藩流相互抵消，有：

$$\dot{m}_{\text{CO}_2,\text{I}} = \rho u_{\text{I}} A f_{\text{CO}_2,\text{I}} - \rho A D \frac{\text{d}f_{\text{CO}_2,\text{I}}}{\text{d}r} \tag{8-81}$$

$$\dot{m}_{\text{CO}} = \rho u_{\text{I}} A f_{\text{CO}} - \rho A D \frac{\text{d}f_{\text{CO}}}{\text{d}r} \tag{8-82}$$

$$\dot{m}_{\text{N}_2,\text{I}} = \rho u_{\text{I}} A f_{\text{N}_2,\text{I}} - \rho A D \frac{\text{d}f_{\text{N}_2,\text{I}}}{\text{d}r} = 0 \tag{8-83}$$

$$\frac{\dot{m}_{\text{CO}}}{\dot{m}_{\text{CO}_2,\text{I}}} = \frac{56}{-44} \tag{8-84}$$

式中　ρ——气相总密度，常数（kg/m^3）；

A——径向坐标 r 处的球面积（m^2），$A = 4\pi r^2$；

D——组分扩散系数（m^2/s）。

将式（8-81）、式（8-82）、式（8-83）相加，并利用式（8-80），得：

$$\rho u_{\text{I}} A = \dot{m}_{\text{CO}_2,\text{I}} + \dot{m}_{\text{CO}} \tag{8-85}$$

考虑到在区域 I 二氧化碳和一氧化碳质量流量的方向相反，上式的物理意义很清晰，那就是斯忒藩流的大小就等于二氧化碳和氧气质量流量的数值差。依据反应的量比关系式(8-79)可知，斯忒藩流的大小就等于碳粒的燃烧速度。将式（8-84）、式（8-85）代入式

(8-81)可以得到二氧化碳的流量为：

$$\dot{m}_{CO_2,I} = \frac{-4\pi r^2 \rho D}{1+\frac{12}{44}f_{CO_2,I}} \frac{df_{CO_2,I}}{dr} \tag{8-86}$$

该方程的边界条件为：

$$\begin{aligned} f_{CO_2,I}(r=r_s) &= f_{CO_2,s} \\ f_{CO_2,I}(r=r_f) &= f_{CO_2,f} \end{aligned} \tag{8-87}$$

在区域 I 内二氧化碳流量 $\dot{m}_{CO_2,I}$沿着径向 r 是不变的，在积分中作为常量处理。对方程 (8-86) 进行分离变量积分求解，并代入边界条件得：

$$\dot{m}_{CO_2,I} = \frac{44}{12}\frac{4\pi\rho D}{\frac{1}{r_f}-\frac{1}{r_s}}\ln\left(\frac{1+\frac{12}{44}f_{CO_2,f}}{1+\frac{12}{44}f_{CO_2,s}}\right) \tag{8-88}$$

根据化学反应的量比关系式（8-79），得到绝对值形式的碳粒燃烧速度为：

$$\dot{m}_C = \frac{4\pi\rho D}{\frac{1}{r_s}-\frac{1}{r_f}}\ln\left(\frac{1+\frac{12}{44}f_{CO_2,f}}{1+\frac{12}{44}f_{CO_2,s}}\right) \tag{8-89}$$

在上式中除了 $\dot{m}_C$ 外，还有三个变量 r_f、$f_{CO_2,f}$和$f_{CO_2,s}$。变量 r_f、$f_{CO_2,f}$是和火焰面有关的，下面将对区域 II 中的输运进一步进行分析，以消去这两个变量。

在火焰面上有如下化学反应及对应的质量比例关系：

$$(56\text{kg})\ 2CO + (32\text{kg})\ O_2 \longrightarrow (88\text{kg})\ 2CO_2 \tag{8-90}$$

$$\left|\frac{\dot{m}_{CO}}{56}\right| = \left|\frac{\dot{m}_{O_2}}{32}\right| = \left|\frac{\dot{m}_{CO_2}}{88}\right| \tag{8-91}$$

由于这是所有 CO_2 的产生源，一部分流向区域 I，一部分流向区域 II，因此有：

$$\dot{m}_{CO_2} = \dot{m}_{CO_2,I} + \dot{m}_{CO_2,II} \tag{8-92}$$

再结合碳粒表面反应的比例关系式（8-79），得各反应物的质量比例关系为：

$$\left|\frac{\dot{m}_C}{12}\right| = \left|\frac{\dot{m}_{O_2}}{32}\right| = \left|\frac{\dot{m}_{CO_2,I}}{44}\right| = \left|\frac{\dot{m}_{CO_2,II}}{44}\right| = \left|\frac{\dot{m}_{CO}}{56}\right| \tag{8-93}$$

在区域 II 组分 CO_2 离开火焰面，组分 O_2 流向火焰面，还有惰性组分 N_2 保持稳定。由于在这一分界面上有组分的生成和消耗，且 II 区的气体组分都没有透过火焰面进入 I 区，因此在 II 区也会产生一股斯忒藩流以维持各组分分布的稳定，斯忒藩流的速度为 u_{II}。所得的关系式如下：

$$f_{CO_2,II} + f_{O_2} + f_{N_2,II} = 1 \tag{8-94}$$

$$\dot{m}_{N_2,II} = \rho u_{II} A f_{N_2,II} - \rho A D \frac{df_{N_2,II}}{dr} = 0 \tag{8-95}$$

$$\dot{m}_{CO_2,II} = \rho u_{II} A f_{CO_2,II} - \rho A D \frac{df_{CO_2,II}}{dr} \tag{8-96}$$

$$\dot{m}_{O_2} = \rho u_{\mathrm{II}} A f_{O_2} - \rho A D \frac{\mathrm{d}f_{O_2}}{\mathrm{d}r} \tag{8-97}$$

式中　ρ——气相总密度，常量（kg/m^3）；

A——径向坐标 r 处的球面积 $4\pi r^2$（m^2）；

D——组分扩散系数（m^2/s）。

考虑到在区域Ⅱ中氧气流和二氧化碳流的方向，它们的质量比例关系如下：

$$\frac{\dot{m}_{O_2}}{\dot{m}_{CO_2,\mathrm{II}}} = \frac{-32}{44} \tag{8-98}$$

根据前面同样的方法，得到二氧化碳流的公式为：

$$\dot{m}_{CO_2,\mathrm{II}} = \frac{-4\pi r^2 \rho D}{1 - \frac{12}{44} f_{CO_2,\mathrm{II}}} \frac{\mathrm{d}f_{CO_2,\mathrm{II}}}{\mathrm{d}r} \tag{8-99}$$

该方程的边界条件为：

$$\begin{aligned} f_{CO_2,\mathrm{II}}(r = r_f) &= f_{CO_2,f} \\ f_{CO_2,\mathrm{II}}(r \to \infty) &= 0 \end{aligned} \tag{8-100}$$

二氧化碳流量沿着径向 r 是不变的。因此，对式（8-98）进行分离变量积分求解，并代入边界条件得：

$$\dot{m}_{CO_2,\mathrm{II}} = -\frac{44}{12} 4\pi r_f \rho D \ln\left(1 - \frac{12}{44} f_{CO_2,f}\right) \tag{8-101}$$

同样，得到氧气流的方程为：

$$\dot{m}_{O_2} = \frac{-4\pi r^2 \rho D}{1 + \frac{12}{32} f_{O_2}} \frac{\mathrm{d}f_{O_2}}{\mathrm{d}r} \tag{8-102}$$

该方程的边界条件为：

$$\begin{aligned} f_{O_2}(r = r_f) &= 0 \\ f_{O_2}(r \to \infty) &= f_{O_2,\infty} \end{aligned} \tag{8-103}$$

在稳定燃烧中氧气消耗速率 $\dot{m}_{O_2}$ 为常数，因此对式（8-102）进行分离变量积分求解，并代入边界条件得：

$$\dot{m}_{O_2} = -\frac{32}{12} \times 4\pi r_f \rho D \ln\left(1 + \frac{12}{32} f_{O_2,\infty}\right) \tag{8-104}$$

依据化学反应中各物质的比例关系，由式（8-101）和式（8-104）分别得到绝对值形式的碳粒燃烧速度：

$$\dot{m}_C = -4\pi r_f \rho D \ln\left(1 - \frac{12}{44} f_{CO_2,f}\right) \tag{8-105}$$

$$\dot{m}_C = 4\pi r_f \rho D \ln\left(1 + \frac{12}{32} f_{O_2,\infty}\right) \tag{8-106}$$

由式（8-105）、式（8-106）可以消掉式（8-100）中的变量 r_f 和 $f_{CO_2,f}$，从而得到只包含有变量 $f_{CO_2,s}$ 的碳粒燃烧速度计算式：

$$\dot{m}_C = 4\pi r_s \rho D \ln\left(\frac{1 + 2 \times \frac{12}{32} f_{O_2,\infty}}{1 + \frac{12}{44} f_{CO_2,s}}\right) \tag{8-107}$$

3. *扩散控制燃烧*

在扩散控制的燃烧中，碳表面反应对二氧化碳的消耗速度要快于二氧化碳的输运速度，二氧化碳到达碳粒表面时被全部消耗完，即 $f_{CO_2,s}=0$。此时式（8-107）变为：

$$\dot{m}_C = 4\pi r_s \rho D \ln\left(1 + 2 \times \frac{12}{32} f_{O_2,\infty}\right) \tag{8-108}$$

在式（8-108）中 ρ、D、$f_{O_2,\infty}$ 都是常数，因此碳粒的燃烧速度正比于碳粒的半径。随着燃烧的进行，碳粒半径是单调减少的。为求出碳粒的燃尽时间，将燃烧速度表达成碳粒质量的减少率。且由于式（8-108）中包含半径变量 r_s，将质量 m 也表达成包含有 r_s 的形式。式（8-108）改写为：

$$\frac{d\left(\rho_s \frac{4}{3}\pi r_s^3\right)}{dt} = -4\pi r_s \rho D \ln\left(1 + 2 \times \frac{12}{32} f_{O_2,\infty}\right) \tag{8-109}$$

式中 ρ_s、ρ——碳和气体的密度（kg/m^3）。

对式（8-109）进行积分求解，并用直径 $D_s = 2r_s$ 代替半径，得：

$$D_s^2(t) = D_0^2 - k_{db} t \tag{8-110}$$

这里 k_{db} 为斜率，其值为：

$$k_{db} \equiv \frac{8\rho D}{\rho_s} \ln\left(1 + 2 \times \frac{12}{32} f_{O_2,\infty}\right) \tag{8-111}$$

这就是双膜模型扩散控制下碳粒燃烧时间的 D^2 定律，燃尽时间与直径的平方成正比。

4. *动力－扩散控制燃烧*

在动力控制的燃烧下，碳粒反应的二氧化碳消耗速度将慢于二氧化碳的输运速度。在动力－扩散共同控制的燃烧下，碳粒反应的二氧化碳消耗速度与二氧化碳的输运速度是相当的。在这两种情况下，碳粒表面的二氧化碳浓度都不为 0。式（8-107）表达的碳粒燃烧速度包含有未知量 $f_{CO_2,s}$。

假定反应 $C + CO_2 \longrightarrow 2CO$ 是一级反应，即反应速度正比于二氧化碳质量分数的 1 次方。碳粒的燃烧速度表达成与单膜模型中相同的形式：

$$\dot{m}_C = k_c A_s \rho f_{CO_2,s} \tag{8-112}$$

式中 A_s——碳粒表面面积（m^2），$A_s = 4\pi r_s^2$；

ρ——碳粒表面周围气相总密度（kg/m^2）；

$f_{CO_2,s}$——碳粒表面二氧化碳质量分数；

k_c——表面反应速度常数（m/s），可用下述表达式表示：

$$k_c = 4.016 \times 10^8 \exp\left[\frac{-29790}{T_s}\right] \tag{8-113}$$

式中 T_s——碳粒表面温度（K）。

根据式（8-112）和式（8-107），通过迭代即可以求出碳粒的燃烧速度。

5. 有关问题的讨论

在利用式（8-112）和式（8-107）求碳粒燃烧速度时，为了能够简便地消去$f_{CO_2,s}$，可以将式（8-107）进行级数展开，使$f_{CO_2,s}$不再包含在对数项中。具体方法可参见单膜模型部分。

有关扩散控制、动力控制和扩散-动力共同控制下的燃烧讨论可同样参照单膜模型部分的方法。

【例8-4】 碳粒在空气中扩散燃烧的条件完全相同，比较单膜模型和双膜模型的碳燃烧速度。

【解】 应用单膜模型和双膜模型扩散燃烧公式，有：

$$\frac{\dot{m}_{C,sg}}{\dot{m}_{C,db}} = \frac{4\pi r_s \rho D \ln\left(1 + \frac{12}{32} f_{O_2,\infty}\right)}{4\pi r_s \rho D \ln\left(1 + 2 \times \frac{12}{32} f_{O_2,\infty}\right)} = \frac{\ln\left(1 + \frac{12}{32} \times 0.233\right)}{\ln\left(1 + 2 \times \frac{12}{32} \times 0.233\right)} = 0.52$$

这表明双膜模型比单膜模型的碳燃烧速度快很多。

讨论1： 对单膜模型，燃烧是在碳表面r_s处消耗O_2生成CO_2，而双膜模型则是在火焰面r_f处消耗O_2生成CO_2。因此可以将双膜模型燃烧看成是半径为r_f的碳粒的单膜模型燃烧。则：

$$\frac{\dot{m}_{C,sg}}{\dot{m}_{C,db}} = \frac{\dot{m}_{C,sg}(r = r_s)}{\dot{m}_{C,sg}(r = r_f)} = \frac{r_s}{r_f} \tag{8-114}$$

而根据式（8-106）和式（8-107）有：

$$\dot{m}_C = 4\pi r_f \rho D \ln\left(1 + \frac{12}{32} f_{O_2,\infty}\right) \text{和} \ \dot{m}_C = 4\pi r_s \rho D \ln\left(1 + 2 \times \frac{12}{32} f_{O_2,\infty}\right)$$

即：

$$\frac{r_s}{r_f} = \frac{\ln\left(1 + \frac{12}{32} f_{O_2,\infty}\right)}{\ln\left(1 + 2 \times \frac{12}{32} f_{O_2,\infty}\right)} = \frac{\ln\left(1 + \frac{12}{32} \times 0.233\right)}{\ln\left(1 + 2 \times \frac{12}{32} \times 0.233\right)} = 0.52 \tag{8-115}$$

所得结果与直接计算是一样的。相对于单膜模型，双膜模型相当于扩大了碳粒半径，使氧气的输运面积增加，从而增加氧气流量使碳粒的燃烧加快。

讨论2： 采用单膜模型还是双膜模型并不应随意选择，而应根据碳粒燃烧过程扩散与反应的具体情况。可以认为碳粒表面的单膜模型反应$C + O_2 \rightarrow CO_2$和双膜模型反应$C + CO_2 \rightarrow CO$是同时存在、相互竞争的，哪一个占主导就应采用哪一种模型。

需要考虑两方面的因素：

1）是何种控制燃烧，在非扩散控制的燃烧下，碳粒表面有大量的氧气，单膜模型会占主导。在扩散控制的燃烧下，碳粒表面的O_2含量很小，CO_2含量高，双膜模型会逐渐占据主导。

2）单膜模型和双膜模型的化学反应速度常数，哪一个大，则哪一种模型占主导。

对于【例8-3】中的条件，即直径为0.4mm碳粒在空气中燃烧的情形，表明燃烧处在何种控制下的动力作用数与扩散作用数之比，单膜模型和双膜模型的化学反应速度常数之比如图8-27和图8-28所示。其中：

$$\lg\left(\frac{N_{\mathrm{kin,sg}}}{N_{\mathrm{dif,sg}}}\right)=\lg\left[\frac{k_c r_s(32/12+f_{O_2,\infty})}{D}\right]$$

与温度有关外还与碳粒直径有关，粒径减小会使燃烧向动力控制方向移动。

$$\lg\left(\frac{k_{\mathrm{c,db}}}{k_{\mathrm{c,sg}}}\right)=\frac{8+\lg 4.016-29790\cdot\lg\frac{\mathrm{e}}{T_s}}{5+\lg 3.007-17966\cdot\lg\frac{\mathrm{e}}{T_s}}$$，仅与温度有关。

从图 8-26 可以看到，温度在 1300℃时 $N_{\mathrm{kin,sg}}/N_{\mathrm{dif,sg}}\approx 10$，意味着随着温度的进一步升高燃烧会逐渐变成完全的扩散控制，碳粒表面的 O_2 含量变得很小，CO_2 含量变大。从图 8-27看到，温度在 1360℃时 $k_{\mathrm{c,db}}\approx k_{\mathrm{c,sg}}$。随着温度进一步升高，双膜模型的化学反应速度常数将会大于单膜模型的，意味着双膜模型反应会占据主导，而且反应还会使 O_2 在外围被 CO 消耗掉，不能到达碳粒表面，最后变成彻底的双膜反应。

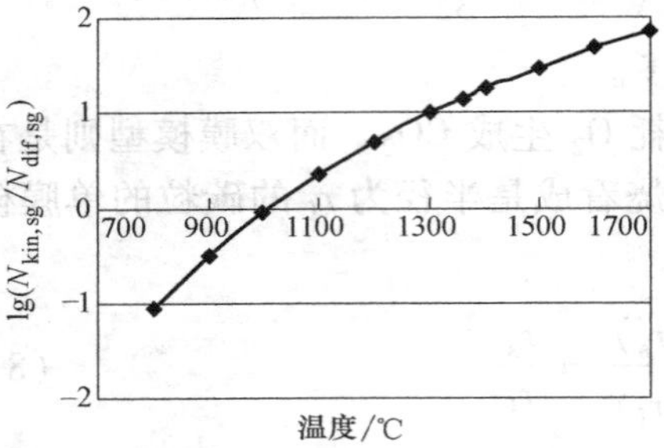

图 8-26 单膜模型的动力/扩散作用数

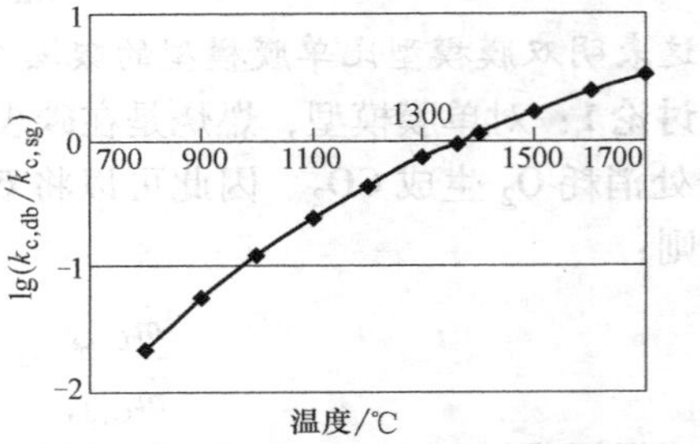

图 8-27 双膜/单膜的化学反应速度常数之比

综合来看，对于直径为 0.4mm 的碳粒燃烧，当温度大于 1400℃时应采用双膜模型，当温度小于 1200℃时应采用单膜模型，在 1200～1400℃之间则处于过渡区。在碳粒直径减小时，采用双膜模型还应要求温度比 1400℃更高。

8.6 可燃固体的阴燃

8.6.1 阴燃概述

可燃固体与氧气会发生异相表面反应，反应过程中释放出的热量维持自身传播，这个燃烧过程叫阴燃。需要指出的是阴燃过程中不会出现火焰，也就是说只发生了解热和表面燃烧反应。由于阴燃的自身特点，固体材料的阴燃通常发生在诸如香烟、蚊香、纸屑、锯末、纤维织物、纤维板、胶乳橡胶、聚氨酯泡沫（海绵）、谷壳、堆垛等疏松多孔的材料中。固体维持燃烧必须要有足够高的释热速率，才能保证未燃材料的受热升温、热解需要和抵消外界的散热作用，而固体材料表面反应速度较慢，不能满足上述条件。只有诸如颗粒状、丝状、粉尘、碎物堆、内部多孔等材料具有足够大的总表面积，总燃烧速度才会增加，从而才能维持阴燃的传播。所以，固体外表面和内部区域同时发生阴燃燃烧。

柱状纤维素材料（如香烟）沿水平方向的阴燃现象，能很好地说明阴燃的燃烧问题。原始纤维素首先经历热解，然后发生表面燃烧，相应的温度、氧气质量分数、二氧化碳质量分数的分布如图8-28所示。

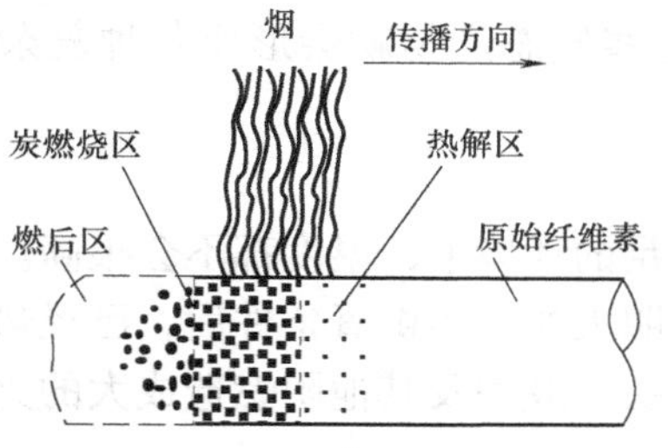

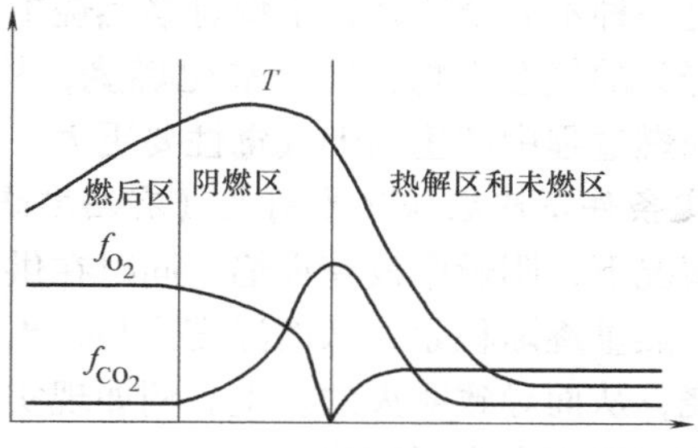

图8-28 纤维素棒水平阴燃示意及温度和气体组分分布图

阴燃过程大体可以分为三个区域，Ⅰ区是热解和未燃区，该区域会逐渐被加热升温和发生热解；Ⅱ区是阴燃区，是正在发生氧化反应的区域，产生热量维持阴燃传播；Ⅲ区是燃后区，在阴燃区后，由于材料被燃尽或由于散热而使燃烧熄灭，使该区域温度下降，反应停止。阴燃前锋被定义为材料刚开始发生氧化反应的位置，即Ⅰ区和Ⅱ区的交界处。

阴燃是典型的扩散-动力共同控制下的燃烧。阴燃中的氧化反应并不是发生在一个面上，而是一个区域。外界空气中的氧气通过扩散进入阴燃区域，含量是逐渐降低的，到达一定位置后可认为是0。在阴燃区靠近自由空气的外侧，氧气浓度较高，反应耗氧速度是慢于氧气输运速度的，因此是动力控制燃烧。在阴燃区远离自由空气的内侧，氧气含量趋于0，反应耗氧速度要快于氧气输运速度，因此是扩散控制燃烧。

在固体燃烧中，存在阴燃烧、有焰燃烧以及碳颗粒的无焰燃烧。是否有火焰可以作为阴燃与有焰燃烧的区别；而是否有热解可燃气体则作为区别碳粒无焰燃烧的标准。并且三种形式可以相互转化，在一定条件下，阴燃可以转变为有焰燃烧。供热强度是引起阴燃的一个重要参数，当供热强度过小，固体则无法着火；供热强度过大，固体将发生有焰燃烧。因此，阴燃的发生要求有一个供热强度适宜的热源。在多孔材料中，常见的引起阴燃的热源包括：

1. 自燃热源

阴燃在固体堆垛内的发生多半是由自燃造成的，而堆积体自燃的基本特征就是在堆垛内部以阴燃反应开始燃烧，然后在向外传播，直到在堆垛表面转变为有焰燃烧。

2. 阴燃本身成为热源

常见地，例如香烟的阴燃会引起地毯、被褥、木屑、植被等阴燃，进而发生恶性火灾，这种正在发生的固体阴燃可能造成另一种固体的阴燃，也就是说阴燃成为了另一种可燃物阴燃的热源。

3. 有焰燃烧火焰熄灭后的阴燃

一般来说，在固体堆垛有焰燃烧的外部火焰被水扑灭后，由于水流没有完全进入堆垛内部。内部仍处于炽热状态，从而可能发生阴燃；同时，在室内发生的固体有焰燃烧过程中，随着空气逐渐消耗，火焰就会熄灭，接着燃烧以阴燃形式存在。

此外，不对称加热、固体内部热点等，都有可能引起阴燃的发生。

表面上看，阴燃过程反应不剧烈，但是如果不及时加以控制，也会带来严重后果，包括以下几个方面：

1. 阴燃过程产生大量有毒气体

阴燃是一种不完全燃烧，不像有焰燃烧中大部分的气体会生成最终产物，而且并不是所有的热解释放的气态产物都能被氧化燃烧，从而这些气态产物就会形成各种复杂的有毒气体。因此阴燃过程中产生的烟气毒性要更大。

2. 一定条件下阴燃转化为明火（有焰燃烧）

一般情况下，阴燃中没有火焰，同时在供氧不足的环境下，温度都不会很高。但随着阴燃的持续，热量逐渐积累，从而温度升高，当满足明火燃烧的供氧条件后，已经热解的可燃气就会燃烧，从而导致明火的发生。例如现实中烟头、蚊香及其他阴燃造成大的火灾都是由于最终阴燃向明火发生了转化。

3. 密闭空间内材料的阴燃有可能引发轰燃

在供氧不足的密闭空间内，固体发生的阴燃生成大量的不完全燃烧产物很快地充满整个空间。出于火灾扑救考虑或其他原因，空间的某些部位突然被打开，新鲜空气进入，与空间内的可燃气体形成预混，进而发生有焰燃烧，严重时，还可能导致轰燃。这种阴燃向轰燃的突发性转变是非常危险的。

8.6.2 阴燃反应动力学

材料阴燃中的反应常采用三步反应模型。

材料放热氧化反应：

$$\lg\ (\text{fuel}) + n_{o1}O_2 \longrightarrow n_{c1}\ (\text{char}) + n_{g1}\ (\text{gases}) \tag{8-116}$$

材料吸热热解反应：

$$\lg\ (\text{fuel}) \longrightarrow n_{c2}\ (\text{char}) + n_{g2}\ (\text{gases}) \tag{8-117}$$

多孔炭（由前两个反应生成）的放热氧化反应：

$$\lg\ (\text{fuel}) + n_{o3}O_2 \longrightarrow n_{c3}\ (\text{char}) + n_{g3}\ (\text{gases}) \tag{8-118}$$

上式中，下标 o、c、g 分别表示氧、碳、气体产物，与它们组合的 1、2、3 分别表示反应 1、反应 2、反应 3。

在材料变为炭同时析出挥发分的过程用两个反应来表达，最主要的原因是区分不同阶段的反应，以及为了便于进行能量守恒中吸热和放热的分析。对于聚氨酯泡沫材料，阴燃中三个反应模型对应的化学反应速度如下所示。

材料放热氧化反应：

$$w_o = (1-\gamma_c-\gamma_a)^f \rho_f A_o (f_{O_2})^m e^{-E_o/RT} \tag{8-119}$$

材料吸热热解反应：

$$w_p = (1-\gamma_c-\gamma_a)^g \rho_f A_p e^{-E_p/RT} \tag{8-120}$$

多孔炭的放热氧化反应：

$$w_a = \gamma_c \rho_c A_a (f_{O_2})^h e^{-E_a/RT} \tag{8-121}$$

式中 w——化学反应速度，下标 o、p、a 分别表示材料氧化反应、热解反应、多孔炭氧化反应（以及灰分）；

γ_c——多孔炭所占的固体反应物质量含量；

γ_a——灰所占的固体反应物质量含量；

f_{O_2}——氧气在总气体中的质量百分含量；

ρ_f——材料密度；

ρ_c——多孔炭密度；

A——频率因子；

E——活化能；

R——理想气体常数；

T——温度。

上标 f、m、g、h 都是指数，由实验或经验公式确定。有关的各参数数值见表 8-17。

表 8-17　数值模型中各参数数值

参数量	数值	参数量	数值
n_{o1}	0.41	A_p	$2\times10^{14}m^3/s$
n_{c1}	0.21	E_p/R	26500K
n_{c2}	0.24	g	1.8
n_{o3}	1.65	A_a	$5\times10^5m^3/s$
n_{a3}	0.03	E_a/R	19244K
A_o	$5.69\times10^8m^3/s$	h	0.78
E_o/R	19245K	ρ_f	$26.5kg/m^3$
f	1.3	ρ_c	$10kg/m^3$
m	0.5		

8.6.3　阴燃的传播与模型

1. 阴燃传播特性

在材料条件和外界条件不变的情况下，阴燃通常能够稳定地传播，传播过程也是匀速的。图 8-29 是用聚氨酯泡沫海绵在一维水平阴燃中，热电偶均匀分布时阴燃传播过程得到的典型温度曲线。当燃烧传播到热电偶所在位置时，温度升高并达到峰值，随后燃烧继续向前传播，该位置的燃烧减弱并逐渐熄灭，温度也逐渐下降。各热电偶所在位置温度升高的时间间隔也基本是一致的。热电偶间的距离除以两者间传播所需的时间就是阴燃的传播速度。图中阴燃的最高温度在约 390℃，传播速度约为 10^{-2}cm/s。表 8-18 列出了实验中一些典型材料阴燃过程的传播速度和最高温度。

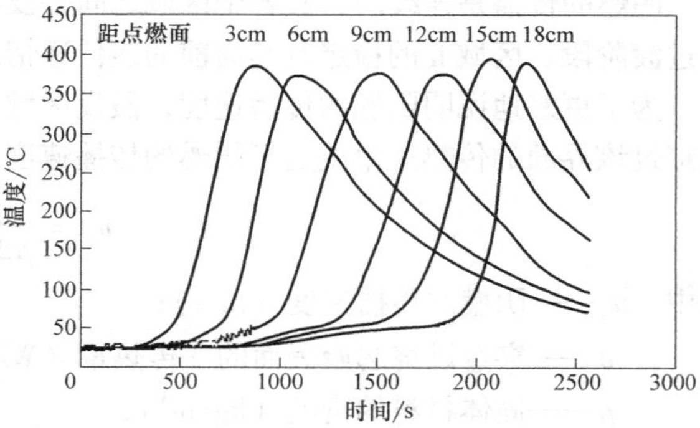

图 8-29　典型一维阴燃传播温度－时间曲线

表 8-18 典型材料的传播特性表

可燃物	阴燃尺寸	空气供应条件	传播速率/(cm/s)	最高温度/℃
煤粒（>104μ）	1cm 厚水平层	自然对流/扩散	1.7×10^{-3}	460
锯末（75～150μ）	1cm 厚水平层	自然对流	4.0×10^{-3}	约 600
软木屑（<65μ）（0.18g/cm³）	1.65cm 厚水平层/向前阴燃	上面有风/50～700cm/s	$7\times10^{-3}\sim1.8\times10^{-2}$	790（在 200cm/s） 800（在 600cm/s）
软木屑（<65）（0.18g/cm³）	1.65cm 厚水平层/反向阴燃	上面有风/50～700cm/s	$5\times10^{-3}\sim6\times10^{-3}$	约 550
草木疏松块（0.27g/cm³）	1.3cm 厚板/向上燃烧	自然对流/扩散	4.5×10^{-3}	约 490
卷筒纸	0.4～0.8cm 直径圆柱/向下燃烧	自然对流	$5.0\times10^{-3}\sim8.4\times10^{-3}$	约 390
烟丝	0.8cm 直径的香烟	自然对流，及以 30cm/s 从烟嘴抽气	4.5×10^{-3}（自然对流） ≤0.15（抽气）	850（自然对流） ≤1200（抽气）
纤维材料+3%氯化钠	双纤维层 0.2cm 厚/水平正向微弱强迫	外部流 10cm/s	1.0×10^{-2}	770
聚氨酯泡沫（0.04g/cm³）	接近一维/反向阴燃	通过泡沫的均匀流/0.15～0.45cm/s	$1.0\times10^{-2}\sim1.8\times10^{-2}$	430～475
木屑有阻热层（0.04g/cm³）	一维/反向阴燃	均匀流/0.04～0.75cm/s	$4.5\times10^{-3}\sim3.7\times10^{-2}$	430～640
木屑有阻热层（0.04g/cm³）	大致一维/正向阴燃	均匀流/0.15～0.48cm/s	$1.0\times10^{-3}\sim2.5\times10^{-3}$	535～595

2. 阴燃传播的简单传热模型

阴燃的传播是连续的，其各个区域之间并没有明显的界限，也就是说各个区域之间存在着过渡阶段。区域Ⅱ的稳定及其向前的热传递情况决定了阴燃能否传播及传播速度的快慢。

为了更好地说明阴燃的传播速度，假设区域Ⅰ和区域Ⅱ之间的界面为燃烧起始表面。那么穿过该界面的传热速率决定了阴燃的传播速度，因此在静止空气中，有：

$$u_s = \frac{q}{\rho\Delta h} \tag{8-122}$$

式中 u_s——阴燃的传播速度（m/s）；

q——穿过燃烧起始表面的净传热量（W/m^2）；

ρ——固体材料的密度（kg/m^3）；

Δh——单位质量的材料从环境温度上升到着火温度时热焓的变化量（J/kg）。

图 8-30 给出了阴燃传播的简单传热模型。当着火温度与区域Ⅱ的最高温度 T_{max} 相差较小时，材料的初始温度为 T_0，比热容为 C，则有：

$$\Delta h = C(T_{max} - T_0) \tag{8-123}$$

假定热量是通过热传导方式进行的，且为亚稳态传热，则有：

$$q \approx \frac{\lambda(T_{max} - T_0)}{\Delta x} \tag{8-124}$$

式中　λ——材料的导热系数；

Δx——传热距离。

将式（8-123）和式（8-124）代入式（8-122），得：

$$u_{ag} \approx \frac{\lambda}{\rho C \Delta x} = \frac{\alpha}{\Delta x} \tag{8-125}$$

式中　α——热扩散系数。

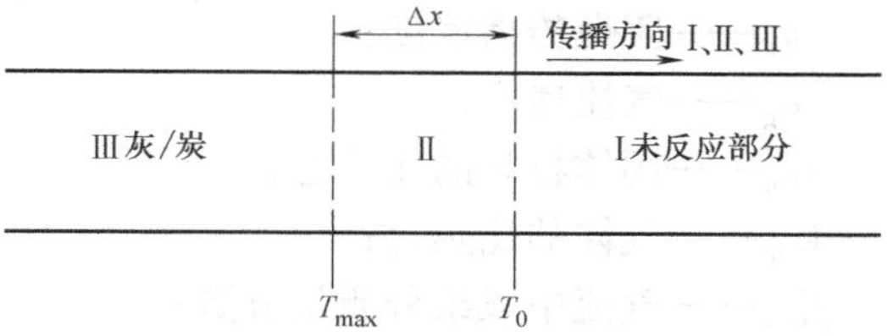

图 8-30　阴燃传播的简单传热模型

试验发现，传热距离为 0.01m 左右。对于绝热纤维板，α 约为 $8.6 \times 10^{-8} m^2/s$，则其阴燃的传播速度约为 $8.6 \times 10^{-3} mm/s$，该数值与实际阴燃的传播速度在数量级上基本相符，可见虽然根据公式所确定的阴燃的传播速度比较粗略，但其数量级还是比较可靠的。

3. 正向阴燃传播模型

正向阴燃指外界风流方向与阴燃传播方向相同的阴燃过程。依据能量守恒可以得到正向阴燃的传播模型。模型的有关假定如下：

（1）假定在内部固相和气相之间处于热平衡，不存在对流换热。

（2）假定材料的孔隙度在阴燃过程中一直维持不变。

（3）由浓度梯度、粘性耗散、体积力做功、气体动能所造成的能量传递忽略不计。

（4）在材料内部气流速度就是外部所加气流的速度，为已知量。

（5）假定阴燃是在缺氧条件下发生，相应的反应产生能量的速率取决于氧气供应率，单位氧气与材料反应所产生的热量是不变的，且为已知量。

（6）忽略阴燃传播过程中向周围的散热。

将坐标固定在阴燃前锋上，以阴燃前锋反应区为控制体对各能量项进行分析。如图 8-31 所示，外界气流与多孔材料（固体+空隙）将相对地从两侧进入反应区。

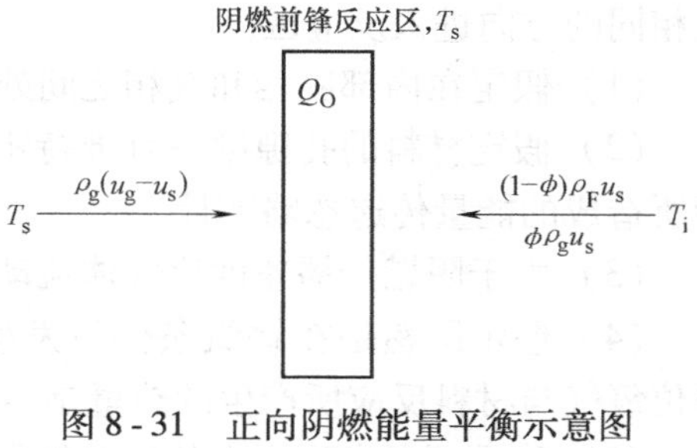

图 8-31　正向阴燃能量平衡示意图

由于认为材料内部的固体和气体之间是能量平衡的，因此穿过已燃区的气流温度将上升到 T_s，在控制体内不再需要吸收热量，另外由于阴燃前锋控制体以 u_s 向前运动，气流进入控制体的速度为（$u_g - u_s$）。材料固体和孔隙中的气体从温度 T_i 上升到温度 T_s 需要吸取热量；氧化反应放出热量，氧气被全部消耗完。控制体的能量不随时间发生变化。因此可以建立以下的能量守恒公式：

$$\phi\rho_g u_s C_{pg}(T_s - T_i) + (1-\phi)\rho_F u_s C_{pf}(T_s - T_i) = \rho_g(u_g - u_s + \phi u_s)Y_{O,i}Q_O \tag{8-126}$$

式中　ϕ——材料的孔隙度，即孔隙体积占总体积的比例；

ρ_g——气体密度；

ρ_F——固体密度；

T_s——阴燃峰值温度；

T_i——外界环境温度；

u_s——阴燃传播速度；
u_g——气流速度；
C_{pf}——固体材料的比热容；
C_{pg}——气体的比热容；
$f_{O,i}$——气流中氧组分质量分数；
Q_O——消耗单位氧气产生的热量值。

依据上式得到阴燃传播速度公式：

$$u_s = \frac{\rho_g f_{O,i} Q_O u_g}{[\rho_g C_{pg}\phi + \rho_F C_{pF}(1-\phi)](T_s - T_i) - (1-\phi)\rho_g f_{O,i} Q_O} \tag{8-127}$$

如果在阴燃传播过程中考虑热解反应，确定单位材料热解吸收的热量为 Q_p，则应该在式（8-126）的等号右边加上热解的影响（$-(1-\phi)\rho_F u_s Q_p$），从而正向阴燃传播速度公式为：

$$u_s = \frac{\rho_g f_{O,i} Q_O u_g}{[\rho_g C_{pg}\phi + \rho_F C_{pF}(1-\phi)](T_s - T_i) - (1-\phi)(\rho_g f_{O,i} Q_O + \rho_F Q_p)} \tag{8-128}$$

这就是 Dosanjh 等给出的正向阴燃传播模型。

4. 反向阴燃传播模型

Dosanjh et al. 曾对反向阴燃传播过程提出了一个经典的传播模型。模型针对的是一维阴燃且是稳定的传播过程。反向阴燃过程是传播方向与外部气流方向相反而固体材料和氧化剂从相同的方向进入反应区。

（1）假定在内部固相和气相之间处于热平衡，不存在对流换热。

（2）假定材料的孔隙度一直维持不变。由浓度梯度、粘性耗散、体积力做功、气体动能所造成的能量传递忽略不计。

（3）由于阴燃传播速度比气体流动速度小很多，在材料内部都将气流速度作为已知量。

（4）假定阴燃是在缺氧条件下发生，相应的反应产生能量的速率取决于氧气供应率，单位氧气与材料反应所产生的热量是不变的，且为已知量。

（5）传导项考虑到了内部辐射的影响，忽略阴燃传播过程中向周围的散热。

通过以上的假定，可以得到以下的能量控制微分方程。

$$(\dot{m}''_F C_{pF} + \dot{m}''_g C_{pg})\frac{dT}{dx} = (k_{eff} + k_{rad})\frac{d^2T}{dx^2} + Q_O\frac{d\dot{m}''_O}{dx} \tag{8-129}$$

由于传播过程速度不变的假定，在能量控制方程中，本应该包括有对时间的导数项，表示能量的变化，但是在这里存在微分算子关系 $\frac{d}{dt} = u\frac{d}{dx}$，使得对时间的导数转化为对空间的导数。反向阴燃的实验也表明过程是稳定匀速的。

式中 C_{pF}——固体材料的比热容；
C_{pg}——气体的比热容；
k_{rad}——线性折合的辐射系数；
Q_O——消耗单位氧气反应所产生的能量；
k_{eff}——多孔材料考虑固体和孔隙中气体在内的有效热传导系数，其计算式为：

$$k_{\text{eff}} = (1-\phi)k_{\text{F}} + \phi k_{\text{g}} \tag{8-130}$$

进入反应区的固体材料流量 $\dot{m}''_{\text{F}}$、气体流量 $\dot{m}''_{\text{g}}$ 和氧气流量 $\dot{m}''_{\text{O}}$ 由下面的式子给出：

$$\dot{m}''_{\text{F}} = (1-\phi)\rho_{\text{F}}u_{\text{s}} \tag{8-131}$$

$$\dot{m}''_{\text{g}} = \phi\rho_{\text{g}}u_{\text{g}} \tag{8-132}$$

$$\dot{m}''_{\text{O}} = f_{\text{O}}\dot{m}''_{\text{g}} - \phi\rho_{\text{g}}D\frac{\text{d}f_{\text{O}}}{\text{d}x} \tag{8-133}$$

式中 u_{s}——阴燃传播速度；

u_{g}——气流速度；

f_{O}——氧气组分的质量分数。

对于边界条件，在阴燃反应前锋处及在原始未燃材料处，有：

$$\begin{aligned} x = x_{\text{s}} \quad T = T_{\text{s}}, \quad \dot{m}''_{\text{O}} = 0, \quad \frac{\text{d}T}{\text{d}x} = 0 \\ x \to \infty \quad T = T_{\text{i}}, \quad \dot{m}''_{\text{O}} = \dot{m}''_{\text{O},i}, \quad \frac{\text{d}T}{\text{d}x} = 0 \end{aligned} \tag{8-134}$$

将式（8-133）进行积分沿着 x 从 x_{s} 到∞，在利用式（8-134）~式（8-137），最后得到阴燃传播速度的表达式：

$$u_{\text{s}} = \frac{\rho_{\text{g}}[Q_{\text{O}}f_{\text{O},i} - C_{p\text{g}}(T_{\text{s}} - T_{\text{i}})]}{\rho_{\text{F}}C_{p\text{F}}(1-\phi)(T_{\text{s}} - T_{\text{i}})}u_{\text{g}} \tag{8-135}$$

在上式中 Q_{O} 和 T_{s} 是未知的，T_{s} 可以从实验温度曲线上获取，Q_{O} 则通过有关实验来测定消耗单位氧气量时的放热量。

8.6.4 阴燃向明火的转化

阴燃传播在一定条件下将向明火（有焰燃烧）发生转化。现实发生的阴燃火灾基本都属于这种情况。在阴燃传播过程中，有焰燃烧的三要素：热量、可燃气、氧气往往都同时存在，但很多阴燃中也没有产生明火，其原因，一是在阴燃区中虽然温度高、热解可燃气浓度高，但氧气浓度低，且材料的孔隙结构阻碍了氧气的输运进入；二是在阴燃区的外表面以外，虽然有可燃气，氧气也充足，但氧气温度低且没有受到充分加热。但如果阴燃过程条件合适，可燃气就会与氧气发生反应，从而导致明火的产生。

图 8-32、图 8-33 是聚氨酯泡沫（海绵）阴燃向明火转化的图片和对应的温度曲线。图 8-34 是木头碎屑阴燃向明火转化的温度曲线。从图中可以明显看到，在阴燃传播期间温度是相对较低的，约为 500℃。而转化为明火以后温度相对较高，达到 800℃左右。这也是阴燃反应比有焰燃烧反应慢的重要表现。聚氨酯泡沫和木屑这两种材料的阴燃向明火转化过程也有不同的特点，聚氨酯泡沫孔隙度大，阴燃传播速度较快，向前传播后剩余的炭并没有完全烧完，在转化为明火后整个材料空间都形成有焰燃烧，在图中表现为各位置的温度都全部上升。木屑的空隙度小，且碎屑紧密的堆积严重阻碍氧气的输运，阴燃传播速度较慢，燃后区的材料接近消耗完才能使阴燃向前传播，因此向明火转化后，燃后区的温度并没有一同上升。对于这两种阴燃传播，前者的潜在火灾危险性更大。

图 8-32 聚氨酯泡沫阴燃向明火转化

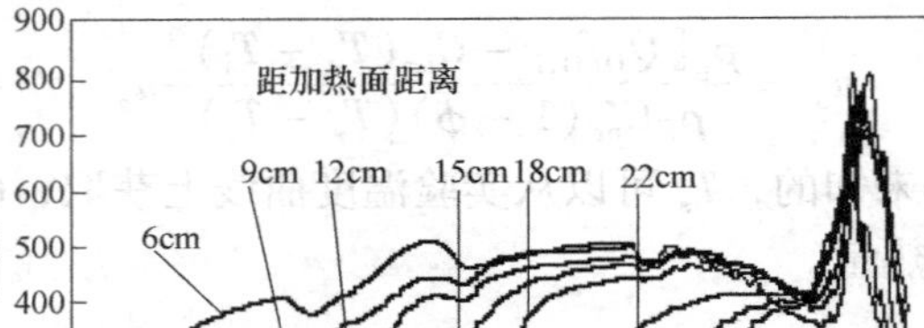

图 8-33 聚氨酯泡沫阴燃向明火转化的温度曲线

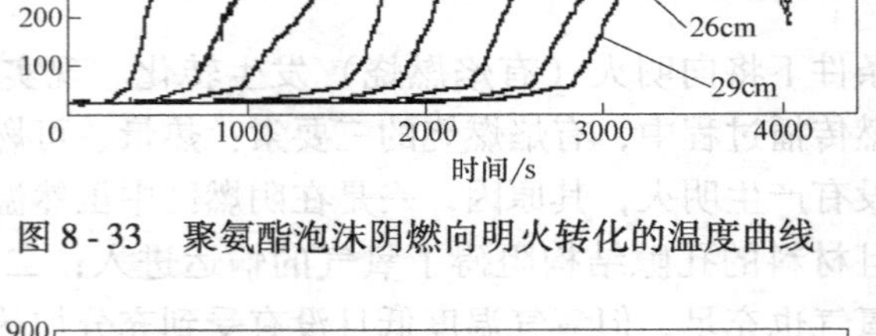

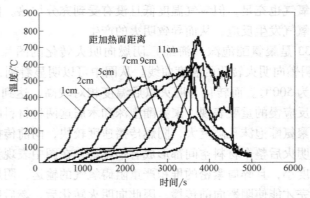

图 8-34 木屑阴燃向明火转化的温度曲线

有多种情形都可以导致阴燃向明火的转化介绍如下。

1. 外界风速增加

风速的增加，有利于氧气进入材料内部，促进固体表面反应和气相反应；同时风速的增加也有利于对流换热，空气温度也随之升高，加速了阴燃向明火的转化过程。在实验中，木屑材料阴燃的外加风速在2~3m/s时就会导致阴燃向明火的转化。而聚氨酯泡沫材料，阴燃外加风速在0.25m/s以上时就可以导致其向明火转化。

2. 外加热源

由于阴燃区附近已经有足够高浓度的热解可燃气，但扩散过来的氧气温度比较低，如果此时有外加热源对可燃混合气进行加热，就会导致明火的产生。实验中外热源作用区域的温度达到200℃就会引发明火。

3. 材料内部形成有利于空气流动的较大空隙

在阴燃传播中，由于燃烧或材料本身堆积结构使阴燃区中形成了大的连续空隙，这样空气的流动就会加强，有充足的氧气进入这些空隙，并且在内部很容易被加热升温，从而引发气相反应，使阴燃向明火转化。

前两种情况气相反应都首先在阴燃区的外表面发生，而后一种情况的气相反应首先是在阴燃区内部发生。对于聚氨酯泡沫材料，阴燃前锋过后剩余的多孔炭仍然维持原来的材料框架，但内部材料的消耗使得空隙增大、贯通，当与外界自由空间连通的时候，新鲜空气进入就导致了阴燃向明火的转化。

8.7 固体粉尘的燃烧爆炸

凡是呈细粉状态的固体物质均称为粉尘。能燃烧的粉尘叫做可燃粉尘，常见具有爆炸性的粉尘种类见表8-19；悬浮在空气中的粉尘叫悬浮粉尘；沉降在固体壁面上的粉尘叫沉积粉尘。粉尘爆炸是指悬浮于空气中的可燃粉尘触及明火或电火花等火源时发生的爆炸现象。

表8-19 常见具有爆炸性的粉尘种类

种　类	举　例
金属类	铝、镁、锌、铁、锰、锡、硅、硅铁、钛、钡、锆等
炭制品	煤、木炭、焦炭、活性炭
农产加工品类	胡椒、除虫菊粉、烟草等
饲料	鱼粉、血粉等
合成制品类	染料中间体、各种塑料、橡胶、合成洗涤剂等
木质类	木粉、软木粉、木质素粉、纸粉等
食品类	淀粉、砂糖、面粉、可可粉、奶粉、谷粉、咖啡粉等

近年来，粉尘爆炸事故发生的频率越来越高，造成的人员伤亡也越来越多（图8-35），以下为几起比较典型的粉尘爆炸事故。

2008年1月13日凌晨，位于云南省昆明市海口镇的某公司硫酸厂在装卸硫磺过程中发

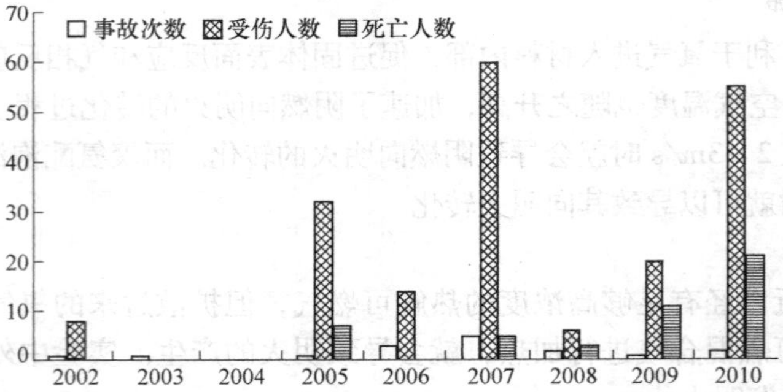

图 8-35 2002 年以来我国粉尘爆炸事故发生状况

生爆炸，造成 7 人死亡，33 人受伤。事故原因系硫磺装卸过程中产生的硫磺粉尘发生爆炸，并引起火灾。

2010 年 2 月 24 日，国内淀粉行业著名企业在河北省秦皇岛的某淀粉厂 4 号车间发生爆炸事故，造成 19 人死亡、49 人受伤，事故原因是车间粉尘爆炸所致。

2011 年 5 月 20 日，成都某集团产业基地发生爆炸，事故造成 3 人死亡、15 人受伤。事故原因为抛光车间收尘风管可燃粉尘意外爆炸所致。

正是由于粉尘爆炸现象比原来大块状物体的火灾危险性及危害性大得多，因此，人们非常重视对这一问题的研究。

8.7.1 微粒可燃物的着火

可燃粉尘实质上是一种固体微粒可燃物，而这些微粒可燃物一般处于堆积存放状态的，而且堆积的体积也比较大，这使得其与成形固体可燃物相比，具有以下特点：①堆积松散，氧气容易渗入，对燃烧反应有利；②微粒形状、尺寸都不固定，而且只要少部分发生着火，就会导致整体着火；③而在生产中，这些微粒物的输送一般都采用气动力输送法，这又容易导致微粒物的悬浮，而悬浮微粒可燃物的着火特性又与预混可燃气的着火特性相同。着火浓度下限与微粒平均直径相关。例如，当微粒平均直径小于 50μm 时，着火浓度下限基本与其种类无关，为一常数（$C_1=20\sim100\text{g/m}^3$）所以煤粉、面粉、奶粉等各类工厂以及棉、麻等纺织厂都要特别注意控制微粒物的浓度，使其低于着火浓度下限，否则极易造成爆炸。

另外，值得注意的是，采用气动方法输送微粒物时，可能引起微粒物的振动，而这些振动将使微粒物带电，微粒物带电后将导致其着火性能发生变化。输送过程中，如果振动频率、振幅增加将增加带电量。但在一定的振幅、频率条件下，随着振动时间的增加，带电量将趋于饱和。另外，环境温度、湿度对微粒物的带电性能也有显著的影响。如果带电量增大，因为放电将可能导致微粒物的自燃。

8.7.2 固体粉尘爆炸的条件

不是所有可燃固体粉尘在空气中都会发生爆炸，固体粉尘发生爆炸需要一定的条件，具体主要有以下五点。

1. 粉尘可燃且有一定的含氧量

粉尘爆炸本质上是粉尘裂解的气体或者粉尘直接和氧气发生氧化还原反应，因此，只有粉尘或者粉尘裂解的气体可燃且氧气含量达到一定值时才能发生粉尘爆炸。

2. 粉尘要有一定的浓度

悬浮粉尘只有其浓度处于一定的范围内才能爆炸。粉尘浓度太小，燃烧放热太少，难以形成持续燃烧而无法爆炸；相反，浓度太大，混合物中氧气浓度就会太小，也不会发生爆炸。因此，适当浓度的粉尘是发生粉尘爆炸的前提条件。

需要注意的是，粉尘爆炸所采用的化学计量浓度单位与气体爆炸不同，气体爆炸采用体积百分数表示，而粉尘浓度采用单位体积所含粉尘粒子的质量来表示，单位是 g/m^3 或 mg/L。

3. 粉尘必须处于悬浮状态

只有悬浮或者气溶胶状态的粉尘才可能发生爆炸，而沉积状态或者气凝胶状态的粉尘是不能爆炸的。

粉尘在空气中能否悬浮及悬浮时间长短取决于粉尘的动力稳定性，而它主要与环境湿度、温度和粉尘密度、粒径等因素有关。

4. 要有足够强度的点火源

粉尘受热后，可以发生熔融蒸发，也可以裂解，这两种反应均可释放出可燃气体，因此，粉尘爆炸和可燃气体爆炸一样，需要足够强度的点火源。但是，由于粉尘发生爆炸之前，需要足够的热量使粉尘熔融蒸发或者裂解而释放出可燃气体，因此，粉尘爆炸比气体爆炸的最小点火能大很多。粉尘爆炸最小点火能为 10 ~ 100MJ，这比可燃气体爆炸最小点火能大 2 ~ 3 个数量级。

5. 粉尘应处于相对封闭的空间内

只有悬浮粉尘处在相对封闭的空间中时，发生燃烧时，压力和温度才能急剧升高，才可能发生爆炸。

8.7.3　固体粉尘爆炸发生机理

粉尘爆炸是一种复杂的气—固两相流动力学过程，从粉尘颗粒着火角度来看，其爆炸机理主要有气相着火机理（均相着火）和表面非均相着火机理两种。

1）气相着火机理（均相着火机理）

气相着火机理认为，粉尘着火过程分为如图 8 - 36 所示的四个过程：①由于点火源的作用，粉尘粒子表面温度上升；②粒子表面的固体分子由于熔融蒸发或者裂解而释放出可燃气体；③可燃气体与空气混合生成爆炸性混合气体，并被点燃，产生火焰；④火焰产生的热能加热周围粉尘，导致更多的粉尘熔融蒸发或者裂解出可燃气体并燃烧。这种着火机理与可燃气体着火机理相似，只是多了生成可燃气体这一过程。

2）表面非均相着火机理

表面非均相着火机理认为粉尘爆炸分为三个过程：①由于点火源的作用，氧气与粉尘颗粒表面直接发生反应，使颗粒表面着火；②粉尘颗粒挥发出来的挥发分在粉尘颗粒周围形成气相层，阻止氧气向颗粒表面扩散；③挥发分着火并促使粉尘颗粒燃烧重新开始，并且向周围传递。根据表面非均相着火机理，氧分子必须通过扩散作用到达颗粒表面，并吸附在颗粒表面并发生氧化还原反应，粉尘才能燃烧，粉尘爆炸才可能发生。

对于特定粉尘与空气的混合物的着火过程，究竟是气相着火还是表面非均相着火，目前尚未形成统一的判定。当粉尘直径较大时，其加热速率就较小，粉尘颗粒不易直接燃烧，因

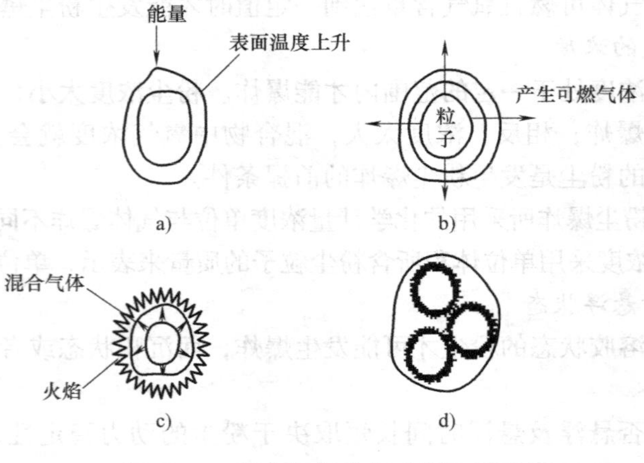

图 8-36　粉尘气相着火过程示意图

而以气相着火为主。一般认为，对于颗粒直径大于 100μm 的粉尘，以气相反应为主；而对于颗粒直径小于 100μm 的粉尘，则以表面非均相反应为主；或者当加热速率小于 100℃/s 时以气相反应为主，而当加热速率大于 100℃/s 时以表面非均相着火为主。由于气相着火和表面非均相着火两者之间并没有明显的界限，因此在很多固体粉尘爆炸过程中两者都存在，并且当条件发生变化时可以相互转化。

8.7.4　固体粉尘爆炸的特性参数

粉尘的爆炸性能表现在许多方面，比如被引燃的难易程度、粉尘有爆炸危险性的浓度范围、粉尘爆炸的传播性能、爆炸的破坏程度等，那么我们如何将粉尘爆炸的危险性量化呢？粉尘爆炸的一些特征参数可以表征粉尘爆炸，如最小点火能、爆炸压力、爆炸升压速度等，下面一一讨论。

1. 最小点火能

判定固体粉尘和空气混合物爆炸危险性的重要标准就是它的点火敏感性，而点火敏感性通常由最小点火能 E_{min} 来描述。最小点火能是在最敏感粉尘浓度下，刚好能点燃粉尘并且引起爆炸的最小能量，最小点火能的大小受很多因素的影响，如湍流度、粉尘浓度和粉尘分散状态。

固体粉尘爆炸最小点火能可以采用试验设备测量，如图 8-37 所示。最小点火能的理想测试条件是在最敏感粉尘浓度、低湍流度和粉尘以单个粒子均匀分布的条件下进行测量。

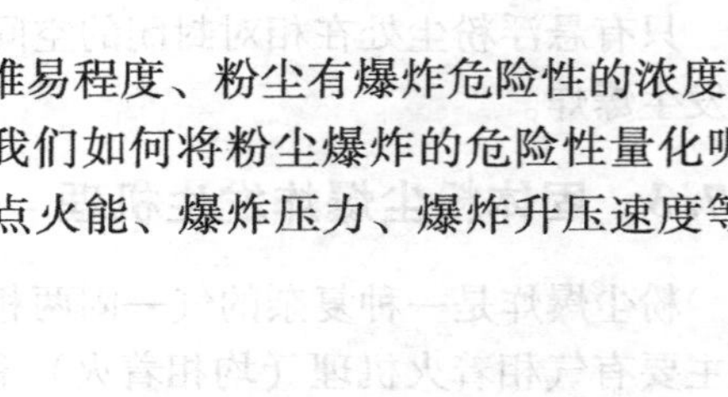

图 8-37　固体粉尘最小点火能测试仪

2. 爆炸压力

粉尘爆炸产生高压是由于两种原因造成的：一是生成气态产物，其分子数在多数场合下超过原始混合物中气体的分子数；二是气态产物被加热到高温而急剧膨胀。

一般来说，粉尘爆炸压力 p_m 是指该粉尘在指定的浓度爆炸时所能达到的最大压力。

粉尘的最大爆炸压 p_{max} 是指该粉尘在一个较大的浓度范围内所达到的爆炸压力的最大值。

粉尘爆炸压力越大，爆炸时对设备的破坏就越严重，因此，要尽量降低粉尘爆炸压力和粉尘最大爆炸压力。

3. 升压速度

升压速度也是衡量粉尘爆炸强度和爆炸危险性的重要特征参数，它是指在指定浓度爆炸时，粉尘爆炸压力与时间的比值，用 $(dp/dt)_m$ 表示。

最大升压速度是指该粉尘在一个大的浓度范围内所达到的升压速度的最大值，用 $(dp/dt)_{max}$ 表示。

4. 爆炸极限

粉尘爆炸极限包括爆炸下限和爆炸上限。粉尘爆炸下限是指在空气中遇火源能发生爆炸的粉尘最低浓度，而爆炸上限是指遇到火源能发生爆炸的粉尘最高浓度。一般用单位体积和空间内所含的粉尘质量表示，单位为 g/m^3。由于粉尘沉降等原因，实际情况下很难达到爆炸上限值，因此，粉尘的爆炸上限一般没有实用价值，因此我们讨论粉尘爆炸时，主要考虑粉尘爆炸下限。爆炸下限越低，粉尘爆炸危险性越大。

不同种类粉尘的爆炸下限不同，粉尘粒径越小，爆炸下限越低；可燃挥发分含量越高，粉尘爆炸下限越低。

同种物质粉尘的爆炸下限也随条件变化而改变。一般来说，粉尘混合物的爆炸下限与下列因素有关：分散度、氧含量、火源的性质、温度、湿度、惰性粉尘和灰分等。一般来说，分散度越高，氧含量越高，火源强度、原始温度越高，湿度越低，惰性粉尘与灰分越少，爆炸越容易发生，爆炸下限越低。

5. 熔点、自燃点、燃点

相比可燃气体的燃烧过程，固体粉尘在燃烧前，必须要有足够的能量来松开分子间的紧密连接，熔点低的固体粉尘容易蒸发和汽化，这些物质的燃点也较低，燃烧速度快，发生火灾的危险性就大。许多低熔点的易燃固体还有闪燃现象，其闪点大都在 100℃以下。

可燃固体粉尘的自燃点都低于可燃液体和气体的自燃点，因为固体比液体和气体的分子密集，蓄热条件好。有些物质受热熔化后能生成蒸气，其自燃点可按照气体的自燃点对待；还有一些物质不经过熔化而直接分解，析出可燃性气体，析出挥发物的多少决定了其危险性。

燃点低的物质在能量较小的热源或受撞击、摩擦等作用下，能很快受热达到燃点。在火场上，燃点低的物质经常是火灾蔓延的主要因素，当两种燃点不同的物质处在同一条件下，在火源作用下，燃点低的物质先着火，进而引燃其他物质。燃点是评定固体物质火灾危险性的主要标志。

8.7.5　固体粉尘爆炸下限的测定

固体粉尘爆炸下限的测定可以采用《粉尘云爆炸下限浓度测定方法》（GB/T 16425—1996）中的方法。

1. 试验装置

试验装置如图 8-38 所示，本试验装置适用于测定水分不超过 10% 和粒度不超过 75μm 的可燃粉尘的爆炸下限。需要注意的是：受试粉尘的水分和粒度分布应能代表使用物质的水分和粒度分布。如果水分较高或粒度较大的粉尘能在爆炸罐中有效地扩散，则也可用此装置进行测定。

试验装置由容积为 20L 的球形不锈钢爆炸罐构成，爆炸罐壁外围设有控温水套，爆炸罐下部安有粉尘扩散器，扩散器通过管路与储尘罐相连通，在相连通道上安有电磁阀。储尘罐的容积为 0.6L。爆炸罐壁上安有压力传感器，传感器与记录仪相连。

点火源是总能量为 10kJ 的烟火点火具，其点火剂质量为 2.4g，由 40% 的锆粉、30% 的硝酸钡和 30% 的过氧化钡组成。点火源位于罐中心由电引火头点燃。点火源通过线路与喷尘点火时差控制器相连。

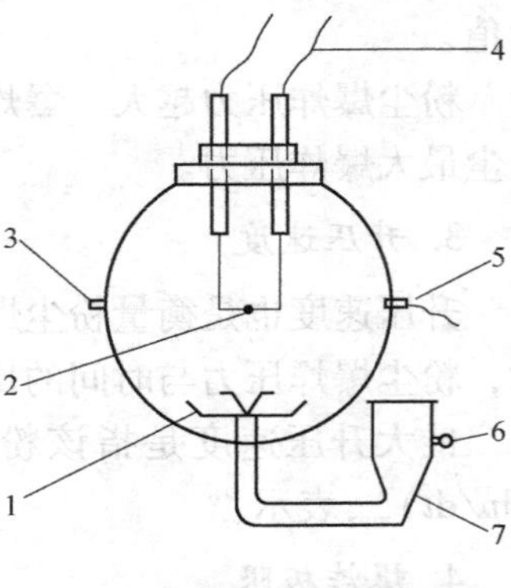

图 8-38　20L 爆炸试验装置

1—扩散器　2—点火源　3—排气口　4—点火引线　5—压力传感器　6—压力表　7—储尘罐

2. 测定步骤

在储尘罐中放入已知量的粉尘，然后将储尘罐密闭。把爆炸罐抽到 0.04MPa 的绝对压力，将储尘罐加压到 2.1MPa 的绝对压力。起动压力记录仪，开启喷尘电磁阀，滞后 60ms，引燃点火源，对爆炸压力进行测定、记录。在每次试验后要彻底清扫爆炸罐和储尘罐。

（1）点火源性能检测。每当使用新的点火源时，要进行点火源性能的检测。检测时要在没有添加粉尘，但同样要把爆炸罐抽真空和储尘罐加压的情况下，对点火源本身产生的压力进行测定。点火源本身产生的压力应为 0.11 ±0.01MPa 表压。

（2）爆炸下限浓度的测定。爆炸下限浓度 $c_{\min}$ 需通过一定范围不同浓度粉尘的爆炸试验来确定。初次试验时按 $10\mathrm{g/m^3}$ 的整数倍确定试验粉尘浓度，如测得的爆炸压力大于或等于 0.15MPa 表压，则以 $10\mathrm{g/m^3}$ 的级差减小粉尘浓度继续试验，直至连续 3 次同样试验所测压力值均小于 0.15MPa。如测得的爆炸压力小于 0.15MPa 表压，则以 $10\mathrm{g/m^3}$ 的整数倍增加粉尘浓度试验，至压力值大于或等于 0.15MPa 表压，然后以 $10\mathrm{g/m^3}$ 的级差减小粉尘浓度继续试验，直至连续 3 次同样试验所测压力值均小于 0.15MPa 表压。所测粉尘试样爆炸下限浓度 $c_{\min}$ 则介于 c_1（3 次连续试验压力均小于 0.15MPa 表压的最高粉尘浓度）和 c_2（3 次连续试验压力均大于或等于 0.15MPa 表压的最低粉尘浓度）之间，即：

$$c_1 < c_{\min} < c_2 \tag{8-136}$$

当所试验的粉尘浓度超过 $100\mathrm{g/m^3}$ 时，按 $20\mathrm{g/m^3}$ 的级差增减试验浓度。

（3）试验方法的检验。用平均粒度为 30 ±5μm 的石松子粉对试验方法进行检验。在进行检验前，把石松子粉在 50℃ 的温度下干燥 24h。对石松子粉所测得的爆炸下限浓度 $c_{\min}$ 应为：

$$20\mathrm{g/m^3} < c_{\min} < 40\mathrm{g/m^3} \tag{8-137}$$

如果经证实，采用其他的试验方法所测结果与用石松子粉对 20L 球形爆炸试验装置进行检验的结果一致，且这些结果还与至少其他 4 种粉尘的测定结果相当（±30%），则也可用这种试验方法来测定可燃粉尘－空气混合物的爆炸下限浓度。

8.7.6 固体粉尘爆炸性能的影响因素

粉尘爆炸的容易程度、激烈程度和气体爆炸相同，因各粉尘种类而形成很大差异。相同种类的粉尘，由于粉尘的粒度、浓度、悬浮性，以及点火因素、外界环境等因素不同，其爆炸性能也不尽相同。一般来说，固体粉尘爆炸性能主要受到以下因素的影响：

1. 粉尘的物理化学性质

（1）粉尘物质的化学结构和反应活性。粉尘物质的化学结构及反应活性是粉尘燃烧爆炸的重要因素，含有—COOH、—OH、—C＝N等官能团的有机物，钙、镁、铝、锌等活动性较强的金属，以及反应热效应较大的物质的粉尘，均具有较强的燃爆危险性。

（2）可燃挥发分比例。含可燃挥发分多的粉尘，受热时会释放出大量的可燃气体，这些可燃气体与空气混合，形成爆炸性混合气体，并发生剧烈爆炸。例如每千克含挥发分20%～26%的焦煤，在高温下可放出290～350L的可燃气体，因此其粉尘很容易发生爆炸并形成较高的爆炸压力。一般来说，同类物质含可燃挥发分越多的粉尘，爆炸压力和升压速度也越高，爆炸的危险性也就越大，如图8-39所示。

（3）粉尘物质燃烧热。固体粉尘物质的燃烧热越高，燃烧产生的热量也就越多，那么其爆炸危险性就越大。图8-40是不同燃料燃烧热对点火能量的影响，从图中看到，燃烧热越高的物质，其点燃电压越低，也就是说燃烧热高的物质容易起火。

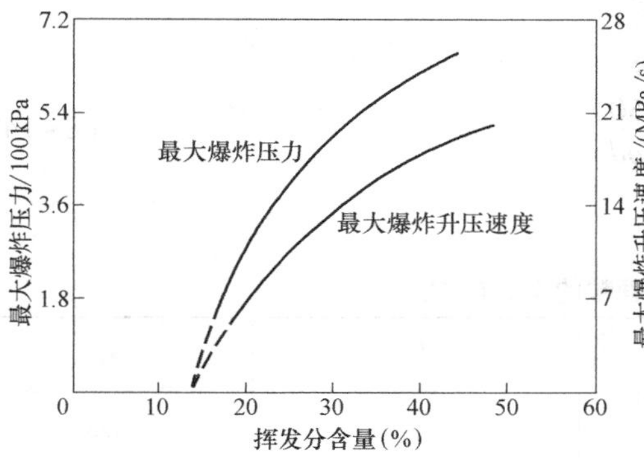

图8-39 粉尘爆炸压力、升压速度与挥发分含量的关系

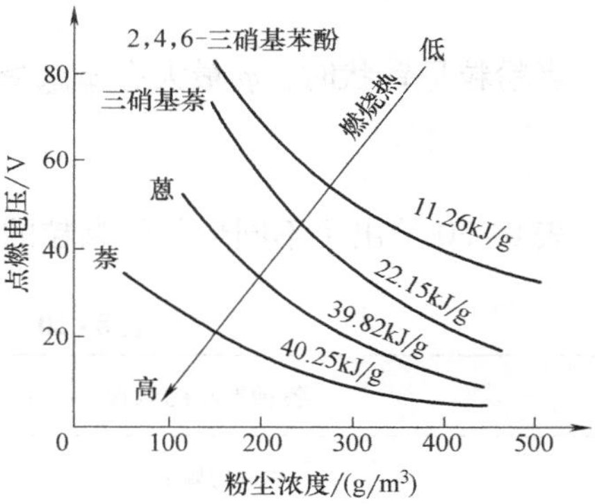

图8-40 粉尘燃烧热对点火源能量的影响

（4）粉尘中灰分比例。粉尘中含有灰分的多少也影响爆炸性，例如含15%～30%灰分的沥青煤，虽含有40%以上的挥发分，但不发生爆炸。

（5）粉尘本体热分解的难易和烃类气体产生的速度。显然粉尘本体热分解的难易和烃类气体产生的速度会影响爆炸性，粉尘本体热分解越容易，那么粉尘就越容易发生爆炸，烃类气体产生速度越快，爆炸越容易发生。

（6）粉尘带电性。粉尘在生产过程中，由于互相碰撞、磨擦等作用，会产生静电且不易散失，造成静电积累，当达到某一数值后，便出现静电放电，引起火灾和爆炸事故。不同粉尘的带电性不同，越容易带电的粉尘，则越容易发生火灾和爆炸。因此，在实际的生产中要注意防止粉尘的静电积累。

2. 粉尘的粒度和表面积

粒度和表面积都是粉粒的重要物性参数，可通过比表面积将粒度和表面积关联为：

$$S = \frac{\varphi}{\rho d} \tag{8-138}$$

式中 S——粉粒比表面积（m^2/g）；

φ——粉粒形状系数比；

ρ——粉尘密度（g/m^3）；

d——粉粒平均粒径（m）；

粉粒形状系数比 φ 可以用下式表示：

$$\varphi = \frac{k_s}{k_v} \tag{8-139}$$

式中 k_s、k_v——形状系数，粉粒的形状不同，粉粒的形状系数不相同。

当粉粒呈球形时，$k_s = \pi$，$k_v = \frac{\pi}{6}$，$\varphi = 6$，那么：

$$S = \frac{6}{\rho d} \tag{8-140}$$

当粉粒呈扁平状时，$\varphi = \frac{k_s}{k_v} > 6$，那么：

$$S > \frac{6}{\rho d} \tag{8-141}$$

当粉粒呈针状时，φ 最大有 $\varphi_{max} \geq 50$，那么：

$$S_{max} > \frac{50}{\rho d} \tag{8-142}$$

表 8-20 给出了不同形状的颗粒的 k_s、k_v 值。

表 8-20　不同形状的颗粒的 k_s、k_v 值

各种形状的颗粒	k_s	k_v
球形颗粒	π	π/6
圆形颗粒（水冲沙子、溶凝和烟道灰和雾化的金属粉末颗粒）	2.7～3.4	0.32～0.41
带棱的颗粒（粉碎的石灰石、煤粉等粉体物料）	2.5～3.2	0.20～0.28
薄片颗粒（滑石、石膏等）	2.0～2.8	0.12～0.20
极薄的片状颗粒（云母、石墨等）	1.6～1.7	0.01～0.03

根据粉尘比表面积定义：

$$S = \frac{S_1}{M} \tag{8-143}$$

式中 S_1——粉尘体系之粉粒总表面积（m^2）；

M——体系内的粉尘质量（g）。

联立式（8-138），则有：

$$S_1 = \frac{\varphi}{d}V \tag{8-144}$$

从式中可以看出，无论何种形状粉粒，其粒径越小，体系总表面积越大。S_1 的大小对粉尘燃爆至少有如下重要影响：

（1）表面积越大，与氧气的接触反应面积越大，反应速率越大、反应越充分。

（2）表面积越大，其固态导热能力下降，促使局部温度上升，有助于燃爆反应进行。

（3）表面积越大，表面分子越多，其自由能越大，粉尘体系的反应活性越强，燃爆越猛烈。

需要注意的是，只有粉尘粒度小于一定值时才具有爆炸性，如多数煤尘在粒径小于1/15 时才具有爆炸能力。如果粉尘的粒度太大，就会失去爆炸性能。例如粒径大于 400μm 的聚乙烯、面粉及甲基纤维素等粉尘不能发生爆炸。

另外，在大于爆炸临界粒径的粗粉尘中混入一定量的可爆炸细粉尘后，它就可能成为爆炸性混合物。

3. 粉尘浓度

可燃粉尘浓度在粉尘燃烧爆炸理论以及事故预防研究中意义重大，其定义如下：

$$c = \frac{M}{V} \tag{8-145}$$

式中　c——悬浮尘浓度（mg/m^3）；

M——悬浮尘质量（mg）；

V——含尘空间的体积（m^3）。

可燃粉尘必须在其浓度处于爆炸浓度极限范围内才能发生爆炸，其最易被点燃发生爆炸的浓度一般高于其完全燃烧化学计量浓度的 2～3 倍。相应地，粉尘爆炸最大爆炸压力和最大升压速度时的浓度也应为其燃烧的化学计量浓度的 2～3 倍。

但是，需要注意的是，最大爆炸压力和最大爆炸升压速度所对应的浓度并不一定相同，如图8-41所示，最大爆炸升压速度所对应的粉尘浓度稍小于最大爆炸压力所对应的浓度。

另外，粉尘最易被点燃爆炸的浓度与最大爆炸升压速度及最大爆炸压力所对应的粉尘浓度也不相同，这三种浓度之间有如下关系：

$$c_{E\min} = \left| c_{p\max} - \left(c_{(\mathrm{d}p/\mathrm{d}t)\max} - c_{p\max}\right) \right| \tag{8-146}$$

式中　$c_{E\min}$——最小点火能所对应的粉尘浓度；

$c_{p\max}$——最大爆炸压力所对应的粉尘浓度；

$c_{(\mathrm{d}p/\mathrm{d}t)\max}$——最大升压速度所对应的粉尘浓度。

在其他条件相同的情况下，在粉尘浓度一定范围内，粉尘浓度越高，其着火温度越低。但是随着粒径的逐渐增大，浓度对着火温度的影响就越来越弱了，如图 8-42 所示。

4. 粉尘悬浮性因素

可燃性粉粒只有在空气中均匀悬浮呈云状时，方可与空气形成可燃性混合物，在具备反应条件时，立即发生燃烧爆炸。正是其悬浮性使其具备扩散性，从而增大燃爆空间范围，缩小点火能作用距离。因而悬浮性越强，其危险性越大。

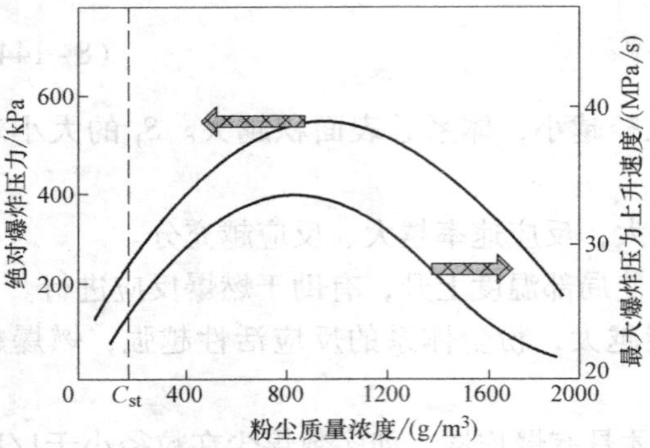

图 8-41　粉尘浓度对爆炸参数的影响

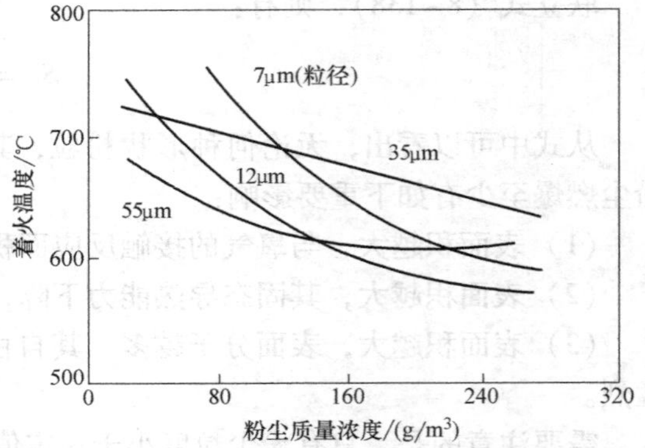

图 8-42　粉尘浓度和粒度对着火温度的影响

5. 可燃气体的含量

当可燃粉尘和空气的混合物中混入其他可燃气体时，粉尘的爆炸危险性随之增加，这是因为可燃气体的混入，导致混合物很容易被点燃，并且增加了混合物的燃烧速度。

随着混合物中可燃气体比例的增加，粉尘爆炸相关特性参数也会发生变化。如图 8-43 所示，随着可燃气体（丙烷）比例的增加，粉尘爆炸下限和最小点火能都随之减小，这表明粉尘爆炸发生的难易程度降低。另外，如图 8-44 所示，在一定范围内，随着可燃气体（丙烷）比例的增加，粉尘最大爆炸压力和最大升压速度随之升高，这表明粉尘爆炸的破坏性增加。

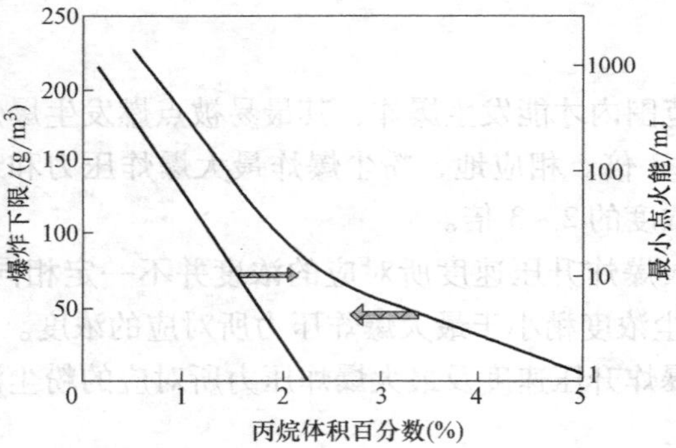

图 8-43　丙烷体积百分数对聚氯乙烯粉尘爆炸下限和最小点火能的影响

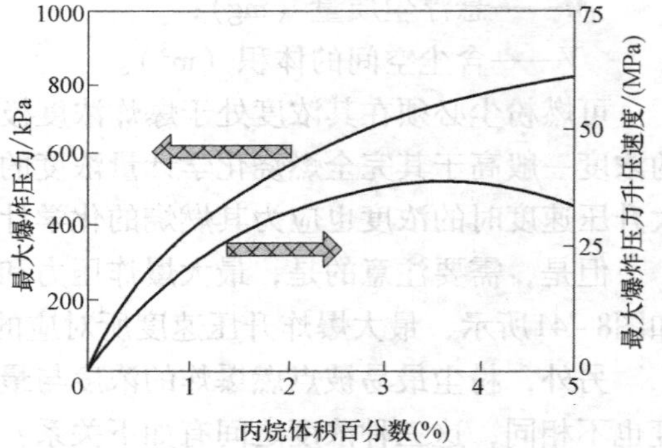

图 8-44　丙烷含量对聚氯乙烯粉尘（125μm）最大爆炸压力和最大升压速度的影响

可燃粉尘、空气、可燃气体混合物中粉尘的爆炸下限和可燃气体浓度之间的关系可以近似表示为：

$$c_{mdl} = c_{dl}\left(\frac{c_{GL}}{c_G} - 1\right)^2 \tag{8-147}$$

式中　c_{mdl}——可燃粉尘（包含可燃气体）在空气中的爆炸下限；

c_{dl}——可燃粉尘（不含可燃气体）在空气中的爆炸下限；

c_G——混合物中可燃气体的浓度；

c_{GL}——可燃气在空气中的爆炸下限。

6. 惰性成分的含量

在可燃粉尘与空气的混合物中添加可燃气体会促进粉尘爆炸，相反，在可燃粉尘与空气的混合物中添加惰性成分则可以抑制粉尘爆炸，这主要是因为惰性气体的加入，降低了混合物中粉尘和氧气的浓度。

由于惰性气体的加入，氧气浓度就会降低，当氧气浓度降低到一定范围，粉尘就不会发生爆炸了。例如，当用 N_2 惰化一些可燃粉尘时，就存在相应的临界氧含量，见表 8-21，当混合物中的氧含量低于该值时，其就会丧失爆炸性能。

表 8-21　用氮气惰化时一些可燃粉尘环境的临界氧浓度

粉尘名称	临界氧含量	粉尘名称	临界氧含量	粉尘名称	临界氧含量
轻金属粉尘	4～6	木粉	11.0	硬脂酸钡	13.0
松香粉	10.0	硬脂酸钙	11.8	煤尘	14.0
甲基纤维素	10.0	有机颜料	12.0	月桂酸隔	14.0

惰性气体的抑制作用主要表现为缩小粉尘爆炸浓度极限范围，降低粉尘爆炸的最大压力和最大升压速度。如图 8-45 所示，随着惰性气体（CO_2）含量的增加，最大爆炸压力、最大升压速度、平均升压速度都随之减小。并且，当惰性气体浓度到达一定量，粉尘混合物就不会发生爆炸了，从图中可以看出，当 CO_2 的体积百分数大于 89% 时，就不会发生爆炸了。这是因为惰性粉尘具有冷却效果，有的惰性粉尘还会有负催化作用。

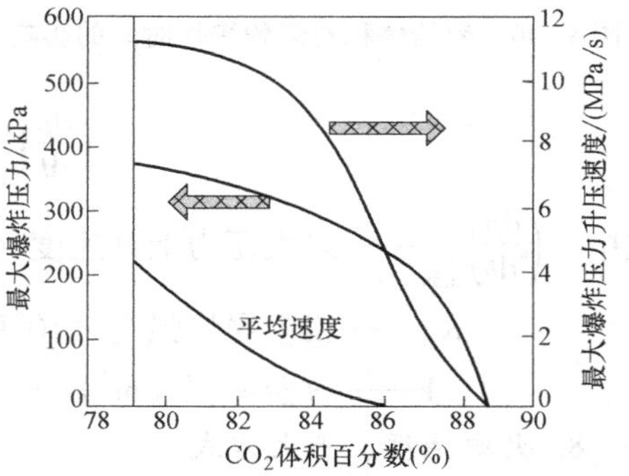

图 8-45　惰性气体含量对最大爆炸压力、最大升压速度和平均升压速度的影响

7. 粉尘爆炸的外界条件

（1）温度。环境温度较高时，粉尘中的挥发分就比较容易挥发，导致粉尘的最小点火能几乎接近于 0，该温度值就是悬浮粉尘的着火温度，一些粉尘云的着火温度见表 8-22。

表 8-22　一些粉尘云的着火温度

粉尘	着火温度/℃	粉尘	着火温度/℃
粉末糖	370	醋酸纤维素	460
小麦粉	440	脱脂乳	490
高压聚乙烯	450	聚苯乙烯	500
花生壳	460		

（2）水分。粉尘中存在着的水分对爆炸性有一定影响。水分可以抑制粉尘的浮游性（对于硫水性粉尘不太影响它的浮游性），然而由于水分的蒸发，点火时有效能量会随之减

少，蒸发的水蒸气性质活泼，有减少带电性的作用。另外，水蒸气占据空间，稀释环境中的氧浓度，从而降低了粉尘的燃烧速度。但是对于某些粉尘，如猛、铝等粉尘，会和水反应可产生氢气，故有时则反而会增加危险性。

(3) 容器体积。容积越大的容器中粉尘爆炸的时间越长，从爆炸开始到压力上升到最大值的时间也越大，如图 8-46 中，$20m^3$ 的容器中发生爆炸的时间明显长于 $1m^3$ 的容器。

大量的粉尘爆炸试验证明，当容器体积大于 $0.04m^3$ 时，粉尘爆炸可以用三次方定律表示（见图 8-47）。

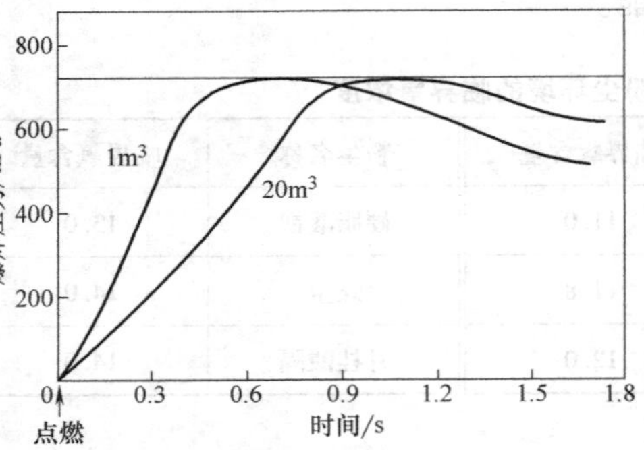

图 8-46 容器体积对煤粉爆炸时间的影响

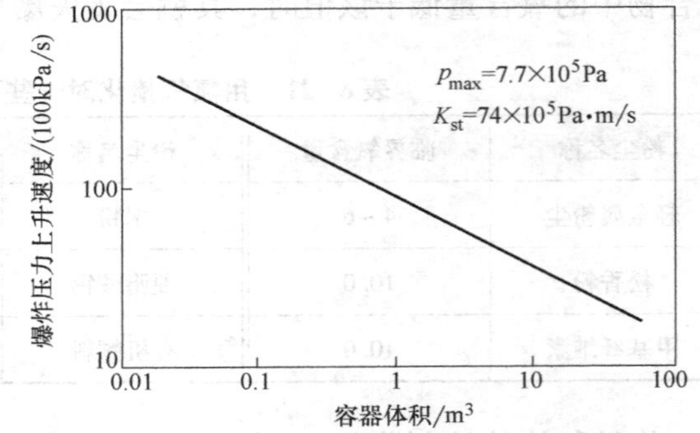

图 8-47 粉尘爆炸压力上升速度的三次方定律验证

$$\left(\frac{\mathrm{d}p}{\mathrm{d}t}\right)_{max} V^{\frac{1}{3}} = K_{st} = \text{常数} \tag{8-148}$$

式中 $\left(\frac{\mathrm{d}p}{\mathrm{d}t}\right)_{max}$——最大压力上升速度（$10^5Pa/s$）；

K_{st}——粉尘爆炸强度（$10^5Pa \cdot m/s$）；

V——容器体积（m^3）。

8. 火源强度、点火方式

点火源强度对固体粉尘爆炸下限影响较大，点火源强度越强，粉尘的爆炸下限越低，表 8-23 给出了淀粉、小麦仓的粉尘及糖在不同强度点火源作用下的爆炸下限。

表 8-23 粉尘爆炸下限与点火源的关系

点火源	爆炸下限/(g/m^3)		
	淀粉	小麦仓的粉尘	糖
6.5V3A 感应线圈火花	13.7	不着火	34.4
33V5A 电弧光	10.3	10.3	17.2
1200℃灼热体	7.0	10.3	10.3

点火方式对粉尘的爆炸特性也有较大的影响，见表 8-23 和表 8-24。从表 8-24 可以看出，不同点火方式下，爆炸最大升压速度和爆炸最大压力不相同。如对于石松子粉尘，采用电容放电点火方式时，虽然点火能量很低（0.08J），但是最大爆炸压力（830kPa）和最大升压速度（19.9MPa/s）都大于用化学引爆器引燃（320kPa，18.6MPa/s），虽然后者的点火能量高达 10000J。

表 8-24　点火方式对粉尘爆炸特性的影响

粉尘名称	石松子			纤维素		
点火方式	化学引爆器	固定火花隙	电容放电	化学引爆器	固定火花隙	电容放电
点火能量/J	10000	10	0.08	10000	10	0.04
p_{max}/kPa	320	840	830	970	820	920
$(dp/dt)_{max}$/(MPa/s)	18.6	15.3	19.9	15.0	6.3	14.7

9. *障碍物的影响*

如果在爆炸传播途径中遇有障碍物或拐弯处，粉尘的爆炸压力将会急剧上升。表 8-25 给出了煤尘的爆炸压力试验数据，从表中看到有障碍物时的爆炸压力是无障碍时爆炸压力的 5 倍以上。这是因为，有障碍物时，粉尘爆炸的传播受阻，爆炸冲击波向回反射，这使爆炸压力成倍增长。

障碍物虽然会影响爆炸压力，但是并不影响爆炸最小点火能和爆炸下限。

表 8-25　煤尘的爆炸压力试验数据

距爆炸点距离/m		91.5	120.9	137.2
爆炸压力/Pa	无障碍物	2.91×10^4	4.51×10^4	1.10×10^5
	有障碍物	1.58×10^5	5.72×10^5	1.05×10^6

除了上述影响因素外，在实际条件下还会遇到其他一些影响因素，如粉尘与空气的混合物的湍流度、凝聚性及导热性等。

表 8-26 总结了粉尘爆炸的影响因素，在分析和解决实际粉尘爆炸的问题时，应根据现场条件综合考虑这些影响因素。

表 8-26　粉尘爆炸的影响因素

外部条件	粉尘自身因素	
	化学因素	物理因素
气流运动状态 氧气浓度 含水量 可燃气体浓度 点火强度和点火方式 惰性气体浓度 悬浮因素 环境温度 容器容积 障碍物	化学结构和反应活性 燃烧热 燃烧温度 与水及二氧化碳的反应性 粉尘本体热分解的难易 烃类气体产生的速度	粉尘浓度 粒径 粒子形状 比热容 热导率 表面状态 带电性 粒子凝聚特性 灰分比例 挥发性气体比例

8.7.7 固体粉尘爆炸特点及预防、控制

1. 固体粉尘爆炸特点

粉尘的燃烧爆炸比可燃气体的燃烧爆炸过程要复杂得多，具有突出的燃烧爆炸特征。

（1）反应感应期长、反应速率小。因粉尘燃烧过程的复杂性，存在着粉粒表面的受热、分解、蒸发以及由粉粒表面向中心蔓延的过程，其反应感应期可达数十秒，较气体直接燃烧可长达数十倍，因而反应速率小于气体燃烧反应速率。正是由于粉尘爆炸的引爆时间较长，这就有可能用快速装置探测爆炸的前兆，并遏制爆炸的发生。

（2）释放能量大，破坏性强。相对于气体燃烧爆炸，粉尘爆炸的能量密度高、反应持续时间长，所以粉尘燃烧爆炸反应释放的能量为气体燃烧爆炸的数倍，爆炸温度通常高达2000～3000℃，最大压力可达700kPa，因此粉尘爆炸破坏性很强。

（3）易于发生二次爆炸甚至多次爆炸。达到燃爆极限范围的悬浮尘往往限于设备的某一局部空间，即便发生初次燃爆，其损毁力也有限。但却形成了下述三种状况：①初次燃爆的冲击波极易搅动、扬散建筑物、设备、设施壁面、缝隙等处积淀的堆积尘，形成更大范围的悬浮尘空间，其浓度比初次爆炸浓度还要高；②初次爆炸形成的光、热、飞散并燃烧着的粉粒为再次爆炸提供了充分条件；③在初次燃爆中心，极可能形成瞬时负压区，这将导致新鲜空气由燃爆区外缘向中心逆流，并与该区域内被搅动、扬散的粉尘构成新的达到燃爆极限范围的燃烧爆炸混合体。由于以上三个方面因素作用可燃粉尘在初次燃烧爆炸后，通常都极易发生第2次、甚至第3次爆炸，乃至于爆轰，这将会不断扩大事故的范围和损毁的严重度。二次爆炸时，粉尘浓度一般比一次爆炸时高得多，故二次爆炸威力比第一次要大得多，破坏也更严重。

（4）反应产物燃烧不完全，产生有毒气体。相比气态混合物，固体粉尘质量密度大、可燃物质量相对较多，多数为不完全燃烧反应，而灰分等也都来不及彻底燃烧。

粉尘燃烧爆炸产生的有毒气体主要有两类：一是CO；二是因粉尘物理化学性质所导致的其生成的产物中存在的毒害气体，如聚氯乙烯塑料、硫磺粉尘发生燃爆后，均会产生HCl、SO、SO_2等有毒气体，因此必须给予充分重视。

2. 固体粉尘爆炸的预防

粉尘燃烧爆炸危险性的防范与控制主要依据其燃爆机理、影响因素，其预防原则为缩小粉尘扩散范围、除尘、增湿、控制点火源、抑爆、泄压等。

（1）消除粉尘源。粉尘控制以降低局部场所、空间可燃粉尘量为目的，是防控粉尘燃爆的根本措施。通常采取封闭产生粉尘的设备空间、通风、清洗堆积尘、阻隔扩散通道、吸扫以降低粉尘悬浮性、避免空气扰动、控制扬散，而使悬浮尘浓度始终低于爆炸下限。

（2）控制点火源。控制及消除点火源是防控粉尘燃爆的关键措施。生产场所中，静电、电火花、雷电、冲击或摩擦热、割接焊、明火、高温物面等是引起粉尘燃爆的主要引燃能源。

（3）控制作业场所空气相对湿度。提高作业场所的空气相对湿度，也是预防粉尘爆炸形成的有效措施。当空气相对湿度增加时，一方面可减小粉尘飞扬，降低粉尘的分散度，提高粉尘的沉降速度，避免粉尘达到爆炸浓度极限；另一方面空气相对湿度增高会消除部分静电，相当于消除了部分点火源，并且空气相对湿度的提高会导致可燃粉尘爆炸的最小点火能量相应提高；此外空气相对湿度增加后会占据一定空间，从而降低氧气浓度，降低了粉尘燃

烧速度，进而抑制粉尘爆炸的发生。

（4）对可燃粉尘混合物体系惰化。在可燃粉尘混合体系中，根据粉尘的燃爆反应特性，加入一定量的 N_2 等惰性气体，使体系中 O_2 浓度降低到较低水平，以抑制燃爆反应的发生。

（5）粉尘燃爆自动防控技术。通过实时自动采集粉体场所的温度、压力、浓度、可疑热源等参数并进行分析比对，然后向控湿、控温等子系统发出指令，进而对粉尘体系状态予以纠正，达到自动报警、预防、控制及灭火的目的。

3. 固体粉尘爆炸的抑制

（1）粉尘爆炸的抑制。抑制粉尘爆炸需要一套完整的粉尘爆炸抑制装置（见图 8-48a），它由两部分组成：爆炸探测装置和灭火喷洒装置。其中，爆炸探测装置作用在于迅速、准确地探测爆炸发生的前兆，并将相应的信号传给灭火喷洒装置；灭火喷洒装置的作用在于接收到爆炸探测装置的信号后及时起动喷洒灭火器，以扑灭粉尘火灾，其控制效果如图 8-48b 所示。

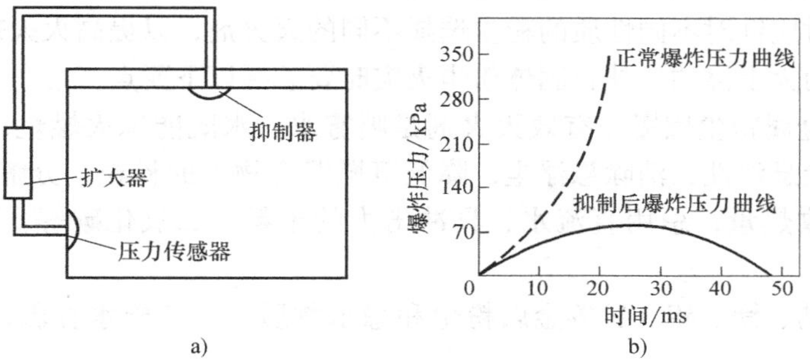

图 8-48　爆炸抑制装置及抑制效果

a）爆炸抑制装置结构图　b）抑制效果

（2）设置防爆泄压装置。泄压是利用防爆板、防爆门、无焰泄放系统对所保护的设备在发生爆炸的时候采取的主动爆破、泄放爆炸压力的措施，以达到降低爆炸压力，减小爆炸破坏造成的损失，保护粉体处理设备的安全的目的，如图 8-49 所示。

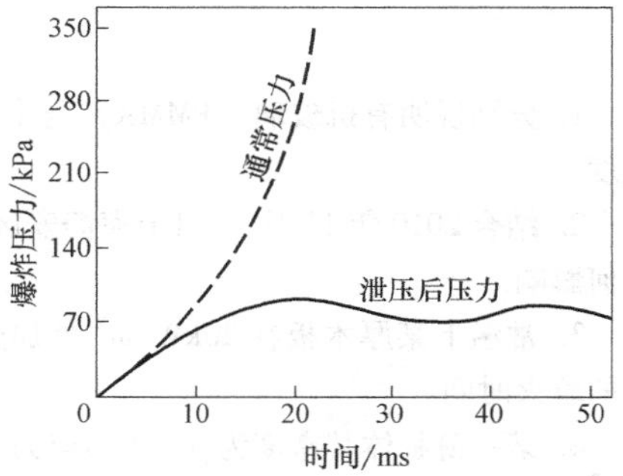

图 8-49　泄压效果图

采用防爆泄压设备泄压时，要注意以下方面：①要注意粉尘爆炸最大升压速度和最大爆炸压力；②泄压面的形状、结构、材质和强度；③设备或者厂房的结构和容积。

在防爆泄压技术中，最重要的问题是防爆泄压面积大小的确定。

泄压面积可以按照下式计算：

$$A = 10CV^{\frac{2}{3}} \tag{8-149}$$

式中　A——泄压面积（m^2）；

V——建筑的容积（m^3）；

C——建筑容积为 $1000m^3$ 时的泄压比（m^2/m^3），可按表 8-27 选取。

表 8-27 建筑内爆炸危险物质的类别和泄压比值 （单位：m^2/m^3）

建筑内爆炸性危险物质的类别	C 值
氢气	≥0.250
乙炔	≥0.20
乙烯	≥0.160
甲醇、甲烷、丙酮、汽油、液化石油气、喷漆间或干燥室以及苯酚树脂、镁、铝、锆等粉尘（$K_{中}$>30MPa·m/s）	≥0.110
木屑、炭屑、煤粉、锑、锡等粉尘（10MPa·m/s≤$K_{中}$≤30MPa·m/s）	≥0.055
氨以及粮食、纸、皮革、铅、铬、铜等粉尘（$K_{中}$<30MPa·m/s）	≥0.030

4. 固体粉尘火灾的扑救

固体粉尘火灾的扑救重点在于选择合理的灭火器。可燃粉尘的种类繁多，物理化学性质各异，发生火灾时应针对不同性质的粉尘选择不同的灭火剂，以提高灭火效率，否则可能不但灭不了火，反而火上浇油。扑救固体粉尘火灾时要掌握以下要点：

（1）扑救非金属粉尘燃爆的有效灭火剂是喷雾水。水既能熄灭燃烧，又能加湿未燃粉粒，快速降低粉尘悬浮性，消除悬浮尘，降低可燃混合物中的粉粒、分解组分和氧气浓度，同时水还可以吸收热量；忌用直流水、具冲击力的干粉、二氧化碳等，以防堆积尘扬散、悬浮。

（2）对钾、钠、镁、铝、锌等金属粉尘和忌水物质，严禁施水扑救，宜选用干砂进行覆盖灭火。

（3）对棉、麻、面粉等堆积尘，由于内层阴燃可能性极大，扑灭明火后，应注意监控，防止复燃。

复 习 题

1. 分别说明有机玻璃（PMMA）与木材燃烧的特点，并比较分析木材顺木纹方向与横木纹方向的燃烧速度。

2. 结合2010年11月15日上海静安区火灾案例，分析说明高聚物燃烧的特点以及对火灾的发展与蔓延有何影响。

3. 常温下某厚木板在$20kW/m^2$外加热源的作用下，着火时间为40s，求其在$10kW/m^2$外加热源作用下的着火时间。

4. 某一薄物体其密度为ρ，比热容为C，厚度为τ，面积为A。一边受到高温T_h的热气流作用，另一边为环境温度为T_0的空气。设表面传热系数为h_c，采用集总热容方法分析该薄物体的点火时间表达式。

5. 杉木树干样品在450℃的温度下热解，初始质量$W_0=100g$，充分热解后的残余质量$W_\infty=5g$。用单方程模型求热解过程质量变化。

6. 假设环境温度为T_∞，且高于煤粒的热解温度。分析单球形煤粒热解（未发生燃烧时）与煤粒燃烧过程，忽略热辐射与热离解。热解潜热为L_v，煤粒半径为r_0热解混合气导热系数为λ，热容为C_p。燃烧时火焰半径为r_f。（提示：可借鉴液滴的蒸发与燃烧的分析）

（1）分别建立煤粒热解（未发生燃烧时）与煤粒燃烧过程一维准定常物理模型，并给出温度分布示意图；

（2）分析给出煤粒热解速率G_{r1}（未发生燃烧时）与温度T_∞之间的数学关系；

(3) 分析给出煤粒燃烧时燃烧速率 G_{r2} 与燃烧火焰半径为 r_f 的数学关系。

7. 碳粒直径为 1mm，在 1500℃的空气中燃烧。假定燃烧是扩散控制的。

(1) 用单膜模型计算颗粒的寿命时间。

(2) 用双膜模型计算颗粒的寿命时间。

8. 碳粒在表面温度分别在 1000K、1500K 的条件下燃烧。设碳粒周围气体的摩尔质量可取29.5kg/kmol，密度和组分扩散系数都要考虑温度的影响。

(1) 用单膜模型分别计算三种温度下 $N_{kin,sg}/N_{dif,sg}$ 的值。

(2) 分别用单膜和双膜模型确定反应速度 $\dot{m}_c$，单位取 kg/(m^2·s)。

9. 叙述阴燃发生条件及可导致阴燃向明火转化的条件。

10. 聚亚安酯密度为 26.5kg/m^3，热容为 1.21kJ/(kg·K)，导热系数为 0.047W/(m·K)，如其阴燃过程中导热距离为 0.01m，估算此阴燃过程的传播速度（单位 m/s）。

11. 查阅分析新近粉尘爆炸案例，并说明固体粉尘发生爆炸的条件特点及影响因素。

12. 说明固体粉尘爆炸的发生机理，并分析其与可燃气体的不同。

附　　录

附录1　国际燃烧学领域三大金奖获奖情况

表1　BERNARD LEWIS 金奖获奖情况

年份	获奖人	获奖理由
1958	Bernard Lewis	最小点火能量研究
1960	A. G. Gaydon	火焰光谱研究
1962	G. B. Kistiakowsky	爆震燃烧研究
1964	R. G. W. Norrish	闪火光解研究
1966	V. N. Kondratiev	光谱及反应动力学研究
1968	Philip Bowden	爆炸的触发与增长研究
1970	Bela Karlovitz	湍流与火焰拉伸研究
1972	Heniz Gg. Wagner	火焰中的反应研究
1974	C. P. Fenimore	反应机理研究
1976	Guenther von Elbe	动力学与燃烧波研究
1978	Peter Gray	燃烧热化学的理论与实验研究
1980	Felix J. Weinberg	火焰测量研究
1982	Brian Spalding	创立理论模型
1984	Ya B. Zeldovich	燃烧反应动力学
1986	George H Markstein	燃烧不稳定性研究
1988	Hiroshi Tsuji	火焰基础研究
1990	Forman A. Williams	火焰的数学分析研究
1992	Jack B. Howard	积碳形成和煤的裂解机理研究
1994	K. -H. Homann	火焰结构与积碳形成研究
1996	Jürgen Troe	缔合反应与离解反应机理研究
1998	K. N. C. Bray	湍流反应流与可压缩非平衡现象研究
2000	Antonio D'Alessio	积碳形成与成团的光学测量研究
2002	Fred C. Lockwood	工业炉燃烧研究
2004	Toshisuke Hirano	火灾消防安全研究
2006	James A. Miller	燃烧化学的理论与模型研究
2008	Charles K. Westbrook	化学反应动力学机制的深入研究与应用研究

表 2　ALFRED C EGERTON 和 YA B ZELDEVICH 金奖获奖情况

	ALFRED C EGERTON 金奖	YA B ZELDEVICH 金奖
年份	获奖人	获奖人
1958	Sir Alfred C. Egerton	—
1960	Hoyt C. Hottel	—
1962	Wilhelm Jost	—
1964	P. Laffitte	—
1966	J. O. Hirshfelder	—
1968	Howard W. Emmonds	—
1970	A. R. Ubbelohde	—
1972	Wm. Hinckley Avery	—
1974	John P. Longwell	—
1976	T. Morris Sugden	—
1978	Seiichireo Kumagai	—
1980	Glenn Carber Williams	—
1982	Irvin Glassman	—
1984	Adel F. Sarofim	—
1986	Janos M. Beér	—
1988	Antoni K. Oppenheim	—
1990	Graham Dixon – Lewis	A. G. Marzhanov
1992	Derek Bradley	Robert W. Bilger
1994	Hartwell F. Calcote	Amable Liñán
1996	William Alfonso Sirignano	Boris V. Novozholov
1998	Howard B. Palmer	Craig T. Bowman
2000	Takashi Niioka	Elaine S. Oran
2002	Ben T. Zinn	Norbert Peters
2004	Gerard M. Faeth	John David Buckmaster
2006	Chung K. Law	Gregory I. Sivashinsky
2008	Ronald K. Hanson	Stephen B. Pope

附录2 1个大气压下的二元扩散系数（D_{AB}）

物质A	物质B	T/K	$D_{AB}/(m^2/s)$
NH_3	Air	298	0.28×10^{-4}
H_2O	Air	298	0.26×10^{-4}
CO_2	Air	298	0.16×10^{-4}
H_2	Air	298	0.41×10^{-4}
O_2	Air	298	0.21×10^{-4}
丙酮	Air	273	0.11×10^{-4}
苯	Air	298	0.88×10^{-5}
萘	Air	300	0.62×10^{-5}
乙醚	Air	298	0.93×10^{-5}
甲醇	Air	298	1.59×10^{-5}
乙醇	Air	298	1.19×10^{-5}
醋酸	Air	298	1.33×10^{-5}
苯胺	Air	298	0.73×10^{-5}
甲苯	Air	298	0.84×10^{-5}
乙苯	Air	298	0.77×10^{-5}
丙苯	Air	298	0.59×10^{-5}
Ar	N_2	293	0.19×10^{-4}
H_2	O_2	273	0.70×10^{-4}
H_2	N_2	273	0.68×10^{-4}
H_2	CO_2	273	0.55×10^{-4}
CO_2	N_2	293	0.16×10^{-4}
CO_2	O_2	273	0.14×10^{-4}
O_2	N_2	273	0.18×10^{-4}
环己烷	Air	318	0.86×10^{-4}

（续）

物质 A	物质 B	T/K	D_{AB}/(m^2/s)
正己烷	N_2	288	0.757×10^{-5}
正辛烷	Air	273	0.505×10^{-5}
正辛烷	N_2	303	0.71×10^{-5}
正十二烷	N_2	399	0.81×10^{-5}
2，2，4－三甲基戊烷（异辛烷）	N_2	303	0.705×10^{-5}
2，2，3－三甲基庚烷	N_2	363	0.684×10^{-5}
咖啡因	H_2O	298	0.63×10^{-9}
乙醇	H_2O	298	0.12×10^{-8}
葡萄糖	H_2O	298	0.69×10^{-9}
甘油	H_2O	298	0.94×10^{-9}
丙酮	H_2O	298	0.13×10^{-8}
CO_2	H_2O	298	0.20×10^{-8}
O_2	H_2O	298	0.24×10^{-8}
H_2	H_2O	298	0.63×10^{-8}
N_2	H_2O	298	0.26×10^{-8}
O_2	橡胶	298	0.21×10^{-9}
N_2	橡胶	298	0.15×10^{-9}
CO_2	橡胶	298	0.11×10^{-9}
He	SiO_2	293	0.4×10^{-13}
H_2	Fe	293	0.26×10^{-12}
Cd	Cu	293	0.27×10^{-18}
Al	Cu	293	0.13×10^{-33}

对于双组分气体混合物，若在 p_0、T_0 状态下组分扩散系数为 D_0，则在其他 p、T 状态下的组分扩散系数 D 可用下式推算：

$$D = D_0\frac{p_0}{p}\left(\frac{T}{T_0}\right)^{3/2}$$

附录3 1atm下空气、氮气和氧气不同温度下的性质参数

T/K	ρ/ (kg/m^3)	c_p/ (kJ/(kg·K))	k/ (10^{-3}W/(m·K))	μ/ (10^{-7}N·s/m^2)	α/ (10^{-6}m^2/s)	ν/ (10^{-6}m^2/s)	Pr
空气							
100	3.5562	1.032	9.34	71.1	2.54	2.00	0.786
150	2.3364	1.012	13.8	103.4	5.84	4.426	0.758
200	1.7458	1.007	18.1	132.5	10.3	7.590	0.737
250	1.3947	1.006	22.3	159.6	15.9	11.44	0.720
300	1.1614	1.007	26.3	184.6	22.5	15.89	0.707
350	0.9950	1.009	30.0	208.2	29.9	20.92	0.700
400	0.8711	1.014	33.8	230.1	38.3	26.41	0.690
450	0.7740	1.021	37.3	250.7	47.2	32.39	0.686
500	0.6964	1.030	40.7	270.1	56.7	38.79	0.684
550	0.6329	1.040	43.9	288.4	66.7	45.57	0.683
600	0.5804	1.051	46.9	305.8	76.9	52.69	0.685
650	0.5356	1.063	49.7	322.5	87.3	60.21	0.690
700	0.4975	1.075	52.4	338.8	98.0	68.10	0.695
750	0.4643	1.087	54.9	354.6	109	76.37	0.702
800	0.4354	1.099	57.3	369.8	120	84.93	0.709
850	0.4097	1.110	59.6	384.3	131	93.80	0.716
900	0.3868	1.121	62.0	398.1	143	102.9	0.720
950	0.3666	1.131	64.3	411.3	155	112.2	0.723
1000	0.3482	1.141	66.7	424.4	168	121.9	0.726
1100	0.3166	1.159	71.5	449.0	195	141.8	0.728
1200	0.2902	1.175	76.3	473.0	224	162.9	0.728
1300	0.2679	1.189	82	496.0	238	185.1	0.719
1400	0.2488	1.207	91	530	303	213	0.703
1500	0.2322	1.230	100	557	350	240	0.685
1600	0.2177	1.248	106	584	390	268	0.688
1700	0.2049	1.267	113	611	435	298	0.685
1800	0.1935	1.286	120	637	482	329	0.683
1900	0.1833	1.307	128	663	534	362	0.677
2000	0.1741	1.337	137	689	589	396	0.672
2100	0.1658	1.372	147	715	646	431	0.667
2200	0.1582	1.417	160	740	714	468	0.655
2300	0.1513	1.478	175	766	783	506	0.647
2400	0.1448	1.558	196	792	869	547	0.630
2500	0.1389	1.665	222	818	960	589	0.613
3000	0.1135	2.726	486	955	1570	841	0.536

（续）

T/K	ρ/（kg/m^3）	c_p/（kJ/(kg·K)）	k/（10^{-3}W/(m·K)）	μ/（10^{-7}N·s/m^2）	α/（10^{-6}m^2/s）	ν/（10^{-6}m^2/s）	Pr
			氮气（N_2）				
100	3.4388	1.070	9.58	68.8	2.60	2.00	0.786
150	2.2594	1.050	13.9	100.6	5.86	4.45	0.759
200	1.6883	1.043	18.3	129.2	10.4	7.65	0.736
250	1.3488	1.042	22.2	154.9	15.8	11.48	0.727
300	1.1233	1.041	25.9	178.2	22.1	15.86	0.716
350	0.9625	1.042	29.3	200.0	29.2	20.78	0.711
400	0.8425	1.045	32.7	220.4	37.1	26.16	0.704
450	0.7485	1.050	35.8	239.6	45.6	32.01	0.703
500	0.6739	1.056	38.9	257.7	54.7	38.24	0.700
550	0.6124	1.065	41.7	274.7	63.9	44.86	0.702
600	0.5615	1.075	44.6	290.8	73.9	51.79	0.701
700	0.4812	1.098	49.9	321.0	94.4	66.71	0.706
800	0.4211	1.22	54.8	349.1	116	82.90	0.715
900	0.3743	1.146	59.7	375.3	139	100.3	0.721
1000	0.3368	1.167	64.7	399.9	165	118.7	0.721
1100	0.3062	1.187	70.0	423.2	193	138.2	0.718
1200	0.2807	1.204	75.8	445.3	224	158.6	0.707
1300	0.2591	1.219	81.0	466.2	256	179.9	0.701
			氧气（O_2）				
100	3.945	0.962	9.25	76.4	2.44	1.94	0.796
150	2.585	0.921	13.8	114.8	5.80	4.44	0.766
200	1.930	0.915	18.3	147.5	10.4	7.64	0.737
250	1.542	0.915	22.6	178.6	16.0	11.58	0.723
300	1.284	0.920	26.8	207.2	22.7	16.14	0.711
350	1.100	0.929	29.6	233.5	29.0	21.23	0.733
400	0.9620	0.942	33.0	258.2	36.4	26.84	0.737
450	0.8554	0.956	36.3	281.4	44.4	32.90	0.741
500	0.7698	0.972	41.2	303.3	55.1	39.40	0.716
550	0.6998	0.988	44.1	324.0	63.8	46.30	0.726
600	0.6414	1.003	47.3	343.7	73.5	53.59	0.729
700	0.5498	1.031	52.8	380.8	93.1	69.26	0.744
800	0.4810	1.054	58.9	415.2	116	86.32	0.743
900	0.4275	1.074	64.9	447.2	141	104.6	0.740
1000	0.3848	1.090	71.0	477.0	169	124.0	0.733
1100	0.3498	1.103	75.8	505.5	196	144.5	0.736
1200	0.3206	1.115	81.9	532.5	229	166.1	0.725
1300	0.2960	1.125	87.1	588.4	262	188.6	0.721

参考文献

[1] 杜文锋．消防燃烧学［M］．北京：中国人民公安大学出版社，2006.

[2] 张英华，黄志安．燃烧与爆炸学［M］．北京：冶金工业出版社，2010.

[3] 陈思凝，孙金华，等．锅炉沸腾液体膨胀蒸汽爆炸（BLEVE）的小尺寸模拟实验［J］．热能动力工程．2006，21（2）：32－135.

[4] 王广亮，蒋涛．蒸汽爆炸系列讲座——第五讲　原油沸溢［J］．安全环境和健康，2002，2（5）：36－38.

[5] 廉乐明等．工程热力学［M］．北京：中国建筑工业出版社，2007.

[6] 林其钊，舒立福．林火概论［M］．合肥：中国科学技术大学出版社，2003.

[7] 刘乃安．生物质材料热解失重动力学及其分析方法研究［D］．中国科学技术大学，2000.

[8] Stephen R Turns. 燃烧学导论：概念与应用［M］．姚强，李清水，王宇，译．北京：清华大学出版社，2009.

[9] 袁开军，江治，李疏芬，等．聚氨酯的热分解研究进展［J］．高分子通报，2005（6）：861－864.

[10] 路长，余明高．阴燃火灾学［M］．长春：吉林人民出版社，2009.

[11] Ohlemiller T J. Modeling of Smoldering Combustion Propagation［J］. Progress in Energy and Combustion Science，1985，(11)：277－310.

[12] Leach S V，G Rein，J L Ellzey，et al. Kinetic and Fuel Property Effects on Forward Smoldering Combustion［J］. Combustion and Flame，2000，120（3）：346－358.

[13] Dosanjh S S，Pagni P J，Fernandez－Pello A C. Force Cocurrent Smoldering Combustion［J］，Combustion and Flame，1987，68：131－142.

[14] Roper F G，The Prediction of Laminar Jet Diffusion Flame Sizes：Part I. Theoretical Model，Combustion and Flame［J］. 1977，29：219－226.

[15] Roper F G. The Prediction of Laminar Jet Diffusion Flame Sizes：Part II. Experimental Verificantion［J］. Co－mbustion and Flame，1977，29：227－234.

[16] Roper，F G. Laminar Diffusion Flame Sizes for Curve Slot Burners Giving Fan－Shape Flames［J］，Combustion and Flame，1978，31：251－259.

[17] Burke S P. Schumann T E W. Diffusion Flames［J］. Industrial & Engineering Chemistry，1928，20（10）：998－1004.

[18] 童正明，张松寿，周文铸．工程燃烧学［M］．北京：中国计量出版社，2008.

[19] 岑可法，姚强，骆仲泱，等．高等燃烧学［M］．杭州：浙江大学出版社，2002.

[20] 徐通模，惠世恩，等．燃烧学［M］．北京：机械工业出版社，2011.

[21] Irvin Glassman，Combustion［M］. London：Academic Press，1996.

[22] 严传俊，范玮．燃烧学［M］．2 版．西安：西北工业大学出版社，2008.

[23] 傅维镳，张永廉，王清安．燃烧学［M］．北京：高等教育出版社，1989.

[24] Incropera F P. Dewitt D P. 传热的基本原理［M］．葛新石，王义方，郭宽良，译．合肥：安徽教育出版社，1985.

[25] 李传统，彭伟．热工学［M］．徐州：中国矿业大学出版社，1994.

[26] 霍然．工程燃烧概论［M］．合肥：中国科学技术大学出版社，2001.

[27] 傅维标，卫景彬．燃烧物理学基础［M］．北京：机械工业出版社，1984.
[28] 欧文·格拉斯曼．燃烧学［M］．赵惠富，张宝诚，译．北京：科学出版社，1983.
[29] Kanury A M. 燃烧学导论［M］．庄逢辰，等，译．长沙：国防科技大学出版社，1981.
[30] 许晋源、徐通模．燃烧学［M］．北京：机械工业出版社，1990.
[31] 岑可法，姚强，骆仲泱，等．燃烧理论与污染控制［M］．北京：机械工业出版社，2004.
[32] 彭小芹，刘松林，卢国建．材料热释放速率的试验分析［J］．重庆大学学报（自然科学版），2005，28（8）：122－123.
[33] Huggett C. Estimation of the rate of heat release by means of oxygen consumption［J］. Journal of Fire and flammability，1980（12）：61－65.
[34] 陈长坤．典型固体可燃物热释放速率的研究［D］．合肥：中国科学技术大学，2000.
[35] Chen Changkun，Yao Bin，Fan Weicheng，Liao Guangxuan. A comparative experimental study on heat release rates of charring and non－charring solid combustible materials［J］. Journal of Fire Sciences，2003，21（5）：369－382.
[36] Olson SL，T 'ein JS. Near－surface vapour bubble layers in buoyant low stretch burning of polymethylmethacrylate［J］. Fire and Materials. 1999，23（5）：227－237.
[37] 范维澄，王清安，姜冯辉，周建军．火灾学简明教程［M］．合肥：中国科技大学出版社，1995.
[38] 周校平，张晓男．燃烧理论［D］．上海交通大学出版社，2001.
[39] 高尔新．爆炸动力学［M］．中国矿业大学出版社，1997.
[40] 高永庭．防火防爆工学［M］．北京：国防工业出版社，1989.
[41] 范维澄．万跃鹏．流动及燃烧的模型与计算［M］．合肥：中国科技大学出版社，1992.
[42] 伍作鹏．消防燃烧学［M］．中国建筑工业出版社，1994.
[43] 周力行．燃烧理论和化学流体力学［M］．北京：科学出版社，1986.
[44] 霍然，胡源，李元洲．建筑火灾安全工程导论［M］．合肥：中国科学技术大学出版社，1999.
[45] Dougal Drysdale. An Introduction to Fire Dynamics［M］. 3th ed. London：John Wiley & Sons，2011.
[46] Kuo K K. Principles of Combustion［M］. New York：Johu Wiley & Sons，1986.
[47] Libby P A. Introduction to Turbulence［M］. Washington，DC：Taylor & Francis，1996.
[48] Libby P A，William F W. Turbulent Reacting Flows. Berlin：Spring－Verlag，1980.
[49] Williams F A. *Combustion Theory*［M］. 2nd ed. Redwood City：Addison－Wesley，1985.
[50] Delichatsios M A. Transition from Momentum to Buoyancy－Controlled Turbulent Jet Diffusion Flames and Flame Height Relationship［J］. Combustion and Flame，1993，92：349－364.
[51] Smith I W. The Combustion Rates of Coal Chars：A Review［C］. *Nineteenth Symposium（International）on Combustion*，1983.
[52] Tillman D A，Amadeo J R，Kitto W D. Wood Combustion，Principles，Processes，and Economics［M］New York：Acadcmic Press，1981.
[53] 万俊华，郜冶，夏允庆．燃烧理论基础［M］．哈尔滨：哈尔滨工程大学出版社，2009.
[54] H H 谢苗诺夫．论化学动力学和反应能力的几个问题．黄继雅，译．科学出版社，1962.
[55] H M 爱玛努爱莉．化学动力学．陈国亮，等译．上海科学技术出版社，1962.
[56] R A Strehlow，Combustion Fundamentals. New York：McGraw－Hill Book Company，1984.
[57] D B 斯尔丁．燃烧与传质．常弘哲，张连方，等译．国防工业出版社，1984.
[58] 万俊华．层流扩散火焰浓度场及火焰形状的近似理论解［J］．浙江大学学报，1980（3）：138－154.
[59] J M 比埃尔，N A 切给尔．燃烧空气动力学．陈熙，译．科学出版社，1984.
[60] J A Barnard，J N Bradley. Flame and Combustion，2nd，ed 1985.
[61] 陈树义，章丽玲．燃料燃烧及燃烧装置［J］．北京：冶金工业出版社，1985.

[62] 韩昭沧．燃料及燃烧［M］．北京：冶金工业出版社，1984.
[63] 赵雪娥，孟亦飞，刘秀玉．燃烧与爆炸理论［M］．北京：化学工业出版社，2010.
[64] 马良，杨守生．石油化工生产防火防爆［M］．北京：中国石化出版社，2005.
[65] 蒋军成．化工安全［M］．北京：中国劳动和社会保障出版社，2008.
[66] 杨立中．工业热安全工程［M］．合肥：中国科学技术大学出版社，2001.
[67] 中华人民共和国劳动部．工业防爆实用技术手册［M］．沈阳：辽宁科技出版社，1998.
[68] 张应力，张莉．工业企业防火防爆［M］．北京：中国电力出版社，2003.
[69] 张国顺．燃烧爆炸危险与安全技术［M］．北京：中国电力出版社，2003.
[70] 张守中．爆炸基本原理［M］．北京：国防工业出版社，1988.
[71] 赵衡阳．气体和粉尘爆炸原理［M］．北京：北京理工大学出版社，1996.
[72] 张奇，白春华，梁慧敏．燃烧与爆炸基础［M］．北京：北京理工大学出版社，2007.
[73] 陈义良，张孝春，孙慈，等．燃烧原理［M］．北京：航空工业出版社，1992.
[74] 李生娟，毕明树，丁信伟．可燃气云燃烧的试验研究现状及发展趋势［J］．化学工业与工程，2003，20（3）：167－170.
[75] 徐胜利，糜仲春，汤明钧．有限释能速率可燃气云爆炸场的研究［J］．燃烧科学与技术，1997，2（3）：155－162.
[76] 郑淼，洪涛．悬浮 RDX 粉尘的爆轰波结构［J］．含能材料，2004，12（5）.
[77] 张守中．爆炸基本原理［M］．北京：国防工业出版社，1988.
[78] 崔克清．安全工程燃烧爆炸理论与技术［M］．北京：中国计量出版社，2005.
[79] Heskestad G. Engineering relations for fire plumes［J］. Fire Safety Journal，1984，7（1）：25－32.
[80] Zukoski E E，Kubota T，Cetegen B. Entrainment in fire plumes［J］. Fire Safety Journal，1981，3（2）：107－121.
[81] McCaffrey B J. Momentum implications for buoyant diffusion Flames［J］. Combustion and Flame，1983，52（2）：149－167.
[82] 杨昀，张和平，徐亮，等．标准单室内单人沙发全尺寸火灾实验研究［J］．燃烧科学与技术，2004，10（5）：423－427.
[83] 陈长坤，姚斌．室内火灾区域模拟烟气羽流模型的适用性［J］．燃烧科学与技术，2008，14（4）：295－299.
[84] 廖光煊，王喜世，秦俊．热灾害实验诊断方法［M］．合肥：中国科学技术大学出版社，2003.
[85] 曾丹苓，敖越，张新铭，刘朝．工程热力学［M］．3 版．北京：高等教育出版社，2002.
[86] 郭鸿宝，岳大可．气溶胶灭火技术［M］．北京：化学工业出版社，2005.
[87] 周力行．湍流气粒两相流动和燃烧的理论与数值模拟［M］．北京：科学出版社，1994.
[88] 翁文国．腔室火灾中回燃现象的模拟研究［D］．合肥：中国科学技术大学，2002.
[89] 宋虎．小尺寸腔室轰燃现象的实验和理论研究［D］．合肥：中国科学技术大学，2002.
[90] 王新月．气体动力学基础［M］．西安：西北工业大学出版社，2006.
[91] 魏吴晋．铝纳米粉尘爆炸及其抑制技术研究［D］．徐州：中国矿业大学，2010.
[92] 付文文．黑索今的粉尘爆炸特性研究［D］．南京：南京理工大学，2008.
[93] 袁兵．可燃物热解与着火特性研究［D］．杭州：浙江大学，2004.
[94] 陆大才．可燃粉尘燃烧爆炸因素及其预防分析［J］．消防技术与产品信息，2010，（7）：57－62.
[95] 李延鸿．粉尘爆炸的基本特征［J］．科技情报开发与经济，2005，15（14）：130－131.
[96] 刘琪，谭迎新．粉尘爆炸基本特性及防爆措施［J］．工业安全与环保，2008，34（3）：17－18.
[97] 张超光，蒋军成．对粉尘爆炸影响因素及防护措施的初步探讨［J］．煤化工，2005，33（2）：8－11.

[98] Abraham J, Williams F A, Bracco F V. A Discussion of Turbulent Flame Structure in Premixed Charges [R] . Paper 850345, SAE P-156, Society of Automotive Engineers. Warrendale, PA, 1985.

[99] Klimov A M. Premixed Turbulent Flames—Interplay of Hydrodynamic and Chemical Phenomena. Flames [J], Lasers and Reactive Systms, 1983, 88: 133-146.

[100] Mason H B, Spalding D B. Predition of Reaction Rates in Turbulent Premixed Boundray-Layer Flows [C] . New York: Combustion Institute European Symposium, 1973.

[101] Andrews GE, Bradley D, Lwakabamba SB. Turbulence and Turbulent Flame Propagation—A Critical Appraisal [J] . Combustion and Flame, 1975, 24: 285-304.

[102] Tennekes H. Simple Model for the Small-Scale Structure of Turbulence [J] . Physics of Fluids, 1968, 11: 669-671.

[103] Williams F A. Asymptotic Methods in Turbulent Combustion [J] . AIAA Journal, 1986, 24: 867-875.

[104] Fox M D. Weinberg F J. An Experimental Study of Burner Stabilized Turbulent Flames in Premixed Reactants [C] . London: Proceedings of the Royal Society of London, 1968.

[105] Zur Loye A O, Bracco F V. Two-Dimensional Visualization of Premixed Charge Flame Structure in an IC Engine [P] . Paper 870454, SAE SP-715, Society of Automotive Engineers. Warrendale, PA, 1987.

[106] 汤荣铭，姚朝晖，张锡文．激波理论及应用-工程流体力学．清华大学教学软件库，清华大学教育软件研究中心 [L] . http: //jigou. xauat. edu. cn/ex/tsinghua/software/08/01/003/01/00001/bj/bj9/bj_ 9_ 4. htm.

[107] Smith I W. The Combustion Rates of Coal Chars: A Review [C] . Pittsburgh: The Combustion Institute, 1983.

[108] Peter P. Laminar Flamelet Concepts in Turbulent Combustion [C] . Pittsburgh: The Combustion Institute, 1986.

[109] 陈敏恒，丛德滋，方图南，等．化工原理：上册 [M] . 2 版．北京：化学工业出版社，1999.

[110] 王致新．论油罐火灾 [J] . 消防科学与技术，1983 (02): 1-9.

[111] 霍然，杨振宏，柳敬献．火灾爆炸预防控制工程学 [M] . 北京：机械工业出版社，2007.

[112] 周从章，曾庆轩，胡秀峰，等．工业粉尘云爆炸下限的实验研究 [J] . 火工品，2002 (2): 19-21.

[113] 杨世铭，陶文铨．传热学 [M] . 北京：高等教育出版社，2006.

[114] 王厚化．传热学 [M] . 重庆：重庆大学出版社，2006.

[115] 章熙民．传热学 [M] . 北京：中国建筑工业出版社，2007.

[116] 王志荣．受限空间气体爆炸传播及其动力学过程研究 [D] . 南京：南京工业大学，2005.

[117] 陈弘毅．火灾学 [M] . 台北：鼎茂图书出版股份有限公司，2008.

[118] 卢捷，宁建国，王成，等．煤气火焰传播规律及其加速机理研究 [J]，爆炸与冲击，2004, 24 (4): 305-311.

[119] Gross D. Experiments on the Burning of Cross Piles of Wood [J] . Journal of Research of the National Bureau of Standards-C. Engineering and Instrumentation, 1962, 66C (2): 99-105.

[120] Hu Longhua, Huo Ran, Li Yuanzhou, etc. Experimental Study on the Burning Characteristics of Wood Cribs in Confined Space [J] . Journal of Fire Sciences, 2004, 22 (6): 473-489.

信息反馈表

尊敬的老师：

您好！感谢您对机械工业出版社的支持和厚爱！为了进一步提高我社教材的出版质量，更好地为我国高等教育发展服务，欢迎您对我社的教材多提宝贵意见和建议。另外，如果您在教学中选用了**《燃烧学》（陈长坤　主编）**，欢迎您对本书提出修改建议和意见。索取课件的授课教师，请填写下面的信息，发送邮件即可。

一、基本信息

姓名：________　性别：________　职称：________　职务：____________

单位：

邮编：________　地址：______________________________________

任教课程：________　电话：____—________（H）________　（O）______

电子邮件：__________________　手机：__________________________

二、您对本书的意见和建议

（欢迎您指出本书的疏误之处）

三、您对我们的其他意见和建议

请与我们联系：

100037　北京百万庄大街 22 号

机械工业出版社·高教教育分社　冷彬　收

Tel：010－8837 9720（O），

E-mail：myceladon@ yeah. net

http：//www. cmpedu. com（机械工业出版社·教材服务网）

http：//www. cmpbook. com（机械工业出版社·门户网）

http：//www. golden－book. com（中国科技金书网·机械工业出版社旗下网站）